国家职业教育药学专业教学资源库配套教材

高等职业教育药学专业课-岗-证一体化新形态系列教材

生物化学

主　编　杨留才
张知贵
陈阳建

高等教育出版社·北京

内容提要

本书为国家职业教育药学专业教学资源库配套教材，根据系列教材的编写指导思想和原则要求，结合专业培养目标和本课程的教学目标、内容与任务要求编写而成。全书共十五章，涵盖生物大分子、物质代谢及其调节、基因信息的传递与表达、生物化学常用技术等内容。本书具有专业针对性强、紧密结合岗位知识和职业能力要求、理论与临床密切联系、对接执业药师和药士药师资格考试要求、紧跟本学科与药学专业特色和适当拓展药学最新进展等特点。按照专业的特点设置“学习目标”“案例导入”“知识链接”“知识拓展”“考点提示”和“思考题”等内容，每章以思维导图的形式总结本章内容，便于学生复习和提高，达到教材的整体优化。

本书依托国家职业教育药学专业教学资源库，配套有一体化的教学资源，通过扫描纸质教材各章节的二维码，即可获得微课、动画、在线测试等数字资源。此外，本书还配套有数字课程，可登录“智慧职教”（www.icve.com.cn），在“生物化学”课程页面在线学习；教师也可利用“职教云”（zjy2.icve.com.cn）一键导入该数字课程，开展线上线下混合式教学（详见“智慧职教”服务指南）。

本书适用于3年制高职高专药学类、药品类及相关专业教学，也可作为药学及相关专业的继续教育教材。

图书在版编目（CIP）数据

生物化学 / 杨留才，张知贵，陈阳建主编. -- 北京：高等教育出版社，2021.7
ISBN 978-7-04-055738-1

Ⅰ. ①生… Ⅱ. ①杨… ②张… ③陈… Ⅲ. ①生物化学－高等职业教育－教材 Ⅳ. ①Q5

中国版本图书馆CIP数据核字(2021)第036463号

生物化学
SHENGWU HUAXUE

策划编辑 吴 静　　责任编辑 吴 静　　封面设计 王 鹏　　版式设计 张 杰
插图绘制 邓 超　　责任校对 陈 杨　　责任印制 存 怡

出版发行 高等教育出版社
社　　址 北京市西城区德外大街4号
邮政编码 100120
印　　刷 唐山嘉德印刷有限公司
开　　本 787 mm×1092 mm　1/16
印　　张 20.75
字　　数 470千字
购书热线 010-58581118
咨询电话 400-810-0598

网　　址 http://www.hep.edu.cn
　　　　 http://www.hep.com.cn
网上订购 http://www.hepmall.com.cn
　　　　 http://www.hepmall.com
　　　　 http://www.hepmall.cn

版　　次 2021年7月第1版
印　　次 2021年7月第1次印刷
定　　价 58.00元

物 料 号 55738-00

icve 智慧职教 “智慧职教”服务指南

“智慧职教”是由高等教育出版社建设和运营的职业教育数字教学资源共建共享平台和在线课程教学服务平台，包括职业教育数字化学习中心平台（www.icve.com.cn）、职教云平台（zjy2.icve.com.cn）和云课堂智慧职教 App。用户在以下任一平台注册账号，均可登录并使用各个平台。

• 职业教育数字化学习中心平台（www.icve.com.cn）：为学习者提供本教材配套课程及资源的浏览服务。

登录中心平台，在首页搜索框中搜索“生物化学”，找到对应作者主持的课程，加入课程参加学习，即可浏览课程资源。

• 职教云（zjy2.icve.com.cn）：帮助任课教师对本教材配套课程进行引用、修改，再发布为个性化课程（SPOC）。

1. 登录职教云，在首页单击“申请教材配套课程服务”按钮，在弹出的申请页面填写相关真实信息，申请开通教材配套课程的调用权限。

2. 开通权限后，单击“新增课程”按钮，根据提示设置要构建的个性化课程的基本信息。

3. 进入个性化课程编辑页面，在“课程设计”中“导入”教材配套课程，并根据教学需要进行修改，再发布为个性化课程。

• 云课堂智慧职教 App：帮助任课教师和学生基于新构建的个性化课程开展线上线下混合式、智能化教与学。

1. 在安卓或苹果应用市场，搜索“云课堂智慧职教”App，下载安装。

2. 登录 App，任课教师指导学生加入个性化课程，并利用 App 提供的各类功能，开展课前、课中、课后的教学互动，构建智慧课堂。

“智慧职教”使用帮助及常见问题解答请访问 help.icve.com.cn。

国家职业教育药学专业教学资源库配套系列教材编审专家委员会

《生物化学》编写人员

主　编　杨留才　张知贵　陈阳建

副主编　勾秋芬　何　丹　马　强

编　委（按姓氏笔画排序）

马　强　重庆三峡医药高等专科学校
勾秋芬　乐山职业技术学院
李　凤　江苏医药职业学院
李俊蓂　四川中医药高等专科学校
杨留才　江苏医药职业学院
吴　丹　广东江门中医药职业学院
何　丹　四川中医药高等专科学校
张知贵　乐山职业技术学院
陈阳建　浙江医药高等专科学校
卓微伟　江苏医药职业学院
胡　君　江苏医药职业学院
夏　艳　四川中医药高等专科学校
徐　燕　山东医学高等专科学校
郭　静　云南技师学院
黄泓轲　乐山职业技术学院
彭　帅　铁岭卫生职业学院
蔡玉华　合肥职业技术学院
薛力荔　昆明卫生职业学院

总　序

重庆医药高等专科学校朱照静教授领衔的“国家职业教育药学专业教学资源库”于2016年获教育部立项，按照现代药学服务“以患者为中心”“以学生为中心”的设计理念，整合国内48家高职院校、医药企业、医疗机构、行业学会、信息平台的优质教学资源，采用“互联网+教育”技术，设计建设了泛在药学专业教学资源库。该资源库有丰富的视频、音频、微课、动画、虚拟仿真、PPT、图片、文本等素材，建设有专业园地、技能训练、课程中心、微课中心、培训中心、素材中心、医药特色资源等七大主题资源模块，其中医药特色资源包括药师考试系统、医院药学虚拟仿真系统、药品安全科普、医药健康数据查询系统、行业院企资源，构筑了立体化、信息化、规模化、个性化、模块化的全方位专业教学资源应用平台，实现了线上线下、虚实结合、泛在的学习环境。

为进一步应用、固化和推广国家职业教育药学专业教学资源库成果，不断提升药学专业人才培养的质量和水平，国家职业教育药学专业教学资源库建设委员会、全国药学专业课程联盟和高等教育出版社组织编写了国家职业教育药学专业教学资源库配套新形态一体化系列教材。

该系列教材充分利用国家职业教育药学专业教学资源库的教学资源和智慧职教平台，以专业教学资源库为主线，以智慧职教平台为纽带，整体研发和设计了纸质教材、在线课程与课堂教学三位一体的新形态一体化系列教材，支撑药学类专业的智慧教学。

该系列教材具有编者队伍强大、教改基础深厚、示范效应显著、配套资源丰富、纸质教材与在线资源一体化设计的鲜明特点，学生可在课堂内外、线上线下享受无限的知识学习，实现个性化学习。

该系列教材是专业教学资源库建设成果应用、固化和推广的具体体现，具有典型的代表性、引领性和示范性。同时，可推动教师教学和学生学习方式方法的重大变革，进一步推进“时时可学、处处能学”和“能学、辅教”资源库建设目标，更好地发挥优质教学资源的辐射作用，体现我国教育的公平，满足经济不发达地区的社会、经济发展需要，更好地服务于人才培养质量与水平的提升，使广大青年学子在追求卓越的道路上，不断地成长、成才与成功！

复旦大学教授、中国工程院院士 陈凯

2019年5月

前　言

为进一步应用、固化和推广国家职业教育药学专业教学资源库成果，不断提升药学专业人才培养的质量和水平，加强全国高职高专医药教材等基础性建设工作，根据高职高专药学类专业的培养目标和主要就业方向及职业能力要求，按照本套教材编写的指导思想和原则要求，并结合课程的教学大纲，我们组织了全国十余所院校药学类专业教学一线的教师悉心编写本教材。

"生物化学"是药学类、药品类及药学相关专业的核心基础课程，学习本课程可为后续学习药理学、药物化学等课程奠定理论知识和基本技能基础。本教材的编写在传承优秀教材的基础上，注重改革与创新，以药学类专业综合技能和职业素养培养为目标，根据职业岗位能力和相应工作任务的要求，既注重基础知识的学习，又强调职业岗位技能的培养，强化"必需、够用"；在兼顾科学性和条理性的基础上，根据药学类及其相关专业的特点，注重教材的有效衔接。如将 DNA、RNA 和蛋白质合成及其调控的内容整合成基因信息的传递与表达。本教材共 15 章，包括生物大分子、物质代谢及其调节、基因信息的传递与表达、生物化学常用技术等内容，各章节的编排顺序符合学科内在的逻辑关系及学生认知规律。本教材依托国家职业教育药学专业教学资源库，配套有一体化的教学资源，读者可通过手机扫描纸质教材各章节相应部位的二维码，获得微课、动画、在线测试等数字资源，便于自主学习和移动学习。

在编写体例上，本教材在内容中设置了"学习目标""案例导入""知识链接""知识拓展""考点提示""本章小结"和"思考题"等。"学习目标"涵盖知识目标和技能目标；"案例导入"引发学生的学习兴趣，促进所学知识与药学临床相联系；"知识链接"和"知识拓展"促使学生了解相关知识点的背景及新进展；"考点提示"对接执业药师考试大纲和药士药师资格考试考点；"本章小结"利用思维导图总结本章内容，便于学生复习和提高；"思考题"与执业药师考试和药士药师资格考试考点密切联系，便于学生复习及检验学习效果。

教材编写分工如下：第一章由杨留才和陈阳建编写；第二章由何丹、李俊淇和胡君编写；第三章由勾秋芬和黄泓轲编写；第四章由夏艳和郭静编写；第五章由胡君和杨留才编写；第六章由张知贵和吴丹编写；第七章由陈阳建和卓微伟编写；第八章由徐燕和彭帅编写；第九章由李俊淇和何丹编写；第十章由马强和勾秋芬编写；第十一章由张知贵、薛力荔、李凤、卓微伟和蔡玉华编写；第十二章由彭帅和徐燕编写；第十三章由郭静和夏艳编写；第十四章由吴丹和马强编写；第十五章由黄泓轲和陈阳建编写。本教材在编写过程中得到了各编者所在院校的大力支持，在此一并表示衷心的感谢。

由于编者学术水平有限,书中不妥之处在所难免,敬请同行、专家和广大师生批评指正!

编者

2021 年 1 月

目　录

二维码视频资源目录

续表

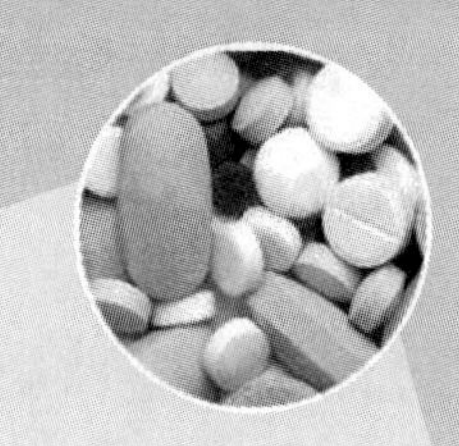

第一章 绪论

学习目标

知识目标

1. 掌握:生物化学、生物药物的概念。
2. 熟悉:生物化学的主要内容,生物药物的分类。
3. 了解:生物化学的发展简史,生物化学在药学中的地位和学习方法。

技能目标

1. 利用生物化学的发展史,加强对生物化学课程的了解。
2. 通过本章的学习,知道生物化学原理和技术在实际工作中的具体应用和对后续课程学习的重要性。

第一节 生物化学的研究对象及内容

一、生物化学的概念

生物化学(biochemistry)即生命的化学,是利用物理学、化学和免疫学等原理和方法,研究生物现象化学本质的一门学科,即研究生物体的化学组成、理化性质、结构与功能及代谢调控的规律,阐述生命现象中的遗传繁殖、生长发育、免疫功能及衰老死亡等。其中,将从分子水平探讨生命现象的本质的分支学科称为分子生物学(molecular biology),其主要研究生物大分子的结构与功能、基因信息的传递及其调控等。因此,分子生物学是生物化学的重要组成部分。

二、生物化学的研究对象

生物化学的研究对象为一切生物有机体,包括动物、植物、微生物和人体。因此,将生物化学分为动物生物化学、植物生物化学、微生物生物化学和医学生物化学等。

医学生物化学是以人体作为研究对象,利用微生物及动物等进行实验研究,获取相关物质代谢和生物分子的知识;也可通过临床医疗实践,积累人体相关资料,并将这些知识和资料上升为理论,再将理论广泛运用于临床实践和研究。

药学生物化学是研究与药学科学相关的生物化学理论、原理与技术及其在药物研究、药品生产、药物质量控制与临床应用的学科。现代生物化学已经融入生理学、细胞生物学、遗传学、生物信息学、电子学、波谱技术、立体化学、量子理论与遗传中心法则等各个领域,其研究手段多样,研究范围广泛,研究意义极其深远,使实验医学有了重大突破,成为为多领域、多学科提供研究原理和方法的基础学科,也为新药的发现提供了理论、概念、技术和方法。

三、生物化学的研究内容

视频:

生物化学研究的主要内容

1. 生物体的化学组成、结构与功能的关系　构成人体的主要物质包括水(占体重的55%~67%)、蛋白质(占体重的15%~18%)、脂类(占体重的10%~15%)、无机盐(占体重的3%~4%)、糖类(占体重的1%~2%)等,除此之外,还有核酸、维生素等多种化合物。由于蛋白质、核酸、多糖及复合脂类等都属于体内的大分子有机化合物,故简称生物分子。它们都是由某些基本结构单位按一定顺序和方式连接所形成的多聚体,通常将分子量大于10^4的生物分子称为生物大分子,生物大分子的重要特征之一是具有信息功能,故又称为生物信息分子。构成人体的物质看似简单,但是,若从分子水平上来看,是非常复杂的,除水外,每一类物质又包含很多化合物,如人体蛋白质就有10万种以上,各种蛋白质的组成和结构不同,因而也就具有不同的生物学功能。

人体由生物分子按照一定的布局和严格的规律组合而成。当代生物化学研究的重点是生物大分子,即分子生物学研究的内容。因此,从广义的角度来看,分子生物学是生物化学的重要分支,对生物分子的研究,重点是对生物大分子的研究,除了确定其基本结构(基本组成单位的种类、排列顺序和方式)外,更重要的是研究其空间结构及其与功能的关系。功能与结构是密切相关的，结构是功能的基础，功能则是结构的体现。生物大分子的功能还可通过分子之间的相互识别和相互作用来实现。例如，蛋白质、核酸自身之间、蛋白质与核酸之间的相互作用在基因表达的调节中起着决定性作用。所以分子结构、分子识别和分子间的相互作用是执行生物信息分子功能的基本要素。

2. 物质代谢及调控　生物体的基本特征是新陈代谢，即机体与外环境的物质交换及维持其内环境的相对稳定。新陈代谢分为3个阶段。

第一阶段：消化吸收。

第二阶段：中间代谢过程，包括合成代谢、分解代谢、物质互变、代谢调控、能量代谢，这是生物化学重点把握的内容。

第三阶段：排泄阶段。

生物体在生命活动过程中，不断地通过摄食和排泄与周围环境进行物质交换。营养物质在体内的降解和合成的化学过程称为物质代谢。各种物质代谢均按一定规律进行，通过物质代谢为生命活动提供所需的能量，同时，各种组织化学成分得到不断的代谢更新。代谢失常会引起疾病的发生和发展。

物质代谢中的绝大部分化学反应由酶来催化，估计每个细胞拥有近2 000种酶，催化一般的代谢反应，物质代谢在体内有条不紊地进行和彼此间相互密切地联系，就是酶结构和酶含量的变化对物质代谢的调节作用，如酶的高度特异性、多酶体系及其分布的区域化等调节细胞内各种代谢有序地进行。此外，细胞信息传递参与多种物质代谢的调节。细胞信息传递的机制及网络也是近代生物化学研究的重要课题。

3. 遗传信息的传递与表达　生命现象的另一个特征为细胞的自我复制，这是细胞内储存的遗传信息的传递和表达的过程，包括脱氧核糖核酸（DNA）的复制、核糖核酸（RNA）的转录、蛋白质的合成、基因表达的调控等。基因信息传递涉及遗传变异、生长分化等生命过程，也与遗传性疾病、代谢异常性疾病、恶性肿瘤、心血管病、免疫缺陷性疾病等多种疾病的发病机制有关。故基因信息传递的研究在生命科学特别是医学中越来越显示出重要意义。

遗传的主要物质基础是DNA，基因即DNA分子的功能片段。分子生物学属于生物化学的分支学科，是研究核酸和蛋白质等所有生物大分子的结构、功能及基因结构、表达与调控的科学。

随着生物化学技术日新月异的发展，出现了酶工程技术、层析技术、膜分离技术、电泳技术、光谱技术、质谱分析等，特别是基因工程技术，如DNA重组、基因剔除、转基因、人类基因组计划、新基因克隆及功能基因组计划等的发展，使生物药品层出不穷，很多生物药品已应用于人类疾病的诊断和治疗。

第二节　生物化学的发展历史

视频：

生物化学发展简史

生物化学历史悠久，在欧洲约从160年前开始逐渐发展，一直到1903年德国Carl Neuberg才引进“生物化学”这个名词。在我国，其发展可追溯到远古，我国古代劳动人民在饮食、营养、医药等方面均有创造和发明。

生物化学的发展可分为叙述生物化学、动态生物化学及机能生物化学3个阶段。

一、叙述生物化学阶段(1770—1903年)

1. 饮食方面 公元前21世纪,酿酒必用酒母(即麴)。酒母是使谷物中淀粉转化为酒的催化剂。公元前12世纪的制饴(麦芽糖),则是谷物淀粉的水解产物。可见,我国在上古时期,已使用生物体内一类很重要的有生物学活性的物质——酶,作为饮食制作及加工的一种工具,这显然是酶学的萌芽时期。

2. 营养方面 《黄帝内经·素问》记载有"五谷为养,五果为助,五畜为益,五菜为充",这在近代营养学中,也是一个无可争辩的完全膳食。膳食疗法早在周秦时代即已开始应用,到唐代已有专著出现,孟诜著《食疗本草》,昝殷著《食医心鉴》,可看出我国古代医务工作者试图应用营养方面的原理治疗疾患的一些端倪。

3. 医药方面 我国古代医学对某些营养缺乏病的治疗也有所认识,如地方性甲状腺肿古称"瘿病",用含碘丰富的海带、海藻等海产品防治。脚气病是缺乏维生素 B_1 的病,孙思邈(公元581—682年)认为可用含有维生素 B_1 的车前子、杏仁、槟榔等治疗;夜盲症古称"雀目",这是一种缺乏维生素A的病症,孙思邈用含维生素A较丰富的猪肝治疗。我国研究药物最早者据传为神农,其尝百草,说明我国人民开始用天然产品治疗疾病,如用紫河车(胎盘)作强壮剂,蟾酥(蟾蜍皮肤疣的分泌物)治创伤等;用秋石(男性尿中沉淀出的物质)治病,秋石与Windaus等(20世纪30年代)所提取的类固醇激素相似。明代李时珍的《本草纲目》详述了人体的代谢物、分泌物及排泄物等,如人中黄(即粪)、淋石(即尿)、乳汁、月水、血液及精液等。这一巨著不但集药物之大成,对生物化学的发展也不无贡献。

中国古代在生物化学的发展上作出了巨大贡献,但由于封建王朝的尊经崇儒,斥科学为异端,所以近代生物化学的发展,欧洲处于领先地位。

18世纪中叶,Scheele研究了生物体的化学组成;随后,Lavoisier证明了生物体吸进氧气,呼出二氧化碳,同时放出热能;接着,Beaumont及Bernard研究了消化过程,Pasteur研究了发酵,Liebig研究了物质的定量分析方法。值得一提的是,1828年,Wöhler在实验室里将氰酸铵转变成尿素,为有机化学扫清了障碍,也为生物化学发展开辟了广阔的道路。到20世纪初,对生物体内的物质进行了研究,如脂类、糖类及氨基酸的研究,核质及核酸的发现,多肽的合成等。更有意义的是,1897年Buchner制备的无细胞酵母提取液在催化糖类发酵上获得了成功,开辟了发酵过程在化学上的研究道路,奠定了酶学的基础。9年之后,Harden与Young又发现发酵辅酶的存在,使酶学的发展更向前推进一步。

以上均为生物化学的萌芽时期,虽然也有生物体内一些化学过程的发现和研究,但以分析和研究组成生物体的成分及生物体的分泌物和排泄物为主,所以这一时期可以看作叙述生物化学阶段。

二、动态生物化学阶段(1903—1950年)

20世纪开始,生物化学进入蓬勃发展时期。在营养方面,研究了人体对蛋白质的需要及需要量,并发现了必需氨基酸、必需脂肪酸、多种维生素及一些不可或缺的微量元素等。在内分泌方面,发现了各种激素。许多维生素及激素不但被提纯,而且还被合成。在酶学方面，1926年Sumner分离出脲酶，并做成结晶。接着，胃蛋白酶及胰蛋白酶也相继做成结晶。这样，酶的蛋白质性质就得到了肯定，对其性质及功能有了详尽的了解，使体内新陈代谢的研究易于推进。在这一时期，我国生物化学家吴宪等在血液分析方面创立了无蛋白血滤液的制备及血糖的测定等方法；在蛋白质的研究中，提出了蛋白质变性学说；在免疫化学上，首先使用定量分析方法，研究抗原抗体反应的机制；在营养方面，比较了荤膳与素膳的营养价值。自此以后，生物化学工作者逐渐具备了一些先进手段，如放射性核素示踪法，能够深入探讨各种物质在生物体内的化学变化，故对各种物质代谢途径及其中心环节的三羧酸循环，已有了一定的了解。

从20世纪50年代开始，生物化学的进展突飞猛进，对体内各种主要物质的代谢途径均已基本阐述清楚。因此，这个时期可以看作动态生物化学阶段。

三、机能生物化学阶段(1950年至今)

近年来，各种先进技术及方法在生物化学领域得以广泛采用。例如，用于分离和鉴定化合物的电泳法及层析法，用于分离生物大分子的超速离心法，用于测定物质化学组成的自动分析仪，还有测定生物分子的性质和结构的红外线、紫外线、X射线等。认识分子结构的同时，还可以人工合成生物分子，以了解其功能。1965年，我国首先人工合成了有生物学活性的胰岛素；1971年利用X射线衍射方法测定了牛胰岛素分子的空间结构；1981年采用有机合成与酶相结合的方法，成功合成了酵母丙氨酸-tRNA。另外，用人工培养的细胞及繁殖迅速的细菌作为研究材料，了解了糖类、脂类及蛋白质的分解代谢途径及其生物合成，测出重要蛋白质的结构，特别是一些酶的活性部位；而且还测出DNA和RNA的结构，确定了它们在蛋白质生物合成及遗传中的作用。因此，可以认为生物化学已进入机能生物化学阶段。

1953年，Watson和Crick提出了DNA双螺旋结构模型，生物化学的研究进入分子生物学阶段。分子生物学揭示生命现象最本质的内容。这一时期提出了生物遗传信息传递的中心法则，发展了核酸与蛋白质组成的序列分析技术，出现了DNA重组技术、转基因技术、基因剔除技术、基因芯片技术等，使人类对疾病进行基因诊断和基因治疗成为可能。

20世纪80年代中期，人类基因组计划(human genome project，HGP)被提出，并于1990年正式启动。2001年2月，包括中国科学家在内的6国科学家共同协作完成人类基因组草图，为人类破解生命之谜奠定了坚实基础，为人类的健康和疾病研究带来根本性的变革。

目前，生物化学又发展到蛋白质组学(proteomics)研究阶段。2003年，贺福初团队进行人类肝蛋白质组计划取得阶段性进展，已系统构建国际上第一张人类器官蛋白质组"蓝图"。蛋白质组学研究蛋白质的定位、结构和功能、相互作用及特定时空的蛋白质表达谱等，确定人类蛋白质结构与功能比测定人类基因组序列更具挑战性。

第三节 生物化学与药学的关系

一、生物化学在药学和药品制造中的地位与作用

视频：

生物化学和药学的关系

生物化学为新药的开发提供了坚强的理论基础和技术手段，已经渗透至药学领域中的中药学、药理学、药学化学、药物制剂等多个学科，并成为当代药学学科发展的先导。

生物化学技术可以从天然产物中发现具有进一步研究和开发价值的物质，即药物的先导物，再对其分子进行简化、改造、修饰或优化，即可发现与创制具有新型结构及特殊药理作用的新药。

二、生物化学与药品生产的联系

生物化学在制药工业生产中的作用极其显著，生物化学学科发展促进了制药业产品更新、技术进步和行业发展。以生物化学、微生物学和分子生物学为基础发展起来的生物技术制药工业，已经成为制药工业的一个新门类。各种生物技术已经广泛应用于制药工业中；越来越多的重组药物，如人胰岛素、人生长激素、干扰素、白细胞介素 -2、促细胞生成素、组织纤溶酶原激活剂和乙肝疫苗等均已在临床广泛使用，新的蛋白质工程产物的种类正在日益增加。应用生物工程技术改造传统制药工业，已成为行业技术的主力军，生物制药技术和传统的制药技术已经融为一体，迅速发展成为新型的工业生产模式。

鉴于生物化学在药学和制药行业中的地位和作用，作为药学、药品生产技术专业的学生，通过本门课程的学习，既可以理解生命现象的本质，又可以把生物化学原理和技术应用于药物的研究、制备、检测、储运养护和临床使用中，同时为进一步学习其他后续课程奠定扎实的生物化学基础。

第四节 生物化学的学习方法

生物化学是在分子水平上研究生命活动规律的一门基础交叉学科。其内容相当广泛，在学习本课程时，将涉及无机化学、有机化学、物理化学、数学、物理学、生物学及生理学等许多学科的基本知识。学习时应遵照循序渐进的原则，在学好相应学科基本知识的基础上再学习本课程。

在学习方法上，首先要把生物体看成是体内无数的生物化学变化和生理活动融合成的统一整体，物质代谢过程虽然错综复杂、多种多样，但又相互制约、彼此联系。体内的生化活动过程既要与内环境的变化及生理需要相适应，又要与外界环境相统一。因此，在学习过程中，不应机械地、静止地、孤立地对待每个问题，必须注意它们之间的相互关系及发展的变化，要理解和运用所学的知识，深入掌握每个代谢过程的条件、意义及与其他物质代谢的相互关系等问题。由于生物化学是一门迅速发展的学科，对于现有的结论与认识还会不断地发展、提高或被纠正，新的认识与概念会不断出现。总之，

生物化学所阐述的一切现象都发生在活的生物体内,因此,我们必须以辩证的、发展的观点来学习和研究生物化学。

第五节 生物化学相关药物

一、生物药物的概念

生物药物(biopharmaceutics)是指包括生物制品在内的生物体的初级和次级代谢产物或生物体的某一组成部分,甚至是整个生物体,它们均可能用作诊断和治疗的医药品。

二、生物药物的原料来源

天然的生物材料包括人体、动植物、微生物和各种海洋生物。

随着生物技术的发展,有目的地经人工制得的生物原料成为当前生物制药原料的重要来源,如用基因工程技术制得的微生物或细胞。

三、生物药物的药理学特性

1. 治疗的针对性强 如细胞色素 c 用于治疗组织缺氧所引起的一系列疾病。

2. 药理活性高 如注射用的纯腺苷三磷酸(ATP)可以直接供给机体能量。

3. 毒副作用小、营养价值高 蛋白质、核酸、糖类、脂类等生物药物本身就直接取自体内。

4. 生理副作用时有发生 生物体之间的种属差异或同种生物体之间的个体差异都很大,所以用药时难免会发生免疫反应和过敏反应。

四、生物药物的特殊性

1. 原料中的有效物质含量低 激素、酶在体内含量极低。

2. 稳定性差 生物药物的分子结构中具有特定的活性部位,该部位有严格的空间结构,一旦结构被破坏,生物活性也就随着消失。例如,很多理化因素可以使酶失活。

3. 易腐败 生物药物营养价值高,易染菌、腐败。生产过程中应保持低温、无菌。

4. 注射用药有特殊要求 生物药物易被肠道中的酶所分解,因此多采用注射给药。注射用药比口服用药要求更严格,因此对药物制剂的均一性、安全性、稳定性、有效性等都有严格要求,同时对其理化性质、检验方法、剂型、剂量、处方、储存方式等亦有明确的要求。

5. 检验特殊性 生物药物具有生理功能,因此生物药物不仅要有理化检验指标,更要有生物活性检验指标。

五、生物药物的分类

(一) 按结构分类

按结构分类有利于比较一类药物的结构与功能的关系、分离制备方法的特点和检验方法。

1. 氨基酸及其衍生物类药物　包括天然氨基酸和氨基酸混合物及衍生物。甲硫氨酸可防治肝炎、肝坏死和脂肪肝，谷氨酸可用于防治肝性脑病、神经衰弱和癫痫。

2. 蛋白质和多肽类药物　化学本质相同，分子量有差异。蛋白质类药物包括人血白蛋白、丙种球蛋白、胰岛素等；多肽类药物包括催产素、胰高血糖素等。

3. 酶和辅酶类药物　酶类药物按功能分为消化酶（胃蛋白酶、胰酶、麦芽淀粉酶）、消炎酶（溶菌酶、胰蛋白酶）、心血管疾病治疗酶（激肽释放酶扩张血管降血压）等。辅酶类药物在酶促反应中有传递氢、电子和基团的作用，已广泛用于肝病和冠心病的治疗。

4. 核酸及其降解物和衍生物类药物　DNA 可用于治疗精神迟缓、虚弱和抗辐射，RNA 用于慢性肝炎、肝硬化和肝癌的辅助治疗，多聚核苷酸是干扰素的诱导剂。

5. 糖类药物　抗凝血、降血脂、抗病毒、抗肿瘤、增强免疫功能和抗衰老。

6. 脂类药物　磷脂类如脑磷脂、卵磷脂，可用于治疗肝病、冠心病和神经衰弱。脂肪酸可用于降血脂、降血压、抗脂肪肝。

7. 细胞生长因子　干扰素、白细胞介素、肿瘤坏死因子等。

8. 生物制品类　从微生物、原虫、动物和人体材料直接制备，或用现代生物技术和化学方法制成作为预防、治疗、诊断特定传染病或其他疾病的制剂。

（二）按来源分类

按来源分类有利于对不同原料进行综合利用、开发研究。

1. 人体组织来源　疗效好，无副作用，来源有限。如人血液制品类、人胎盘制品类、人尿制品类。

2. 动物组织来源　动物脏器，来源丰富，价格低廉，可以批量生产。但由于种属差异，要进行严格的药理毒理实验。

3. 植物组织来源　中草药、酶、蛋白质、核酸。

4. 微生物来源　抗生素、氨基酸、维生素、酶。

5. 海洋生物来源　动植物、微生物。

六、生物药物的功能和用途

1. 治疗药物　如心脑血管疾病治疗药物等。

2. 预防药物　用于传染性强的疾病，如疫苗、菌苗、类毒素。

3. 诊断药物　速度快，灵敏度高，特异性强。如免疫诊断、酶诊断、放射性诊断、基因诊断试剂。

4. 其他　生化试剂、保健品、化妆品、食品、医用材料。

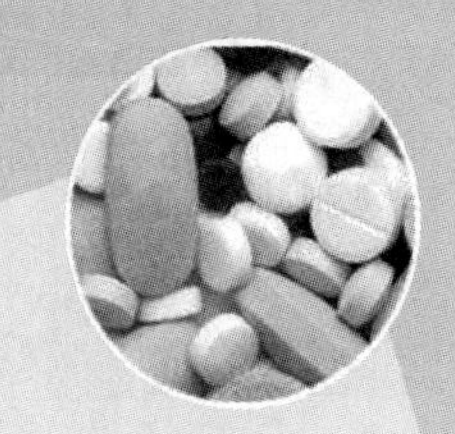

第二章

蛋白质的结构与功能

学习目标

知识目标

1. 掌握：蛋白质的元素组成及特点，氨基酸的结构特点，肽键的概念和形成，蛋白质一、二、三、四级结构的概念和稳定的主要化学键，蛋白质等电点和电泳的概念，蛋白质胶体性质的稳定因素，蛋白质变性的概念和变性因素，蛋白质的紫外吸收性质，蛋白质的呈色反应。
2. 熟悉：氨基酸的分类和理化性质，蛋白质的生理功能，多肽链的方向性，蛋白质在溶液中电离状况的判断，透析的概念，复性的概念。
3. 了解：体内的重要生理活性肽，模体和结构域，蛋白质构象改变与疾病，蛋白质的分类。

技能目标

1. 学会解释部分临床分子病和构象病的发病机制。
2. 在蛋白质类药物制备中能根据蛋白质的理化性质初步选择不同的分离纯化方法。

第一节 蛋白质的化学组成

案例导入

［案例］2008年，权威媒体报道国内某省多位1岁内患儿出现尿少或血尿症状。家长带患儿入院就诊，经B超检查发现为肾结石。医生询问喂养史，发现这些患儿均一直服用××牌奶粉，结合其他病例报告，考虑为奶粉中添加的三聚氰胺引起中毒。

［讨论］

1. 蛋白质的元素组成有哪些？
2. 蛋白质的元素组成中特征元素及其含量特点是什么？
3. 为什么乳品企业要在奶粉中加入三聚氰胺？
4. 蛋白质的生理功能是什么？

蛋白质(protein)是一类由氨基酸通过肽键连接而成的生物大分子，普遍存在于生物界。蛋白质是生命活动的主要执行者，也是生命现象的体现者，是人体细胞中含量最丰富的生物大分子。蛋白质的分子结构千差万别，决定了蛋白质功能的多样性。蛋白质在机体生理活动中具有重要的功能，如催化、免疫保护、物质运输与储存、生长和分化调节、信息传递、跨膜转运和电子传递等。本章重点介绍蛋白质分子的结构与功能。

视频：

蛋白质的元素组成

一、蛋白质的元素组成

生物体中蛋白质的组成元素主要有碳(50%~55%)、氢(6%~8%)、氧(19%~24%)、氮(13%~19%)和硫(0~4%)。部分蛋白质还含有少量磷或金属元素铁、铜、锌、锰、钼、钴等，个别蛋白质还含有碘。各种蛋白质中氮的含量很接近，平均约为16%。即1 g氮相当于6.25 g蛋白质。蛋白质是体内的主要含氮化合物，因此在不精确计算时，测定生物样品中含氮量可按下式推算该样品中蛋白质的含量：

考点提示

凯氏定氮法计算蛋白质含量。

每克样品含氮克数(g)×6.25＝样品中蛋白质含量(g)

知识拓展

三聚氰胺与乳制品安全

2008年，中国某省多位1岁内患儿出现肾结石症状，其后在患儿食用奶粉中检出三聚氰胺。三聚氰胺是一种含氮杂环有机化合物，含氮量66%左右。蛋白质平均含氮量为16%左右，当含氮量高的三聚氰胺混入乳制品中后，会提升检测品中的氮含量指标，在通过“凯氏定氮法”来估算食物中蛋白质含量时使检测计算值升高。但三聚氰胺本是一种化工原料，对身体有害，水溶性弱，不可用作食品添加物。当三聚氰胺混入乳制品中而使劣质食品通过食品检验机构的检测后，食用患儿就出现了肾结石等症状。国家对此事件予以了报道和处理，维护了民众食品健康安全。

二、蛋白质的基本结构单位——氨基酸

蛋白质经酸、碱或蛋白酶水解后，水解的最终产物是氨基酸（amino acid），因此氨基酸是蛋白质的基本结构单位。已经发现存在于自然界中的氨基酸共有300余种，但组成人体蛋白质的氨基酸只有20种。

（一）氨基酸的结构特点

组成蛋白质的20种氨基酸的基本结构特征为：α-碳原子上连有4个基团或原子，分别为羧基（—COOH）、氨基（$—NH_2$）（脯氨酸为亚氨基）、侧链基团和氢原子。由于侧链基团结构的差异，形成了理化性质各异的20种氨基酸。氨基酸分子的结构可用如下通式表示（R表示侧链基团）：

$$
\begin{array}{c} H \\ | \\ R—C—COOH \\ | \\ NH_2 \end{array}
$$

氨基酸的结构通式

20种氨基酸中，除甘氨酸外，其余氨基酸中与α-碳原子相连的4个原子或基团均不相同，将这样的α-碳原子称为不对称碳原子（又称手性碳原子）。4个原子或基团在α-碳原子周围有两种不同的空间排布方式，形成两种不同的立体构型，即L型和D型。组成人体蛋白质除甘氨酸外都属于L-氨基酸。

考点提示

氨基酸的分类。

综上，组成人体蛋白质的氨基酸除甘氨酸外都是L-α-氨基酸。L-α-氨基酸的结构通式如下：

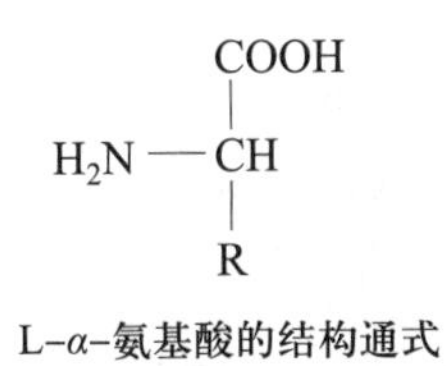

L-α-氨基酸的结构通式

（二）氨基酸的分类

20种氨基酸的侧链结构与性质不同，可以此划分成4类（表2-1）。

1. 非极性疏水性氨基酸　包括色氨酸、丙氨酸、缬氨酸、亮氨酸、异亮氨酸、苯丙氨酸、脯氨酸。这类氨基酸的特征为：含有非极性的侧链，在水中的溶解度小。

2. 极性中性氨基酸　包括甘氨酸、丝氨酸、苏氨酸、半胱氨酸、甲硫氨酸（蛋氨酸）、酪氨酸、天冬酰胺和谷氨酰胺。这类氨基酸的特征为：侧链带有羟基、巯基、酰胺基等极性基团，具有亲水性，故比非极性疏水性氨基酸易溶于水（色氨酸微溶于水），但在中性溶液中不解离。

3. 酸性氨基酸　包括天冬氨酸与谷氨酸，这类氨基酸的R侧链含有羧基，易解离释放出H^+而具有酸性。

4. 碱性氨基酸　包括赖氨酸、精氨酸与组氨酸，这类氨基酸的R侧链易接受H^+而具有碱性。

表 2-1 组成蛋白质的氨基酸分类

分类	中文名	结构式	英文名	简写符号（三字，一字）	等电点（pI）
1. 非极性疏水性氨基酸	色氨酸	$C_8H_6N(H)-CH_2-CH(NH_2)-COOH$	tryptophan	Trp，W	5.89
	丙氨酸	$H_3C-CH(NH_2)-COOH$	alanine	Ala，A	6.00
	缬氨酸	$H_3C-CH(CH_3)-CH(NH_2)-COOH$	valine	Val，V	5.96
	亮氨酸	$H_3C-CH(CH_3)-CH_2-CH(NH_2)-COOH$	leucine	Leu，L	5.98
	异亮氨酸	$H_3C-CH_2-CH(CH_3)-CH(NH_2)-COOH$	isoleucine	Ile，I	6.02
	苯丙氨酸	$C_6H_5-CH_2-CH(NH_2)-COOH$	phenylalanine	Phe，F	5.48
	脯氨酸	$-CH_2CH_2CH_2-NH-CH(COOH)-$ (ring)	proline	Pro，P	6.30
2. 极性中性氨基酸	甘氨酸	$H-CH(NH_2)-COOH$	glycine	Gly，G	5.97
	丝氨酸	$HO-CH_2-CH(NH_2)-COOH$	serine	Ser，S	5.68
	苏氨酸	$HO-CH(CH_3)-CH(NH_2)-COOH$	threonine	Thr，T	5.60
	半胱氨酸	$HS-CH_2-CH(NH_2)-COOH$	cysteine	Cys，C	5.07
	甲硫氨酸	$H_3C-S-CH_2-CH_2-CH(NH_2)-COOH$	methionine	Met，M	5.74
	酪氨酸	$HO-C_6H_4-CH_2-CH(NH_2)-COOH$	tyrosine	Tyr，Y	5.66
	天冬酰胺	$H_2N-C(=O)-CH_2-CH(NH_2)-COOH$	asparagine	Asn，N	5.41
	谷氨酰胺	$H_2N-C(=O)-CH_2-CH_2-CH(NH_2)-COOH$	glutamine	Gln，Q	5.65

续表

分类	中文名	结构式	英文名	简写符号（三字，一字）	等电点（pI）
3. 酸性氨基酸	天冬氨酸	$HOOC—CH_2—CH(NH_2)—COOH$	aspartic acid	Asp，D	2.97
	谷氨酸	$HOOC—CH_2—CH_2—CH(NH_2)—COOH$	glutamic acid	Glu，E	3.22
4. 碱性氨基酸	赖氨酸	$H_2N—CH_2—CH_2—CH_2—CH_2—CH(NH_2)—COOH$	lysine	Lys，K	9.74
	精氨酸	$H_2N—C(=NH)—NH—CH_2—CH_2—CH_2—CH(NH_2)—COOH$	arginine	Arg，R	10.76
	组氨酸	咪唑环（HN、N）$—CH_2—CH(NH_2)—COOH$	histidine	His，H	7.59

在基因表达中，这20种氨基酸都有相应的遗传密码，在蛋白质翻译过程中会根据碱基排列顺序出现。此外，在蛋白质翻译后的修饰过程中，脯氨酸和赖氨酸可分别被羟化为羟脯氨酸和羟赖氨酸，蛋白质分子中20种氨基酸残基的某些基团还可被甲基化、磷酸化、乙酰化等翻译后修饰，从而改变蛋白质的溶解度、稳定性和亚细胞定位等，体现了蛋白质生物多样性的一个方面。

三、氨基酸的理化性质

1. 两性解离与等电点　氨基酸分子中既含有氨基（$—NH_2$），又含有羧基（—COOH），其中氨基可接受质子形成$—NH_3^+$，具有碱性；羧基可释放质子而解离成COO^-，具有酸性。因此，氨基酸具有两性解离的性质。

氨基酸的解离方式及带电荷状态取决于氨基酸所处溶液的酸碱度。当氨基酸在溶液中解离成阴、阳离子的趋势和程度相等，净电荷为零时，此时溶液的pH称为氨基酸的等电点（isoelectric point，pI），氨基酸的带电荷状态为兼性离子。通常酸性氨基酸的pI<4.0，碱性氨基酸的pI>7.5，中性氨基酸的pI在5.0~6.5（表2-1）。氨基酸的解离状态可用下式表示：

$$\underset{\substack{pH<pI\\ \text{阳离子}}}{R—CH(NH_3^+)—COOH} \underset{H^+}{\overset{OH^-}{\rightleftharpoons}} \underset{\substack{pH=pI\\ \text{兼性离子}}}{R—CH(NH_3^+)—COO^-} \underset{H^+}{\overset{OH^-}{\rightleftharpoons}} \underset{\substack{pH>pI\\ \text{阴离子}}}{R—CH(NH_2)—COO^-}$$

2. 紫外吸收性质　酪氨酸、色氨酸和苯丙氨酸中含有共轭双键，能吸收紫外线，最大吸收峰出现在波长280 nm处附近。该性质对于蛋白质的定性和定量测定具有重要的意义。

3. 呈色反应　氨基酸与水合茚三酮一起加热时,氨基酸被氧化分解,生成醛、氨及二氧化碳;茚三酮化合物被还原,其还原物可与氨及另一分子茚三酮缩合生成蓝紫色的化合物,此化合物最大吸收峰在 570 nm 波长处。该吸收峰值的大小与氨基酸的量成正比,因此茚三酮反应可作为氨基酸的定性或定量分析方法。

第二节　蛋白质的分子结构

蛋白质分子是由许多氨基酸通过肽键连接而成的生物大分子。人体内具有生理功能的蛋白质都是有序结构,每种蛋白质都有其特定的氨基酸百分组成、氨基酸排列顺序及肽链空间的特定排布位置。因此由氨基酸排列顺序及肽链的空间排布等所构成的蛋白质分子结构是蛋白质具有独特生理功能的结构基础。为了研究方便,一般将蛋白质的分子结构分为一级、二级、三级和四级结构。一级结构是蛋白质的基本结构,二级、三级、四级结构统称为高级结构或空间构象。蛋白质的空间结构涵盖了蛋白质分子中的每一原子在三维空间的相对位置,它们是蛋白质特有性质和功能的结构基础。需注意的是,并非所有的蛋白质都有四级结构,由一条肽链形成的蛋白质只有一级、二级和三级结构,由两条或者两条以上多肽链形成的蛋白质才有可能形成四级结构。

一、蛋白质的一级结构

(一) 肽键和肽

在蛋白质分子中,氨基酸之间通过肽键(peptide bond)连接。一个氨基酸的 α- 羧基与另一个氨基酸的 α- 氨基脱水缩合形成的化学键称为肽键(—CO—NH—)。

$$H_2N-\underset{R_1}{\underset{|}{CH}}-\overset{O}{\overset{\|}{C}}-OH + H-NH-\underset{R_2}{\underset{|}{CH}}-COOH \xrightarrow{-H_2O} H_2N-\underset{R_1}{\underset{|}{CH}}-\overset{O}{\overset{\|}{C}}-\underset{H}{\underset{|}{N}}-\underset{R_2}{\underset{|}{CH}}-COOH$$

肽键

肽键为共价键,其中的 C—N 键长为 0.132 nm,键长介于 C—N 单键(0.149 nm)和 C═N 双键(0.127 nm)之间,具有部分双键性质,不能自由旋转。参与组成肽键中的 C、O、N、H 4 个原子和与它相邻的 2 个 α- 碳原子总是处在同一个平面上($C_{\alpha1}$、N、H、C、O、$C_{\alpha2}$),这个平面称为肽平面或肽单元。肽平面中与 α- 碳原子相连的两个单键(C_α—C、C_α—N)可以自由旋转,这样肽平面可以围绕 C_α 旋转、卷曲、折叠,这就是以肽键平面为基本单位自由旋转形成空间结构的基础(图 2-1)。

氨基酸通过肽键缩合而成的化合物称为肽(peptide)。由 2 个氨基酸形成的肽称二肽,3 个氨基酸形成的肽称三肽,以此类推。一般十肽以下统称为寡肽,十肽以上者称作多肽。参与肽键形成的氨基酸分子因参与缩合脱水而基团结构不完整,称为氨基酸残基。

多肽分子中氨基酸相互衔接,形成长链状结构,称为多肽链。多肽链有两个游离末端,一端是未参与肽键形成的 α- 氨基,称氨基末端或简称为 N 端,另一端是未参与形成肽键的 α-COOH,称羧基末端或简称为 C 端。习惯上将 N 端写在左侧,C 端写在右侧,

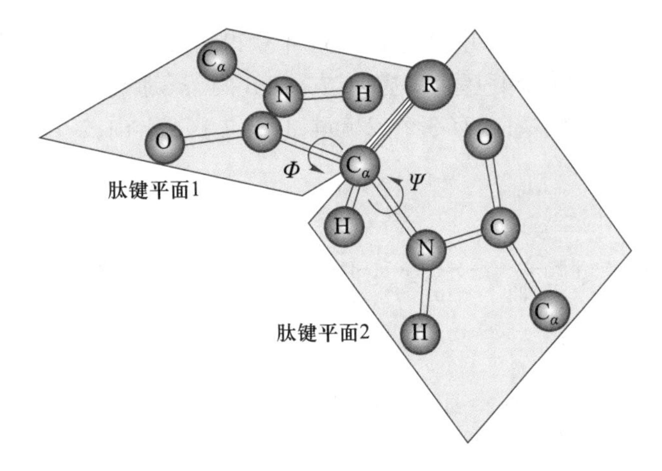

图 2-1　肽单元结构示意图

氨基酸编号依次从 N 端向 C 端排列。多肽链的写法见下式，肽链中氨基酸残基可用结构式、中文或英文代号来表示，如：

$$\text{(N端)}\ H_2N-\underset{|}{\overset{R_1}{}}CH-CO-NH-\overset{R_2}{CH}-CO-NH-\overset{R_3}{CH}-CO-\cdots-NH-\overset{R_n}{CH}-COOH\ \text{(C端)}$$

(二) 生物活性肽

人体内存在许多具有重要生理活性的低分子量肽，称为生物活性肽，在代谢调节、神经传导等方面起着重要的作用。随着肽类药物的发展，许多化学合成或重组 DNA 技术制备的肽类药物和疫苗已经在疾病预防和治疗等方面取得成效。

谷胱甘肽(glutathione，GSH)是由谷氨酸、半胱氨酸、甘氨酸缩合而成的三肽，第一个肽键是由谷氨酸 γ-COOH 参与缩合。GSH 分子中半胱氨酸残基的巯基(—SH)是主要功能基团，具有还原性。GSH 是机体内重要的还原剂，保护体内含巯基的蛋白质或酶不被氧化；使细胞内产生的 H_2O_2 还原成 H_2O；它还具有亲核特性，能与外源性的致癌剂或药物等结合，阻断这些化合物与 DNA、RNA 或蛋白质结合。临床常用 GSH 作为解毒、抗辐射或治疗肝疾病的药物。

体内还有许多激素属寡肽或多肽，如下丘脑 - 垂体 - 肾上腺皮质轴催产素(九肽)、加压素(九肽)、促肾上腺皮质激素(三十九肽)、促甲状腺素释放激素(三肽)等。此外，还有一类在神经传导中起信号转导作用的肽类被称为神经肽(neuropeptide)，如较早发现的脑啡肽(五肽)、β- 内啡肽、强啡肽(十七肽)，以及近年发现的孤啡肽(十七肽)等，它们与中枢神经系统产生痛觉抑制有密切关系，较早被用于临床的镇痛治疗。除此以外，神经肽还包括 P 物质(十肽)、神经肽 Y 家族等。随着脑科学的发展，相信将发现更多的在神经系统中起重要作用的生物活性肽或蛋白质。

(三) 一级结构

在蛋白质分子中，多肽链从 N 端到 C 端的氨基酸残基排列顺序称为蛋白质的一级结构(primary structure)。一级结构中的主要化学键是肽键。此外，有的蛋白质分子一级结构中也含有二硫键。牛胰岛素是第一个被确定一级结构的蛋白质，由英国化学家

F. Sanger 于 1953 年完成测定，并因此于 1958 年获得诺贝尔化学奖。图 2-2 为牛胰岛素的一级结构，其中共 51 个氨基酸残基，形成 A、B 两条多肽链，A 链有 21 个氨基酸残基，B 链有 30 个氨基酸残基；含有 3 个二硫键，1 个位于 A 链内，2 个位于 A、B 两条链之间。

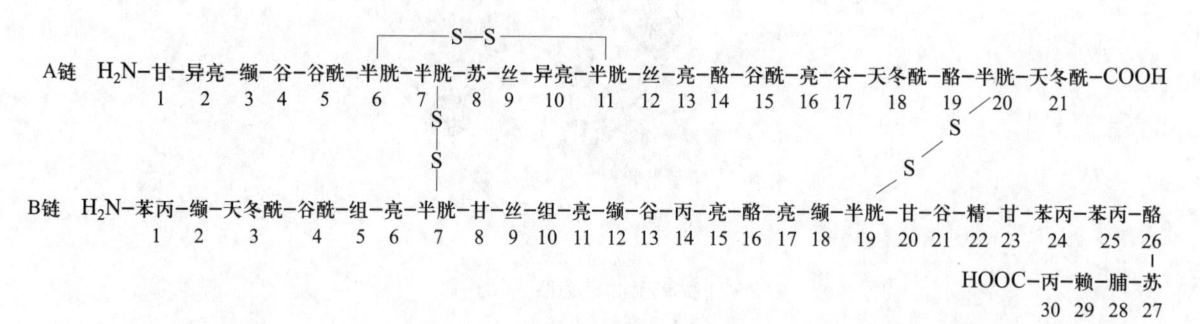

图 2-2 牛胰岛素的一级结构

考点提示

蛋白质的各级结构定义和主要化学键。

体内种类繁多的蛋白质，其一级结构各不相同，因此结构多样、功能各异。一级结构是蛋白质空间结构和特异生物学功能的基础，是理解蛋白质结构、作用机制及与其同源蛋白质生理功能的必要基础。但随着蛋白质结构研究的深入，人们已认识到蛋白质的一级结构并不是决定蛋白质空间结构的唯一因素。蛋白质一级结构的阐明，对揭示某些疾病的发病机制、指导疾病治疗有重要的意义。

二、蛋白质的空间结构

在一级结构的基础上，多肽链需折叠、盘曲形成特有的空间结构，这种蛋白质分子中各原子和基团在三维空间的相对位置，称为蛋白质构象（protein conformation），或称为蛋白质的空间结构。各种蛋白质的分子形状、理化性质和生物学活性主要决定于其特定的空间结构。蛋白质的空间结构包括蛋白质的二级、三级和四级结构。

（一）蛋白质的二级结构

视频：

二级结构的定义和形式

蛋白质的二级结构（secondary structure）是指蛋白质分子中多肽链主链的局部空间结构，即局部肽段主链骨架原子的相对空间位置，不涉及氨基酸残基侧链的空间位置。多肽链主链骨架由 C_α、C（羰基碳）和 N（氨基氮）3 个原子依次重复排列构成，由于 C_α 所连接的两个单键（C—C_α、C_α—N）可自由旋转，致使 C_α 两侧的肽平面可形成若干不同的空间排布位置，这就是产生各种二级结构的基础。二级结构有 α 螺旋、β 折叠、β 转角和无规卷曲等不同结构形式，其中前两种形式为主要形式。蛋白质分子量大，因此一个蛋白质分子中可同时含有多种二级结构或多个同种二级结构。

1. α 螺旋（α-helix） α 螺旋是指多肽链中肽单元通过 α- 碳原子的相对旋转，围绕中心轴作有规律盘绕形成的一种紧密螺旋结构，其结构特点如图 2-3 所示。

（1）多肽链主链以肽单元为单位，以 α- 碳原子为转折点，形成稳固的右手螺旋结构。

（2）螺旋每圈含 3.6 个氨基酸残基，每个残基跨距为 0.15 nm，螺旋每上升一圈的高度（螺距）为 0.54 nm（3.6×0.15 nm）。

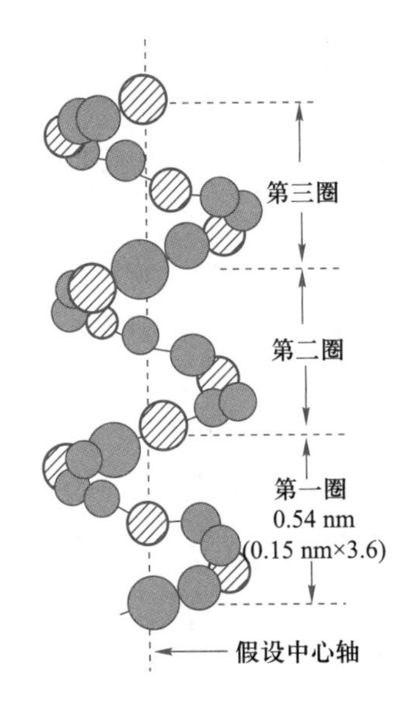

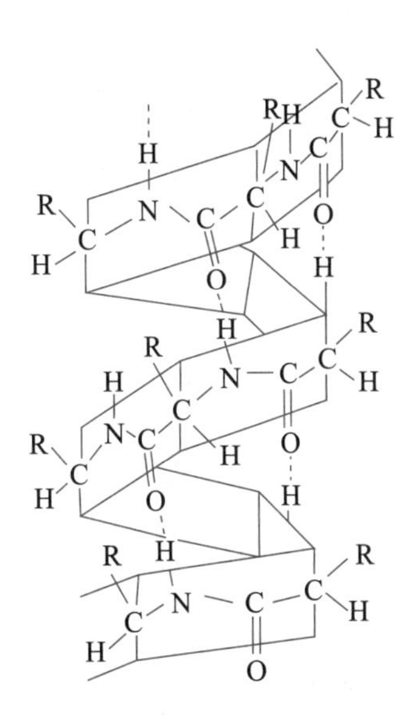

图 2-3 α 螺旋结构示意图

(3) 每个肽键的亚氨基氢(N—H)和第四个肽键的羰基氧原子(C═O)在螺旋中相互靠近形成氢键,氢键方向与螺旋中心轴基本平行。肽链中的全部肽键都可形成氢键,以稳定 α 螺旋结构。

(4) 各氨基酸残基的侧链 R 基团均伸向螺旋外侧,R 基团的大小、形状、性质及所带电荷均对 α 螺旋的形成及稳定性产生影响。如脯氨酸形成的肽键 N 原子上没有 H,不能形成氢键,故不能形成 α 螺旋,肽链出现转折;天冬酰胺、亮氨酸的侧链较大,会影响 α 螺旋的形成;带相同电荷的 R 基团集中时,由于电荷的相互排斥,也不利于 α 螺旋的形成。

α 螺旋是球状蛋白质构象中最常见的二级结构形式。第一个被阐明空间结构的蛋白质是肌红蛋白,其分子中有许多肽段呈 α 螺旋结构;毛发的角蛋白、肌肉的肌球蛋白及血凝块中的纤维蛋白,它们的多肽链几乎全部卷曲成 α 螺旋。

2. β 折叠(β-pleated sheet) 也称 β 片层,是多肽链主链一种较为伸展、呈锯齿状的二级结构形式。其结构特点如下(图 2-4)。

(1) 多肽链呈伸展状态,相邻肽单元之间折叠成锯齿状的结构,两平面间夹角为 110°。

(2) 两段以上的 β 折叠结构平行排布时,它们之间靠链间肽键的羰基氧和亚氨基氢形成链间氢键来稳定 β 折叠结构,氢键的方向与折叠的长轴垂直。

(3) 两条肽链的走向可以相同,也可以不同,前者称为顺向平行,后者称为反向平行。从能量角度看,反向平行的两条肽链更为稳定。

(4) 各氨基酸残基的 R 基团交错伸向锯齿状结构的上下方。

β 折叠一般与结构蛋白的空间构象有关,许多蛋白质既有 α 螺旋又有 β 折叠,而蚕丝蛋白几乎都是 β 折叠结构。

3. β 转角(β-pleated turn) 在球状蛋白质分子中,多肽链主链常会出现 180° 回折,这种回折部分称为 β 转角(图 2-5)。β 转角通常由 4 个连续的氨基酸残基组成,第一个

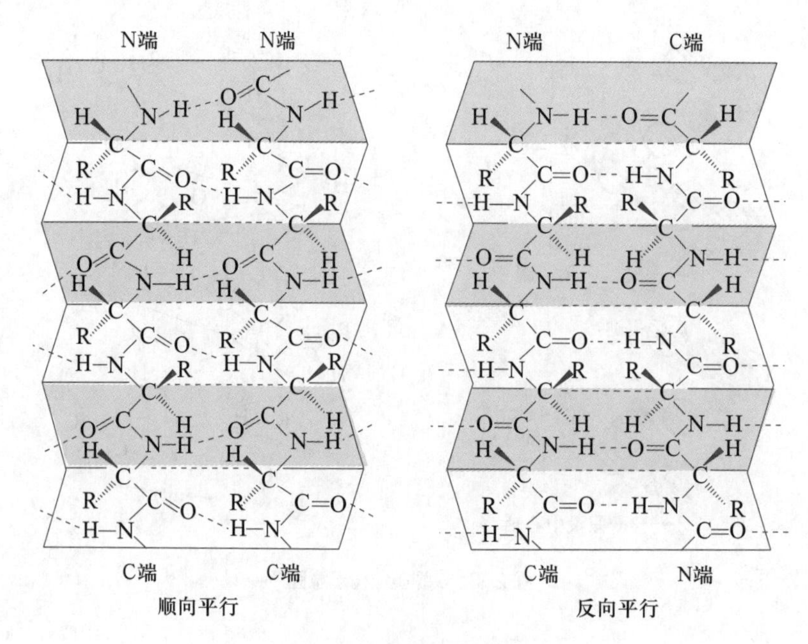

图 2-4　β 折叠结构示意图

氨基酸残基的羰基氧与第四个氨基酸残基的亚氨基氢之间形成氢键，以维持β转角构象的稳定。在β转角中，第二个残基常为脯氨酸，其他常见残基有甘氨酸、天冬氨酸、天冬酰胺和色氨酸。

4. 无规卷曲（random coil）　多肽链中除上述几种比较规律的构象外，还存在一些没有确定规律的局部空间构象，统称为无规卷曲。对于一个特定的蛋白质而言，无规卷曲如同分子中其他二级结构一样具有特定且稳定的空间结构，而且常出现在肽链螺旋或折叠结构之间。

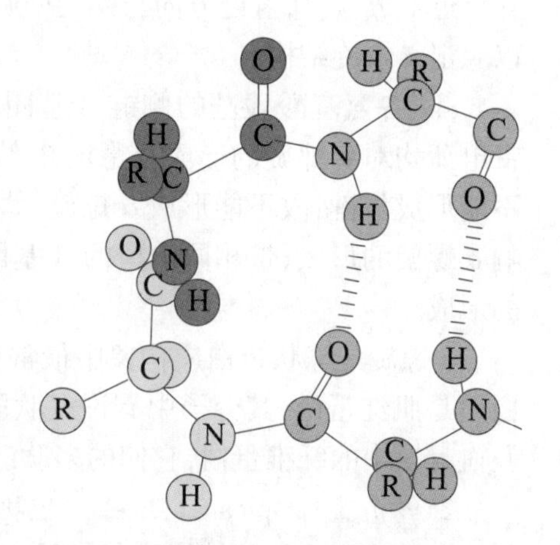

图 2-5　β 转角结构示意图

（二）蛋白质的三级结构

蛋白质的三级结构（tertiary structure）是指在二级结构的基础上，由于侧链 R 基团的相互作用，多肽链进一步卷曲、折叠所形成的三维空间结构，即整条多肽链所有原子在三维空间的排布。

蛋白质三级结构的形成和稳定主要靠各种次级键，如疏水作用力、盐键、氢键与范德华力等（图 2-6），其中疏水作用力最为重要。蛋白质分子中含有疏水基团，如亮氨酸、异亮氨酸、苯丙氨酸、缬氨酸等氨基酸残基的 R 基团，这些基团有一种避开水的趋势，常相互聚集而产生一种藏于分子内部的力量称为疏水作用力。此外，酸性和碱性氨基酸的 R 基团正、负电荷相互吸引而形成的化学键称为盐键（或离子键）。某些 R 基团的氢和氧原子在空间上相互靠近、相互吸引形成的化学键称为氢键；分子中原子之间的作用力称为范德华力，此作用力很弱，随两个非共价键结合原子或分子间距离而变化，但数量巨大，并具有加和效应。这几种次级键都属于非共价键。

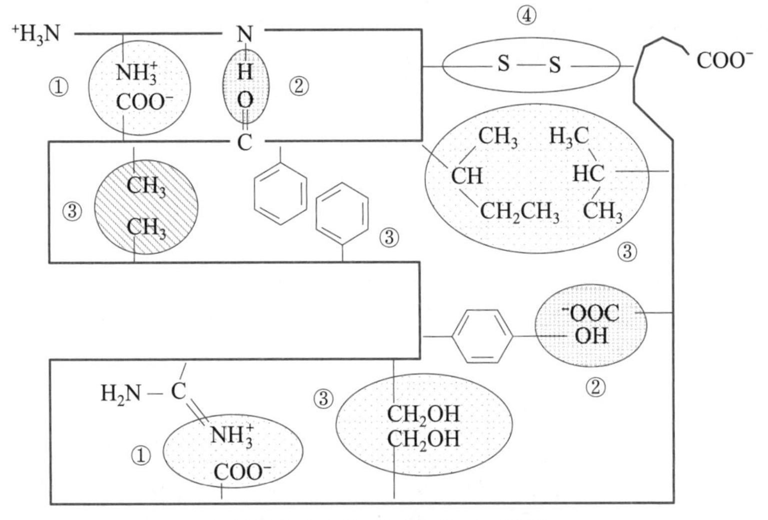

①离子键；②氢键；③疏水键；④二硫键。

图 2-6　维持蛋白质分子构象的次级键

由一条多肽链构成的蛋白质或两条以上多肽链通过共价键相连构成的蛋白质，其最高级结构是三级结构。这类蛋白质只要具有完整的三级结构即具有生物学功能。例如，肌红蛋白（myoglobin，Mb）是由 153 个氨基酸残基构成的单条肽链蛋白质，含有一个血红素辅基。分子中 α 螺旋占 75%，构成 8 个螺旋区，两个螺旋之间有一段无规卷曲。由于侧链 R 基团的相互作用，多肽链缠绕形成一个球状分子，亲水 R 基团大部分分布于球状分子表面，疏水 R 基团则聚集于分子内部，形成一个疏水“口袋”，即是肌红蛋白的结构域，血红素就位于该口袋中（图 2-7）。

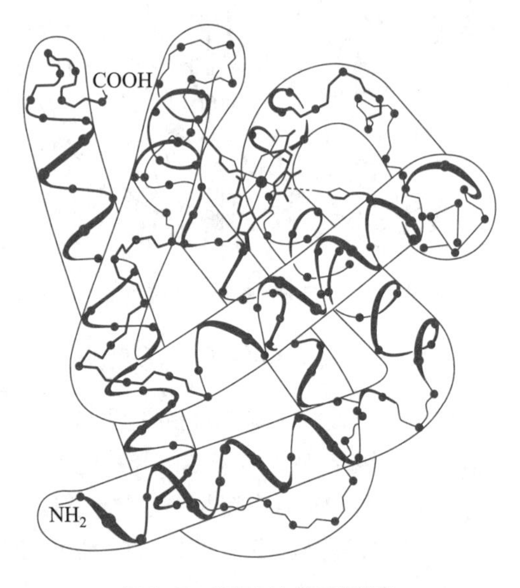

图 2-7　肌红蛋白的三级结构

知识拓展

分子伴侣与蛋白质空间构象

蛋白质体内空间构象的正确形成，除一级结构为决定因素外，还需要分子伴侣的参与。蛋白质多肽链合成后，由于某些肽段有许多疏水基团暴露在外，这些疏水基团在疏水作用力的作用下具有向分子内或分子间聚集的倾向，从而使蛋白质不能正确折叠。分子伴侣能可逆地与这样肽段的疏水部分结合，随后松开，如此重复，进而防止它们相互聚集，使肽链正确折叠。分子伴侣也可与错误聚集的肽段结合，使之解聚后，再诱导其正确折叠。此外，还发现有些分子伴侣能促使二硫键的形成，还有一些分子伴侣如肽基脯氨酰顺反异构酶催化脯氨酸顺反异构体间的缓慢交换，从而加速含有脯氨酸的多肽的折叠。

(三) 蛋白质分子的四级结构

体内许多蛋白质分子含有两条或两条以上的多肽链，其中每一条多肽链都具有独立完整的三级结构，称为亚基(subunit)，亚基与亚基之间呈特定的三维空间排布，并通过非共价键相连接。蛋白质的四级结构(quaternary structure)是指蛋白质分子中各亚基的空间排布及相互作用。

在四级结构中，亚基间的结合力主要是氢键和盐键，不包括共价键。构成四级结构的亚基可以相同，也可以不同。有四级结构的蛋白质，亚基单独存在时一般没有生物学功能，只有完整的四级结构才有生物学功能。有些蛋白质虽然由两条或两条以上多肽链组成，但肽链间通过共价键连接，这种结构不属于四级结构，如胰岛素。

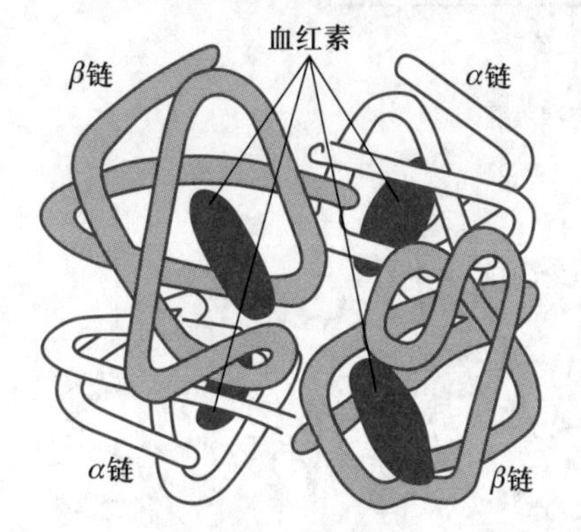

图 2-8 血红蛋白分子的四级结构

血红蛋白(hemoglobin，Hb)是由两个 α 亚基和两个 β 亚基构成的四聚体($\alpha_2\beta_2$)，α 亚基和 β 亚基分别含有 141 个和 146 个氨基酸残基，每个亚基都结合有 1 个血红素辅基(图 2-8)。4 个亚基间通过 8 个离子键相连，形成血红蛋白四聚体，具有运输氧和二氧化碳的功能。每一个亚基单独存在时，虽可结合氧，但在体内组织中难释放氧，失去了血红蛋白原有的运输氧的作用。

三、蛋白质的结构与功能的关系

(一) 一级结构与功能的关系

1. 一级结构是空间结构和功能的基础　有些蛋白质虽然空间结构遭到破坏，但只要多肽链的一级结构完整，在一定条件下，可自发恢复原来的空间结构和生物学功能，如牛核糖核酸酶。牛核糖核酸酶是由 124 个氨基酸残基组成的一条多肽链，有 4 对二硫键，空间构象为球状分子。用尿素(或盐酸胍)和 β- 巯基乙醇处理该酶溶液，分别破坏次级键和二硫键，酶分子变成一条松散的肽链，此时酶活性完全丧失。当用透析法除去尿素和 β- 巯基乙醇后，松散的多肽链又遵循其特定的氨基酸序列，重新折叠成天然的三级结构，4 对二硫键正确配对，这时酶活性又逐渐恢复至原来水平(图 2-9)。这一现象充分证实蛋白质一级结构是空间结构的基础。

2. 一级结构的改变可能会引起疾病　蛋白质分子中起关键作用的氨基酸残基缺失或被替代，会严重影响空间结构乃至生理功能，甚至导致疾病发生。在人类目前发现的 300 多种遗传突变血红蛋白中，大多数都只有一个氨基酸残基被取代，有些对血红蛋白的结构和功能影响很小，有些则非常严重。例如，镰状细胞贫血，正常人血红蛋白 β 亚基的第 6 位氨基酸是谷氨酸，而患者的血红蛋白中该位置谷氨酸被缬氨酸替换，即酸性氨基酸被中性氨基酸取代。这一取代导致 β 亚基的表面产生了一个疏水的“黏性位点”。黏性位点使得红细胞中水溶性的血红蛋白发生不正常的聚集，形成纤维样沉淀。这些沉淀的长纤维能扭曲并刺破红细胞，引起溶血和多种继发症状，如贫血。这种因蛋白质分子发生变异所导致的疾病，称为“分子病”。

考点提示

镰状细胞贫血的分子发病机制。

（二）空间结构与功能的关系

体内蛋白质所具有的特殊生理功能都与其所具有的特定空间结构密切相关。蛋白质的空间结构改变可导致其生理功能的变化。体内外的各种蛋白质活性调节物质，主要通过改变蛋白质构象来调节其生物活性。

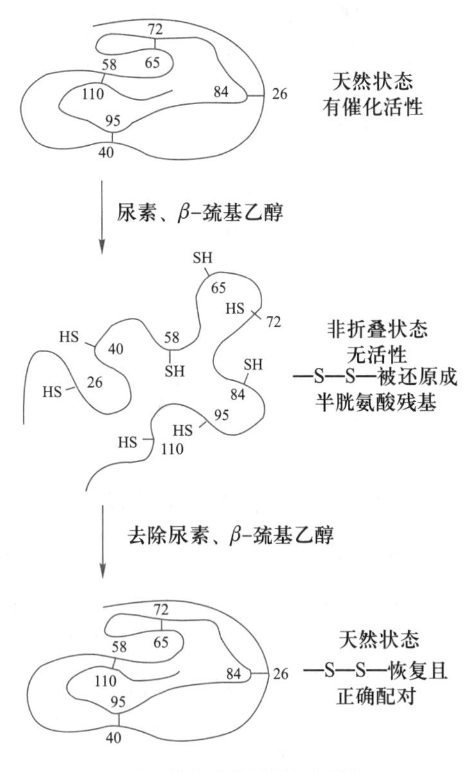

图 2-9　牛核糖核酸酶一级结构与空间结构的关系

1. 血红蛋白空间结构与功能的关系　血红蛋白是红细胞中的主要成分，主要功能为运输 O_2，其功能是通过构象变化来完成的。血红蛋白是四聚体（$\alpha_2\beta_2$），未结合 O_2 时，血红蛋白的 4 个亚基之间靠盐键连接，结构较为紧密，称为紧张态（tense state，T 态）。随着 O_2 的结合，4 个亚基之间的盐键断裂，其空间结构发生变化，使血红蛋白的结构显得相对松弛，称为松弛态（relaxed state，R 态）。T 态血红蛋白对 O_2 的亲和力低，不易与 O_2 结合，R 态血红蛋白对 O_2 亲和力高，是血红蛋白结合 O_2 的形式。在肺部毛细血管，O_2 分压高，当血红蛋白的 1 个 α 亚基与 1 分子 O_2 结合后，促使血红蛋白由 T 态转变为 R 态。在各组织毛细血管，O_2 分压低，促使血红蛋白由 R 态变为 T 态，从而促进氧合血红蛋白释放 O_2，供组织利用。血红蛋白特定的空间结构和这种变构效应有利于它在肺部与 O_2 结合及在周围组织释放 O_2，从而完成它的生理功能。

2. 蛋白质构象疾病　生物体内蛋白质合成、加工、成熟是一个复杂过程，其中多肽链的正确折叠对其正确构象的形成及功能发挥至关重要。若蛋白质折叠发生错误，即使其一级结构未变，但构象发生改变，也仍可影响其功能，严重时可导致疾病发生，这类疾病称为蛋白质构象病。有些蛋白质错误折叠后互相聚集，常形成抗蛋白水解酶的淀粉样纤维沉淀，产生毒性而致病，表现为蛋白质淀粉样纤维沉淀的病理改变，这类疾病包括人纹状体脊髓变性病、阿尔茨海默病、亨廷顿舞蹈症和牛海绵状脑病（俗称疯牛病）等。

知识拓展

疯牛病与朊病毒蛋白

疯牛病是由朊病毒蛋白引起的一组人和动物神经的退行性病变，这类疾病具有传染性、遗传性或散在发病的特点，其在动物间的传播是由朊病毒蛋白组成的传染性颗粒

(不含核酸)完成的。朊病毒蛋白是染色体基因编码的蛋白质。正常人和动物的朊病毒蛋白水溶性强,对蛋白酶敏感,其二级结构为多个 α 螺旋,称为 PrPC。在某种未知蛋白质的作用下,PrPC 转变为二级结构为 β 折叠的致病分子,称为 PrPSC。PrPSC 对蛋白酶不敏感,水溶性差,对热稳定,可相互聚集。PrPC 和 PrPSC 的一级结构完全相同,可见外源或新生的 PrPSC 可以作为模板,通过复杂的机制使仅含 α 螺旋的 PrPC 重新折叠成为仅含 β 折叠的 PrPSC。这种没有核酸的全新传染性疾病类型的发病机制由美国生物化学家 S. Prusiner 提出并进行了精细的实验,他因此获得了 1997 年诺贝尔生理学或医学奖。

第三节　蛋白质的理化性质

一、蛋白质的两性解离和等电点

视频:

两性解离和等电点

蛋白质由氨基酸组成,分子中除多肽链两端的游离 α- 氨基和 α- 羧基可解离外,氨基酸残基侧链中某些基团,如谷氨酸残基中的 γ- 羧基、天冬氨酸残基中的 β- 羧基、赖氨酸残基中的 ε- 氨基、精氨酸残基中的胍基和组氨酸残基中的咪唑基,在一定的溶液 pH 条件下都可以解离成带电荷的基团。由于蛋白质分子中既有能解离出 H^+ 的酸性基团,又有能结合 H^+ 的碱性基团,所以蛋白质分子是两性电解质,其在溶液中的解离状态受到溶液 pH 的影响。

当溶液处于某一 pH 时,蛋白质分子解离成阴、阳离子的趋势相等,净电荷为零,呈兼性离子状态,此时溶液的 pH 称为该蛋白质的等电点(isoelectric point,pI)。蛋白质分子的解离状态可用下式表示:

$$\mathrm{Pr}\langle^{\mathrm{NH_3^+}}_{\mathrm{COOH}} \underset{\mathrm{H^+}}{\overset{\mathrm{OH^-}}{\rightleftharpoons}} \mathrm{Pr}\langle^{\mathrm{NH_3^+}}_{\mathrm{COO^-}} \underset{\mathrm{H^+}}{\overset{\mathrm{OH^-}}{\rightleftharpoons}} \mathrm{Pr}\langle^{\mathrm{NH_2}}_{\mathrm{COO^-}}$$

$pH<pI$	$pH=pI$	$pH>pI$
阳离子	兼性离子	阴离子

当蛋白质溶液的 pH 大于蛋白质 pI 时,蛋白质分子解离成带负电荷的阴离子;当蛋白质溶液的 pH 小于蛋白质 pI 时,蛋白质分子解离成带正电荷的阳离子;当蛋白质溶液的 pH 等于蛋白质 pI 时,该蛋白质颗粒不带正、负电荷,为兼性离子。

蛋白质的 pI 由构成蛋白质的酸性氨基酸和碱性氨基酸的比例决定。体内各种蛋白质的等电点不同,但由于构成体内蛋白质的氨基酸多为酸性氨基酸,故大部分蛋白质的 pI 在 7.0 以下,接近于 5.0。因此,在体液 pH(7.35~7.45)环境中,大多数蛋白质解离成阴离子。

考点提示

判断蛋白质在溶液中的解离状态。

各种蛋白质的 pI 不同,在同一 pH 环境下,所带净电荷的性质(正电荷或负电荷)和电荷量不同,分子量大小和分子形状也不同,它们在同一电场中移动的速度有差异。利用这一特性,可通过电泳技术将混合蛋白质进行分离、纯化。带电荷粒子在电场中向与电荷相反方向移动的现象称为电泳。利用电泳进行分离分析的技术称为电泳技术。蛋白质电泳技术可用于蛋白质的分离纯化及检测分析,临床上常利用血清蛋白电泳来辅助肝、肾疾病的诊断和预后观察。

二、蛋白质的胶体性质

蛋白质是高分子化合物,分子量通常为 10^4~10^7,分子大小已达到胶粒范围(1~100 nm),故蛋白质具有胶体性质。

存在于溶液中的蛋白质大多能溶于水或稀盐溶液。水溶性蛋白质分子多呈球状,分子中疏水性的 R 基团通过疏水作用聚合并埋于分子内部,亲水性的 R 基团多位于分子表面,与周围水分子产生水合作用,使蛋白质分子表面有多层水分子包围,形成比较稳定的水化膜,将蛋白质分子彼此隔开。同时,亲水性 R 基团大都能解离,使蛋白质分子表面带有一定量的同种电荷而互相排斥,防止蛋白质分子聚集而沉降。因此,蛋白质分子表面的水化膜和同种电荷的排斥作用是维持蛋白质亲水胶体稳定的两个因素。若去除蛋白质表面的水化膜和电荷两个稳定因素,蛋白质容易从溶液中沉淀析出(图 2–10)。

考点提示

蛋白质胶体溶液的稳定因素。

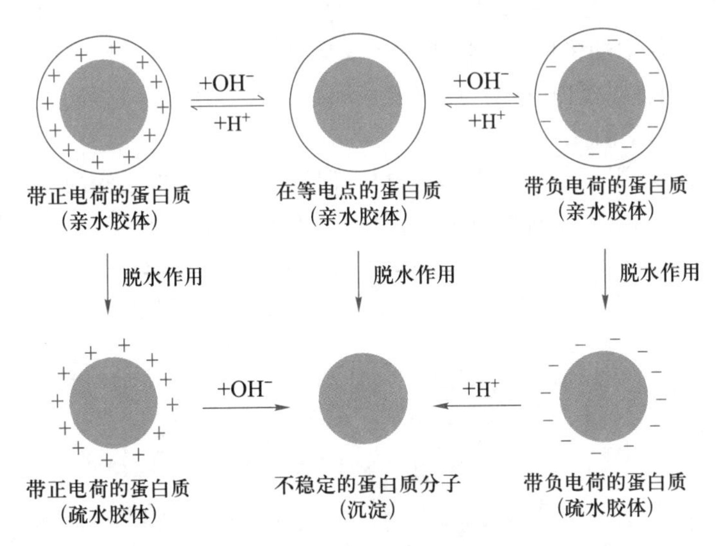

图 2–10　蛋白质胶体颗粒的沉淀

蛋白质胶体颗粒大,不能透过半透膜。当蛋白质溶液中混杂有小分子物质时,可将此溶液放入半透膜做成的袋内,将袋置于蒸馏水或适宜的缓冲液中,小分子杂质从袋中透出,大分子蛋白质则截留在袋内,使蛋白质得以纯化,这种用半透膜来分离纯化蛋白质的方法称为透析。人体的细胞膜、线粒体膜、微血管壁等都具有半透膜性质,使各种蛋白质分布于细胞内外的不同部位,从而在特定区域发挥其生物学作用。

蛋白质不能透过半透膜的性质对维持机体体液平衡有着重要作用。如血浆中蛋白质不能透过毛细血管壁,所形成的胶体渗透压有利于组织水分的回流,当血浆蛋白质含量降低时(如患急性肾小球肾炎时),血浆胶体渗透压降低,组织中水分回流障碍,从而发生水肿。

蛋白质在一定的溶剂中，经超速离心可以发生沉降。单位力场中的沉降速度即为沉降系数（*S*）。沉降系数与蛋白质分子量的大小、分子形状、密度及溶剂密度的高低有关，分子量大、颗粒紧密，沉降系数也大，故利用超速离心法可以分离纯化蛋白质，也可以测定蛋白质的分子量。有些高分子物质也以沉降系数来命名，如 30*S* 核糖体小亚基、5*S* 核糖体 RNA 等。

三、蛋白质的变性和复性

在某些理化因素作用下，蛋白质分子中的次级键断裂，空间结构受到破坏，从而导致其理化性质与生物学活性的丧失，这种现象称为蛋白质的变性（denaturation）。引起蛋白质变性的因素有很多，常见的化学因素有强酸、强碱，乙醇、丙酮等有机溶剂，重金属盐，生物碱试剂，十二烷基磺酸钠（SDS）等；物理因素有高温、高压、紫外线照射、超声波、剧烈振荡等。

考点提示

蛋白质变性的概念和本质。

蛋白质的变性主要是由于二硫键和次级键（氢键、盐键、疏水作用力、二硫键等）的破坏，不涉及一级结构的改变。蛋白质变性后，其溶解度下降，黏度增加，易于沉淀，结晶能力消失，易被蛋白酶水解，丧失原有生物学活性。

在临床医学上，蛋白质的变性有着广泛的应用，如高热和紫外灭菌、乙醇消毒等就是使细菌等病原体中的蛋白质变性来达到消毒、抗感染的目的；反之，在保存蛋白质制剂（如酶、疫苗、丙种球蛋白等）时，则需要在低温（4 ℃以下）环境以防止蛋白质变性，从而有效保持其生物学活性。

大多数蛋白质变性后，不能再恢复其天然构象，称为不可逆变性。少数情况下，蛋白质变性程度较轻，去掉变性因素后，可自发地恢复原有的空间结构和生物学活性，称为蛋白质的复性。如在牛核糖核酸酶溶液中加入尿素和 *β*- 巯基乙醇使其变性，经透析去除尿素和 *β*- 巯基乙醇后，核糖核酸酶又可恢复其原有的构象和活性。

知识链接

蛋白质变性与消毒柜

随着我国经济不断发展，人民对美好生活的追求也不断增长，对身体健康和卫生状况也越来越重视，消毒柜不但成为餐饮行业的必备设备，也越来越多地进入寻常百姓家。消毒柜的消毒方式主要有 3 种：高温消毒、紫外线消毒、臭氧消毒。高温消毒的原理主要是利用高温使细菌的蛋白质变性，从而使细菌死亡。紫外线消毒主要是利用紫外线破坏细菌的遗传物质及使细菌的蛋白质变性，从而杀灭细菌。臭氧消毒主要是利用臭氧的强氧化性来破坏细菌的 DNA，从而杀灭细菌。通过高温、紫外线和臭氧等方式给食具和餐具进行烘干和杀菌消毒后，可以保证它们在使用时的洁净和安全。

四、蛋白质的沉淀

溶液中蛋白质分子的溶解性降低，发生聚集，形成较大的颗粒而从溶液中析出的现象称为沉淀。变性的蛋白质易于沉淀，但沉淀的蛋白质不一定变性，如盐析法沉淀。在蛋白质溶液中加入某些高浓度的中性盐(如硫酸铵、硫酸钠、氯化钠等),破坏蛋白质的胶体稳定性,使蛋白质分子发生聚集而从溶液中析出,这种作用叫盐析。盐析法沉淀蛋白质保留其原有活性,只需要通过透析除去盐分,即可得到保持活性的蛋白质。

蛋白质经强酸、强碱作用发生变性后,仍能溶解于强酸或强碱溶液中,若将溶液 pH 调至蛋白质的等电点,则变性蛋白质立即结成絮状的不溶物,此絮状物仍可溶解于强酸和强碱中。如再加热则絮状物可变成比较坚固的凝块,此凝块不再溶于强酸和强碱中,这种现象称为蛋白质的凝固作用。凝固实际上是蛋白质变性后进一步发展的不可逆结果。

五、蛋白质的紫外吸收

蛋白质分子中普遍含有酪氨酸和色氨酸残基,这些氨基酸具有紫外吸收特性,最大吸收峰在波长 280 nm 处。因此测定蛋白质溶液 280 nm 的光吸收值,是蛋白质定量分析的一种快速简便的方法。

视频:
蛋白质的呈色反应和紫外吸收

六、蛋白质的呈色反应

蛋白质分子中的肽键及侧链上的各种特殊基团可以和有关试剂呈现一定的颜色反应,这些反应常用于蛋白质的定量和定性分析。

(一) 双缩脲反应

含有多个肽键的蛋白质或肽在碱性条件下加热可与 Cu^{2+} 反应生成紫红色络合物,该产物在 540 nm 波长处的吸光度与蛋白质含量成正比,故此反应可用于蛋白质、多肽的定量分析。此外,由于氨基酸无此反应,故该反应还可用于检查蛋白质的水解程度。

(二) Folin- 酚试剂反应

蛋白质中的色氨酸及酪氨酸残基在碱性条件下能与酚试剂(含磷钼酸 - 磷钨酸化合物)反应生成蓝色化合物,在 650 nm 波长处的吸光度与蛋白质含量成正比。Folin-酚试剂反应检测蛋白质的灵敏度较双缩脲反应高 100 倍,可用于微克量级蛋白质的定量分析。

(三) 茚三酮反应

在 pH 5~7 的溶液中,蛋白质分子中的游离 α- 氨基能与茚三酮反应生成蓝紫色化合物,在 570 nm 波长处的吸光度与蛋白质含量成正比。凡具有氨基、能释放出氨的化合物都有此反应,故该反应可用于蛋白质、多肽及氨基酸的定性和定量分析。

第四节　蛋白质的功能和分类

一、蛋白质的生理功能

蛋白质具有广泛和重要的生理功能,机体的一切生命活动都离不开蛋白质。蛋白质的主要功能包括催化作用(酶)、运输作用(如血红蛋白运输 O_2,载脂蛋白运输脂类等)、协调运动作用(如肌细胞中存在着肌动蛋白与肌球蛋白等)、机械支持作用(如皮肤、骨骼、肌腱和软骨中的纤维状胶原蛋白)、免疫保护作用(如免疫球蛋白)、调节作用(如细胞因子、蛋白质类激素及其受体)及其他作用。例如,血液中凝血酶原、纤维蛋白原等凝血因子具有凝血功能,可防止血管损伤时血液流失;动植物体内普遍存在的铁蛋白为机体储存铁的可溶组织蛋白,在哺乳类动物的肝和脾中含量最多;肌肉组织中的肌红蛋白可以储存 O_2。蛋白质是生命活动的主要执行者,是生命现象的体现者。

二、蛋白质的分类

(一) 按分子组成分类

根据蛋白质分子的组成特点,可将蛋白质分为单纯蛋白质和结合蛋白质。

1. 单纯蛋白质　单纯蛋白质是指水解后只产生氨基酸而不产生其他物质的蛋白质。单纯蛋白质又可分为清蛋白(又名白蛋白)、球蛋白、谷蛋白、醇溶蛋白、精蛋白、组蛋白、硬蛋白 7 类。

2. 结合蛋白质　结合蛋白质是由蛋白质与非蛋白质两部分组成,非蛋白质部分称为辅基。根据辅基的不同可将结合蛋白质分为糖蛋白、核蛋白、脂蛋白、磷蛋白、金属蛋白及色蛋白等。

(二) 按分子形状分类

根据分子形状的不同,可将蛋白质分为球状蛋白质和纤维状蛋白质两大类。

1. 球状蛋白质　这类蛋白质分子形状基本呈球形或椭圆形,分子的长轴与短轴之比小于 10。生物界多数蛋白质属球状蛋白质,如血红蛋白等。

2. 纤维状蛋白质　这类蛋白质分子的长轴和短轴相差悬殊,一般长轴与短轴之比在 10 倍以上。分子的构象一般呈长纤维状,多由几条肽链合成麻花状的长纤维,如毛发中的角蛋白,皮肤和结缔组织中的胶原蛋白,肌腱、韧带中的弹性蛋白等。

(三) 按功能分类

根据蛋白质的主要功能,可将蛋白质分为活性蛋白质和非活性蛋白质两大类。属于活性蛋白质的有酶、蛋白质激素、运输和储存的蛋白质、运动蛋白质和受体蛋白质等;属于非活性蛋白质的有胶原蛋白、角蛋白等。

第五节　蛋白质的分离纯化和含量测定

蛋白质是生物大分子化合物,在细胞和体液中常有数千种蛋白质相混合存在,要分析单个类型蛋白质的结构和功能势必要先分离和纯化单个蛋白质。分离纯化蛋白质是研究单个蛋白质结构与功能的先决条件,在分离纯化时,要尽量选择不损伤蛋白质结构和功能的方法,不同的方法配合使用。

一、蛋白质的提取

不同蛋白质具有不同的理化性质,需要分析其特性,选择适宜的提取溶剂与提取方法。目前主要的蛋白质提取方法有水溶液提取法、有机溶剂提取法、酶法、双水相萃取法及反胶束萃取法等。根据以上方法选择适当的缓冲溶液把蛋白质从细胞破碎后的溶液中提取出来,提取所用缓冲溶液的 pH、离子强度、组成成分等应根据目的蛋白质的性质而定。

（一）水溶液提取法

蛋白质在稀盐溶液或缓冲溶液中的稳定性好、溶解度大，因此稀盐溶液或缓冲溶液是提取蛋白质最常用的溶剂，通常用量是原材料体积的1~5倍，提取时需要均匀地搅拌，以利于蛋白质的溶解。提取的温度视有效成分性质而定，升高温度有利于蛋白质溶解，缩短提取时间。但温度升高也会加快蛋白质变性失活，因此，提取蛋白质时一般采用低温（5 ℃以下）操作。为了避免蛋白质在提取过程中的降解，可加入蛋白水解酶抑制剂（如二异丙基氟磷酸、碘乙酸等）。

（二）有机溶剂提取法

一些和脂质结合比较牢固或分子中非极性侧链较多的蛋白质和酶，不溶于水、稀盐溶液、稀酸或稀碱中，可用乙醇、丙酮和丁醇等有机溶剂提取，它们具有一定的亲水性和较强的亲脂性，是理想的提脂蛋白的提取液。有机溶剂提取法要求在低温下进行操作。丁醇提取法对提取一些与脂质结合紧密的蛋白质优点明显，一是因为丁醇亲脂性强，特别是溶解磷脂的能力强；二是丁醇兼具亲水性，在溶解度范围内不会引起酶的变性失活。另外，丁醇提取法的pH及温度选择范围较广，也适用于动植物及微生物材料。

（三）酶法

与传统的方法提取蛋白质相比，酶法提取时间短，反应条件温和，不会产生有害物质。

（四）双水相萃取法

双水相萃取法是指亲水性高聚物水溶液在一定条件下形成双水相，由于被分离的物质在两相中分配不同，所以可以实现分离。双水相萃取法可以在室温下进行，且蛋白质的稳定性提高，收率较高。此法受聚合物分子量及浓度、溶液pH、离子强度、盐类型及浓度的影响。

（五）反胶束萃取法

反胶束萃取法是当表面活性剂在非极性有机溶剂溶解时，自发聚集而成一种纳米尺寸的聚集体，将蛋白质包裹其中，而达到提取蛋白质的目的。此法的优点是萃取过程中蛋白质因位于反胶束的内部而受到保护。

二、蛋白质的分离纯化

蛋白质分离纯化的方法很多，主要是根据蛋白质分子之间的差异，如分子大小、溶解度、所带电荷等建立起来的。

（一）盐析法

盐析是将中性盐加入蛋白质溶液，使蛋白质表面电荷被中和且水化膜被破坏，导致蛋白质在水溶液中的稳定性因素去除而沉淀。常用的中性盐主要有硫酸铵、硫酸镁、硫酸钠、氯化钠、磷酸钠等，应用得最多的是硫酸铵。蛋白质溶液的温度、pH及蛋白质自身的浓度常影响盐析的效果。

> 考点提示
> 盐析法沉淀蛋白质。

不同的蛋白质分子，由于其分子表面的极性基团的种类、数目及排布的不同，其水化层厚度不同，故盐析所需要的盐浓度也不一样，因此调节蛋白质溶液中的盐浓度，可以使不同的蛋白质分别沉淀，称之为分级沉淀。

蛋白质在用盐析沉淀分离后，如需得到纯品，还需要将蛋白质中的盐除去，常用的办法是透析和凝胶过滤法脱盐。

（二）等电点沉淀法

蛋白质溶液的 pH 为某种蛋白质的等电点时，该种蛋白质颗粒静电荷为零，颗粒之间的静电斥力最小，因而溶解度也最小。利用各种蛋白质的等电点之间的差别，可调节溶液的 pH 达到某一蛋白质的等电点，从而使该蛋白质从溶液中沉淀析出。此种方法的优点是操作简便、试剂消耗少，是一种有效的初级分离方法，尤其适用于疏水性较强的蛋白质，缺点是常引起蛋白质的共沉淀，分辨率较差，因此等电点沉淀法很少单独使用，常与盐析法等结合使用。

（三）有机溶剂沉淀法

向溶液中加入有机溶剂能降低溶液的介电常数，减小溶剂的极性，从而削弱溶剂分子与蛋白质分子间的相互作用力，增加蛋白质分子间的相互作用，导致蛋白质溶解度降低而沉淀。利用这一特性，用与水可混溶的有机溶剂，如甲醇、乙醇或丙酮，可使多数蛋白质溶解度降低并析出。与盐析法相比，有机溶剂沉淀法分辨率高，且蛋白质沉淀后不需要透析脱盐，因此在生化制备中的应用比盐析法广泛。但是此法容易使蛋白质发生变性，因此操作必须在低温条件下进行，大量使用时成本较高且易燃易爆，必须采取防护措施。

（四）选择性变性沉淀法

选择性变性沉淀法是指利用目的蛋白质与杂蛋白在物理化学性质等方面的差异，选择一定的条件使杂蛋白等非目的物变性沉淀而得到分离提纯，有热变性、表面活性剂和有机溶剂变性及选择性酸碱变性。

（五）透析法与超滤法

透析法是利用半透膜将分子大小不同的蛋白质分开。超滤是一种加压膜分离技术，即在一定的压力下，使小分子溶质和溶剂穿过一定孔径的特制的薄膜，而使大分子溶质不能透过，留在膜的一边，从而使大分子物质得到部分纯化。

（六）凝胶层析分离法

当蛋白质分子的混合物样品溶液缓慢地流经凝胶层析柱时，各分子在柱内同时进行着两种不同的运动：垂直向下的移动和无定向的扩散运动。大分子物质由于直径较大，不易进入凝胶颗粒的微孔，而只能分布于颗粒之间，所以在洗脱时向下移动的速度较快。小分子物质除了可在凝胶颗粒间隙中扩散外，还可以进入凝胶颗粒的微孔中，即进入凝胶相内，在向下移动的过程中，从一个凝胶内扩散到颗粒间隙后再进入另一凝胶颗粒，如此不断地进入和扩散，小分子物质的下移速度落后于大分子物质，从而使样品中分子大的先流出层析柱，然后中等分子的流出，分子最小的最后流出，最终达到分离目的，这种现象也称为分子筛效应。常用的凝胶有聚丙烯酰胺凝胶、交联葡聚糖凝胶、琼脂糖凝胶、聚苯乙烯凝胶等。

（七）电泳法

电泳指带电荷粒子在电场中向着与其所带电荷性质相反的电极方向移动的过程。蛋白质是典型的两性电解质，在一定的 pH 条件下这些基团会解离而使蛋白质粒子带电荷，不同大小、形状及电荷量的粒子在电场中的移动速度不同（用迁移率表示）。电泳技术是根据各种带电荷粒子在电场中迁移率的不同而对物质进行分离的实验技术。根据电泳支持介质种类的不同又可分为纸电泳、醋酸纤维素薄膜电泳、琼脂糖凝胶电泳和聚丙烯酰胺凝胶电泳等，其中聚丙烯酰胺和琼脂糖是目前实验室最常用的支持介质。

(八) 离子交换层析法

离子交换层析是在以离子交换剂为固定相、液体为流动相的系统中进行的。离子交换剂是由基质、与基质共价结合的电荷基团和反离子构成的，有阳离子交换剂（如羧甲基纤维素、CM- 纤维素）和阴离子交换剂（如二乙氨乙基纤维素）两类。

离子交换剂与水溶液中离子或离子化合物的反应主要以离子交换方式进行，或借助离子交换剂上电荷基团对溶液中离子或离子化合物的吸附作用进行。蛋白质分子上具有各种阴、阳离子基团，在一定的 pH 下，蛋白质分子带有净正电荷或净负电荷，它们可与离子交换剂上的相应基团进行离子交换，使蛋白质分子通过静电引力吸附到离子交换剂上。改变 pH 和 / 或离子强度又可将这些吸附的蛋白质洗脱下来。在一定的上样和洗脱条件下，因不同的蛋白质分子所带的净电荷和电荷密度不同，分子大小不同，它们与离子交换剂的结合力也不同，结合力较弱的先洗脱下来，结合力较强的后洗脱下来，从而达到分离的目的。洗脱可分单一溶液洗脱、阶段洗脱和梯度洗脱，既可以改变洗脱液的离子强度，也可以改变 pH，还可以两者同时改变。

三、蛋白质的含量测定

利用蛋白质的主要性质（如含氮量、肽键、折射率等）和利用蛋白质含有的特定氨基酸残基（如芳香基、酸性基、碱性基等）等测定蛋白质含量的方法不断发展，了解各种蛋白质含量测定方法的原理和技术特点，对在实际工作中选择适宜的分析方法具有重要的指导意义。

(一) 凯氏定氮法

测定蛋白质含量最常用的方法是凯氏定氮法。它是测定样品中总有机氮最准确和最简单的方法之一，被国际、国内用作法定的标准检验方法。凯氏定氮法测定蛋白质分为样品消化、蒸馏和吸收、滴定 3 个过程。在催化剂作用下，样品用浓硫酸消煮破坏有机物，使其中的蛋白质氮及其他有机氮转化为氨态氮，然后与硫酸结合生成硫酸铵。加入强碱进行蒸馏使氨逸出，用硼酸吸收后，再用酸滴定，测出含氮量，将结果乘以换算系数，计算出粗蛋白质含量。

(二) 分光光度法

利用不同试剂和蛋白质或其中所含的氨基酸发生反应后呈特定颜色，生成化合物在一定波长下的吸光度与蛋白质含量成正比的原理来对蛋白质进行含量测定，常用的试剂有考马斯亮蓝、双缩脲、Folin- 酚试剂等，不同试剂和蛋白质反应的灵敏度不同，可按需选取。

(三) 紫外吸收法

蛋白质分子中的酪氨酸、色氨酸和苯丙氨酸等残基含有共轭双键，使蛋白质具有吸收紫外线的能力，最大吸收峰在 280 nm 波长处。各种蛋白质中都含有这些氨基酸，因此 280 nm 处吸收紫外线是蛋白质的一种普遍性质。在一定程度上，蛋白质溶液在 280 nm 处的吸光度与其浓度成正比，因此紫外吸收法可用于蛋白质定量测定。

综上，蛋白质的分离、纯化和含量测定是生物化学和生物制药中非常重要的一部分，没有现成的单独或成套方法能够把任何一种蛋白质从复杂的混合蛋白质中分离出来，在实际生产中往往根据蛋白质的理化性质采用多种方法联合使用进行分离。随着技术的不断丰富，在蛋白质分离纯化后还可应用物理学、生物信息学原理对蛋白质进行空间结构测定，如应用二维核磁共振（NMR）测定蛋白质的三级结构。

第六节　多肽和蛋白质类药物

活性多肽和蛋白质类药物以其独特的生物学活性，在机体各项生理过程中发挥重要的作用，是目前药物研究的活跃领域。

一、多肽和蛋白质类药物概述

（一）多肽和蛋白质类药物的概念

多肽和蛋白质的基本组成单位都是氨基酸，从化学本质上来讲，多肽与蛋白质没有明确的界限，一般把分子量在 10 000 以下或由 50 个以下氨基酸组成的肽链称为多肽；把分子量在 10 000 以上或由 50 个以上氨基酸组成的肽链称为蛋白质。多肽一般没有严密和相对稳定的空间结构，其结构易变，具有可塑性；蛋白质分子具有比较稳定的空间结构，是蛋白质发挥生理功能的基础。

根据不同的分类标准，多肽和蛋白质类药物可分为不同的类型。

(1) 根据药物的化学结构和特性不同，可分为氨基酸及其衍生物类药物、多肽类药物、蛋白质类药物。

(2) 根据药物的用途不同，可分为预防药物、治疗药物、诊断药物等。

(3) 根据药物的作用类型不同，可分为激素类药物、细胞因子类药物、疫苗、酶类药物、单克隆抗体药物等。

（二）多肽和蛋白质类药物的特点

与其他药物相比，多肽和蛋白质类药物具有特定的优势和临床应用价值，已经成为药物研发的重要方向，具体包括以下特点。

1. 基本原料简单易得、生产成本低　多肽和蛋白质类药物的基本组成单位是 20 种天然氨基酸，是人体生长的基本营养成分，可直接从生物体内提取制备，也可以通过化学合成和修饰改造，具有生产成本低、产品纯度高、质量可控等特点。

2. 生物活性强、药效高、副作用小　与其他类型的药物相比，多肽和蛋白质类药物大多是人体自身存在的内源性物质或者是针对生物体内的调控因子研发获得，具有副作用小、药效高、针对性强等特点，不会蓄积于体内而引起中毒反应。

3. 品种繁多、用途广泛　多肽作为药物应用的研发时间虽然较短，但到目前为止，全球已有至少 70 多种多肽和蛋白质类药物被批准应用于临床。这类药物大多数是来源于天然多肽的活性片段，或者是根据氨基酸的序列结构设计而成，在治疗肿瘤、糖尿病、心血管疾病、免疫性疾病、中枢神经系统疾病、肢端肥大症、骨质疏松症及抗感染等方面具有显著的疗效。

4. 药物半衰期短、稳定性差　与传统的小分子药物相比，多肽和蛋白质类药物分子量较大，结构复杂，稳定性较差，容易受体内、外各种理化因素或酶的影响发生降解失活。因此对于这类药物，常需要运用各种手段对蛋白质分子进行化学修饰，以提高药物的半衰期和稳定性。此外，该类药物是生理活性物质，结构特殊，易受体内其他内源性蛋白质的干扰，一般要求其检查方法具有较高的灵敏度，如常采用免疫学方法、同位素标记示踪法、质谱分析方法等对该类药物进行生物学活性和药物动力学检测。

5. 多肽和蛋白质类药物给药途径多样　多肽类药物常采用注射给药的方式，操作烦琐，患者依从性差。近年来随着制药工艺和药剂学的发展，一些非注射给药途径，包括口服给药、鼻腔给药、肺部给药和皮肤给药等已逐渐成为这类药物重要的给药方式。

6. 新药研发势头迅猛、应用前景广阔　生命科学技术的发展使得人们可以针对体内某种酶或细胞因子等蛋白质进行靶向的改造，可以大大提高疾病治疗的针对性。目前处于临床前试验阶段的药用多肽和蛋白质超过 500 种。

(三) 多肽和蛋白质类药物的生产方法

多肽和蛋白质类药物的制备方法有分离纯化法、化学合成法和基因工程法 3 种。其中，化学合成法是目前主要的肽类药物制备方法，具有生产过程易控、安全性高等特点。

1. 分离纯化法　自然界中广泛存在多肽类物质，因此多肽和蛋白质类药物可直接从动植物组织和微生物细胞内进行提取、分离。在肽类药物提取时，选择富含目的多肽的生物材料，通过特定体系将多肽或蛋白质的有效成分提取出来。在分离纯化过程中，根据多肽各自不同的理化性质选择合适的纯化方式，如盐析法、层析法、电泳法或膜分离法等。由于多肽分子具有一定的相似性，单独使用某一种分离纯化方法往往不易获得良好的效果，需要将不同的方法进行组合，实现多肽和蛋白质分子的分离纯化。

2. 化学合成法　尽管多肽和蛋白质类药物可以从生物体内直接分离和纯化，但天然存在的多肽分子含量低，且提取后的药物杂质较多，无法满足临床应用的需求，因此化学合成法成为多肽类药物制备的有效手段。与小分子化学药物的合成不同，多肽类药物的化学合成借助于化学催化剂，催化氨基酸分子逐步缩合反应。一般而言，多肽类药物的化学合成从羧基端开始，按一定的序列向氨基端逐个添加氨基酸形成多肽链。化学合成法通常生产小分子的多肽类药物，对于相对复杂的蛋白质类药物不能采用此方法。1953 年，人类用化学合成法合成了第一个具有生物活性的多肽——催产素。

3. 基因工程法　通过基因工程菌发酵生产多肽和蛋白质类药物，具有生产周期短、成本低、产品质量高等优点，是多肽类药物制备的重要方法。通过基因工程技术手段，把拟表达的多肽或蛋白质基因分离出来，结合一定的表达载体后导入宿主细胞中进行表达，最后通过特定的分离纯化方法获得该多肽或蛋白质分子。与化学合成法相比，基因工程法更适合于长肽链制剂的制备，经过基因工程法可生产绝大多数多肽和蛋白质类药物。

二、常见的多肽和蛋白质类药物

(一) 氨基酸及其衍生物类药物

氨基酸是构成多肽和蛋白质类药物的基本单位。从 20 世纪 60 年代开始，氨基酸类药物生产有了迅速的发展，在医药、保健等方面的应用愈加广泛。常见的氨基酸类药物可分为单一氨基酸制剂和复方氨基酸制剂两类。

1. 单一氨基酸制剂 如甲硫氨酸用于防治肝炎、肝坏死和脂肪肝，谷氨酸用于预防肝性脑病、神经衰弱和癫痫，甘氨酸用于治疗肌无力及缺铁性贫血，天冬氨酸可保护心肌。氨基酸的衍生物 *N*- 乙酰半胱氨酸可用于化痰，L- 二羟苯丙氨酸（L- 多巴）可用于治疗帕金森病。

2. 复合氨基酸制剂 复合氨基酸含有多种氨基酸，可以制成血浆代用品给患者提供营养。如水解蛋白注射液、配方蛋白注射液、要素膳等。

（二）多肽类药物

活性多肽一般由多种氨基酸按一定顺序连接而成，分子量较小，多数无特定的空间构象。多肽类药物在临床疾病的治疗和诊断等方面具有重要的作用，可分为多肽类激素、多肽类细胞生长因子及其他多肽类生化药物。

1. 多肽类激素 包括垂体多肽激素、甲状腺激素、胰岛激素、胃肠道激素、胸腺激素（表 2-2）。

表 2-2 多肽类激素

种类	激素
垂体多肽激素	促肾上腺皮质激素（ACTH）、促黑激素（MSH）、催产素（OXT）、加压素（AUP）等
甲状腺激素	甲状旁腺素（PTH）、降钙素（CT）
胰岛激素	胰高血糖素、胰岛素、胰解痉多肽
胃肠道激素	胃泌素、肠泌素、肠抑胃肽、环肽素等
胸腺激素	胸腺素、胸腺肽、胸腺血清因子等

2. 多肽类细胞生长因子 常见的包括表皮生长因子（EGF）、转移因子（TF）、心钠素（ANP）等。

3. 其他多肽类生化药物 如胎盘提取物、花粉提取物、肝脾水解物、胚胎素、血活素、眼生素、氨肽素、神经营养素、心脏激素、脑胺肽、蜂毒、蛇毒等。

目前，多肽类药物的获得除了从生物体组织中直接提取之外，对结构已经研究清楚的多肽还可直接用相应的氨基酸进行化学合成制备。利用分子生物学手段对已知结构的多肽类药物进行改造和修饰，还可以有效提高其药用效应。随着生物技术的不断发展，新的高活性多肽类药物不断出现，大大提高了多肽类药物在临床中的应用价值。

（三）蛋白质类药物

蛋白质类药物有单纯蛋白质和结合蛋白质（糖蛋白、脂蛋白、色蛋白等），目前研究得较多的蛋白质类药物包括以下几种。

1. 蛋白质类激素 常见的包括生长激素（GH）、催乳素（PRL）、促甲状腺素（TSH）、促卵泡激素（FSH）、黄体生成素（LH）、人绒毛膜促性腺素（HCG）、松弛素、胰岛素、尿抑胃素等。其中，GH 有严格的种属特性，动物的生长激素对人无效。

2. 蛋白质类细胞生长调节因子 包括神经生长因子（NGF）、肝细胞生长因子（HGF）、肿瘤坏死因子（TNF）、集落刺激因子（CSF）、干扰素（IFN）、白介素（IL）、促红细胞生成素（EPO）、骨形态发生蛋白质（BMP）等。

3. 血浆蛋白质　包括白蛋白、免疫球蛋白、纤维蛋白酶原、抗血友病球蛋白、凝血因子和抗凝血因子等。不同物种间的血浆蛋白存在着种属差异，不能直接使用。

4. 酶类药物　酶的化学本质是蛋白质，酶类制剂也属于蛋白质类药物。酶类药物种类繁多，被广泛应用于疾病的诊断和治疗（见第五章）。

5. 黏蛋白　包括内因子、硫酸糖肽、胃膜素等。

6. 胶原蛋白　包括明胶、阿胶等。

7. 基因工程疫苗、抗体等　如各种单克隆抗体药物。

8. 其他蛋白质类药物　如植物血凝素（PHA）、硫酸鱼精蛋白等。

思考题

1. 请用表格归纳蛋白质分子各层次结构的定义和主要作用力。
2. 什么是蛋白质的变性？蛋白质变性在医药卫生中有哪些应用？
3. 蛋白质的组成元素中特征元素是什么？此特征元素的含量对蛋白质样品的计算有什么意义？
4. 凯氏定氮法、Folin-酚试剂法、紫外吸收法等都是常用的蛋白质定量法，请简要说明其原理。

在线测试

本章小结

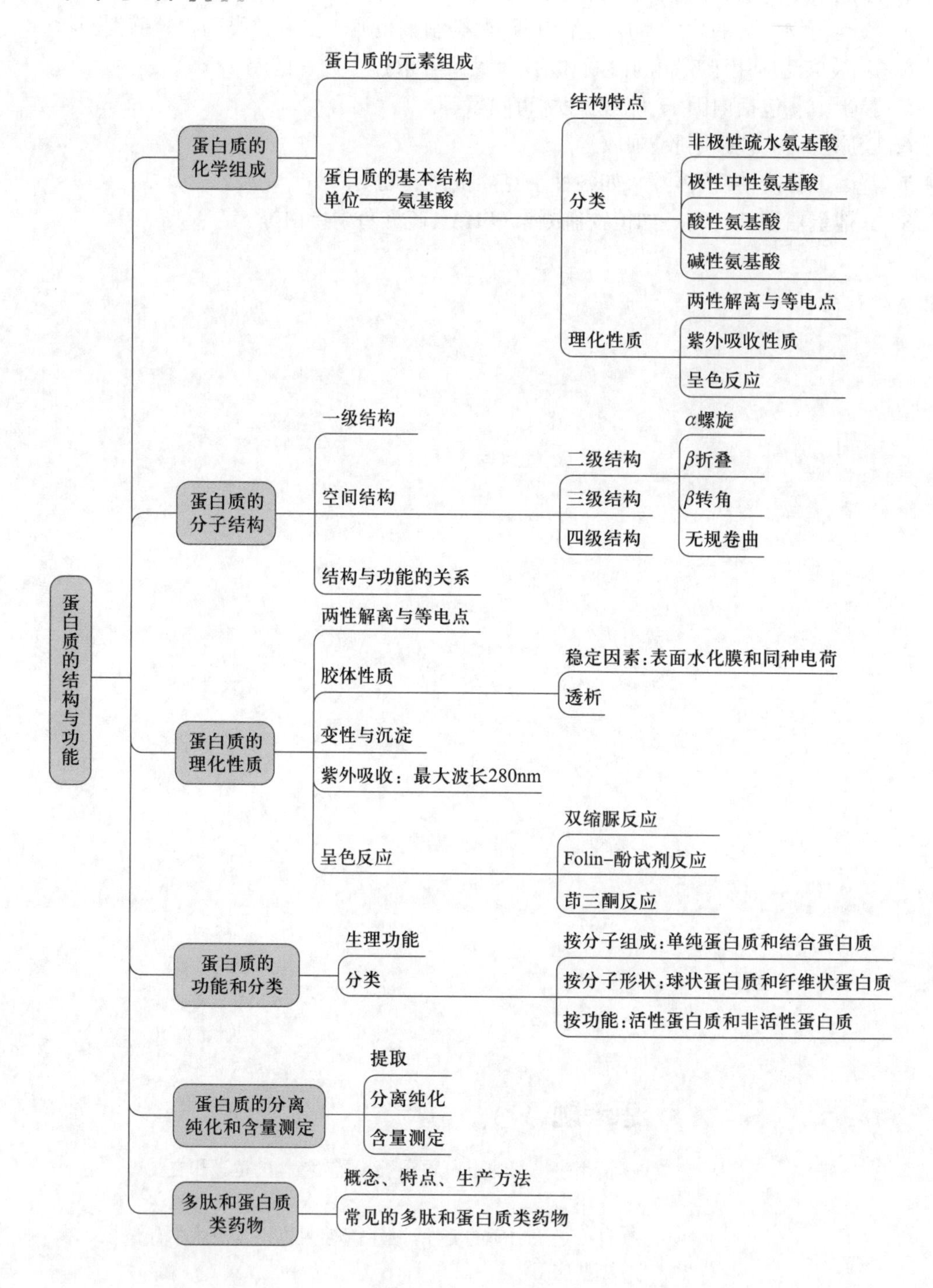
蛋白质的结构与功能
蛋白质的化学组成
蛋白质的元素组成
蛋白质的基本结构单位——氨基酸
结构特点
分类
非极性疏水氨基酸
极性中性氨基酸
酸性氨基酸
碱性氨基酸
理化性质
两性解离与等电点
紫外吸收性质
呈色反应
蛋白质的分子结构
一级结构
空间结构
二级结构
三级结构
四级结构
α螺旋
β折叠
β转角
无规卷曲
结构与功能的关系
蛋白质的理化性质
两性解离与等电点
胶体性质
稳定因素:表面水化膜和同种电荷
透析
变性与沉淀
紫外吸收：最大波长280nm
呈色反应
双缩脲反应
Folin-酚试剂反应
茚三酮反应
蛋白质的功能和分类
生理功能
分类
按分子组成:单纯蛋白质和结合蛋白质
按分子形状:球状蛋白质和纤维状蛋白质
按功能:活性蛋白质和非活性蛋白质
蛋白质的分离纯化和含量测定
提取
分离纯化
含量测定
多肽和蛋白质类药物
概念、特点、生产方法
常见的多肽和蛋白质类药物

实验一　蛋白质含量的测定技术——紫外吸收法

一、实验目的

熟悉和掌握紫外吸收法测定蛋白质浓度的原理和方法。

二、实验原理

蛋白质组成中常含有酪氨酸、色氨酸等芳香族氨基酸，在 280 nm 波长处具有最大吸收峰。在此波长范围内，蛋白质浓度与其吸光度成正比，因此可采用紫外吸收法测定溶液中的蛋白质含量。

核酸的最大吸收峰在 260 nm 处，但其在 280 nm 处也具有一定的吸光度，会对蛋白质测定造成干扰。在测定蛋白质 280 nm 处吸光度时必须同时测定 260 nm 处的吸光度，根据计算两种波长吸光度的比值消除核酸的影响后，方可推算溶液中的蛋白质含量。

三、实验试剂和器材

1. 试剂

(1) 1 mg/ml 酪蛋白标准液。

(2) 蒸馏水。

(3) 待测的蛋白质溶液。

2. 器材　试管、试管架、移液管、紫外－可见分光光度计。

四、实验方法及步骤

1. 直接测定法　将待测的蛋白质溶液轻轻混匀后倒入石英比色皿中，分别测定溶液在 280 nm 和 260 nm 两处波长处的吸光度（$A_{260\ nm}$ 和 $A_{280\ nm}$）。根据以下公式可直接计算蛋白质的质量浓度：

$$\rho=1.45\times A_{280\ nm}-0.74\times A_{260\ nm}$$

式中，ρ 为待测样品的蛋白质质量浓度（mg/ml）；$A_{280\ nm}$ 为待测蛋白质溶液在 280 nm 处的吸光度；$A_{260\ nm}$ 为待测蛋白质溶液在 260 nm 处的吸光度。

2. 标准曲线法

(1) 绘制标准曲线：取 8 支干净的试管，按照表 2–3 所示分别向每支试管中加入相应体积的酪蛋白标准液和蒸馏水，充分混匀。

表 2-3 不同试管加入试剂的量和蛋白质终浓度

项目	试管							
	0	1	2	3	4	5	6	7
酪蛋白标准液体积 /ml	0	0.5	1.0	1.5	2.0	2.5	3.0	4.0
蒸馏水体积 /ml	4.0	3.5	3.0	2.5	2.0	1.5	1.0	0
蛋白质终浓度 /(mg·ml^{-1})	0	0.125	0.25	0.375	0.5	0.625	0.75	1.0

在 280 nm 波长处检测各管溶液的吸光度 $A_{280\ nm}$。

以蛋白质浓度为横坐标,$A_{280\ nm}$ 为纵坐标,绘制标准曲线。

(2) 待测样品吸光度测定:将待测样品适当稀释后,按上述方法测定其在 280 nm 处的吸光度 $A_{280\ nm}$,对照标准曲线求得待测样品的蛋白质质量浓度。

五、注意事项

1. 样品需在溶解状态下进行测定,若蛋白质不溶解,会造成实际吸光度出现较大偏差。

2. 若待测样品的吸光度过高,可将样品溶液适当稀释后再进行测定。

实验二 氨基酸的分离鉴定技术——纸层析法

一、实验目的

熟悉和掌握纸层析法分离鉴定氨基酸的原理和操作方法。

二、实验原理

纸层析法是用滤纸纤维作为惰性支持物的一种分配层析方法,展开溶剂包括有机溶剂和水两部分。滤纸纤维上的羟基具有亲水性,水被吸附在滤纸纤维之间形成固定相;有机溶剂沿着滤纸移动构成纸层析的流动相。当有机溶剂流经点样点时,样品中的各种氨基酸可在两相之间不断进行分配。氨基酸的分配系数不同,其随流动相的移动速率也不相同,可达到彼此分离的目的。氨基酸被分离后的移动速率用 R_f 值表示:

$$R_f=\frac{\text{原点到层析斑点中心的距离}}{\text{原点到展开溶剂前沿的距离}}$$

在一定条件下(温度、展开溶剂的组成、滤纸的质量、pH 等不变),R_f 值是一个常数,可根据 R_f 值的大小对氨基酸进行分离分析。

三、实验试剂和器材

1. 试剂

(1) 展开溶剂:V(正丁醇) ∶ V(88% 甲酸) ∶ V(水)=15 ∶ 3 ∶ 2。

(2) 显色试剂储备液:V(0.4 mol/L 茚三酮 – 异丙醇) ∶ V(甲酸) ∶ V(水)=20 ∶ 1 ∶ 5。

(3) 标准氨基酸溶液。

2. 器材　待测样品、滤纸、层析缸、铅笔、剪刀、毛细管、电吹风。

四、实验方法及步骤

1. 点样

(1) 量取一定量的展开溶剂和显色试剂储备液(每 10 ml 展开溶剂中加 0.1~0.5 ml 显色试剂储备液)置于层析缸中,混合均匀,密闭静置。

(2) 将滤纸剪成适当大小,用铅笔在距边缘 2 cm 处画一条横线(称为原线),在此横线上每隔 2~3 cm 画一圆点(称为原点)。

(3) 用毛细管或微量注射器将标准氨基酸溶液或待测样品轻轻点在原点上,每次点样后用电吹风冷风吹干再点第二次,点样点直径不超过 0.5 cm。

2. 层析与显色

(1) 将点样后的滤纸卷成圆筒形,用订书针固定成圆筒状,纸的两边不能接触。

(2) 将滤纸筒垂直放入盛有展开溶剂的层析缸中,迅速盖紧层析缸盖。点样点的一端朝下,展开溶剂液面低于原线 1 cm 左右。

(3) 展层开始,待展开溶剂前沿距滤纸另一端 1~2 cm 处,取出滤纸,用铅笔记下溶剂前沿线。电吹风热风吹干,即可清晰看见层析斑点。

3. 结果处理　用铅笔轻轻描出显色斑点形状,分别测量原点到层析斑点中心和原点到层开溶剂前沿的距离,计算各个斑点的 R_f 值,并与标准氨基酸溶液的 R_f 值对照,鉴定混合样品中氨基酸的组分。

五、注意事项

1. 同一个原点每次点样的位置需完全重合。

2. 将滤纸筒放入层析缸时一定要小心放平,避免层析方向走偏。

3. 实验过程中不要用手直接接触滤纸,避免滤纸沾上蛋白质或氨基酸,给实验带来干扰。

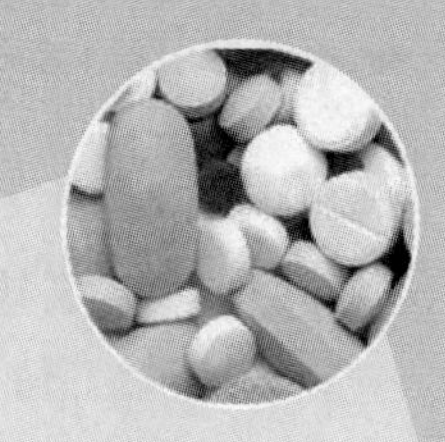

第三章
核酸的结构与功能

学习目标

知识目标

1. 掌握：核酸的基本成分、组成单位，核苷酸间的连接方式；DNA、RNA的结构特点；核酸的紫外吸收，DNA 的变性及复性；核苷酸从头合成途径的原料、关键酶及特点；核苷酸的重要分解产物。
2. 熟悉：核酸分子杂交与基因诊断及痛风发病机制和治疗原则。
3. 了解：核苷酸补救合成途径的概念及生理意义。

技能目标

1. 学会运用嘌呤核苷酸的分解代谢过程解释痛风的发病机制及治疗原则。
2. 具有学习和了解核苷及核苷酸类药物基本情况的能力。

案例导入

［案例］患者，男，40 岁，2 年来因全身关节疼痛伴低热反复就诊，均被诊断为“风湿性关节炎”。经抗风湿和激素治疗后，疼痛现象稍有好转。2 个月前，因疼痛加剧，经抗风湿治疗效果不明显前来就诊。查体：体温 37.5 ℃，双足第一跖趾关节肿胀，左侧较明显，局部皮肤有脱屑和瘙痒现象，双侧耳郭触及绿豆大的结节数个。白细胞计数 9.5×10^9/L［参考值：$(4\sim10)\times10^9$/L］。

［讨论］

1. 患者的诊断可能是什么？需进一步做什么检查确诊？
2. 尿酸是如何产生与排泄的？
3. 痛风的治疗原则是什么？
4. 抗痛风药物的作用机制是什么？

核酸（nucleic acid）属于生物大分子，是 1868 年由瑞士科学家米歇尔（F. Miescher）从脓细胞中分离出细胞核，用碱抽提再加入酸而得到的一种含氮和磷特别丰富的沉淀物质，当时曾称它为核素，后发现其呈酸性，改称核酸。

核酸的基本组成单位是核苷酸（nucleotide），由碱基、戊糖和磷酸 3 部分组成。各种生物都含有两类核酸，即脱氧核糖核酸（deoxyribonucleic acid，DNA）和核糖核酸（ribonucleic acid，RNA），但病毒例外，每种病毒只含有 DNA 或 RNA，因此病毒分为 DNA 病毒和 RNA 病毒。

DNA 是遗传的物质基础，绝大部分存在于细胞核染色体中，线粒体和植物叶绿体含有少量的环状 DNA，原核生物含质粒环状 DNA。RNA 主要存在于细胞质和细胞核中，参与遗传信息的传递和表达，RNA 也可以作为某些病毒遗传信息的载体。RNA 功能广泛，在目前已经阐明的几类 RNA 中，信使 RNA（messenger RNA，mRNA）可把遗传信息由 DNA 带给核糖体，从而指导蛋白质的合成；转运 RNA（transfer RNA，tRNA）在蛋白质合成过程中发挥转运氨基酸的作用；核糖体 RNA（ribosomal RNA，rRNA）又称核蛋白体 RNA，是核糖体的组成成分，核糖体是蛋白质合成的场所。核酸具有复杂而多样的结构，在生命活动过程中发挥着重要的功能。

知识链接

核酸的发现

核酸的发现已有 100 多年的历史，但人们对它真正有所认识不过是近 60 年的事。自 1868 年瑞士科学家米歇尔首先从脓细胞分离出来后，1872 年米歇尔又从鲑鱼的精子细胞核中发现了大量类似的酸性物质，随后有人在多种组织细胞中也发现了这类物质的存在。这类物质都是从细胞核中提取出来的，且都具有酸性，因此称为核酸。经过多年后，才有人从动物组织和酵母细胞分离出含蛋白质的核酸。

20 世纪 20 年代，德国生理学家柯塞尔（A. Kossel）首先研究了核酸的分子结构。他将核酸水解，发现它由糖类、磷酸、有机碱 3 种物质构成。其中，有机碱又包括 4 种成分，按其结构的不同，分别命名为胸腺嘧啶(T)、胞嘧啶(C)、腺嘌呤(A)、鸟嘌呤(G)。1929年，柯塞尔的学生俄裔美国化学家列文(P. A. Levene)发现核酸里的糖类比普通糖类少1个C原子，他把核酸中的这种糖类称为核糖，并确定了核酸有两种，一种是脱氧核糖核酸(DNA)，另一种是核糖核酸(RNA)。

但上述重大发现在当时并没有引起人们的注意。直到1967年，人们才真正认识到生命的遗传基础就是核酸，并破译了全部的DNA密码。

第一节　核酸的化学组成

一、核酸的元素组成

视频：

核酸的元素组成

核酸由C、H、O、N、P等元素组成，一般不含元素S，其中元素P的含量在各种核酸中相对恒定，平均为9%~11%。因此，通过测定核酸中磷的含量来计算生物组织中所含核酸的量。

核酸经酸、碱或酶水解后，可得到其基本组成单位核苷酸，核苷酸进一步水解，可水解为核苷和磷酸，核苷再进一步水解，可水解为碱基和戊糖，因此核酸水解后其终产物有3种基本成分，即碱基、戊糖和磷酸(图3-1)。

二、核酸的基本结构单位——核苷酸

考点提示

核酸的基本组成成分，两类核酸的主要区分依据及核酸中核苷酸的连接方式。

核苷酸可分为(核糖)核苷酸[(ribo)nucleotide]和脱氧(核糖)核苷酸[deoxy(ribo)nucleotide]两类。在早期的研究工作中发现，核苷酸可以水解为核苷和磷酸，而核苷可以再进一步水解为碱基和戊糖，碱基又分为嘌呤碱和嘧啶碱，所以核苷酸是由碱基、戊糖和磷酸组成的。

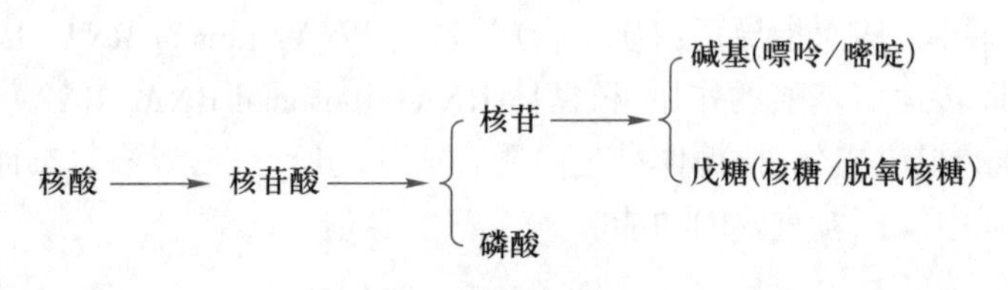

图3-1　核酸水解示意图

(一) 碱基

核酸中的碱基为含氮杂环化合物，包括嘌呤(purine)类碱基和嘧啶(pyrimidine)类碱基两大类。嘌呤类碱基包括腺嘌呤(adenine，A)和鸟嘌呤(guanine，G)。嘧啶类碱基包括胞嘧啶(cytosine，C)、胸腺嘧啶(thymine，T)和尿嘧啶(uracil，U)(图3-2)。DNA分子中所含的碱基有A、T、G、C 4种，RNA分子中所含的碱基有A、U、G、C 4种。因此，胸腺嘧啶(T)只存在于DNA中，而尿嘧啶(U)只存在于RNA中。

此外，核酸分子中除含有以上5种碱基外，某些核酸中还有一些含量较少的碱基，称为稀有碱基。稀有碱基种类极多，是常见碱基的衍生物，在转运RNA(tRNA)中含有较多的稀有碱基，如假尿嘧啶、次黄嘌呤、二氢尿嘧啶、5-甲基尿嘧啶等(图3-3)。

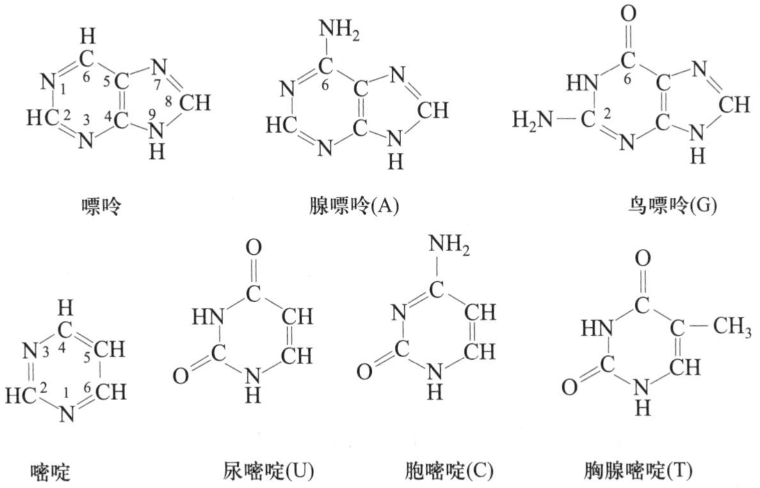

嘌呤 腺嘌呤(A) 鸟嘌呤(G)

嘧啶 尿嘧啶(U) 胞嘧啶(C) 胸腺嘧啶(T)

图 3-2 核酸中 5 种常见的碱基

嘌呤和嘧啶结构中都具有共轭双键，对波长 260 nm 左右的紫外线有较强的吸收，这一特性被用于核酸、核苷酸、核苷和碱基的定性及定量分析。

（二）戊糖

组成核酸的戊糖有两种，即 DNA 分子中的 β-D-2′-脱氧核糖和 RNA 分子中的 β-D-核糖（图 3-4）。二者的区别仅在于戊糖第 2 位碳原子上是否含氧，即 DNA 中特征性戊糖是脱氧核糖，而 RNA 中则是核糖。由于 DNA 和 RNA 彻底水解后，部分碱基是相同的，磷酸也是相同的，所以区分两类核酸最主要的依据就是戊糖不同。

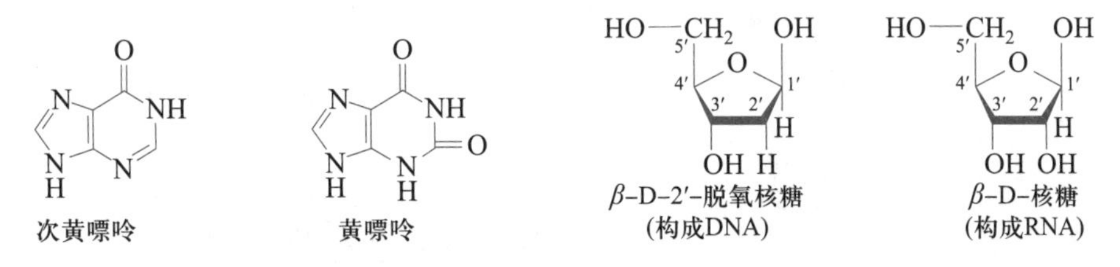

图 3-3 核酸中的稀有碱基

图 3-4 脱氧核糖与核糖的结构

（三）核苷

碱基和戊糖通过糖苷键相连所形成的化合物称为核苷。嘌呤 N-9 或嘧啶 N-1 与核糖 C-1′羟基通过 β-N-糖苷键相连形成核苷，核糖与碱基所形成的化合物称为核糖核苷，简称核苷；脱氧核糖与碱基所形成的化合物称为脱氧核糖核苷，简称脱氧核苷（图 3-5）。核苷的命名是在核苷的前面加上碱基的名称，如核糖与腺嘌呤相连形成腺嘌呤核苷（简称腺苷），再如脱氧核糖与胸腺嘧啶相连形成脱氧胸腺嘧啶核苷（简称脱氧胸苷）。核酸中的碱基和戊糖，一共可以生成 8 种核苷，分别为腺苷、脱氧腺苷、鸟苷、脱氧鸟苷、胞苷、脱氧胞苷、胸苷和尿苷。

视频：

核酸的基本结构单位——核苷酸

（四）核苷酸

核苷酸是核酸的基本组成单位。核苷或脱氧核苷中戊糖 C-5′上的自由羟基与磷酸基通过磷脂键相连，形成核苷酸或脱氧核苷酸（deoxynucleotide）。因此，DNA 的基本

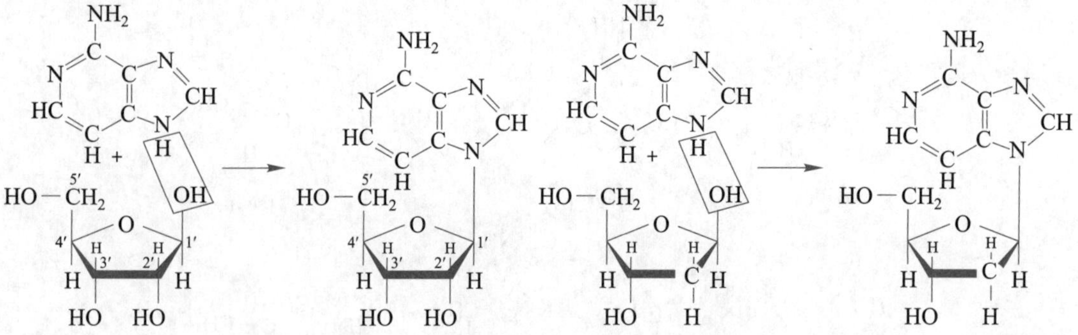

图 3-5 腺嘌呤核苷和脱氧腺嘌呤核苷的形成

组成单位是脱氧核糖核苷酸，RNA 的基本组成单位是核糖核苷酸。

（五）核酸中核苷酸的连接方式

核酸分子是由许多单核苷酸通过 3′,5′-磷酸二酯键（由一个核苷酸的 3′-羟基与下一个核苷酸的 5′-磷酸基团脱水缩合所形成）连接而成的。核酸分子所形成的长链状结构称为多核苷酸链。在多核苷酸链中，具有游离磷酸的一端称为 5′-磷酸末端（简称 5′-末端或 5′端）；游离 3′-羟基的一端称为 3′-羟基末端（简称 3′-末端或 3′端），多核苷酸链书写或阅读的方向，都是由 5′端至 3′端（图 3-6）。

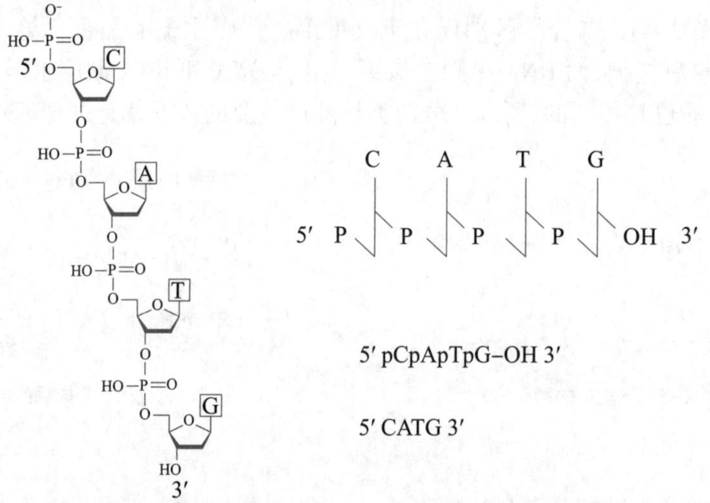

5′ pCpApTpG-OH 3′

5′ CATG 3′

DNA中核苷酸的连接方式　　DNA中核苷酸的书写方式

图 3-6 核苷酸的连接方式及书写方式

三、生物体内重要的核苷酸衍生物

在核酸分子中，根据与戊糖连接的磷酸基团数目不同，核苷酸可分为核苷一磷酸（nucleoside monophosphate，NMP）、核苷二磷酸（nucleoside diphosphate，NDP）和核苷三磷酸（nucleoside triphosphate，NTP），脱氧核苷酸在前面加小写“d”。

（一）核苷一磷酸

核苷一磷酸即由 1 个磷酸、1 个戊糖和 1 个碱基构成的核苷酸。由于戊糖的不同，核苷一磷酸分为核糖核苷一磷酸（NMP）和脱氧核糖核苷一磷酸（dNMP）。

（二）多核苷酸

含有多个磷酸的核苷酸统称为多核苷酸（图3-7），包括含有2个磷酸基团的核苷二磷酸（NDP和dNDP）和有3个磷酸基团的核苷三磷酸（NTP和dNTP）。核苷二磷酸和核苷三磷酸都是高能化合物，腺苷三磷酸（ATP）是体内一切生命活动能量的直接来源，其他多核苷酸在体内也发挥着重要的作用。

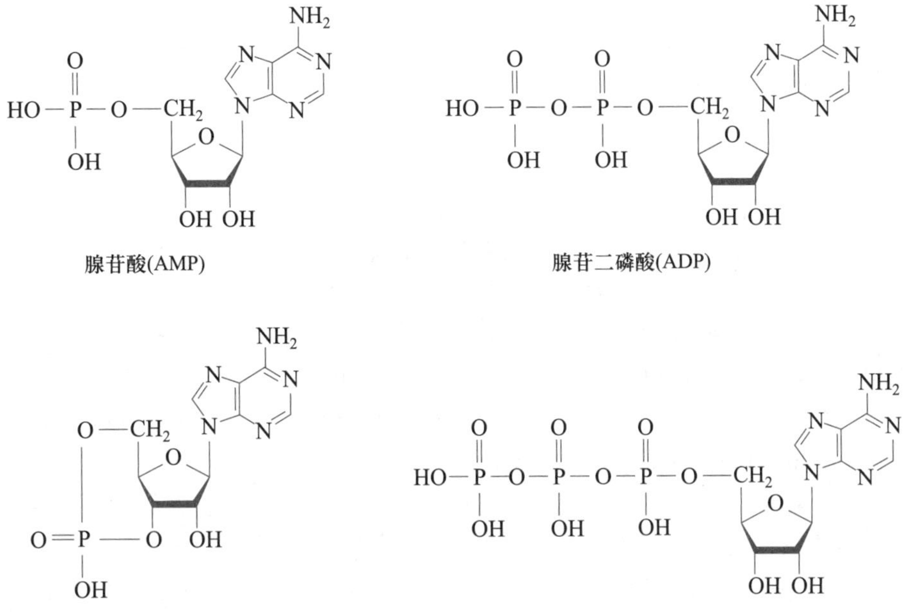

腺苷酸(AMP)　腺苷二磷酸(ADP)

3′,5′-环腺苷酸(cAMP)　腺苷三磷酸(ATP)

图3-7　各种核苷酸的化学结构

（三）环核苷酸

核苷酸除构成核酸以外，在体内还具有许多重要的生理功能。如ATP是体内能量的直接来源和利用形式，在代谢过程中发挥着重要的作用，鸟苷三磷酸（GTP）、尿苷三磷酸（UTP）及胞苷三磷酸（CTP）在体内也能为机体提供能量；ATP、GTP、UTP、CTP等可激活许多化合物生成物质代谢上的活性物质，如尿苷二磷酸葡糖（UDPG）、CDP-二酰甘油、*S*-腺苷甲硫氨酸（SAM）和3′-磷酸腺苷-5′-磷酰硫酸（PAPS）等；许多辅酶成分中含有核苷酸，如腺苷酸是烟酰胺腺嘌呤二核苷酸（NAD^+）、黄素腺嘌呤二核苷酸（FAD）、辅酶A等的组成成分；某些核苷酸及其衍生物是重要的调节因子，如环腺苷酸（cyclic AMP，cAMP）（图3-7）和环鸟苷酸（cyclic GMP，cGMP）是细胞内信号转导过程中重要的信息分子。

第二节　核酸的分子结构

与蛋白质类似，核酸的分子结构通常也是在几个层次上进行研究：核酸的一级结构即基本结构；核酸中由部分核苷酸形成的有规律、稳定的空间结构属于核酸的二级结构;核酸的三级结构主要研究DNA的超级结构及RNA的三级结构。其中,二级结构和三级结构统称为核酸的空间结构。

一、核酸的一级结构

核酸为核苷酸的缩聚物,通常把长度小于50 nt(nt:单链核酸长度单位,1 nt为1个核苷酸)的核酸称为寡核苷酸(oligonucleotide),更长的则称为多核苷酸(polynucleotide),它们都统称为核酸。

考点提示

核酸一级结构的概念。

核酸的一级结构是指核酸分子中核苷酸的排列顺序。多核苷酸链中,核苷酸之间的差异仅是碱基的不同,因此核酸的一级结构也称为核酸分子中碱基的排列顺序。

知识链接

人类基因组计划

1977年,F. Sanger建立了DNA测序的链末端终止法,之后又引入计算机和荧光标记技术,开发出全自动DNA测序技术,为人类基因组计划的提前完成提供了有利的条件。2003年4月14日,美国、英国、日本、意大利和中国等国家领导人同时宣布,已经测定出人类30亿碱基DNA序列,一幅精确的人类基因组图谱展示在人们面前。人类基因组计划(human genome project,HGP)是由美国科学家于1985年率先提出,该计划拟对人类23对染色体的全部DNA进行测序,并绘制相关的遗传图谱、物理图谱、序列图谱和基因图谱。1990年,美国正式启动被誉为生命科学"阿波罗登月计划"的国际人类基因组计划,并任命J. Watson为项目总负责人。随后,英国、法国、德国、日本相继加入该计划,中国于1999年跻身人类基因组计划,承担了1%的测序任务,即人类3号染色体短臂上约3 000万个碱基对的测序。至此,中国成为参加这项研究计划的唯一发展中国家,并提前完成预定任务,赢得了国际科学界的高度评价。2000年,6国科学家和美国塞莱拉公司联合公布人类基因组序列草图,为人类生命科学开辟了一个新纪元。

二、DNA的空间结构

DNA的空间结构包括DNA的二级结构及三级结构。

(一) DNA的二级结构

1953年,J. Watson和R. Crick根据DNA的X射线衍射分析数据和碱基分析数据,提出了著名的DNA双螺旋结构(double helix)模型。这一发现揭示了生物界遗传性状得以世代相传的分子基础,不仅阐明了DNA的理化性质,还将DNA结构与功能联系起来,为现代生命科学奠定了基础。此模型学说的提出,极大地推动了生物学的发展,是生物化学发展史上的一个重要里程碑,他们也因此获得了1962年诺贝尔生理学或医学奖。DNA双螺旋结构如图3-8所示。

考点提示

DNA双螺旋结构模型要点。

DNA双螺旋结构模型要点如下:DNA分子是由两条平行且走向相反的多聚脱氧核苷酸链围绕一个中心轴,以右手螺旋的方式形成的双螺旋结构。其中一条链的走向是5′→3′,另一条链的走向是3′→5′,呈现反向平行的特征。在DNA双螺旋结构中,碱基

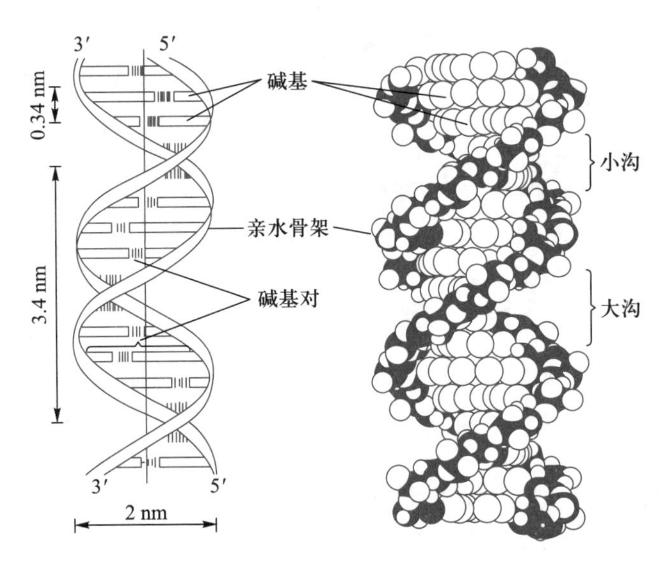

图 3-8　DNA 双螺旋结构示意图

侧链位于双螺旋的内侧，由磷酸和脱氧核糖交替连接构成的主链（简称磷酸戊糖链）位于双螺旋的外侧。两条链间的碱基以氢键结合形成互补配对，即 A 与 T 配对形成 2 对氢键，C 与 G 配对形成 3 对氢键，称为碱基互补配对原则（complementary base pair），也称为 Watson- Crick 配对（图 3-9），DNA 的两条链则称为互补链（complementary strand）。两个配对的碱基结构几乎在一个平面上，且与双螺旋的螺旋轴垂直。

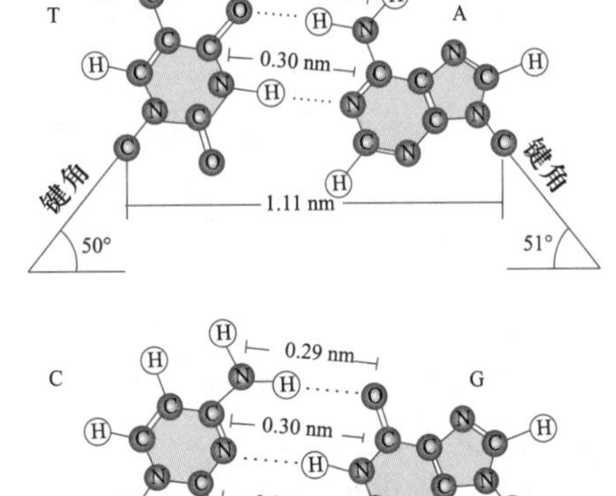

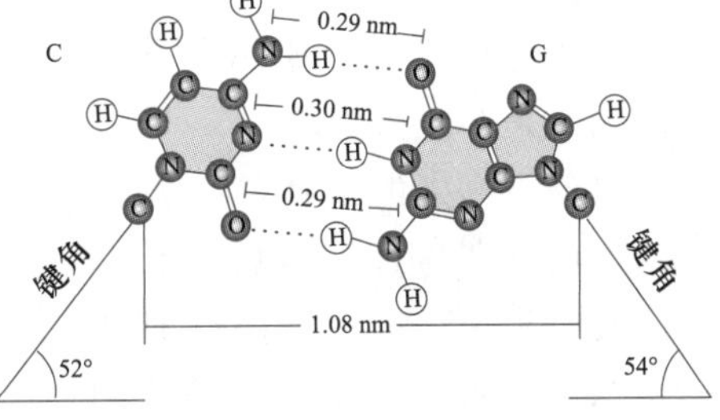

图 3-9　DNA 碱基互补配对图

在双螺旋中，碱基平面与螺旋轴垂直，糖基平面与碱基平面接近垂直，与螺旋轴平行；双螺旋直径为 2 nm，双螺旋每旋转 1 周包含 10 bp（bp 为双链核酸长度单位，1 bp 为 1 个碱基对），螺距为 3.4 nm，因此每相邻两碱基平面之间的距离为 0.34 nm。DNA 双螺旋表面有两条沟槽，相对较深、较宽的为大沟（major groove），相对较浅、较窄的为小沟（minor groove）。大沟处在上下两个螺旋之间，小沟则处在平行的两条链之间，此沟状结构可能与蛋白质和 DNA 间的识别有关。

DNA 双螺旋结构的稳定性靠横向的氢键及纵向的碱基堆积力维系，并且后者作用更为重要。DNA 中每相邻的两个碱基对平面在旋转中彼此重叠，产生了疏水性的碱基堆积力。

Watson 和 Crick 提出的 DNA 双螺旋模型结构是在相对湿度为 92% 的条件下从生理盐水中提取出来的纤维构象，称为 B 型构象（B 型 DNA），即右手双螺旋结构。如果改变溶液的离子强度或相对湿度，DNA 双螺旋结构的螺距、沟槽、旋转角度等特征都会

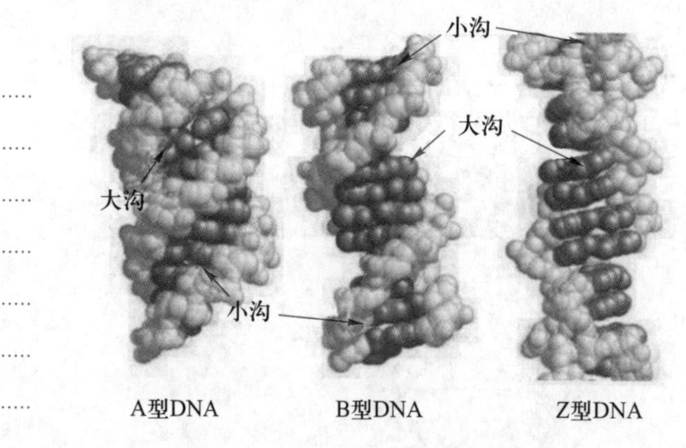

图 3-10 不同类型的 DNA 双螺旋结构

发生变化。后来发现自然界存在的 DNA 另有 A 型 DNA（又称右手螺旋 DNA）和 Z 型 DNA（又称左手螺旋 DNA）（图 3-10）。

（二）DNA 的三级结构

在二级结构基础上，DNA 双螺旋进一步盘曲，形成更复杂的结构，称为 DNA 的三级结构。某些病毒、噬菌体和细菌的 DNA 及真核生物的线粒体 DNA 成环状，其三级结构是在双螺旋结构基础上进一步形成的超螺旋结构。原核生物、线粒体、叶绿体中的 DNA 是共价闭合的双螺旋环状结构，此环状结构再螺旋则形成超螺旋结构（图 3-11）。若超螺旋的扭曲方向与双螺旋旋转方向相同称为正超螺旋，若超螺旋的扭曲方向与双螺旋旋转方向相反称为负超螺旋。

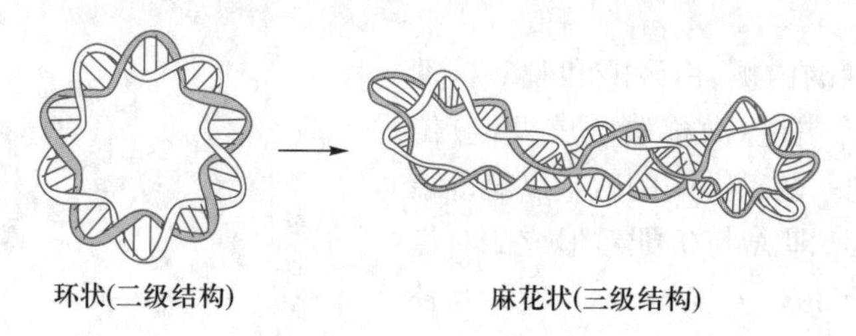

图 3-11 超螺旋结构

如果把真核生物 DNA 形成的双螺旋结构看成是 DNA 的一级压缩，那么 DNA 的二级压缩就是形成核小体。

真核生物染色体 DNA 是线性双螺旋结构，染色质 DNA 与组蛋白组成核小体，其中的组蛋白分别为 H_1、H_2A、H_2B、H_3 和 H_4。染色体的基本组成单位是核小体，其直径为 11 nm，厚为 5.5 nm。核小体的形成，第一需要各两分子的 H_2A、H_2B、H_3 和 H_4 共同构成一个八聚体的核心蛋白，接着长约 150 bp 的 DNA 双螺旋链将缠绕在此核心上盘绕 1.75 圈，形成核小体的核心颗粒（core particle），各核心颗粒之间再由约 60 bp 的 DNA 和组蛋白 H_1 构成的连接区连接，即形成串珠样的染色质结构。此为 DNA 在核内形成致密结构的一次折叠，在此过程中，DNA 的长度被压缩了 6~7 倍。染色质细丝进一步盘绕、折叠形成中空螺线管从而进一步卷曲形成超螺旋管。之后，染色质纤维进一步压缩成染色单体，在核内组装为染色体（图 3-12）。

需要指出的是，由于细胞内不断进行代谢，如 DNA 复制及基因表达，DNA 的盘曲过程实际上是一个动态过程，所以在不同时期及 DNA 的不同区段，其盘曲方式和盘曲的程度都是不相同的。

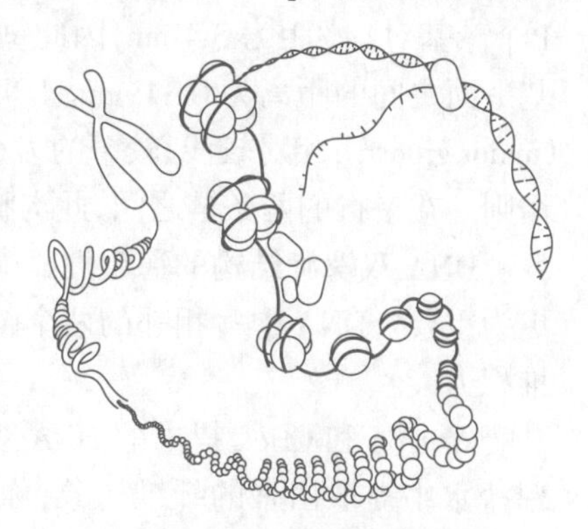

图 3-12 真核生物染色体的组装过程

知识链接

DNA的功能

早在1928年，生理学家格里菲斯（J. Griffith）在研究肺炎球菌时就认识到一定有一种什么物质，能够从死细胞进入活细胞中，改变活细胞的遗传性状，把无毒细菌变成了有毒细菌。格里菲斯把这种能转移的物质称作转化因子。直到1944年，细菌学家艾弗里（Avery）才首次证明了该转化因子就是DNA。后来，美国生理学家德尔布吕克（M. Delbuck）选用大肠埃希菌和噬菌体研究基因复制，实验进一步证明了DNA就是携带遗传物质的物质基础。

在真核细胞中，95%~98%的DNA分布于细胞核中；在原核细胞中，DNA存在于细胞质中的核质区。不论分布空间如何，DNA都作为生物遗传信息的载体存在，并作为基因复制和转录的模板。它是生命遗传的物质基础，也是个体生命活动的信息基础。

三、RNA的空间结构

RNA的二级结构不像DNA的右手双螺旋结构那么典型。除了少数RNA病毒的RNA之外，所有生物的RNA都是单链结构。单链RNA可通过链内互补构成局部的双螺旋结构，与A型DNA构象相似，其碱基互补配对的原则是A对U、G对C。不过，RNA的碱基配对不像DNA那么严格，实际上在RNA中存在较多的G–U碱基对。在实验室的研究中，发现RNA可以在高温高盐的条件下形成与Z型DNA相似的构象，而与B型DNA构象相似的RNA还没发现。另外，如果RNA互补的双链部分存在未配对碱基，就会形成鼓泡、膨胀及发夹结构。

RNA作为大分子核酸，在生命活动中具有重要作用，它和蛋白质共同负责基因的表达与表达过程的调控。与DNA相比，RNA分子较小，稳定性稍差，容易被核酸酶水解，但体内RNA在种类、结构上远比DNA复杂，这与它的功能多样化密切相关。真核细胞内主要的RNA包括信使RNA（mRNA）、转运RNA（tRNA）和核糖体RNA（rRNA），此外还有不均一核RNA（hnRNA）、核内小RNA、核仁小RNA等。在此部分主要介绍信使RNA（mRNA）、转运RNA（tRNA）和核糖体RNA（rRNA）3类。

考点提示

mRNA、tRNA、rRNA的结构特点。

（一）信使RNA（mRNA）

mRNA的特点是种类多，寿命短，含量少。不同的mRNA编码不同的蛋白质，并且完成使命后将被进一步降解。

mRNA是把DNA所携带碱基排列顺序的遗传信息，按碱基互补配对原则，将细胞核内的基因遗传信息转移到细胞质中，作为蛋白质合成的模板。mRNA占RNA总量的2%~5%。真核生物mRNA不是细胞核内DNA转录的直接产物，它的前身为不均一核RNA（hnRNA）。真核生物mRNA半衰期很短，由几分钟到数小时不等。细胞核内合成的mRNA初级产物hnRNA较成熟的mRNA分子大，需要经过剪接才能成为成熟的mRNA并移位至细胞质发挥翻译模板的作用。原核生物的mRNA一般不需要加工就可直接参与蛋白质的生物合成。真核生物mRNA结构（图3–13）特点如下。

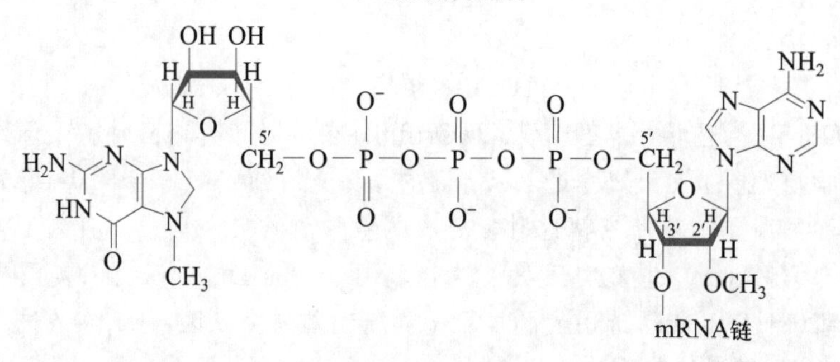

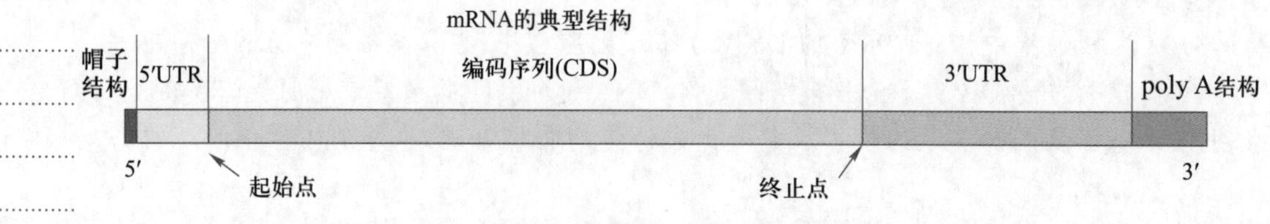

图 3-13 真核生物 mRNA 结构图

1. 5′端的帽子结构 大多数真核生物 mRNA 在转录后 5′端以 7- 甲基鸟嘌呤 - 鸟苷三磷酸(m7GpppN)为起始结构,被称为帽子结构,与帽子结构相邻的第一个核苷酸中的核糖 C-2′通常也会被甲基化。mRNA 的帽子结构起到保护 mRNA 免受核酸酶水解的作用,并且在翻译起始中可促进核糖体与其结合,加快起始翻译的速度。

2. 3′端的多聚 A 尾结构 真核生物 mRNA 3′端由 30~200 个腺苷酸连接而成,称为多聚腺苷酸尾或多聚 A 尾[poly(A)-tail],3′端多聚 A 尾是在转录后逐个添加上去的,它的作用是增加 mRNA 的稳定性和维持其翻译活性。

真核生物 mRNA 结构中 5′帽子结构和 3′端多聚 A 尾结构共同负责 mRNA 从核内向细胞质的转位、mRNA 的稳定性维持以及对翻译起始的调控。若去除多聚 A 尾和帽子结构会导致细胞内 mRNA 迅速降解。在原核生物 mRNA 中,则没有这些特殊结构。

(二) 转运 RNA(tRNA)

已发现的 tRNA 有 60 多种,占细胞内总 RNA 的 10%~15%。在蛋白质生物合成过程中,tRNA 起选择性转运氨基酸和识别密码子的作用,每一种氨基酸都由相应的一种或几种 tRNA 转运。

tRNA 是细胞内分子量最小的核酸,一般由 74~95 个核苷酸构成,其稳定性较好。tRNA 的功能是转运氨基酸,其根据 mRNA 上遗传密码的顺序将特定的氨基酸运到核糖体合成蛋白质。tRNA 的结构一般具有以下特点。

tRNA 含稀有碱基最多。稀有碱基是指除了 A、G、C、U 以外的碱基,如二氢尿嘧啶(DHU)、假尿嘧啶(pseudouridine,Ψ)、甲基化的嘌呤(^{m}G,^{m}A)等都是稀有碱基,它们都是在转录后修饰而成的。tRNA 含 7~15 个稀有碱基,大多数分布在非配对区。

tRNA 种类繁多,其 5′端常磷酸化,多数为 pG,3′端最后的 3 个核苷酸的碱基为—CCA。

tRNA 的二级结构为三叶草形结构(图 3-14a)。三叶草结构中含有 4 个茎和 3 个环,其中比较重要的结构有氨基酸臂、胸苷假尿苷(TΨC)环、反密码子环和 DHU 环。

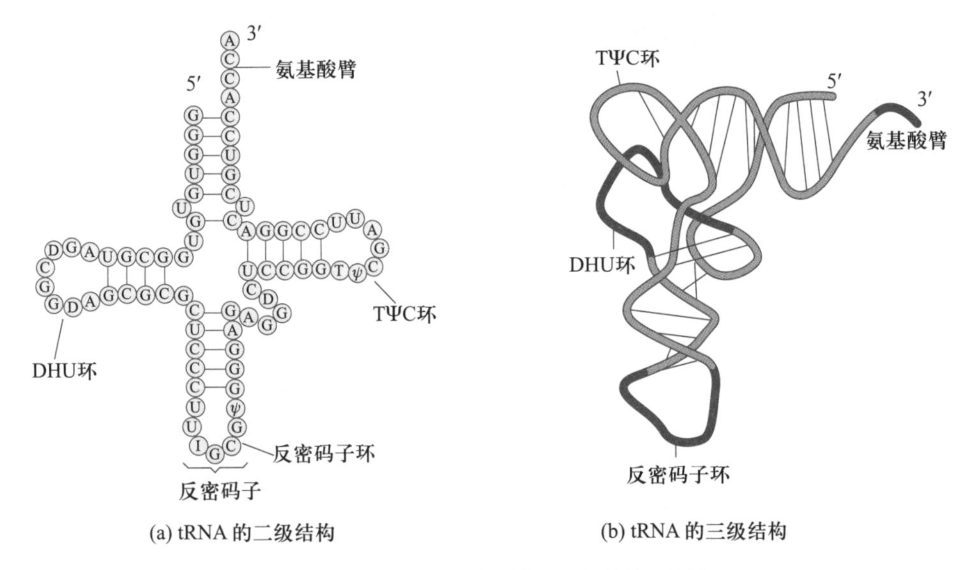

图 3-14 tRNA 的二级结构和三级结构示意图

氨基酸臂是 tRNA 3′端的最后 3 个核苷酸序列，均为—CCA，是氨基酸的结合部位。反密码子环内含有 3 个碱基，为反密码子，tRNA 通过反密码子辨别 mRNA 上相应的密码子，从而进行氨基酸的识别和装配，参与蛋白质多肽链的合成。

tRNA 的三级结构为倒 L 形结构（图 3-14b）。X 射线衍射图表明，所有的 tRNA 具有相似的倒 L 形的空间结构，一端为氨基酸臂，另一端为反密码子环，由图可见，TΨC 环和 DHU 环在空间结构中距离很近。

（三）核糖体 RNA（rRNA）

rRNA 是细胞内含量最多的 RNA，占细胞总 RNA 的 80% 以上。rRNA 与核糖体蛋白质共同构成的核蛋白体称为核糖体（ribosome），是蛋白质合成的场所。原核生物和真核生物的核糖体都由大、小两个亚基组成，一般情况下两个亚基分别以游离的形式存在于细胞质中，在进行蛋白质合成时聚合成为一体，蛋白质合成结束后又重新解聚。

不同 rRNA 的碱基组成没有一定的比例，不同来源的 rRNA 碱基组成差别较大。除 5*S* rRNA 外，均含有少量的稀有碱基，主要是假尿嘧啶（Ψ）和各种常见碱基的甲基化衍生物。真核生物的 18*S* rRNA 的二级结构含众多环茎结构，呈花状（图 3-15），大多数结合位点为核糖体蛋白的结合和蛋白质的组装提供了结构基础。

在蛋白质合成过程中，各种 rRNA 本身没有单独执行功能的能力，都要和多种蛋白质结合成核糖体后才能发挥作用。核糖体的功能也就是在蛋白质合成中起到装配的作用，无论是何种 mRNA 或 tRNA，都必须和核糖体结合后，才能使氨基酸有序地鱼贯而入，从而肽链合成才能启动和延伸。

（四）其他小分子 RNA

除以上 3 种 RNA 外，细胞内还存在着许多其他种类的小分子 RNA，这些 RNA 统称为非编码小 RNA（small non-messenger RNA，snmRNAs）。snmRNAs 主要包括以下几种：核内小 RNA（small nuclear RNA，snRNA）、核仁小 RNA（small nucleolar RNA，snoRNA）、胞质小 RNA（small cytoplasmic RNA，scRNA）、催化性小 RNA（small catalytic RNA）、小片

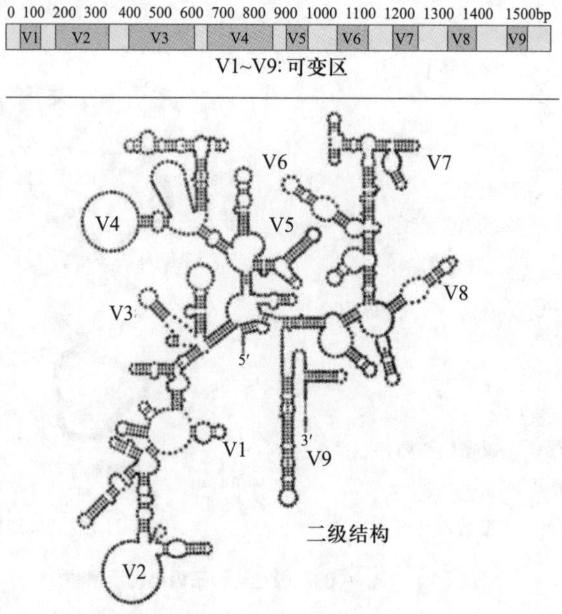

图 3-15 真核生物 18*S* rRNA 的二级结构

段干扰 RNA(small interfering RNA, siRNA)等。以上这些 RNA 在 hnRNA 和 rRNA 的转录后加工、转运及基因表达过程的调控等方面具有非常重要的生理作用。例如，siRNA 可以与外源基因表达的 mRNA 相结合，并诱发这些 mRNA 发生降解。此外，某些小 RNA 分子具有催化特定 RNA 降解的活性，在 RNA 合成后的剪接修饰过程中具有重要的作用。snRNA 一般不单独存在，常与多种特异的蛋白质结合在一起，形成小核糖核酸蛋白(snRNP)，其在 mRNA 的剪接过程中有重要的作用。

第三节 核酸的理化性质

一、核酸的一般性质

核酸是生物大分子，其结构中既含有酸性的磷酸，又含有碱性的碱基，因此核酸呈现出两性解离的性质，是两性电解质。磷酸基的酸性较强，因此核酸分子通常表现出较强的酸性。利用核酸两性解离的特性，可用电泳法和离子交换层析法分离纯化核酸。碱性条件下，RNA 不稳定，能在室温下水解，利用此特性可测定 RNA 的碱基组成，也可除去 DNA 中混杂的 RNA。核酸溶液黏度较大，特别是 DNA，因为 DNA 是线形高分子化合物，在水溶液中表现出极高的黏性。RNA 分子远远小于 DNA，所以黏度要小得多。若核酸黏度降低或消失，即意味着变性或降解。由于 DNA 和 RNA 都不溶于一般的有机溶剂，所以可用乙醇、异丙醇等有机试剂从溶液中沉淀提取核酸。

二、核酸的紫外吸收

核酸分子中的嘌呤和嘧啶在结构上都具有共轭双键，因此都有吸收紫外线的性质，其最大吸收峰所对应的波长为 260 nm。实际中,可根据 260 nm 处的吸光度(A),测定溶液中核酸的含量。蛋白质在 280 nm 波长处有最大吸收值,因此可利用溶液 260 nm 和 280 nm 处的吸光度比值来估算核酸的纯度。纯 DNA 样品的 A_{260}/A_{280} 为 1.8,纯 RNA 样品的 A_{260}/A_{280} 为 2.0。如核酸样品中混有蛋白质或酚类物质时,该比值将减小。

考点提示

核酸的紫外吸收特性。

视频:

核酸的变性、复性与杂交

三、核酸的变性、复性与杂交

(一) 变性与复性

考点提示

DNA 变性、复性与核酸分子杂交。

DNA 双螺旋结构的稳定主要靠碱基堆积力和碱基之间互补配对的氢键来维持,以上两种次级键的断裂均可造成 DNA 双螺旋结构的破坏。DNA 变性(DNA denaturation)是指在某些理化因素作用下,DNA 分子中的氢键断裂,碱基堆积力遭到破坏,双螺旋结构解体,由双链分开形成单链的过程。引起 DNA 变性的因素有物理因素(如加热)和化学因素(如强酸强碱、有机试剂、尿素、甲酰胺等)。DNA 变性的实质是维持双螺旋结构稳定的氢键断裂,其一级结构是不发生改变的。DNA 变性后其理化性质也发生相应变化,具体表现为 A_{260} 值增高、黏度下降等。

DNA 变性过程中,双螺旋结构逐渐解开,碱基逐渐暴露在外侧,使 DNA 在 260 nm 处的吸光度会随之增加,此现象称为 DNA 的增色效应。该效应是监测 DNA 双链是否发生变性及变性程度评价的最常用指标。

加热使 DNA 变性称为热变性。以温度对波长 260 nm 处的吸光度(A_{260})作图,所得曲线称为 DNA 的解链曲线(或熔解曲线)(图 3-16)。在解链曲线中,260 nm 处紫外吸光度的变化值(ΔA_{260})达到最大吸光度变化值的一半时所对应的温度称为 DNA 的解链温度,又称熔解温度(T_m)。

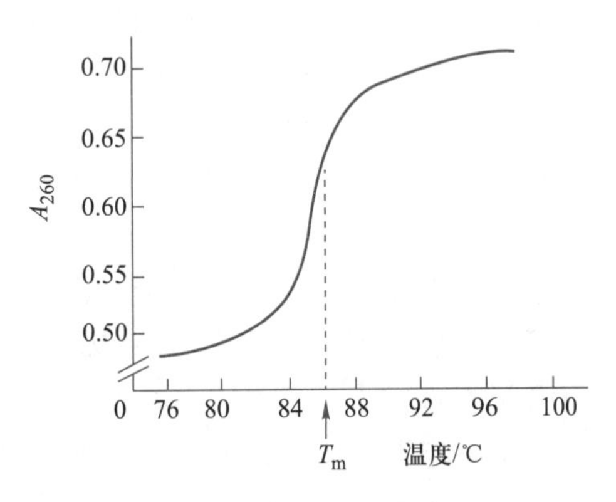

图 3-16 DNA 解链曲线图

DNA 的 T_m 值主要与 DNA 的长度以及碱基 G+C 的含量相关:DNA 长度越长,G+C 含量越高,T_m 值也越大,解开 G 与 C 之间的氢键所消耗的能量就越多,这是由于 G 与 C 比 A 与 T 之间多一个互补配对的氢键。此外,溶液离子强度越高,T_m 值也越大。

DNA 的复性(renaturation)是指在一定的条件下,变性 DNA 的两条互补单链又恢复到原来的双螺旋结构的现象。经热变性的 DNA 待冷却后即可复性,这一过程称为退火(annealing)。需要注意的是,DNA 受热变性后,其复性速率受温度的影响,只有温度缓慢下降才可使其重新配对复性,若迅速冷却至 4 ℃以下,则复性是不能进行的。DNA 复性过程中,含共轭双键的碱基暴露得越来越少,因此溶液的 A_{260} 降低,这一现象称为减色效应(hypochromic effect)。

(二) 杂交

具有互补序列的两条 DNA 可以形成双螺旋结构,利用该特性可以从不同来源的 DNA 中寻找同源序列。例如,将人的 DNA 和鼠的 DNA 加热使其完全变性解链,然后将它们混合,并在 65 ℃下放置数小时,DNA 基本上全部退火。在退火时绝大多数的DNA与原来的DNA复性，但也会形成少量新的双螺旋，这些由鼠和人的DNA所形成的杂化双链称为杂交分子。形成杂交分子的两条DNA是互补的，说明两种生物的DNA具有部分相同的序列。

不同来源的核酸链因存在互补序列而形成互补双链结构，这一过程称为核酸分子杂交（hybridization）。实际上，不同生物的某些具有相似功能的蛋白质或RNA往往具有相似的结构，而编码这些分子的DNA往往也具有相似的序列。物种之间进化关系越近，其DNA的杂交率也越高。人DNA与鼠DNA的杂交率就比人DNA和酵母DNA的杂交率高得多。

DNA变性后的复性过程中，若将不同种类的单链DNA分子或RNA分子放在同一溶液中，此时只要两单链分子之间存在着一定程度的碱基配对关系，在适宜的条件下，就可以在不同的分子间形成杂化双链而进行核酸分子杂交。此杂化双链可以在不同的DNA分子之间形成，也可以在DNA和RNA分子间或者不同的RNA分子之间形成。

知识链接

亲子鉴定

亲子鉴定是法医物证鉴定的主要组成部分，其是利用法医学、生物学和遗传学的理论和技术，从子代和亲代的形态构造或生理功能方面的相似特点，分析遗传特征，判断父母与子女之间是不是亲生关系。亲子鉴定在中国古代就已有之，如滴骨验亲、滴血验亲等。

亲子鉴定中判定亲生关系的理论依据是孟德尔遗传的分离规律。按照这一规律，在配子细胞形成时，成对的等位基因彼此分离，分别进入各自的配子细胞。精、卵细胞受精形成子代，孩子的两个基因组一个来自父亲，一个来自母亲；因此同对的等位基因也是一个来自父亲，一个来自母亲。鉴定结果如果符合该规律，则不排除亲生关系，若不符合，则排除亲生关系（变异情况除外）。在大多数的情况下，母、子关系是已知的，要求鉴定假设父亲和孩子是否为亲生关系。此时首先从母、子基因型的对比中，可以确定孩子基因中可能来自父亲的基因（生父基因，OG）。然后观察假设父亲的基因型，如果不具有生父基因，则可排除假设父亲与孩子的亲生关系。若假设父亲也具有生父基因，结果就不能排除假设父亲的亲生关系，假设某案例中母亲是FGA-22/23型，孩子为22/25型，从比较中可确定生父基因是FGA-25。此案中假设父1为FGA-22/24型；假设父2为24/25型。其中假设父1不具备生父基因25，故可排除他与孩子的亲生关系；相比之下，假设父2因具有FGA-25，不排除与孩子有亲生关系。

第四节 核酸的分离纯化和含量测定

一、核酸的提取

在核酸的分离、纯化和含量测定中要注意防止核酸的降解和变性，要尽量保持其在生物体的天然活性。要制备天然状态的核酸，必须采用温和的条件，防止过酸、过碱、避免剧烈搅拌等，尤其要防止核酸酶的作用。在核酸的分离和纯化方面，从 DNA 和 RNA 两方面来阐述。

（一）DNA 的分离和纯化

真核生物中的染色体 DNA 与碱性蛋白（组蛋白）结合成核蛋白（DNP）形式存在于核内。DNP 溶于水和浓盐溶液（如 1 mol/L 氯化钠），但不溶于生理盐溶液（0.141 mol/L 氯化钠）。利用这一性质，可将细胞破碎后用浓盐溶液提取，然后用水稀释至 0.141 mol/L 盐溶液，使 DNP 纤维沉淀出来，使其缠绕在玻璃棒上，再溶解和沉淀多次以纯化。用苯酚抽提除去蛋白质。苯酚是很强的蛋白质变性剂，用水饱和的苯酚与 DNP 一起振荡，冷冻离心，DNA 溶于上层水相，不溶性变性蛋白质残留物位于中间界面，一部分变性蛋白质停留在酚相。如此操作反复多次以除净蛋白质。将含 DNA 的水相合并，在有盐存在的条件下加 2 倍体积冷的乙醇，可将 DNA 沉淀出来。用乙醚和乙醇洗沉淀。用此方法可以得到纯的 DNA。

（二）RNA 的分离

RNA 比 DNA 更不稳定，因此 RNA 的分离更为困难。制备 RNA 通常需要注意 3 点：①所有用于制备 RNA 的玻璃器皿都要经过高温消毒，塑料用具经过高压灭菌，不能高压灭菌的用具要用 0.1% 焦碳酸二乙酯（diethyl pyrocarbonate，DEPC）处理，再煮沸以除净 DEPC。DEPC 能使蛋白质乙基化而破坏核糖核酸酶活性。②在破碎细胞的同时加入强变性剂（如胍盐）使核糖核酸酶失活。③在 RNA 的反应体系内加入核糖核酸酶的抑制剂。

制备 RNA 的方法一般有两种：其一，用酸性胍盐或苯酚或三氯甲烷抽提。异硫氰酸胍是极强烈的蛋白质变性剂，几乎所有的蛋白质遇到它都会变性。然后用苯酚和三氯甲烷多次除净蛋白质。此法用于小量制备 RNA。其二，用胍盐或氯化铯将细胞抽提物进行密度梯度离心。蛋白质密度 <1.33 g/ml，在最上层。DNA 密度在 1.71 g/ml 左右，位于中间。RNA 密度 >1.89 g/ml，沉在底部。用此方法可制备较大量高纯度的天然 RNA。

二、核酸含量的测定

核酸含量常用紫外分光光度法、定磷法、定糖法等进行测定。磷的测定最常用的是钼蓝比色法。此法需先用浓硫酸或高氯酸将有机磷水解成无机磷。在酸性条件下正磷酸与钼酸作用生成磷钼酸，在还原剂存在下被还原成钼蓝，其最大吸收峰在 660 nm 处，在一定范围内溶液光密度与磷含量成正比，据此可以计算出核酸含量。

定糖法常用的也是比色法。当 RNA 与盐酸共热时核糖转变为糖醛，它与甲基苯二酚（地衣酚）反应呈鲜绿色，最大吸收峰在 670 nm 处，反应需要三氯化铁作催化剂。DNA 在酸性溶液中与二苯胺共热，其脱氧核糖可参与反应生成蓝色化合物，最大吸收峰在 595 nm 处。

第五节　碱基、核苷酸和核酸类药物

一、核酸类药物概述

核苷和脱氧核苷是由核苷碱基分别和核糖或脱氧核糖以糖苷键形式而构成的，它们是组成核糖核酸(RNA)和脱氧核糖核酸(DNA)的基本元件，是遗传基因的基础。核苷和脱氧核苷系列衍生物具有多种生物活性物质，可以直接或间接地作为药物使用，在治疗多种重大疾病方面起极其重要的作用，国外已经研究开发出一系列的药物并商品化，国内研究与开发较晚，发展前景非常广阔。

从20世纪40年代末期，国外就开始核酸类系列药物的合成与开发。目前世界排名前25位的大制药公司都有自己的核苷衍生物生产或加工厂，也均有专利核酸类药物上市，并且从20世纪90年代起，大量资金被投入用于核酸类药物的研究。在亚洲，日本是最早开发核酸类药物的国家，如武田、住友、味之素等公司均有相关的中间体开发机构和生产基地。另外，韩国、印度在20世纪90年代初开始投入这类产品的开发与生产。中国在核酸类药物方面的开发研究与生产始于20世纪90年代末期，但是核苷及其中间体品种少，部分原料依赖进口，与目前快速发展的生命科学及相关药物研究不相适应。

核酸类药物是通过基因疗法(基因治疗)来发挥作用的。基因治疗是将特定的遗传物质(核苷酸的片段)转入患者特定的细胞内，以达到预防和改变疾病状态的目的。基因疗法给许多其他治疗方法无法治愈的疾病患者带来福音，而且发展迅速。为了防止体内的酶对治疗基因片段的破坏与降解，研究人员不断发明和完善对核酸片段的保护与修饰，以期取得理想的效果。1998年，美国ISIS制药公司上市了全球第一个基因药物——Vitravene™，用于治疗巨细胞病毒性视网膜炎。目前世界上已有近百种基因药物处于临床研究阶段，预计5年内将有十多种基因药物上市，将给许多难以治愈的疾病带来曙光。

核酸系列药物的重要性是毋庸置疑的，因此要加快核苷及其衍生物的开发与生产。由于天然核苷的多样性，为了防止体内酶对各种特定的核酸片段的降解，需要在核苷或核苷酸的不同部位引入保护基或进行结构修饰。为了治疗不同的疾病或者抵抗与防止病毒与肿瘤细胞的抗药性，发展特殊结构的核酸类药物，需要对碱基、核苷酸、核糖、核苷键构型等多方面进行改造和变换，开发出多种千变万化的适于治疗多种疾病的核酸类药物。

二、核酸类药物

1. 核苷碱基　碱基为芳香氮杂环化合物，主要是嘧啶、嘌呤，以及其他的五元、六元等氮杂环化合物和它们的修饰性衍生物。核酸中存在大量稀有核苷，该类化合物开发前景与空间巨大，而且中国在嘧啶和嘌呤合成研究与生产方面具有一定基础，因此国内应重点开发该类化合物，并不断寻求清洁合成工艺，降低生产成本。

2. 核糖类化合物　核糖类包括呋喃核糖和其他各种修饰与保护的衍生物和立体

异构体、开环糖类，以及其他碳环化合物，品种众多。目前中国开发生产较少，可以利用丰富的农产品资源和生物发酵技术开发该类产品。

3. 保护试剂　在各种类型的核苷合成中需要大量的各类保护试剂的帮助。这些试剂品种繁多，有的合成简单，有的比较复杂，其中主要试剂包括核酸碱基中的羟基、氨基等保护试剂，糖基的保护试剂，修饰磷酸的保护试剂等。目前国内能够生产比较简单的保护试剂，而在比较复杂的核酸类保护试剂开发方面较为薄弱。

三、常见的核酸类药物

核酸类系列化合物主要用于医药领域，用途广泛，而且新产品层出不穷，应用范围不断扩大。常见的有以下几类。

1. 抗病毒药物　核酸类抗病毒药物品种繁多，结构多样，主要以破坏病毒转录，干扰或终止病毒核酸的合成为目的，用于抗疱疹病毒、人类免疫缺陷病毒(HIV)、乙型肝炎病毒(HBV)，以及流感和呼吸系统病毒等DNA和RNA病毒。目前在这方面应用最多，而且新出现的药物主要集中于治疗上述疾病。

2. 抗肿瘤药物　目前用于临床和正在研究的核酸类抗肿瘤药物有数十种，它们的主要作用是干扰肿瘤的DNA合成，或者影响核酸的转录过程，抑制蛋白质的合成，从而达到治疗肿瘤的效果。

3. 抗真菌类药物　具有这方面作用的核酸类化合物已经有多种用于临床，其中有部分产品对多种真菌具有抑制作用，而且对哺乳动物几乎无毒性。

4. 抗抑郁药物　核酸类药物可以用于治疗神经系统疾病，有非常强的抗抑郁作用，有的药物同时可以用作治疗关节疾病的镇痛剂，对脑血管功能障碍也有效。

5. 其他方面　核酸及相关衍生物，有的可以作为高效食用增鲜剂；一些寡核苷酸不仅可以用于基因疗法，还可以用作案件侦破、考古，以及作为DNA计算机的元件等。

思考题

1. DNA双螺旋结构的要点有哪些？
2. 试比较DNA和RNA在分子组成和分子结构上的异同点。
3. 为什么核酸不是必需营养素？

在线测试

本章小结

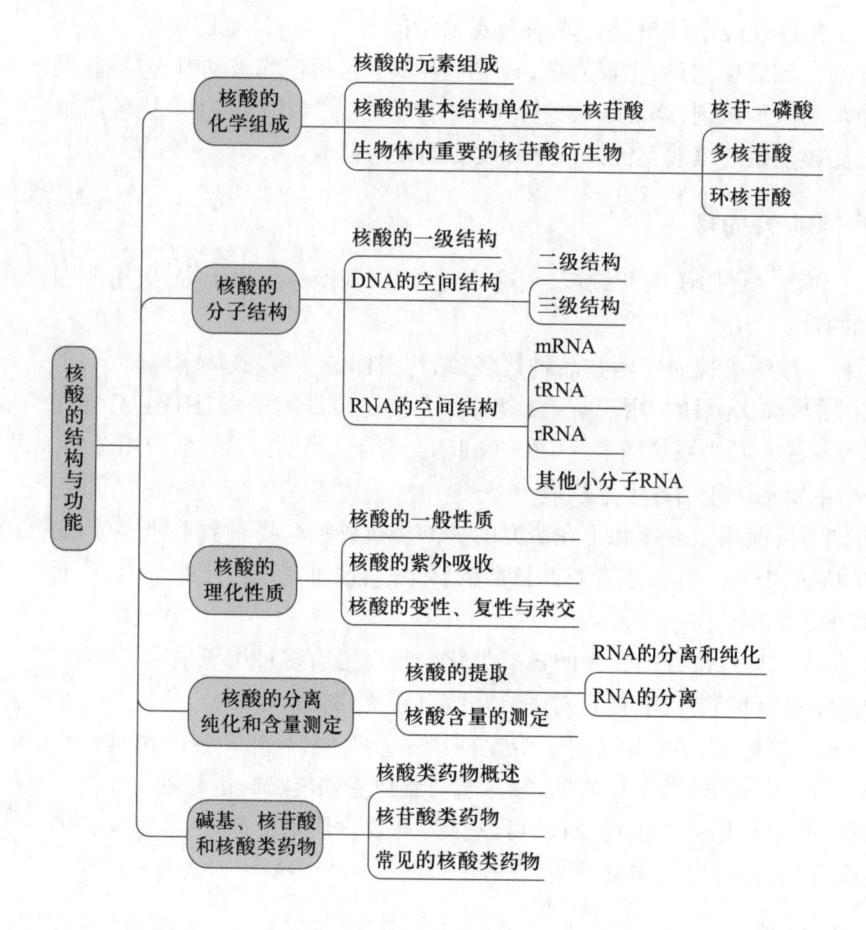
核酸的结构与功能
核酸的化学组成
核酸的元素组成
核酸的基本结构单位——核苷酸
生物体内重要的核苷酸衍生物
核苷一磷酸
多核苷酸
环核苷酸
核酸的分子结构
核酸的一级结构
DNA的空间结构
二级结构
三级结构
RNA的空间结构
mRNA
tRNA
rRNA
其他小分子RNA
核酸的理化性质
核酸的一般性质
核酸的紫外吸收
核酸的变性、复性与杂交
核酸的分离纯化和含量测定
核酸的提取
核酸含量的测定
RNA的分离和纯化
RNA的分离
碱基、核苷酸和核酸类药物
核酸类药物概述
核苷酸类药物
常见的核酸类药物

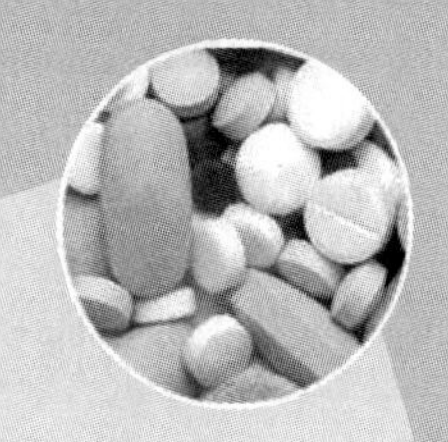

第四章 维生素

学习目标

知识目标

1. 掌握:维生素在体内的活性形式、主要生化作用及相应缺乏症。
2. 熟悉:维生素的概念、命名及分类,脂溶性维生素的中毒症状。
3. 了解:维生素的化学本质、性质、主要来源及导致其缺乏的原因。

技能目标

1. 能运用所学维生素知识,辨别维生素的缺乏或中毒,并分析其原因。
2. 具备对预防维生素缺乏或中毒进行健康教育的能力。

案例导入

[案例] 科学家们在探究饮食与疾病的关系时，发现猪肝可以治疗夜盲症，新鲜的水果和蔬菜可以防治坏血病，糙米可以治疗脚气病等，这些食物中具有治疗作用的物质统称为维生素。

[讨论]

1. 什么是维生素？维生素有何功能？
2. 维生素是否摄入越多越好？为什么？
3. 猪肝治疗夜盲症的原理是什么？
4. 新鲜水果、蔬菜防治坏血病的原理是什么？
5. 糙米治疗脚气病的原理是什么？

第一节 维生素概述

一、维生素的概念与分类

(一) 概念

考点提示

维生素的概念及特点。

维生素(vitamin)是维持人体正常生命活动过程所必需的，但在体内不能合成或合成量甚少，不能满足机体需要，必须由食物供给的一组低分子有机化合物，常以其本体或前体形式存在于天然食物中，是必需营养素。

维生素种类多，生理功能各异，但它们具有共同特点：①主要作用是参与调节物质代谢及维持机体正常的生理功能；②不参与机体组织和细胞的组成，也不能氧化供能；③因体内不能合成或合成量过少，必须从外界环境中摄取补充，但每日需要量甚少，常以毫克(mg)或微克(μg)计算。一旦缺乏某种维生素，可发生物质代谢障碍并出现相应的缺乏症。

(二) 命名

维生素的命名方法通常有3种：①按其被发现的先后顺序，以拉丁字母命名，如维生素A、维生素B、维生素C、维生素D、维生素E、维生素K等；②按其化学结构特点命名，如硫胺素、核黄素、钴胺素等；③按其生理功能或治疗作用命名，如抗眼干燥症维生素、抗脚气病维生素、抗佝偻病维生素等。因此，同一种维生素会出现两个或两个以上的名称。某些维生素在最初发现时被认为是一种，后经证明是多种维生素混合存在，命名时在拉丁字母的右下方标注1、2、3等数字加以区别，如维生素B_1、维生素B_2、维生素B_6、维生素B_{12}等。

(三) 分类

考点提示

维生素的分类。

习惯上根据维生素的溶解性不同，将其分为脂溶性维生素(lipid-soluble vitamin)和水溶性维生素(water-soluble vitamin)两大类。脂溶性维生素包括维生素A、维生素D、维生素E、维生素K，水溶性维生素包括B族维生素和维生素C。

知识链接

维生素的发现

15—16世纪,坏血病波及整个欧洲,大量的船员死于该病。直到18世纪末,英国医生伦达发现,柠檬可以治疗坏血病。但此时人们并不知道柠檬中的什么物质对“坏血病”有治疗作用。1886年,荷兰医生Christian Eijkman在调查脚气病的致病原因时发现,未经碾磨的糙米能治疗脚气病,并且发现可治疗脚气病的物质能用水或酒精提取,这一发现为维生素的研究奠定了基础。因此,Christian Eijkman获得1929年诺贝尔生理学或医学奖。

1911年,波兰化学家Casimir Funk从米糠中得到了一种胺类结晶,认为这就是可以治疗脚气病的成分,并命名为vitamin,即“生命胺”。1928—1933年,匈牙利生理学家Albert Szent-Gyorgyi等人从生物中分离出维生素C,并证明其为抗坏血酸。他也因研究维生素C和延胡索酸催化作用的成就而获得了1937年诺贝尔生理学或医学奖。1933—1934年,英国化学家Norman Haworth等研究维生素C的结构式并成功合成维生素C,Norman Haworth也因糖类化学和维生素方面的研究成就而获得了1937年诺贝尔化学奖。

随着人们对维生素的认识逐渐加深,发现的维生素种类越来越多,对其功能的认识也越来越清楚。维生素的发现被认为是20世纪的伟大发现之一。

二、维生素缺乏症的原因

一般情况下,机体可通过合理膳食来得到所需的全部维生素。但某些原因会导致机体缺乏某种维生素,继而发生物质代谢障碍,出现相应的维生素缺乏症(avitaminosis)。引起维生素缺乏的常见原因如下。

(一) 摄入量不足

摄入量不足多见于饮食单一、严重偏食等,或因食物的储存、处理方法不当,造成维生素的大量破坏与丢失,从而导致机体某些维生素的摄入不足。如水果、蔬菜储存过久会导致维生素C的大量丢失;淘米过度、米面加工过细、煮稀饭加碱等可导致维生素B_1的丢失或破坏。

(二) 吸收障碍

吸收障碍多见于消化系统疾病患者,如长期腹泻、消化道梗阻、胆道疾病患者等,这些疾病可造成维生素的吸收、利用减少。此外,摄入脂肪量过少的人群,如长期素食者,常伴有脂溶性维生素的吸收障碍。

(三) 需要量增加

需要量增加多见于妊娠期妇女、哺乳期妇女、生长发育期儿童、慢性消耗性疾病患者等,这些人群对维生素的需要量相对增加,如不及时补充,可引起维生素的相对缺乏。

(四) 药物等因素干扰体内维生素生成或吸收

长期服用抗生素可抑制肠道正常菌群的生长,从而影响维生素K、维生素B_6、维生素PP及叶酸、生物素等的生成;长期服用抗结核药物异烟肼可引起维生素PP、维生素

B_6 的缺乏；日光照射不足可使皮肤内的维生素 D_3 生成不足，易造成小儿佝偻病或成人软骨病等。

第二节 脂溶性维生素

脂溶性维生素包括维生素 A、维生素 D、维生素 E、维生素 K。它们的共同特点为：①不溶于水，而易溶于脂类及多数有机溶剂；②在食物中常与脂类共同存在，并随脂类一同吸收，在血液中与脂蛋白或某些特殊的结合蛋白相结合而被运输；③可通过胆汁酸代谢排出体外，但排泄效率低；④在体内主要储存在肝，不需每日供给；⑤若长期过量摄入可在体内蓄积而引起中毒。

一、维生素 A

(一) 化学本质与性质

视频：
维生素 A

维生素 A 又称抗眼干燥症维生素，是由 β- 白芷酮环和两分子异戊二烯构成的不饱和一元醇。其化学性质活泼，易氧化，遇光和热更易氧化，故应在棕色瓶内避光保存。维生素 A 的结构中含有共轭双键，具有紫外吸收性质。

天然的维生素 A 有维生素 A_1（视黄醇）和维生素 A_2（3- 脱氢视黄醇）两种形式。维生素 A_1 多存在于哺乳动物及咸水鱼的肝中，维生素 A_2 多存在于淡水鱼的肝中。食物中的视黄醇多以脂肪酸酯的形式存在，在小肠中受酯酶作用水解为视黄醇，被吸收后又重新酯化成视黄醇酯，并掺入乳糜微粒，运至肝储存。在血液中，视黄醇与视黄醇结合蛋白结合而被转运。视黄醇在细胞内经醇脱氢酶催化脱氢氧化生成视黄醛，视黄醛又可在醛脱氢酶催化下氧化生成视黄酸。视黄醇、视黄醛和视黄酸是维生素 A 在体内的活性形式。

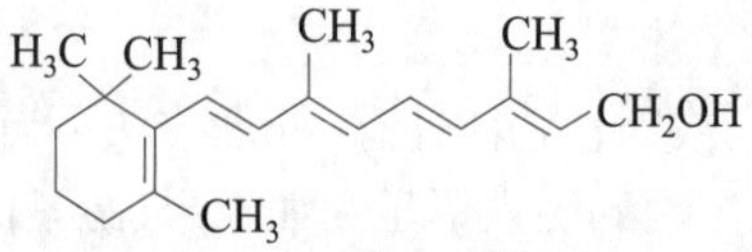

维生素A_1(视黄醇)

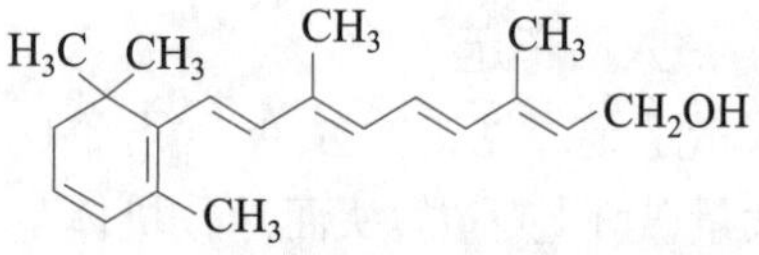

维生素A_2(3-脱氢视黄醇)

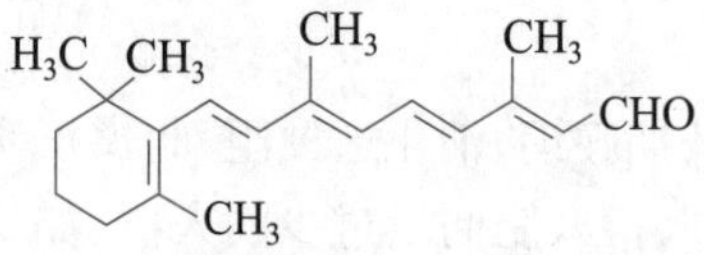

视黄醛

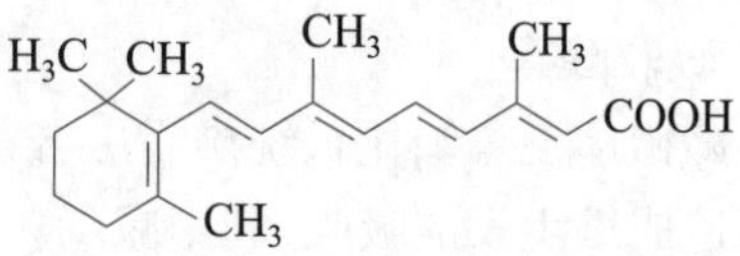

视黄酸

(二) 来源

维生素 A 主要来源于动物性食品，如肝、肉类、蛋黄、乳制品、鱼肝油等。植物性食物如胡萝卜、菠菜、番茄、枸杞、红辣椒等不含维生素 A，但含有被称为维生素 A 原的多种胡萝卜素。维生素 A 原在体内可转变为维生素 A，其中 β- 胡萝卜素的转换率最高，是最重要的维生素 A 原。

（三）生化作用

1. 参与合成视紫红质，维持眼的暗视觉　维生素 A 的衍生物 11- 顺视黄醛可与光敏感视蛋白结合生成视紫红质，后者是一种对弱光敏感的物质，可保证视杆细胞持续感光出现暗视觉。弱光可使视紫红质中 11- 顺视黄醛和视蛋白分别发生构型和构象改变，生成含全反式视黄醛的光视紫红质。光视紫红质再转变生成变视紫红质Ⅱ，后者引起视觉神经冲动，并随之解离释放全反视黄醛和视蛋白。全反视黄醛再反应生成 11- 顺视黄醛，从而完成视循环（图 4-1）。当维生素 A 缺乏时，可导致 11- 顺视黄醛的补充不足，视紫红质合成减少，对弱光敏感性降低，轻者暗适应时间延长，严重时可导致“夜盲症”。

考点提示

维生素A的生化作用及缺乏症。

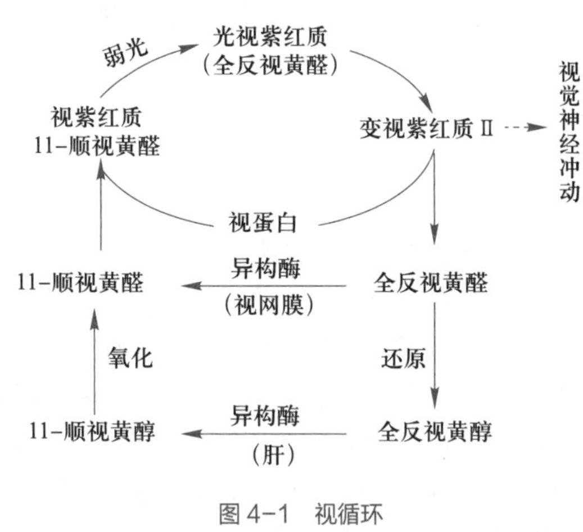

图 4-1　视循环

2. 维持上皮组织结构的完整与功能的健全　维生素 A 的衍生物视黄醇磷酸是糖蛋白合成中所需的寡糖基的载体，参与膜糖蛋白的合成和糖脂的形成，而糖蛋白是维持上皮组织的结构完整和功能健全的重要成分。当维生素 A 缺乏时，上皮组织糖蛋白合成减少，可引起皮肤、眼、呼吸道、消化道等器官的上皮组织干燥，增生和角质化，表现为皮肤粗糙、毛囊角质化及脱屑等。眼部的病变表现为角膜和结膜表皮细胞退变，泪腺上皮不健全，泪液分泌减少甚至停止，出现角膜干燥和角质化，称为眼干燥症（干眼病）。

3. 促进生长发育　维生素 A 的衍生物视黄酸在基因表达和人体生长、发育、细胞分化等过程中具有重要的调控作用。视黄酸对于维持上皮组织的正常形态和生长具有重要的作用，如全反式视黄酸可促进上皮细胞生长和分化，参与上皮组织的正常角化过程，使银屑病角化过度的表皮正常化而用于银屑病的治疗。当维生素 A 缺乏时，儿童可出现生长缓慢、发育不良。

4. 具有抗氧化作用　维生素 A 和胡萝卜素是有效的抗氧化剂，在氧分压较低的条件下，能直接清除自由基，防止细胞膜和富含脂质的组织中的脂质过氧化，故能防止自由基蓄积引起的肿瘤和多种疾病的发生。此外，动物实验证明，维生素 A 及其衍生物可诱导肿瘤细胞分化和凋亡，减轻致癌物的作用，抑制肿瘤的生长。

维生素 A 摄入过多可引起中毒，多见于婴幼儿，一般是因为鱼肝油服用过量引起。维生素 A 中毒的主要表现有头痛、恶心、共济失调、肝大、高脂血症、长骨增厚、高钙血症等。妊娠期妇女摄入过多易发生胎儿畸形，因而应当适量摄取。

知识拓展

全反式视黄酸

全反式视黄酸（ATRA）是维生素 A 的天然衍生物之一，也是目前国内治疗急性早幼粒细胞白血病（APL）的临床首选化疗药物，其用于白血病的治疗是由中国科学家王振义于20世纪80年代提出的。随后，陈竺和陈赛娟等在ATRA治疗肿瘤机制方面进行了深入研究，获得了许多重要发现。王振义教授获得2010年度国家最高科学技术奖，并与陈竺教授共同在2012年获得全美癌症研究基金会颁发的第七届捷尔吉癌症研究创新成就奖。大量研究证明，ATRA具有诱导肿瘤细胞的分化和凋亡、抑制部分致癌基因的活性、增加癌细胞对化疗药物的敏感性、促进上皮细胞分化与生长、维持上皮组织的正常角化过程、减少皮脂的分泌等功能。ATRA具有疗效高、不良反应小等优点，目前已成为部分恶性血液病、某些肿瘤及血管相关疾病、各种皮肤病治疗的重要药物之一。

二、维生素D

(一) 化学本质与性质

视频:

维生素D

维生素D又称抗佝偻病维生素，是类固醇的衍生物，含有环戊烷多氢菲结构。其性质比较稳定，不易被热、碱和氧破坏。天然维生素D主要有维生素D_2(麦角钙化醇)和维生素D_3(胆钙化醇)两种形式。维生素D_3在小肠被吸收后，掺入乳糜微粒经淋巴入血，与血浆中维生素D结合蛋白(vitamin D binding protein，DBP)结合而运输至肝。经肝微粒体中25-羟化酶催化，生成25-羟维生素D_3(25-OH-D_3)，后者再经肾的羟化作用，生成其活性形式1,25-二羟维生素D_3［1,25-$(OH)_2$-D_3］(图4-2)。

7-脱氢胆固醇 —紫外线→ 维生素D_3 —25-羟化酶 肝→ 25-羟维生素D_3 —1α-羟化酶 肾、骨、胎盘→ 1,25-二羟维生素D_3

图4-2 维生素D_3的转变

(二) 来源

动物性食品如鱼油、蛋黄、乳汁、肝等富含维生素D_3。人体皮肤中储存有由胆固醇脱氢生成的7-脱氢胆固醇，后者在紫外线照射下，可转变成维生素D_3，故7-脱氢胆固醇又被称为维生素D_3原。植物性食品如植物油和酵母中含有维生素D_2原，即麦角固醇，后者在紫外线照射下可转变为能被人吸收的维生素D_2。

（三）生化作用

1. 调节钙磷代谢　1,25-$(OH)_2$-D_3 可促进小肠对钙、磷的吸收，促进肾小管对钙、磷的重吸收，从而维持血浆中钙、磷浓度的正常水平，有利于新骨的生成与钙化。维生素 D 还可促进成骨细胞的形成及钙在骨质中的沉积，有利于骨骼和牙齿的形成与钙化。当维生素 D 缺乏时，儿童可导致佝偻病，成年人则引起软骨病。

2. 其他功能　1,25-$(OH)_2$-D_3 可促进胰岛 B 细胞合成与分泌胰岛素，具有对抗 1 型和 2 型糖尿病的作用。1,25-$(OH)_2$-D_3 对某些肿瘤细胞具有抑制增殖和促进分化的作用。维生素 D 还可能是一种免疫调节激素，1,25-$(OH)_2$-D_3 可通过其特异受体进入免疫细胞，调节免疫系统的功能，维生素 D 缺乏可引起自身免疫病。

考点提示

维生素 D 的缺乏症及中毒症状。

长期过量摄入维生素 D 可导致中毒，引起高钙血症、高钙尿症、高血压以及软组织钙化、骨硬化等。

三、维生素 E

（一）化学本质与性质

维生素 E 属于酚类化合物，是苯并二氢吡喃的衍生物，包括生育酚和生育三烯酚两大类。每类又可根据环上甲基的数目和位置不同，分为 α、β、γ、δ 4 种。自然界中以 α-生育酚生理活性最高，分布最广。

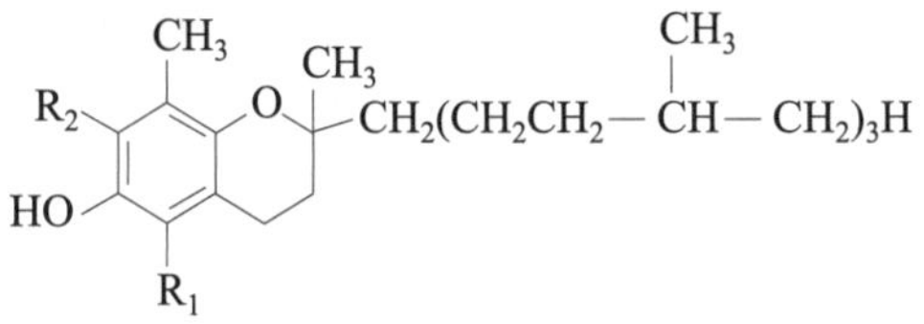

生育酚

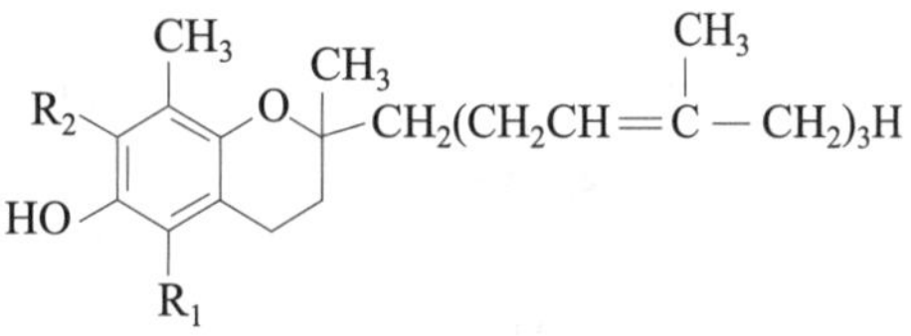

生育三烯酚

维生素 E 为微带黏性的淡黄色油状物。在无氧条件下对热稳定，对酸和碱有一定抵抗力；但对氧敏感，易被氧化，以保护其他物质不被氧化，故具有抗氧化作用。维生素 E 可被紫外线破坏，它与酸结合生成的酯类是较稳定的形式，也是在临床上的药用形式。在机体内，维生素 E 主要存在于细胞膜、血浆脂蛋白和脂库中。

（二）来源

维生素 E 主要存在于植物油、油性种子、麦芽及绿叶蔬菜中。

（三）生化作用

1. 抗氧化作用　维生素 E 能清除自由基，防止生物膜的不饱和脂肪酸被氧化产生脂质过氧化物，从而保护细胞膜的结构与功能。维生素 E 与维生素 C、谷胱甘肽、硒等抗氧化剂协同作用，可更有效地清除自由基。当维生素 E 缺乏时，红细胞膜容易被氧化破坏，发生溶血。

2. 影响生育功能　动物实验证明，维生素 E 缺乏可导致动物生殖器官受损，甚至不育。但它对人类生殖功能的影响尚不明确，临床上常用维生素 E 防治先兆流产及习惯性流产。

3. 促进血红素代谢　维生素 E 能提高血红素合成过程中的关键酶 δ-氨基-γ-酮戊酸（δ-aminolevulinic acid，ALA）合成酶和 ALA 脱水酶的活性，促进血红素的合成。新生儿缺乏维生素 E 可引起轻度溶血性贫血，可能与血红蛋白合成减少及红细胞寿命缩短有关。因此，妊娠期妇女、哺乳期妇女及新生儿应注意适当补充维生素 E。

4. 其他作用 维生素 E 具有调节信号转导和基因表达的作用，具有抗炎、维持正常免疫功能和抑制细胞增殖、降低血浆低密度脂蛋白浓度等作用，在预防和治疗冠心病、肿瘤及延缓衰老等方面有一定作用。

由于维生素 E 在一般食品中含量充分，在体内保存时间长，故一般不易缺乏。

四、维生素 K

(一) 化学本质与性质

维生素 K 又称凝血维生素，是 2- 甲基 -1,4- 萘醌的衍生物，其化学性质稳定，耐热耐酸，但易被光和碱破坏，故应避光保存。维生素 K 在自然界中主要以维生素 K_1 和维生素 K_2 两种形式存在，临床上应用的为人工合成的维生素 K_3 和维生素 K_4，是 2- 甲基 - 萘醌的衍生物，其活性高于维生素 K_1 和维生素 K_2，可口服及注射。维生素 K 主要在小肠被吸收，随乳糜微粒经淋巴入血，在血液中随 β- 脂蛋白转运至肝储存。

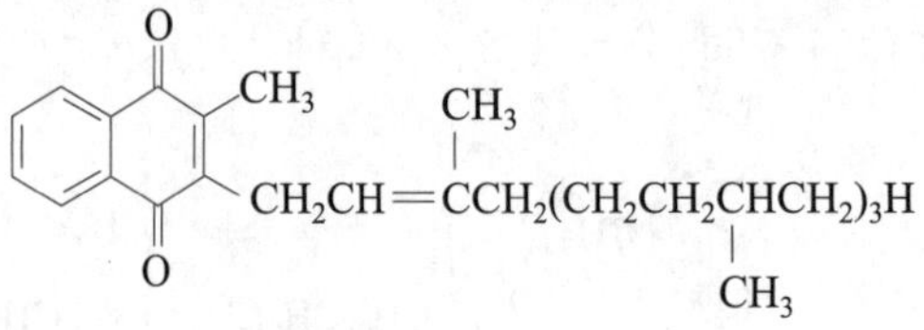

维生素K_1

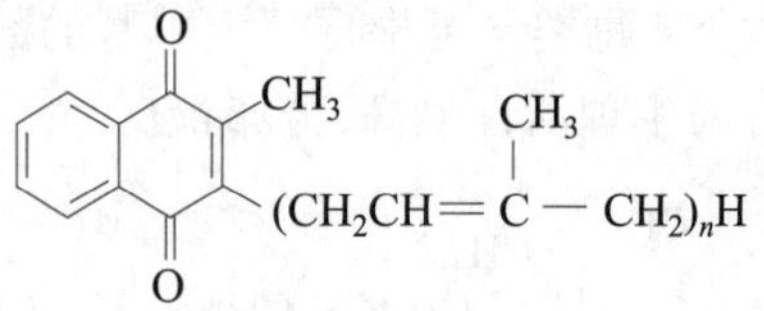

维生素K_2

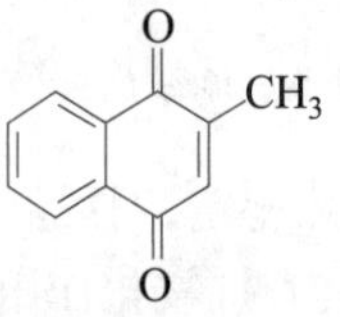

维生素K_3

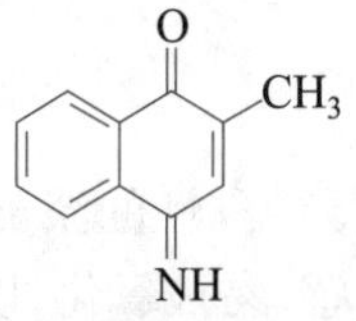

维生素K_4

(二) 来源

维生素 K_1 主要存在于肝、鱼、肉和绿叶蔬菜中，维生素 K_2 是肠道细菌的产物。

(三) 生化作用

1. 促进凝血因子的合成 凝血因子Ⅱ、凝血因子Ⅶ、凝血因子Ⅸ、凝血因子Ⅹ及抗凝血因子蛋白 C 和蛋白 S 在体内的激活，均需要在以维生素 K 为辅酶的 γ- 谷氨酰羧化酶的作用下完成。因此，维生素 K 是合成凝血因子Ⅱ、凝血因子Ⅶ、凝血因子Ⅸ、凝血因子Ⅹ所必需的，可维持它们的正常水平，促进凝血作用。当维生素 K 缺乏时，凝血因子合成受阻，凝血时间延长，易引起凝血障碍，发生皮下、肌肉及内脏出血。维生素 K 是目前常用的止血剂之一。

2. 参与骨盐代谢 骨中骨钙蛋白和骨基质的 γ- 羧基谷氨酸(Gla)蛋白都是维生素 K 依赖性蛋白。研究表明，服用低剂量维生素 K 的妇女，其脊柱和股骨颈的骨盐密度明显低于服用大剂量维生素 K 时的骨盐密度。

3. 维生素 K 对减少动脉钙化也具有重要的作用　大剂量的维生素 K 可以降低动脉硬化的风险。

维生素 K 一般不易缺乏。但因其不能通过胎盘，新生儿出生后肠道内又无细菌，故新生儿易发生维生素 K 的缺乏；胰腺、胆道疾病及肠黏膜萎缩、脂肪便、长期应用广谱抗生素等也可引起维生素 K 缺乏。

知识拓展

香豆素类抗凝剂

香豆素类化合物是邻羟基桂皮酸的内酯，具有芳香气味。常见的香豆素类药物有双香豆素、华法林（苄丙酮香豆素）、醋硝香豆素和新双香豆素等。香豆素类是维生素 K 的拮抗剂，其结构与维生素 K 相似，可竞争性抑制肝中维生素 K 由环氧化物向氢醌型转化，妨碍维生素 K 的循环再利用，影响含有谷氨酸残基的凝血因子Ⅱ、凝血因子Ⅶ、凝血因子Ⅸ、凝血因子Ⅹ的羧化作用，使这些因子停留于无凝血活性的前体阶段，从而影响凝血过程。

脂溶性维生素的相关特点总结见表 4-1。

表 4-1　脂溶性维生素的总结

名称	活性形式	主要功能	缺乏症
维生素 A （视黄醇）	视黄醇、视黄醛、视黄酸	1. 构成视紫红质，维持暗视觉 2. 维持上皮组织结构的完整和功能健全	夜盲症 眼干燥症
维生素 D （钙化醇）	1,25-$(OH)_2$-D_3	促进钙、磷的吸收，利于骨和牙的钙化	儿童：佝偻病 成年人：软骨病
维生素 E （生育酚）		1. 抗氧化作用 2. 与动物的生殖功能有关	人类未发现典型缺乏症
维生素 K （凝血维生素）		促进凝血因子Ⅱ、凝血因子Ⅶ、凝血因子Ⅸ、凝血因子Ⅹ的合成，参与凝血作用	凝血功能障碍、出血

第三节　水溶性维生素

水溶性维生素包括 B 族维生素和维生素 C。B 族维生素又包括维生素 B_1、维生素 B_2、维生素 B_6、维生素 B_{12}、维生素 PP，以及泛酸、叶酸、生物素和硫辛酸等。水溶性维生素的主要特点包括：①能溶于水，可随尿液排出体外，因此少有中毒现象出现；②大多数水溶性维生素在体内无储存，必须从膳食中不断供给，长期摄入不足可引起缺乏症；③除维生素 B_{12} 外，其余水溶性维生素均能自由吸收，并可在体液中自由转运；④B 族维生素的主要作用是在体内构成酶的辅助因子，调节酶的活性，进而影响物质代谢，维生素 C 则在一些氧化还原及羟化反应中起作用。

一、维生素 B_1

(一) 化学本质与性质

视频:

维生素 B_1

维生素 B_1 又称抗脚气病维生素,是由含硫的噻唑环和含氨基的嘧啶环通过甲烯基连接而成的化合物,故又称硫胺素(thiamine)。其纯品多以盐酸盐形式存在,为白色结晶,极易溶于水,耐热耐酸,但碱性条件下加热易分解。

维生素 B_1 在有氧化剂存在时,易被氧化转变为脱氢硫胺素(又称硫色素),后者在紫外线照射下呈现蓝色荧光,可用于维生素 B_1 的检测和定量分析。

考点提示

维生素 B_1 的活性形式。

硫胺素易被小肠吸收,入血后主要在肝及脑组织中经硫胺素焦磷酸激酶的催化生成硫胺素焦磷酸(thiamine pyrophosphate,TPP),以构成某些酶的辅酶。因此,TPP 是维生素 B_1 在体内的活性形式。

硫胺素(维生素B_1)

硫胺素焦磷酸(TPP)

(二) 来源

维生素 B_1 广泛分布于动植物性食物中,如谷类和豆类的种皮、酵母、干果、蔬菜等含丰富的维生素 B_1;在动物的肝、肾、脑、瘦肉及蛋类含量也较多。精白米和精白面粉中维生素 B_1 的含量远不及标准米、标准面粉的高。

考点提示

维生素 B_1 的生化作用、缺乏症。

(三) 生化作用

1. TPP 是 α- 酮酸氧化脱羧酶的辅酶　α- 酮酸氧化脱羧酶如丙酮酸氧化脱氢酶系、α- 酮戊二酸脱氢酶系等,是糖代谢过程中的关键酶。当维生素 B_1 缺乏时,TPP 合成不足,导致糖代谢中间产物 α- 酮酸的氧化脱羧反应发生障碍,糖有氧氧化过程受阻。一方面导致神经组织的能量供应不足;另一方面使糖代谢中间产物如丙酮酸、乳酸等堆积,刺激神经末梢,从而导致慢性末梢神经炎及其他神经病变;严重时心肌能量供应也减少,出现心动过速、心力衰竭、下肢水肿等症状,称为维生素 B_1 缺乏症,临床上也称为“脚气病”。

2. TPP 是转酮醇酶的辅酶　转酮醇酶在磷酸戊糖途径中发挥着重要作用。当维生素 B_1 缺乏时,磷酸戊糖途径受阻,使体内核苷酸合成及神经髓鞘中鞘磷脂的合成受影响,也可导致末梢神经炎和其他病变。

3. 维生素 B_1 可影响乙酰胆碱的合成与分解　乙酰胆碱是一种神经递质,由乙酰辅酶 A 和胆碱合成,经胆碱酯酶催化分解。当维生素 B_1 缺乏时,一方面 TPP 合成不足,使乙酰辅酶 A 合成减少,进而导致乙酰胆碱的合成减少;另一方面维生素 B_1 对胆碱酯酶的抑制减弱,乙酰胆碱分解加强,从而影响神经传导,主要表现为消化液分泌减少、胃肠蠕动变慢、食欲缺乏、消化不良等。

维生素 B_1 缺乏的常见原因是膳食中含量不足，如长期以精白米或精白面为主食的人群等。另外，吸收障碍、需要量增加及酒精中毒等也可导致维生素 B_1 的缺乏。

二、维生素 B_2

（一）化学本质与性质

维生素 B_2 是 D- 核糖醇与 7，8- 二甲基异咯嗪的缩合物，又称核黄素。维生素 B_2 为橙黄色针状晶体，在酸性环境中稳定，在碱性环境下不耐热；对光敏感，遇光易被破坏，故应用棕色瓶避光保存。在 430~440 nm 蓝光或紫外线照射下，维生素 B_2 的水溶液发出绿色荧光，其强弱与核黄素含量成正比，可用于定量分析。

维生素 B_2 主要在小肠上段通过转运蛋白主动吸收，吸收后经小肠黏膜黄素激酶催化转变成黄素单核苷酸（flavin mononucleotide，FMN），FMN 在焦磷酸化酶的催化下进一步生成黄素腺嘌呤二核苷酸（flavin adenine dinucleotide，FAD）。FMN 和 FAD 是维生素 B_2 的活性形式。FAD 和 FMN 的结构中异咯嗪环上 N_1 和 N_{10} 与活泼的双键连接，此两个氮原子可反复接受或释放氢，因而具有可逆的氧化还原性。

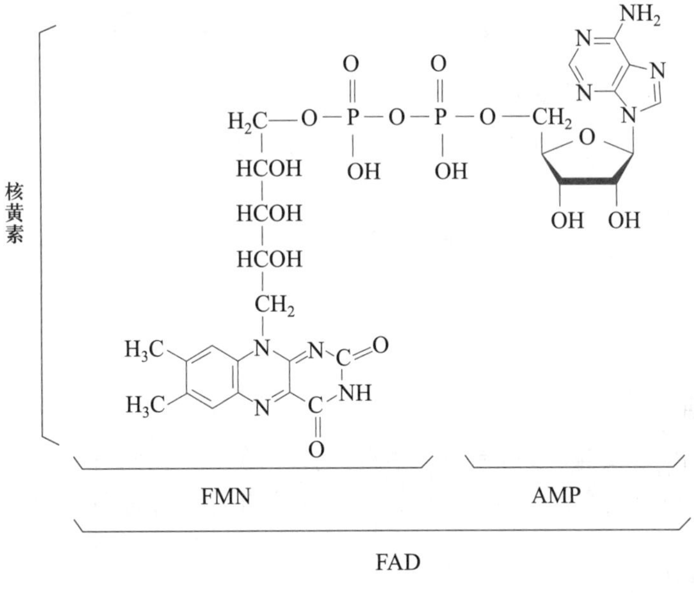

核黄素

FMN　　AMP

FAD

（二）来源

维生素 B_2 广泛存在于动植物中，尤其是在奶及奶制品、肝、蛋类和肉类中含量丰富。

（三）生化作用

FMN 和 FAD 是体内氧化还原酶的辅基，主要起传递氢的作用，广泛参与体内的各种氧化还原反应，能促进糖类、脂肪和氨基酸的代谢，对维持皮肤、黏膜和视觉的正常功能均有一定作用。缺乏维生素 B_2 时，可引起口角炎、舌炎、唇炎、阴囊炎、眼睑炎等。

维生素 B_2 缺乏的主要原因是膳食供应不足或食物烹调不当。临床上用光照疗法治疗新生儿黄疸时，在破坏皮肤胆红素的同时，核黄素也可同时被破坏，引起新生儿维生素 B_2 缺乏症。因此，对于新生儿黄疸，在治疗原发病的同时，还应注意补充维生素 B_2。

三、维生素 PP

(一) 化学本质与性质

视频：

维生素 PP

维生素 PP 又称抗癞皮病维生素，是吡啶衍生物，包括烟酸（nicotinic acid）和烟酰胺（nicotinamide），曾分别称为尼克酸和尼克酰胺，两者在体内可相互转化。

维生素 PP 为白色结晶，性质稳定，不易被酸、碱和热破坏。与溴化氰作用可生成黄绿色化合物，此性质可用于维生素 PP 的定量分析。

维生素 PP 在体内的活性形式是烟酰胺腺嘌呤二核苷酸（nicotinamide adenine dinucleotide，NAD^+，辅酶Ⅰ）或烟酰胺腺嘌呤二核苷酸磷酸（nicotinamide adenine dinucleotide phosphate，$NADP^+$，辅酶Ⅱ）。NAD^+ 和 $NADP^+$ 的功能基团在烟酰胺上。烟酰胺分子中的吡啶氮为五价，能可逆接受电子变成三价，其对侧的碳原子性质活泼，能可逆地加氢或脱氢。烟酰胺每次可接受一个质子和两个电子，另一个质子游离于介质中。

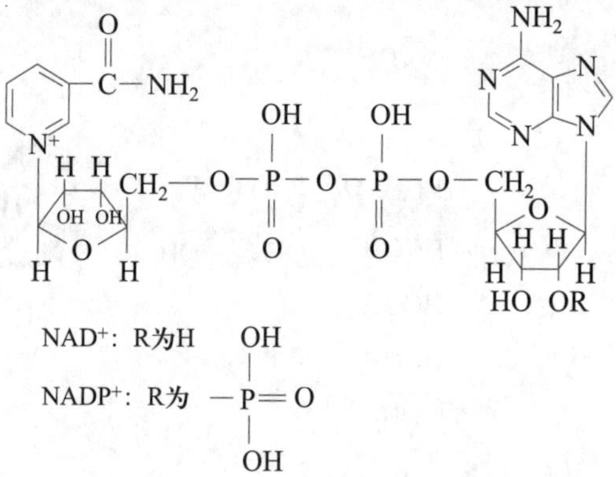

NAD^+：R为H

$NADP^+$：R为 $-P(=O)(OH)-OH$

(二) 来源

维生素 PP 广泛存在于动植物食物中，尤以肉类、酵母、马铃薯、谷类及花生中含量丰富。人体可以利用色氨酸合成少量的维生素 PP，但转化效率较低，不能满足人体需要。

(三) 生化作用

NAD^+ 和 $NADP^+$ 是多种不需氧脱氢酶的辅酶，在生物氧化过程中起传递氢的作用，广泛参与体内各种代谢，如糖代谢、脂类代谢及氨基酸代谢等。维生素 PP 缺乏时可引起癞皮病，主要表现为皮炎、腹泻、痴呆。皮炎常对称出现于皮肤暴露部位，痴呆则是神经组织变性的结果。

烟酸还可抑制脂肪动员，使肝中极低密度脂蛋白（VLDL）的合成下降，降低血浆中胆固醇含量。近年来，临床上将烟酸用于治疗高胆固醇血症。但服用过量烟酸或烟酰胺可引起血管扩张、脸颊潮红、痤疮及胃肠不适等毒性症状。长期口服烟酸或烟酰胺用量超过 500 mg/d 可引起肝损伤。

抗结核药物异烟肼与维生素 PP 结构相似，二者有拮抗作用，若长期服用异烟肼，可能会引起维生素 PP 的缺乏。玉米中的烟酸是结合型的，不能被人体直接利用，且玉米中色氨酸含量极低，故长期以玉米为主食者易缺乏维生素 PP。

四、维生素 B_6

（一）化学本质与性质

维生素 B_6 是吡啶衍生物，包括吡哆醇、吡哆醛和吡哆胺，在体内以磷酸酯的形式存在。维生素 B_6 在酸性环境中稳定，但在碱性环境中易被破坏，遇光、紫外线、高温也可迅速被破坏。维生素 B_6 与三氯化铁作用呈红色，与对氨基苯磺酸作用呈橘红色，此两种性质可用于维生素 B_6 的定量测定。

维生素 B_6 的活性形式是磷酸吡哆醛和磷酸吡哆胺，二者可以相互转化（图 4-3）。

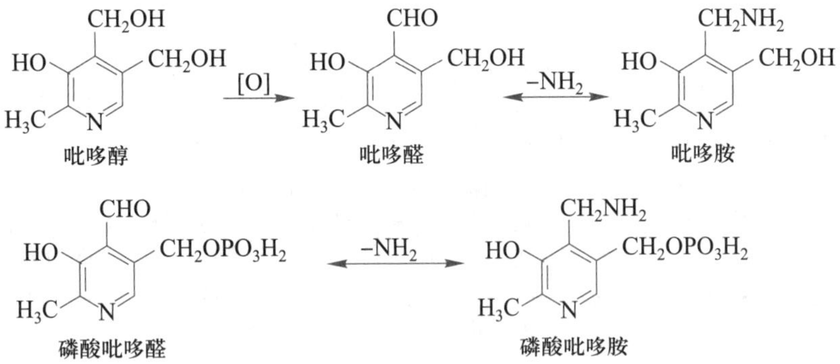

吡哆醇 —[O]→ 吡哆醛 ⇌（$-NH_2$）吡哆胺

磷酸吡哆醛 ⇌（$-NH_2$）磷酸吡哆胺

图 4-3　3 种维生素 B_6 的转化及磷酸酯

（二）来源

维生素 B_6 广泛存在于动植物食品中，在肝、鱼、肉类、全麦、米糠、坚果、酵母、蛋黄、肾及绿叶蔬菜中均含量丰富。肠道细菌也可合成维生素 B_6。

（三）生化作用

（1）磷酸吡哆醛是转氨酶的辅酶，在氨基酸转氨基过程中起转移氨基的作用。

（2）磷酸吡哆醛是脱羧酶的辅酶，参与氨基酸及其衍生物的脱羧反应。如磷酸吡哆醛作为谷氨酸脱羧酶的辅酶，可促进谷氨酸脱羧生成 γ- 氨基丁酸（GABA），后者是一种抑制性神经递质，对中枢神经有抑制作用。临床上常用维生素 B_6 治疗小儿惊厥、妊娠呕吐和精神焦虑等。

（3）磷酸吡哆醛是 δ- 氨基 -γ- 酮戊酸（ALA）合成酶的辅酶，参与血红素的合成。当维生素 B_6 缺乏时，可影响血红蛋白的合成，造成小细胞低血色素性贫血。

（4）磷酸吡哆醛是同型半胱氨酸分解代谢酶的辅酶。维生素 B_6 缺乏时，同型半胱氨酸分解受阻，可引起高同型半胱氨酸血症（hyperhomo-cysteinemia），进而导致心脑血管疾病，如高血压、血栓形成、动脉粥样硬化等。

人类至今尚未发现维生素 B_6 缺乏引起的典型疾病。抗结核药异烟肼可与磷酸吡哆醛的醛基结合形成腙从尿中排出，引起维生素 B_6 缺乏。故在服用异烟肼时，应注意及时补充维生素 B_6。维生素 B_6 过量服用可引起中毒。日摄入量超过 200 mg 可以引起神经损伤，主要表现为感觉性周围神经病。

考点提示

长期服用抗结核药物异烟肼可引起哪些维生素的缺乏？

五、泛酸

（一）化学本质与性质

泛酸（pantothenic acid）又称遍多酸、维生素 B_5，由二甲基羟丁酸和 β- 丙氨酸组成，因广泛存在于动植物组织中而得名。泛酸为淡黄色油状物，在中性环境中对热稳定，但是在酸、碱环境中加热易被破坏。

泛酸在肠道内被吸收后，经磷酸化后与半胱氨酸反应，获得巯基乙胺而生成 4- 磷酸泛酰巯基乙胺，后者是辅酶 A（coenzyme A，CoA）和酰基载体蛋白（acyl carrier protein，ACP）的组成成分，参与酰基转移反应。CoA 和 ACP 是泛酸在体内的活性形式。

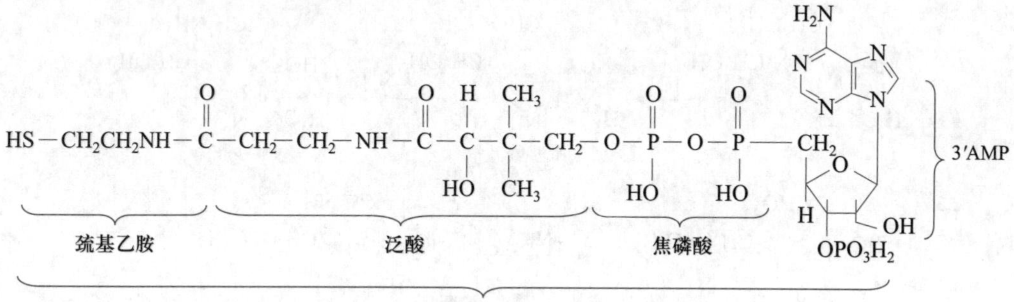

$HS-CH_2CH_2NH-CO-CH_2-CH_2-NH-CO-CH(OH)-C(CH_3)_2-CH_2-O-PO(OH)-O-PO(OH)-CH_2$-核糖（3'-$OPO_3H_2$）-腺嘌呤

巯基乙胺　泛酸　焦磷酸　3'AMP

辅酶A(CoA)

（二）来源

泛酸在自然界分布广泛，肠道细菌也能合成泛酸，故尚未发现缺乏。

（三）生化作用

CoA 和 ACP 是构成酰基转移酶的辅酶，在代谢中起传递酰基的作用，广泛参与糖、脂类、蛋白质的代谢及肝的生物转化作用。体内有 70 多种酶需 CoA 和 ACP。

六、生物素

（一）化学本质与性质

生物素（biotin）又称维生素 B_7、维生素 H、辅酶 R 等，是由噻吩环和尿素结合形成的双环化合物，其侧链有一个戊酸。生物素为无色针状结晶体，耐酸不耐碱，氧化剂和高温可使其失活。自然界存在的生物素至少有两种：α- 生物素和 β- 生物素。

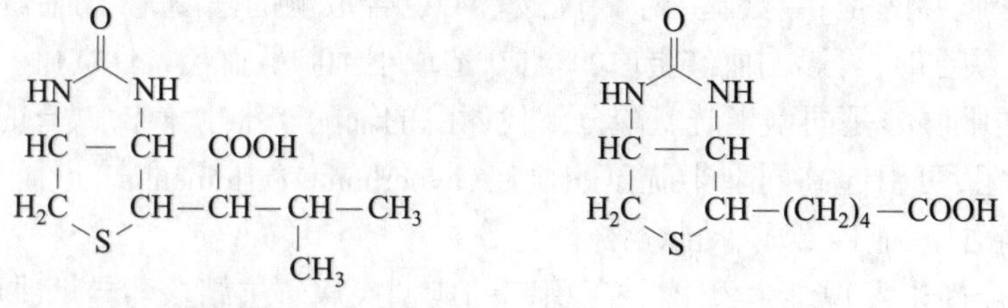

α-生物素：侧链 $-CH(COOH)-CH(CH_3)-CH_3$

β-生物素：侧链 $-(CH_2)_4-COOH$

（二）来源

生物素在动植物中分布广泛，如在肝、蛋类、酵母、鱼类、花生、牛奶、蔬菜、谷类等食物中含量丰富，在啤酒中含量较高，肠道细菌也能合成生物素。

（三）生化作用

生物素是体内多种羧化酶（如丙酮酸羧化酶、乙酰 CoA 羧化酶等）的辅基，参与 CO_2 的固定和羧化过程，在糖类、脂肪、氨基酸及核苷酸代谢中起重要作用。近年来有研究证明，生物素还参与细胞信号转导和基因表达过程，影响细胞周期、转录和 DNA 损伤的修复。

生物素很少出现缺乏。大量食用生鸡蛋清可造成生物素的缺乏，因为新鲜鸡蛋清中有一种抗生物素蛋白，它能与生物素结合，妨碍生物素的吸收，蛋清加热后这种蛋白遭到破坏而失去作用。生物素缺乏的主要症状有疲乏、恶心、呕吐、食欲缺乏、皮炎及脱屑性红皮病。

七、叶酸

（一）化学本质与性质

叶酸（folic acid）又名蝶酰谷氨酸、维生素 B_9，由 2- 氨基 -4- 羟基 -6- 甲基蝶呤啶、对氨基苯甲酸（*p*-aminobenzoic acid，PABA）和 L- 谷氨酸 3 部分组成，因在绿叶中含量丰富而得名。

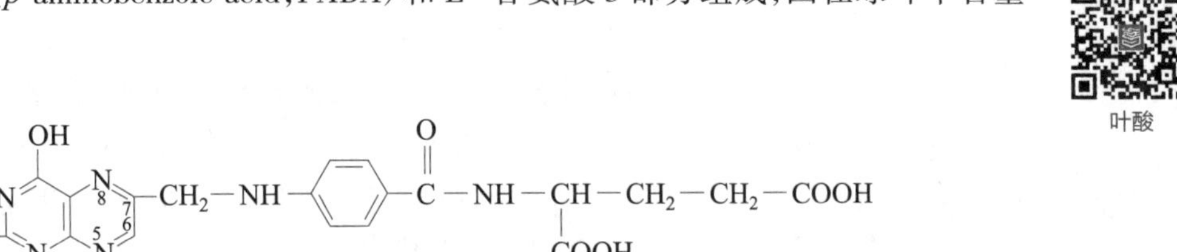

叶酸为黄色结晶，在中性及碱性环境中耐热，但在酸性环境中不稳定，加热或光照易被分解破坏，故应避光冷藏。

叶酸在小肠上段被吸收后，经肠黏膜上皮细胞中二氢叶酸还原酶催化生成二氢叶酸，后者再进一步还原为 5，6，7，8- 四氢叶酸（tetrahydrofolic acid，THF 或 FH_4）。FH_4 为叶酸在体内的活性形式。

（二）来源

叶酸在植物的绿叶中大量存在，在肝、酵母、水果中含量也很丰富；且肠道细菌亦可以合成。

（三）生化作用

FH_4 是一碳单位转移酶的辅酶，参与一碳单位代谢。FH_4 分子中 N^5 和 N^{10} 是结合、携带一碳单位的部位，而一碳单位在体内参与嘌呤、胸腺嘧啶核苷酸等的合成及甲硫氨酸循环，在氨基酸及核苷酸代谢中起重要作用。

当叶酸缺乏时，骨髓幼红细胞 DNA 合成减少，细胞分裂速率减慢，细胞体积变大，造成巨幼细胞贫血。此外，叶酸缺乏还可影响同型半胱氨酸甲基化生成甲硫氨酸，引起高同型半胱氨酸血症，增加发生动脉粥样硬化、血栓和高血压的危险性。

叶酸缺乏多见于需要量增加但未及时补充的人群，如妊娠期及哺乳期妇女等。这类人群因代谢较旺盛，应适量补充叶酸。长期口服避孕药、抗惊厥药或肠道抑菌药，会干扰叶酸的吸收及代谢，可造成缺乏，应考虑补充叶酸。

八、维生素 B_{12}

(一) 化学本质与性质

维生素 B_{12} 又称钴胺素(cobalamine)，其结构中含有金属元素钴，是体内唯一含有金属元素的维生素。维生素 B_{12} 在弱酸性水溶液中稳定，但易被日光、氧化剂及还原剂破坏，尤其在强酸、强碱条件下极易被破坏。

维生素 B_{12} 在体内因结合的基团不同，可有多种存在形式，如羟钴胺素、氰钴胺素、甲钴胺素、5′-脱氧腺苷钴胺素等，其中甲钴胺素和 5′-脱氧腺苷钴胺素是维生素 B_{12} 的活性形式，也是血液中存在的主要形式。

(二) 来源

肝、肾、瘦肉、鱼及蛋类食物中的维生素 B_{12} 含量较高，肠道细菌也能合成维生素 B_{12}。维生素 B_{12} 的吸收方式为主动转运，需要一种由胃壁细胞分泌的高度特异的糖蛋白(即内因子)参与。

(三) 生化作用

(1) 甲钴胺素是转甲基酶的辅酶，参与甲基的转移。如甲钴胺素是 N^5-CH_3—FH_4 转甲基酶的辅酶，该酶催化同型半胱氨酸和 N^5-CH_3—FH_4 反应生成甲硫氨酸和 FH_4。维生素 B_{12} 缺乏时，N^5-CH_3—FH_4 的甲基不能转移出去，一方面使甲硫氨酸合成减少，同型半胱氨酸堆积，可影响体内广泛的甲基化反应，并造成高同型半胱氨酸血症；另一方面可影响 FH_4 的再生，组织中游离的 FH_4 含量减少，导致一碳单位的代谢障碍，核酸合成受阻，进而可引起巨幼细胞贫血。故临床上常将维生素 B_{12} 和叶酸合用治疗巨幼细胞贫血。

考点提示

1. 缺乏时能引起巨幼细胞贫血的维生素有哪些？
2. 缺乏时能引起高同型半胱氨酸血症的维生素有哪些？
3. 肠道细菌能合成的维生素有哪些？

(2) 5′-脱氧腺苷钴胺素是 L-甲基丙二酰 CoA 变位酶的辅酶，催化琥珀酰 CoA 的生成。维生素 B_{12} 缺乏时，可引起 L-甲基丙二酰 CoA 大量堆积。因其结构与脂肪酸合成的中间产物丙二酰 CoA 相似，可影响脂肪酸的正常合成。脂肪酸合成障碍又可影响神经髓鞘质的转换，造成髓鞘质变性退化，进而引发进行性脱髓鞘等神经组织病变。所以，维生素 B_{12} 具有营养神经的作用。

正常膳食很少发生维生素 B_{12} 的缺乏。但萎缩性胃炎、胃大部分切除术后患者，或长期服用埃索美拉唑镁肠溶片的患者等，因内因子分泌减少，可引起维生素 B_{12} 的缺乏。

九、维生素 C

(一) 化学本质与性质

视频：维生素 C

维生素 C 又称 L-抗坏血酸，是一种含有六碳原子的不饱和多羟基内酯化合物，呈酸性。其烯醇式结构中 C_2 和 C_3 位羟基上 2 个氢原子可以氧化脱去生成氧化型抗坏血酸，后者可再接受氢还原生成抗坏血酸(图 4-4)。

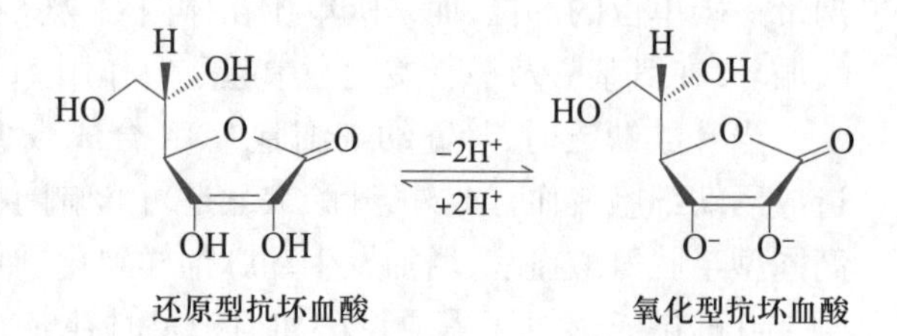

图 4-4　维生素 C 的结构及递氢作用

维生素 C 为无色片状结晶，具有

很强的还原性，遇碱、热、氧化剂等易被氧化分解，在酸性环境（pH<5.5）中较为稳定。

（二）来源

维生素 C 广泛存在于新鲜的蔬菜、水果中，尤其是在柑橘类、猕猴桃、番茄、辣椒及鲜枣中含量丰富。植物中含有的抗坏血酸氧化酶可将维生素 C 氧化为无活性的二酮古洛糖酸，所以久存的水果和蔬菜中维生素 C 含量会大量减少。烹饪不当也可引起维生素 C 的大量流失。

（三）生化作用

1. 维生素 C 作为羟化酶的辅酶，参与体内多种羟化反应　体内胶原蛋白的合成、胆固醇的转化、芳香族氨基酸的代谢、肉碱的合成及非营养物质的转化等过程都需要依赖维生素 C 的羟化酶参与。例如，维生素 C 是胶原合成中脯氨酸羟化酶和赖氨酸羟化酶的辅助因子，可促进胶原蛋白的合成。胶原是毛细血管、结缔组织和骨的重要组成成分。维生素 C 缺乏时，胶原蛋白合成不足，可出现毛细血管通透性和脆性增加，易破裂出血，以及出现牙龈出血、牙齿松动、骨折和创伤不易愈合等症状，称为维生素 C 缺乏症，也称为坏血病。此外，体内肉碱的合成也需依赖维生素 C 的羟化酶。维生素 C 缺乏时，肉碱合成减少，使脂肪酸 β 氧化减弱，患者出现倦怠乏力，这也是坏血病的症状之一。

2. 维生素 C 作为抗氧化剂，参与体内氧化还原反应　维生素 C 具有较强还原性，可通过氧化自身来维持谷胱甘肽的还原性；可将 Fe^{3+} 还原成 Fe^{2+}，促进体内铁的吸收，恢复血红蛋白的运氧能力；维生素 C 还可保护维生素 A、维生素 E 及 B 族维生素免遭氧化，并能促进叶酸还原，转变成其活性形式 FH_4。

3. 维生素 C 具有增强机体免疫力的作用　维生素 C 能促进淋巴细胞的增殖和趋化作用，促进免疫球蛋白的合成，提高吞噬细胞的吞噬能力，从而提高机体免疫力。临床上用于心血管疾病、病毒性疾病等的支持治疗。

水溶性维生素的相关特点总结见表 4-2。

表 4-2　水溶性维生素总结

名称	辅因子形式	主要功能	缺乏症
维生素 B_1	TPP	α- 酮酸氧化脱羧酶、转酮醇酶的辅酶	脚气病
维生素 B_2	FAD、FMN	氧化还原酶的辅基，传递氢	口角炎、舌炎、阴囊炎等
维生素 PP	NAD^+、$NADP^+$	不需氧脱氢酶的辅酶，传递氢	癞皮病
维生素 B_6	磷酸吡哆醛、磷酸吡哆胺	转氨酶、脱羧酶、ALA 合成酶的辅酶	
泛酸	CoA、ACP	酰基转移酶的辅酶，转移酰基	
生物素	生物素	羧化酶的辅基	
叶酸	FH_4	一碳单位转移酶的辅酶，转移一碳单位	巨幼细胞贫血
维生素 B_{12}	甲钴胺素、5′- 脱氧腺苷钴胺素	转甲基酶的辅酶，转移甲基	巨幼细胞贫血
维生素 C		参与体内多种羟化反应及氧化还原反应	坏血病

第四节 维生素类药物概述

维生素在维持人体正常物质代谢及生理功能中发挥重要作用。临床上,维生素类药物主要用于治疗各种维生素缺乏症,补充特殊食物需要,或作为某些疾病的辅助用药。但若长期过量摄入某些维生素有发生中毒的危险。

一、维生素的分类及常见的维生素类药物

维生素类药物种类较多,根据其用途可分为治疗用维生素和营养补充用维生素两大类。

治疗用维生素应按缺乏症选择,多为单一品种,用量采用治疗剂量。如维生素A用于治疗夜盲症和眼干燥症;维生素D用于治疗佝偻病、骨软化症和骨质疏松症等;维生素E用于治疗先兆流产及不育;维生素B_1用于治疗脚气病;维生素PP用于治疗癞皮病;维生素C用于治疗坏血病等。

营养补充用维生素主要用于预防因饮食不平衡、肠道疾病或妊娠期妇女等特殊人群需求量增加所引起的维生素缺乏,常为多品种、小剂量、经常或连续服用,可以全面补充各种维生素,以改善机体的代谢状态及生理功能。常用的复合维生素类药物有复合维生素和复合维生素B等。复合维生素是将各种维生素按照一定剂量比例合成的复合剂型,如维生素AD滴剂、鱼肝油乳等,可用于预防和治疗因饮食不平衡所引起的维生素缺乏症。B族维生素参与体内多种生化代谢过程,对增强免疫力、保护神经系统的功能、增进食欲、促进消化吸收等都有重要作用。复合维生素B可用于治疗因B族维生素缺乏而引起的各种疾病,如营养不良、食欲缺乏、脚气病、糙皮病、痤疮、脂溢性皮炎等,也可用于补给妊娠期、哺乳期和发热引起的维生素缺乏,有片剂和注射剂两种剂型。

维生素还可用于某些疾病的辅助治疗,如维生素C可用于各种急慢性传染性疾病及紫癜等的辅助治疗,慢性铁中毒和特发性高铁血红蛋白症的治疗等;维生素B_1用于辅助治疗周围神经炎、心肌炎等;维生素B_6用于防治异烟肼中毒、妊娠及放化疗所致的呕吐、小儿惊厥等;叶酸用于预防胎儿先天性神经管畸形及巨幼细胞贫血的治疗;维生素E可用于防治冠心病、动脉粥样硬化、肌痉挛、红斑狼疮、抗衰老、减轻肠道慢性炎症等,还可用于生产各种功能性食品。

近年来,维生素及其衍生物在肿瘤防治方面的辅助作用引起普遍关注,其作用包括:增强淋巴系统监护功能;清除氧自由基,保护细胞膜;抑制肿瘤细胞中P-糖蛋白的作用,减少肿瘤细胞耐药性的产生;抑制端粒酶活性,促进肿瘤细胞分化等。有研究指出,某些维生素具有靶向肿瘤细胞的作用,为肿瘤靶向给药提供了依据,如叶酸和生物素的纳米粒、脂质体等靶向给药系统,大大减弱了化疗药物的毒副反应,进一步拓展了维生素类药物在疾病防治中的应用。

二、维生素类药物的生产方法

维生素类药物的种类多,化学结构各异,决定了它们生产方法的多样性。目前大多数维生素是通过化学合成法获得的。除此之外,部分维生素还可通过微生物发酵法、生

物提取法等获得。

1. 化学合成法　该法是根据已知维生素的化学结构，采用有机化学合成原理和方法来生产维生素。常与酶促合成、酶拆分等结合在一起，改进工艺条件、提高收率和经济效益。维生素 B_1、烟酸、烟酰胺、维生素 B_6、叶酸、维生素 D 等可用化学合成法进行生产。

2. 微生物发酵法　该法是指用人工培养微生物方法生产各种维生素，其生产过程包括菌种培养、发酵、提取、纯化等。维生素 A 原、维生素 B_1、维生素 B_2、叶酸、生物素、维生素 B_{12} 和维生素 C 等可采用微生物发酵法生产。

3. 生物提取法　主要采用缓冲液抽提、有机溶剂萃取等方法从生物组织中提取维生素。如从提取出链霉素后的废液中提取维生素 B_{12}。

在实际生产中，有的维生素既用化学合成法又用微生物发酵法，如维生素 C、叶酸、维生素 B_1 等。也有既用生物提取法又用微生物发酵法的，如维生素 B_{12} 等。

思考题 》》》》

1. 为什么多晒太阳可以预防小儿佝偻病？
2. 为什么长期单食玉米的地区，可能发生癞皮病？
3. 列表比较维生素 B_1、维生素 B_2、维生素 PP、维生素 B_6、泛酸、叶酸和维生素 B_{12} 的辅酶形式和功能。
4. 有人认为"新鲜生鸡蛋的营养价值高于熟鸡蛋，长期食用对人体有益"，这种说法对吗？为什么？
5. 为什么维生素 B_6 可用于治疗妊娠呕吐？

在线测试

本章小结

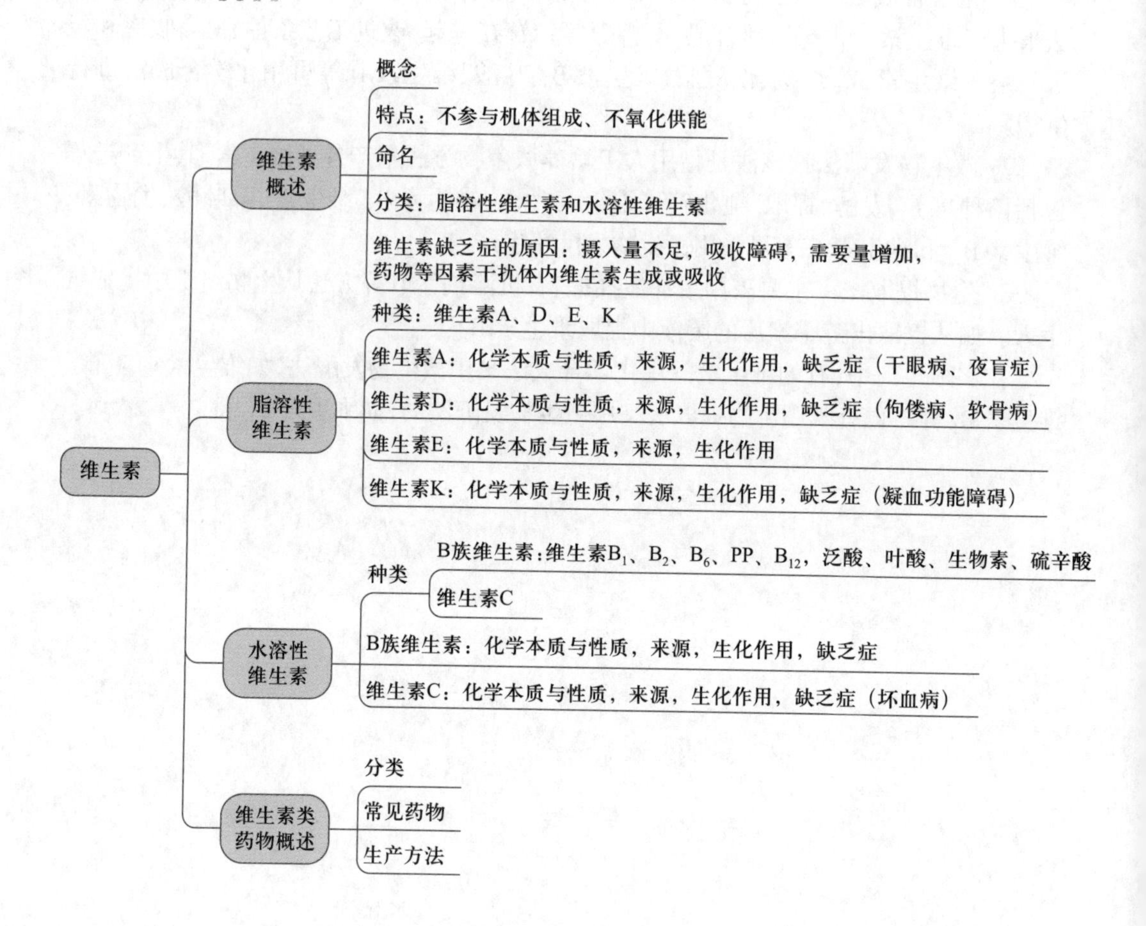
维生素
维生素概述
概念
特点：不参与机体组成、不氧化供能
命名
分类：脂溶性维生素和水溶性维生素
维生素缺乏症的原因：摄入量不足，吸收障碍，需要量增加，药物等因素干扰体内维生素生成或吸收
脂溶性维生素
种类：维生素A、D、E、K
维生素A：化学本质与性质，来源，生化作用，缺乏症（干眼病、夜盲症）
维生素D：化学本质与性质，来源，生化作用，缺乏症（佝偻病、软骨病）
维生素E：化学本质与性质，来源，生化作用
维生素K：化学本质与性质，来源，生化作用，缺乏症（凝血功能障碍）
水溶性维生素
种类
B族维生素：维生素B_1、B_2、B_6、PP、B_{12}，泛酸、叶酸、生物素、硫辛酸
维生素C
B族维生素：化学本质与性质，来源，生化作用，缺乏症
维生素C：化学本质与性质，来源，生化作用，缺乏症（坏血病）
维生素类药物概述
分类
常见药物
生产方法

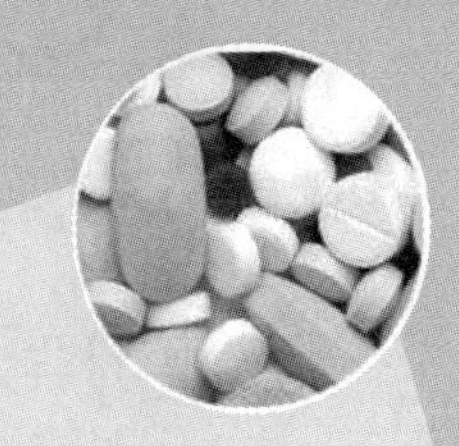

第五章 酶

学习目标

知识目标

1. 掌握：酶的概念与分子组成，酶促反应的特点，酶的活性中心，以及影响酶作用的因素。
2. 熟悉：酶的结构，酶原的激活，同工酶、调节酶、修饰酶的概念和作用。
3. 了解：酶的作用机制，酶的命名和分类，酶类药物。

技能目标

1. 学会运用酶促反应的影响因素解释酶类药物的作用机制。
2. 具备对酶活性的调节过程进行分析和解决问题的能力。

案例导入

［案例］1834年，两位法国化学家帕扬(Anselme Payen)和佩索兹(ean-Franois Persoz)研究发现，麦芽提取物中存在一种物质，能使淀粉转变成糖类。这种物质促进淀粉转变的速率超过酸的作用。

［讨论］

1. 此物质是什么？为什么能使反应速率超过酸的作用？
2. 如果将此物质煮沸10 min，还能使淀粉转变成糖类吗？
3. 此物质能催化脂肪分解吗？

生物体内的各种物质代谢过程都是在温和条件下有序、连续和高效进行的，这一过程依赖于生物体内一类重要的物质——酶。至今已发现两大类生物催化剂：酶和核酶。随着科学技术的发展，酶作为一种高效的生物催化剂，被广泛地应用于新药开发、疾病预防及诊断、食品保鲜、能源开发和环境工程等多个领域。

知识拓展

酶的研究历程

在日常生活中，人们发现酵母能加速果汁和谷类转化成酒的速率，这种过程称为发酵。1680年，荷兰生物学家列文虎克(Antony van Leeuwenhoek)用显微镜首次观察到了酵母细胞。后来，人们发现在胃肠道也进行着类似于发酵的过程。1752年，法国物理学家列奥米尔(René-Antoine Ferchault de Réaumur)选用鹰作为实验对象，让鹰吞下几个装有肉的小金属管。管壁上留有小孔，能使胃内的化学物质作用到肉上。当鹰吐出这些金属管的时候，管内的肉已部分被分解，管中出现了一种淡黄色的液体。

1777年，苏格兰医生史蒂文斯(Ian Pretyman Stevenson)从胃里分离了一种液体(胃液)，并证明食物的分解过程可以在体外进行。19世纪50年代，法国存放的陈年葡萄酒忽然变酸，酿酒厂损失惨重。厂长向巴斯德求救。巴斯德用显微镜研究葡萄酒里的酵母细胞，证明葡萄酒中有多种酵母，而变酸的葡萄酒中多了几种酵母。若将葡萄酒中多余的酵母去除，陈年的葡萄酒再放置多年，也不会变酸和变质。

1834年，德国科学家施万(Theodor Schwann)把氯化汞加到胃液里，沉淀出一种白色粉末。除去粉末中的汞化合物，把剩下的粉末溶解，可得到一种浓度非常高的消化液，他把这种粉末称为“胃蛋白酶”(希腊语中的消化之意)。同年，两位法国化学家帕扬(Anselme Payen)和佩索兹(ean-Franois Persoz)从麦芽提取物中分离一种物质，其能使淀粉转变成糖类，并且促进转变的速率超过了酸的影响，他们将这种物质称为“淀粉酶制剂”(希腊语的“分离”)。

随后科学家们把酵母细胞一类的活动体酵素和像胃蛋白酶一类的非活体酵素作了明确的区分。1878年，德国生理学家库恩(William Kuhne)首先把这种物质称为“酶”。1897年，德国化学家毕希纳(Eduard Biichner)用砂粒研磨酵母细胞，把所有的细胞全部研碎，成功地提取出一种液体。他发现，这种液体依然能够像酵母细胞一样完成发酵任务。这个实验证明了活体酵素与非活体酵素的功能是一样的。因此，“酶”这个词现在适用于所有的酵素，而且是生化反应的催化剂。由于这项发现，毕希纳获得了1907年诺贝尔化学奖。

第一节　酶的概念、分类和作用特点

一、酶的概念

酶(enzyme)是活细胞内产生的具有高度专一性和极高催化效率的蛋白质。生物体内一系列的化学反应都是在酶的催化作用下完成的。酶的含量变化或酶活性的异常均可使生物体的代谢过程反应紊乱，导致疾病发生。

酶所催化的化学反应称为酶促反应；被酶催化的物质称为底物(substrate，S)；酶促反应产生的物质称为产物(product，P)；酶具有的催化反应的能力称为酶活性；酶失去催化化学反应的能力称为酶失活。

知识链接

酶和核酶

酶的发现：尽管我国早在4 000多年前就已经在生产实践中广泛地应用酶，但真正对酶的认识起源于1834年Anselme Payen和ean-Franois Persoz发现淀粉酶；之后，德国的Kuhne提出enzyme这个名词。enzyme是希腊文，原意是指“在酵母中”，中文翻译称为酶，日文译成酵素。1926年，美国生化学家James B. Sumner第一次从刀豆中获得了脲酶结晶，并证明脲酶的蛋白质本质。之后陆续发现的两千余种酶中，均证明酶的化学本质是蛋白质。

1982年，T. R. Cech首次发现RNA也具有酶的催化活性，提出核酶(ribozyme)的概念，其功能是切割和剪接RNA，底物是RNA分子。1995年，Jack发现了具有DNA连接酶活性的DNA片段，称为脱氧核酶(deoxyribozyme)。核酶可以将过度表达的肿瘤相关基因生成的mRNA进行剪切，使其不能翻译蛋白质；以及可用于剪切病毒的RNA序列，因此核酶已被用于治疗肿瘤和病毒性疾病，如艾滋病等。

二、酶的分类和命名

(一) 酶的分类

国际酶学委员会(International Enzyme Commission，IEC)根据酶促反应的性质不同，将酶分为6大类。

1. 氧化还原酶类(oxidoreductase)　催化底物进行氧化还原反应的酶类。反应的通式是 $AH_2+B \rightleftharpoons A+BH_2$，如乳酸脱氢酶、琥珀酸脱氢酶、细胞色素氧化酶、过氧化氢酶、过氧化物酶等。

2. 转移酶类(transferase) 催化底物之间进行某些基团的转移或交换的酶类。反应的通式为 A–R+B ⇌ A+B–R,如磷酸化酶、甲基转移酶、氨基转移酶(转氨酶)等。

3. 水解酶类(hydrolase) 催化底物发生水解反应的酶类。反应的通式为 A–B+H_2O ⇌ A–H+B–OH,如脂肪酶、蛋白酶、淀粉酶、核酸酶等。

4. 裂解酶类(lyase) 也称为裂合酶类,催化一种化合物裂解成两种化合物或其逆反应的酶类。反应通式为 A–B ⇌ A+B,如延胡索酸酶、碳酸酐酶、醛缩酶、柠檬酸合酶等。

5. 异构酶类(isomerase) 催化各种同分异构体之间相互转化的酶类,反应通式为 A ⇌ B,如磷酸丙糖异构酶、磷酸己糖异构酶、消旋酶等。

考点提示

酶的分类。

6. 合成酶类(ligase) 也称为连接酶类,催化两分子底物合成一分子的化合物,同时偶联有 ATP 的分解释放的一类酶,反应通式为 A+B+ATP ⇌ AB+ADP+Pi,如谷氨酰胺合成酶、氨酰 tRNA 合成酶等。

(二) 酶的命名

酶的命名包括习惯命名法和系统命名法两种方法。

1. 习惯命名法 常根据两个原则进行命名。①根据酶的作用底物命名,如淀粉酶、脂肪酶等;②根据酶催化反应的类型命名,如脱氢酶、转氨酶等。某些酶的名称还可根据上述两项原则综合命名或加上酶的其他特点,如琥珀酸脱氢酶、碱性磷酸酶等。酶的习惯名称大多由该酶的发现者确定,简单易记,但缺乏系统性,可导致某些酶的名称混乱。如肠激酶和肌激酶是作用方式截然不同的两种酶。铜硫解酶和乙酰 CoA 转酰基酶则是同一种酶。

2. 系统命名法 为适应酶学发展的新情况,1961 年 IEC 提出酶的系统命名法。该方法以酶的分类为依据,规定每种酶都有一个系统名称,表明酶的底物和反应性质,底物名称之间用":"隔开。根据酶的系统命名法,每种酶都有一个 4 位数字的分类编号,数字前面冠以 EC,第一个数字表示该酶属于 6 大类中的哪一类;第二、三个数字表示该酶的亚类和亚 – 亚类;最后一个数字表示该酶在亚 – 亚类中的排序。如葡糖激酶的系统名称为"ATP:葡萄糖磷酸基转移酶",分类编号:EC.2.7.1.1。由于酶的系统命名一般都很长,使用不方便,所以叙述时常采用习惯命名。

三、酶的催化作用特点

考点提示

酶和一般催化剂的异同点,酶促反应的特点。

酶作为一种生物催化剂,既有与一般催化剂相同的催化性质,又具有一般催化剂所没有的生物大分子的特性。酶与一般催化剂的共性:①微量的酶能发挥较大的催化作用,其自身的质和量在化学反应前后没有变化;②只能催化热力学上允许进行的化学反应,对热力学上不能进行的反应没有催化作用;③能缩短化学反应达到平衡时所需的时间,不能改变化学反应的平衡点,即不改变化学反应的平衡常数。除此之外,酶的化学本质是蛋白质,与一般催化剂相比又具有其个性特点。

视频:

酶促反应的特点

(一) 高度的催化效率

酶的催化效率极高,比非催化反应快 10^8~10^{20} 倍,比一般催化剂高 10^7~10^{13} 倍。如脲酶水解尿素的速率比 H^+ 催化作用快 7×10^{12} 倍;过氧化氢酶水解过氧化氢的速率比 Fe^{2+} 催化时高 6×10^5 倍。在化学反应中,由于反应物分子所含能量高低不同,所含自由能较低的反应物分子(基态)很难发生化学反应。只有达到或超过一定能量水平的分子(过渡态),才能相互碰撞并发生化学反应过程,这样的分子称为活化分子。活化分子所具有的达到或超过能阈水平的能量称为活化能,是反应物分子从基态转变为过渡态所需要的自由能。反应物分子的过渡态能量越高,则由基态至过渡态之间的那部分能量(即活化能)越大,反应越慢;反之,过渡态能量越低,则活化能越小,反应越快。酶与一般催化剂加速反应的作用机制相同,都是降低反应所需的活化能。酶能使反应物分子获得更少的能量便可进入过渡态,因此具有极高的催化效率(图 5-1)。

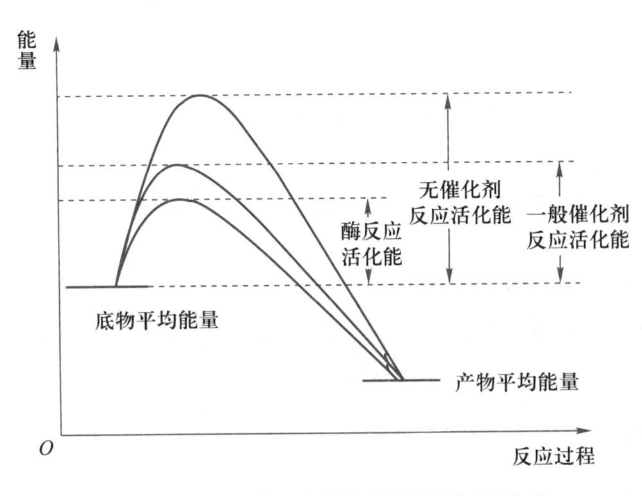

图 5-1　无催化剂、一般催化剂和酶促反应活化能

（二）高度的特异性

与一般催化剂相比,酶对所催化的底物具有严格的选择性,即一种酶只能催化一种化学键或一类化合物,产生相应的产物,这种特性称为酶的特异性或专一性(specificity)。根据酶对底物选择的严格程度不同,酶催化反应的特异性可分为以下 3 种类型。

1. 绝对特异性(absolute specificity)　有的酶只作用于一种底物,称为绝对特异性或绝对专一性。如脲酶只能催化尿素水解成 NH_3 和 CO_2,不能催化甲基尿素(在尿素的基础上加个甲基)水解。

2. 相对特异性(relative specificity)　有些酶对底物的专一性不是针对整个底物的分子结构,而是作用于底物分子中特定的化学键或基团,一种酶可作用于一类底物或一种化学键,称为相对特异性。如蔗糖酶既能水解蔗糖中的糖苷键,也能水解棉籽糖中的同一种糖苷键。蛋白酶水解多肽链氨基酸残基之间的肽键,对具体是何种蛋白质无特殊要求。

3. 立体异构特异性(stereospecificity)　当底物分子存在立体异构体时,有些酶只能催化一种立体异构体进行反应,称为立体异构特异性。如乳酸脱氢酶只能催化 L- 乳酸脱氢生成丙酮酸,对 D- 乳酸无催化作用。

（三）高度的不稳定性

酶的化学本质是蛋白质,凡能使蛋白质变性的因素都可导致酶蛋白变性失活。酶需要在温和的条件下才能保持最佳的催化活性,强酸、强碱、高温、有机溶剂、重金属盐等都会影响酶的活性,甚至导致酶失去活性。如人体体温持续升高至 42 ℃以上,可使脑细胞内大多数酶的活性降低,引起脑功能障碍,可导致人昏迷甚至死亡。

(四) 酶活性的可调节性

酶和体内其他物质一样,不断进行新陈代谢,酶的催化活性也受到多方面的调控。酶蛋白的生物合成和化学修饰、抑制物和代谢物对酶活性的调节,以及神经体液等因素的影响,这些调控方式通过改变酶的催化活性或含量,可确保酶在机体新陈代谢过程中发挥恰如其分的催化作用,使生命活动中的多种化学反应都能够有条不紊、协调一致地进行。

第二节 酶的化学组成

根据组成成分不同,酶可分成单纯酶(simple enzyme)和结合酶(conjugated enzyme)。

一、单纯酶

单纯酶是指基本组成单位仅为氨基酸的一类酶,其催化活性完全由蛋白质结构所决定,如淀粉酶、脂肪酶、蛋白酶、核糖核酸酶等。

二、结合酶

考点提示

结合酶的组成及其作用。

结合酶由蛋白质和非蛋白质两部分组成,其中蛋白质部分称为酶蛋白(apoenzyme),非蛋白质部分称为辅助因子(co-factor)。酶蛋白和辅助因子对于酶的催化活性都是必需的,两者单独存在时都没有活性,只有当两者结合成复合物即全酶(holoenzyme)时,才能发挥生物学功能。人体内大多数酶都属于结合酶。

全酶 = 酶蛋白 + 辅助因子
(结合蛋白质) (蛋白质部分) (非蛋白质部分)

根据酶的化学组成不同,酶的辅助因子有两类:一类是金属离子,如 K^+、Na^+、Mg^{2+}、Cu^{2+}(Cu^+)、Zn^{2+}、Fe^{2+}(Fe^{3+})等;另一类是小分子有机化合物,常为 B 族维生素的衍生物或卟啉化合物。通常情况下,金属离子作为辅助因子又可分为两种类型。一类是金属酶:金属离子与酶结合紧密,在提取过程中不易丢失。另一类称为金属激活酶:金属离子与酶的结合不紧密,其与酶可逆性结合,是维持酶活性所必需的。常见的金属酶、金属激活酶及相应的金属离子如表 5-1、表 5-2 所示。

表 5-1 常见的金属酶及相应的金属离子

金属酶	金属离子
过氧化物酶	Fe^{2+}
固氮酶	Mo^{2+}
过氧化氢酶	Fe^{2+}
谷胱甘肽过氧化物酶	Se^{2+}

表 5-2 常见的金属激活酶及相应的金属离子

金属激活酶	金属离子
丙酮酸羧化酶	Mn^{2+}、Zn^{2+}
己糖激酶	Mg^{2+}
丙酮酸激酶	K^+、Mg^{2+}
蛋白激酶	Mg^{2+}、Mn^{2+}

对于小分子有机化合物，其作为辅助因子的主要作用是作为载体，传递电子、质子和某些化学基团，如酰基、氨基、甲基等。而金属离子作为辅助因子的作用主要表现为：①稳定酶蛋白的特定空间构象；②参与构成酶的活性中心，金属离子传递电子，使酶与底物形成正确的空间排列，有利于酶促反应的发生；③作为连接酶和底物的桥梁，形成三元复合物；④中和阴离子，减少静电排斥，有利于酶与底物的结合。

酶的辅助因子根据其与酶蛋白结合的紧密程度不同，可分成辅酶（coenzyme）和辅基（prosthetic group）。辅酶与酶蛋白结合疏松，可以通过透析或超滤等方法除去；辅基与酶蛋白结合紧密，不易用透析或超滤方法除去。金属离子多为辅基；小分子有机化合物有的是辅酶（NAD^+、$NADP^+$ 等），也有的是辅基（FMN、FAD 等）。辅酶与辅基的差别仅仅是它们与酶蛋白结合的牢固程度不同，没有严格的界限。酶的辅助因子与酶蛋白的关系表现为：①酶的催化作用依赖于全酶的完整性，酶蛋白与辅助因子单独存在时均无催化活性；②一种辅助因子可与多种酶蛋白组成多种催化功能不同的全酶，一种酶蛋白只能与一种辅助因子组成一种催化功能的全酶；③在全酶中，酶蛋白部分决定酶促反应的特异性，辅助因子决定酶促反应的性质与类型。

知识拓展

多酶复合体与抗体酶

多酶复合体，指有 3 个或 3 个以上的酶，组成 1 个有一定构型的复合体。复合体中第一个酶催化的产物，直接由邻近的下一个酶催化，第二个酶催化的产物又作为复合体中第三个酶的底物，如此形成一条结构紧密的“流水生产线”，可显著提高反应体系的反应效率。如葡萄糖氧化分解过程的丙酮酸脱氢酶复合体，就是一种多酶复合体。

1946 年，鲍林（Pauling）用过渡态理论阐明了酶催化的实质，即酶之所以具有催化活力，是因为它能特异性结合并稳定化学反应的过渡态，降低反应能级。1969 年杰奈克斯（Jencks）在过渡态理论的基础上猜想：若抗体能结合反应的过渡态，理论上它则能够获得催化性质。1984 年列那（Lerner）进一步推测：以过渡态类似物作为半抗原，其诱发出的抗体与过渡态类似物有着互补的构象，这种抗体与底物结合后，即可诱导底物进入过渡态构象，从而引起催化作用。后来人们将这类具催化能力的免疫球蛋白称为抗体酶或催化抗体。因此，抗体酶是具有催化活性的免疫球蛋白，它既具有抗体的高效选择性，又能像酶一样高效催化一定的化学反应，开创了催化剂研究的崭新领域。

视频：

酶的活性中心

第三节　酶的分子结构与催化机制

一、酶的分子结构

考点提示

酶的活性中心的构成和必需基团的组成。

酶是大分子蛋白质，其分子比底物分子大得多，酶与底物的结合范围通常只是酶分子的少数基团或较小部位。酶分子中与底物发生专一性结合，并可将底物催化为产物的关键性空间结构区域称为酶的活性中心（active center）。

酶分子中存在许多化学基团，如—NH_2、-COOH、—SH、—OH 等，不是所有的化学基团都参与酶的催化反应，与酶活性密切相关的化学基团称为酶的必需基团(essential group)。酶的必需基团在一级结构上可能相距很远，但当酶蛋白多肽链折叠成特定的空间结构后，必需基团在三维空间上彼此靠近，形成具有特定空间结构的区域，此区域既能够与底物相结合，又能够催化底物转变为产物，这一区域就是酶的活性中心。对于结合酶而言，辅酶或辅基参与活性中心的组成。

根据功能的不同，酶活性中心的必需基团可分为两类。一类是与底物结合的必需基团称为结合基团(binding group)，其作用是识别底物并与之结合形成酶-底物复合物；另一类是促进底物敏感键发生化学变化的基团称为催化基团(catalytic group)，其作用是影响底物中某些化学键的稳定性，催化底物转变为产物。酶活性中心的某些必需基团可同时具备这两方面的功能。另外，还有些必需基团不参与酶活性中心的组成，但为维持酶活性中心的空间构象所必需，这些基团称为酶活性中心以外的必需基团(图 5-2)。

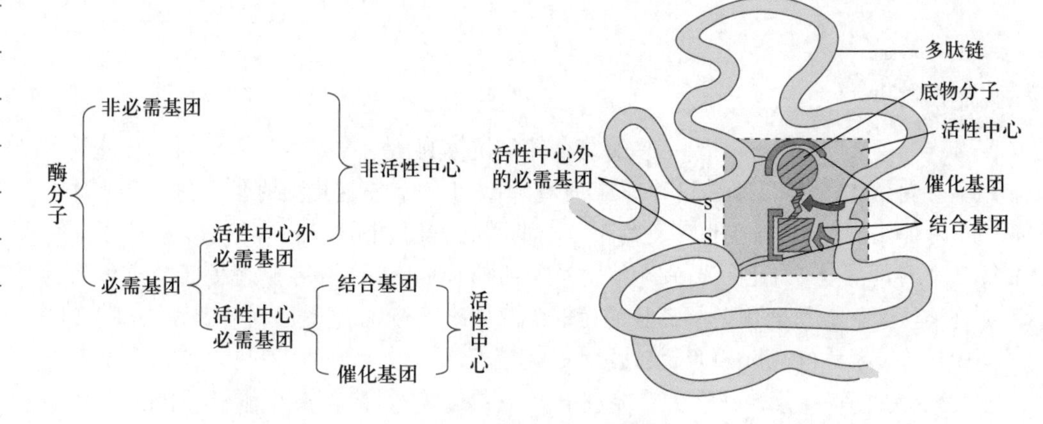

图 5-2 酶活性中心示意图

酶的活性中心是酶催化作用的关键部位，不同的酶具有不同的活性中心，决定了酶对底物的高度特异性。如图 5-3 所示，乳酸脱氢酶催化 L-乳酸脱氢生成丙酮酸的可逆反应。反应中，L-乳酸通过其不对称碳原子上的—CH_3、—COOH 和—OH 3 个化学基团，分别与乳酸脱氢酶活性中心的 A、B 和 C 3 个功能基团结合，酶才能发挥催化作用。D-乳酸中的—COOH 和—OH 与 L-乳酸位置相反，与酶活性中心上的相应基团不能完全匹配，因而 D-乳酸不受乳酸脱氢酶催化(图 5-3)。

酶的活性中心常位于酶分子表面、凹陷或裂缝处，也可通过凹陷或裂缝深入酶分子的内部，是酶催化作用的关键部位。如溶菌酶的活性中心是一个裂隙结构(图 5-4)，可以容纳肽多糖的 6 个单糖基(A、B、C、D、E、F)。催化基团是 35 位谷氨酸(Glu)和 52 位天冬氨酸(Asp)；结合基团是 101 位天冬氨酸(Asp)和 108 位色氨酸(Trp)。不同酶的空间结构不同，酶的活性中心各异，催化作用也各不相同。具有相同或相近活性中心的酶，尽管分子组成和理化性质不同，但催化作用可相同或极为相似。酶的活性中心一旦被其他物质占据或某些理化因素使其空间结构(构象)破坏，酶则丧失其催化活性。

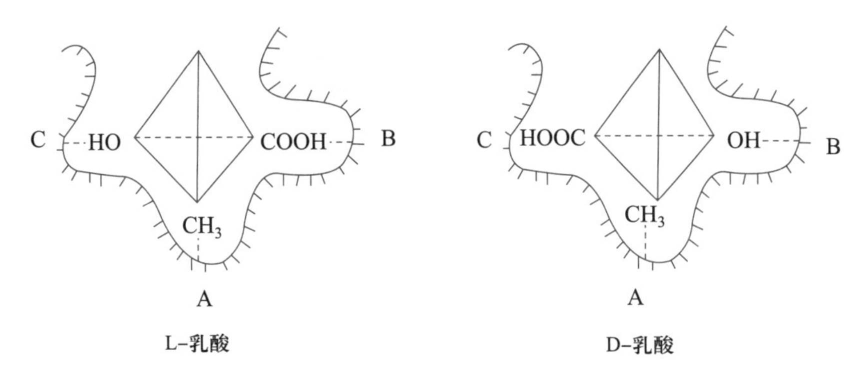

图 5-3　乳酸脱氢酶活性中心的功能基团

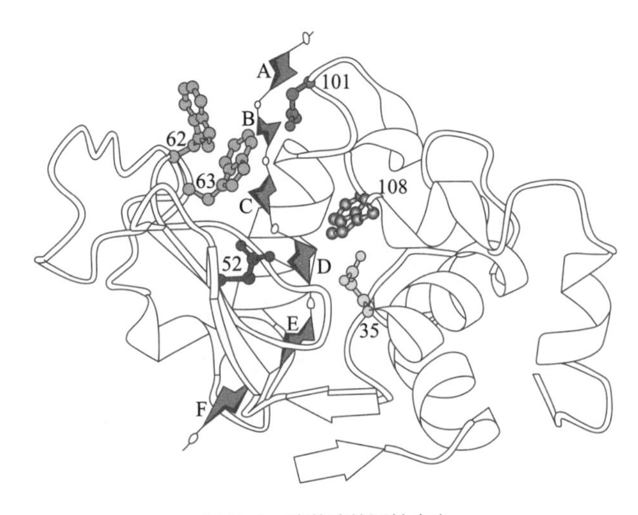

图 5-4　溶菌酶的活性中心

二、酶原与酶原的激活

有些酶在细胞内合成或初分泌时没有催化活性，这种无活性酶的前体称为酶原(zymogen)。在特定的条件下，酶原可改变空间结构转变成有催化活性的酶，该过程称为酶原的激活。如胃蛋白酶、胰蛋白酶等，在初分泌时都是以酶原的形式存在，进入消化道后被激活成有活性的酶。

视频：

酶原与酶原激活

酶原激活的机制是在专一酶的催化作用下，去除酶原分子中特定的肽段，导致酶原分子构象发生改变，形成或暴露酶的活性中心。例如，胰蛋白酶原进入小肠后，在 Ca^{2+} 存在的情况下受肠激酶或胰蛋白酶本身的激活，第 6 位赖氨酸与第 7 位异亮氨酸之间的肽键被切断，除去一个六肽序列，导致酶分子的空间构象发生改变，形成酶的活性中心，胰蛋白酶原变成了有活性的胰蛋白酶(图 5-5)。

考点提示

运用胰蛋白酶原的激活，解释急性胰腺炎发生的机制及酶原激活的本质和生物学意义。

酶原只是在特定的部位、环境和条件下才被激活表现出酶的活性。酶原激活的生理意义在于：避免细胞内产生的蛋白酶对自身组织细胞进行消化，维持机体的正常生理状态；另一方面保证酶在特定的部位和环境中发挥催化作用，确保机体代谢活动的高效正常进行。酶原的激活同时表明酶的特定催化功能是以其特定的分子结构为基础的。

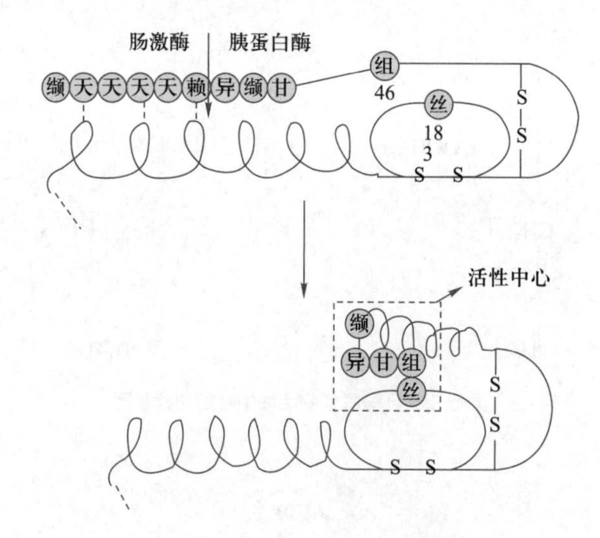

图 5-5 胰蛋白酶原激活示意图

三、酶的催化作用机制

（一）酶降低化学反应的活化能

在化学反应中，反应物分子必须超过一定的能阈成为活化的状态，才能发生变化形成产物，这种促使低能分子达到活化状态的能量称为活化能。酶能显著降低化学反应所需要的活化能，相同的能量能使更多的分子发生活化，加速化学反应的进行。

（二）中间复合物学说

酶促反应发生时，酶的活性中心首先与底物结合生成不稳定的酶－底物复合物（ES），然后 ES 发生分解释放出酶并生成产物，此过程可用下式表示：E+S → ES → E+P。E 代表酶，S 代表底物，ES 代表酶－底物复合物，P 代表反应产物。

1958 年，D. E. Koshland 提出 E–S 结合形成中间复合物的诱导契合学说（induced fit theory）。该学说认为酶与底物的结合不是简单的锁匙结合，当酶与底物分子接近时，酶蛋白和底物分子结构相互诱导、变形和适应，两者的构象都发生有利于 E–S 结合的改变，酶与底物在此基础上互补契合进行反应（图 5–6）。酶的诱导契合学说得到了 X 射线衍射分析的证明。

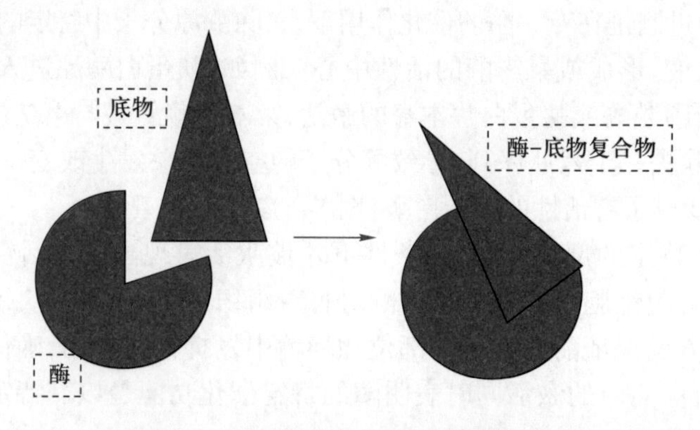

图 5–6 酶与底物相互作用的诱导契合作用

（三）酶作用高效的机制

1. 邻近效应和定向排列 酶可以将底物结合在它的活性部位，由于化学反应速率与底物浓度成正比，在反应体系的某一局部区域内，随着底物浓度的增高，化学反应速率也随之加快。此外，对于两个以上底物参与的化学反应，酶将各底物结合到活性中心部位，使它们相互靠近并形成有利于化学反应进行的定向排列关系，从而加速化学反应速率。

2. 张力作用 酶和底物的结合可诱导酶分子构象发生变化，同时此种结合导致酶对底物产生张力作用，使底物发生扭曲，促进 ES 进入活性状态。

3. 酸碱催化作用 酶活性中心的很多化学基团往往具有两性解离的性质，是良好的质子供体或受体，在水溶液中这些广义的酸性或碱性基团对许多化学反应而言都是有力的催化剂。

4. 共价催化作用 某些酶与底物发生共价结合形成极不稳定的 ES，这些复合物比没有酶存在时更容易进行化学反应。

第四节 酶促反应动力学

酶的活性通常用酶促反应速率表示。酶促反应速率指在规定的反应条件下，单位时间内底物的消耗量或产物的生成量，受底物浓度、酶浓度、pH、温度、抑制剂、激活剂等因素的影响。

一、底物浓度对酶促反应速率的影响

当酶浓度和其他条件一定时，底物浓度的变化对酶促反应速率的影响呈矩形双曲线。如图 5-7 所示，当底物浓度很低时，酶的含量远远大于底物浓度，增加底物浓度，反应速率随之上升，两者呈一级反应（a）。随着底物浓度的增高，反应速率不再成正比例加快，反应速率增加的幅度逐渐减缓（b）。当底物浓度增加到一定量时，所有酶的活性中心全部被底物占据，继续加大底物浓度，反应速率不再增加（c），表现为零级反应，此时的反应速率为酶促反应的最大速率（V_{max}）。

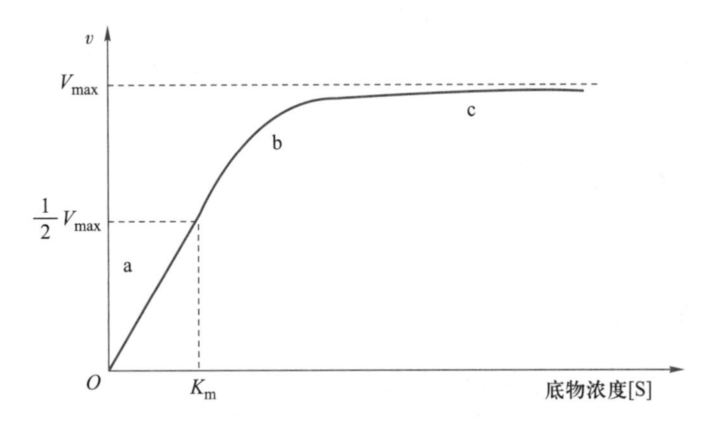

V_{max}：酶促反应的最大速率；K_m：米氏常数。

图 5-7 底物浓度对酶促反应速率的影响

(一) 米氏方程式

酶促反应速率与底物浓度之间的变化关系，反映了酶－底物复合物和产物的生成过程。为解释底物浓度和反应速率的关系，1913年，Michaelis和Menten根据中间复合物学说，推导出著名的米－曼氏方程，简称米氏方程(Michaelis-Menten equation)。

$$v=\frac{V_{max}[S]}{K_m+[S]}$$

考点提示

米氏方程计算酶促反应速率。

V_{max} 指酶促反应的最大速率，[S]为底物浓度，K_m 是米氏常数，v 是在某一底物浓度时相应的反应速率。当[S]<<K_m 时，$v\approx\frac{V_{max}}{K_m}[S]$，即 v 与[S]成正比(图5-8a)；当[S]>>K_m 时，$v\approx V_{max}$，即反应速率为最大反应速率(图5-8b)。

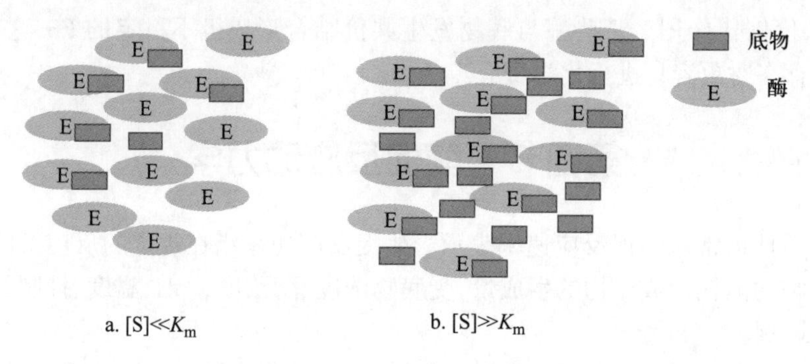

图5-8 底物和酶浓度的比例对酶促反应速率的影响示意图

(二) K_m 的意义

(1) K_m 是酶的特征性常数，与酶的性质、酶促反应的底物和反应条件(如温度、pH、有无抑制剂等)有关，与酶的浓度无关。

(2) K_m 值等于酶促反应速率为最大速率一半时的底物浓度，即当 $v=1/2V_{max}$ 时，K_m=[S]，单位为mol/L。

(3) K_m 值反映了一定条件下酶对底物的亲和力，K_m 值越大，酶与底物的亲和力越小；反之 K_m 值越小，酶与底物亲和力越大。

(4) 同一种酶可催化不同底物时，K_m 值不同。K_m 值最小的底物为该酶的最适底物或天然底物。

二、酶浓度对酶促反应速率的影响

当[S]很大，即[S]>>[E]时，酶促反应速率 v 达到极限 V_{max}，酶促反应速率与酶浓度成正比，$v=k$[E]，其中 k 是速率常数(图5-9)。

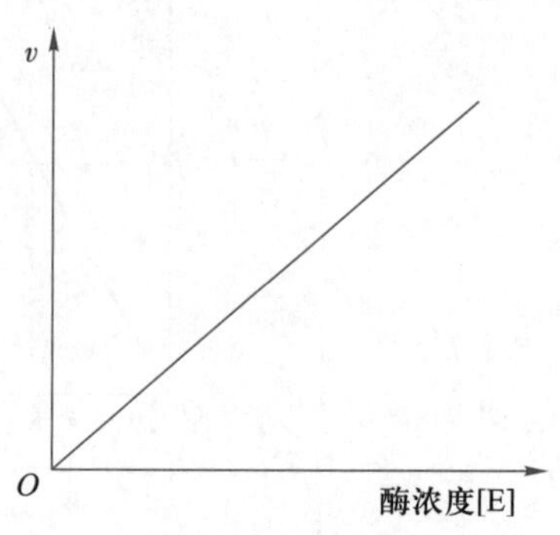

图5-9 酶浓度对酶促反应速率的影响

三、pH对酶促反应速率的影响

酶分子中的许多极性基团，在不同的pH条件下解离状态不同。环境pH可以影响酶蛋白特别是酶活性中心必需基团的解离程度；也可影响底物和辅酶的解离程度，从而影响酶与底物的结合。只有在特定的 pH 条件下，酶和底物的解离程度才能达到最适状态，两者互相结合并发生催化作用，酶促反应速率达到最大值，此时的 pH 称为酶的最适 pH。溶液的 pH 高于或低于酶的最适 pH 时，酶的活性都会降低。远离最适 pH 时甚至可导致酶变性失活。

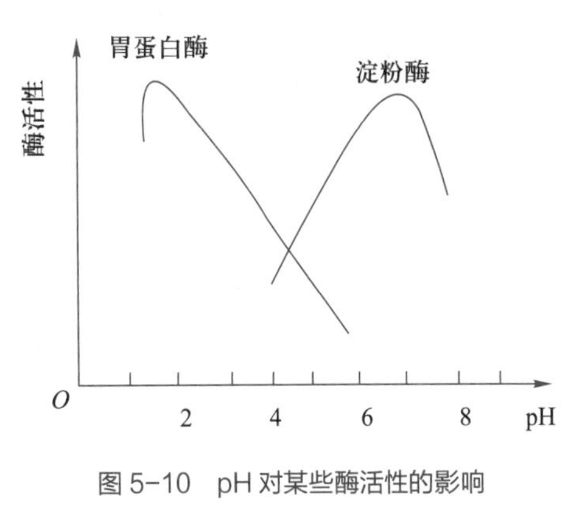

图 5–10 pH 对某些酶活性的影响

酶的最适 pH 不是酶的特征性常数，而是受酶纯度、底物浓度和缓冲液等因素影响。生物体内大多数酶的最适 pH 接近中性，但也有例外，如胃蛋白酶的最适 pH 约为 1.8（图 5–10）。

四、温度对酶促反应速率的影响

化学反应的速率通常随温度的升高而加快，但酶的化学本质是蛋白质，随着温度的升高，酶可发生变性甚至失活，因此温度对酶促反应速率具有双重影响。当温度较低时，酶促反应速率随温度升高而加快。一般情况下，温度每升高 10 ℃，酶促反应速率可增加 1~2 倍。当温度超过一定数值后，酶发生变性，随温度的上升，酶促反应速率逐渐减慢。酶促反应速率最大时的环境温度为该酶促反应的最适温度。通常当温度在 40 ℃以下时，酶促反应的速率随着温度的升高逐渐加快；当温度超过 60 ℃时，大部分酶蛋白开始变性，酶促反应速率下降（图 5–11）。人体内大多数酶的最适温度为 35~40 ℃。

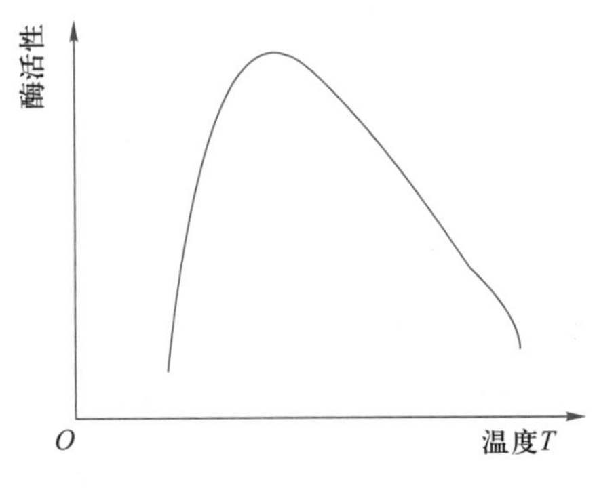

图 5–11 温度对酶促反应速率的影响

对于某些能在高温下生存的生物，其细胞内各种酶的最适温度也较高。1969 年从美国黄石国家森林的火山温泉中分离到一种栖热水菌，从该菌体内可以提取到一种耐热的 DNA 聚合酶。目前分子生物学中常用的 *Taq* DNA 聚合酶，其最适温度为 72 ℃。酶的最适温度不是酶的特征性常数，而与反应时间有关。酶在低温条件下，其催化活性较低但不会变性，环境温度上升后酶的活性可逐渐恢复。因此，菌种、酶制剂等常通过低温方法进行保存。低温麻醉也是利用酶的这一性质来减慢组织细胞的代谢速率，从而提高机体对氧和营养物质缺乏的耐受性，有利于手术进行。

考点提示

低温麻醉和高温灭菌的机制。

五、激活剂对酶促反应速率的影响

酶的激活剂（activator）指能够使酶的活性增加，或者诱导酶由无活性变为有活性的物质。大部分酶的激活剂是无机离子或简单的小分子有机化合物。有些激活剂对于酶的催化活性发挥是必需的，可使酶从无活性变为有活性状态，称为必需激活剂，如 Mg^{2+} 是大多数激酶的必需激活剂。有些激活剂不存在时，酶仍有一定的催化活性，激活剂的功能使酶由低活性变为高活性，这些激活剂称为非必需激活剂，如 Cl^- 是唾液中唾液淀粉酶的非必需激活剂，胆汁酸盐是胰脂肪酶的非必需激活剂。

六、抑制剂对酶促反应速率的影响

酶的抑制剂（inhibitor，I）指能够导致酶的活性下降或消失，但同时不引起酶蛋白变性的物质。抑制剂通常与酶的活性中心内、外的必需基团结合，可直接或间接抑制酶的催化活性。根据抑制剂与酶结合的紧密程度不同，酶的抑制作用分为不可逆性抑制和可逆性抑制两大类。

（一）不可逆性抑制

有些抑制剂以共价键与酶的必需基团结合，诱导酶活性丧失。此类抑制剂不能通过透析或超滤等方法除去，称为不可逆性抑制。如某些重金属（Pb^{2+}、Cu^{2+}、Hg^{2+}）及含砷化合物等，能与酶的巯基发生不可逆性结合，导致酶催化活性受到抑制，反应式如下：

$$\text{酶}\Big\langle{}^{SH}_{SH} + Pb^{2+}(Hg^{2+}\text{或}Cu^{2+}) \longrightarrow \text{酶}\Big\langle{}^{S}_{S}\Big\rangle Pb(Hg\text{或}Cu) + 2H^{+}$$

路易氏气是一种含砷的化学毒气，能不可逆抑制体内巯基酶活性，从而引起人体神经系统、皮肤、毛细血管等病变和代谢功能紊乱。

$$\underset{\text{路易氏气}}{\left.{}^{Cl}_{Cl}\right\rangle As—CH{=}CHCl} + \underset{\text{巯基酶}}{E\Big\langle{}^{SH}_{SH}} \longrightarrow \underset{\text{失活的酶}}{E\Big\langle{}^{S}_{S}\Big\rangle As—CH{=}CHCl} + \underset{\text{酸}}{2HCl}$$

用二巯基丙醇（British anti-lewisite，BAL）等含巯基的化合物可以解除这类抑制剂对巯基酶的抑制作用，使酶的活性恢复。

$$\underset{\text{失活的酶}}{E\Big\langle{}^{S}_{S}\Big\rangle As—CH{=}CHCl} + \underset{\text{BAL}}{\begin{matrix}CH_2—SH\\ |\\ CH—SH\\ |\\ CH_2—OH\end{matrix}} \longrightarrow \underset{\text{巯基酶}}{E\Big\langle{}^{SH}_{SH}} + \underset{\text{BAL与砷剂结合物}}{\begin{matrix}CH_2—S\\ |\\ CH—S\\ |\\ CH_2OH\end{matrix}\Big\rangle As—CH{=}CHCl}$$

考点提示
重金属或有机磷农药中毒的机制及解毒方法。

有机磷杀虫剂能特异性地与胆碱酯酶活性中心丝氨酸残基的羟基结合，使酶活性丧失。解磷定等药物能够夺取已经和胆碱酯酶结合的磷酰基，可解除有机磷对酶的抑制作用，使酶活性恢复。

$$\underset{\text{有机磷化合物}}{\begin{matrix}R—O & & O\\ & P & \\ R'—O & & X\end{matrix}} + \underset{\text{羟基酶}}{HO—E} \longrightarrow \underset{\text{失活的酶}}{\begin{matrix}R—O & & O\\ & P & \\ R'—O & & O—E\end{matrix}} + \underset{\text{酸}}{HX}$$

（二）可逆性抑制（reversible inhibition）

有些抑制剂与酶或酶－底物复合物以非共价键结合，使酶的活性降低或丧失，利用透析、稀释和超滤等物理方法可将抑制剂除去，使酶的活性恢复，称为可逆性抑制。根据抑制剂在酶分子上结合的位置不同，可逆性抑制作用可分为以下 3 种类型。

1. 竞争性抑制（competitive inhibition）　抑制剂（I）与底物（S）结构相似，与底物竞争酶（E）的活性中心，阻碍酶与底物结合形成中间产物（图 5-12），最终导致产物生成减少，这种抑制作用称为竞争性抑制。

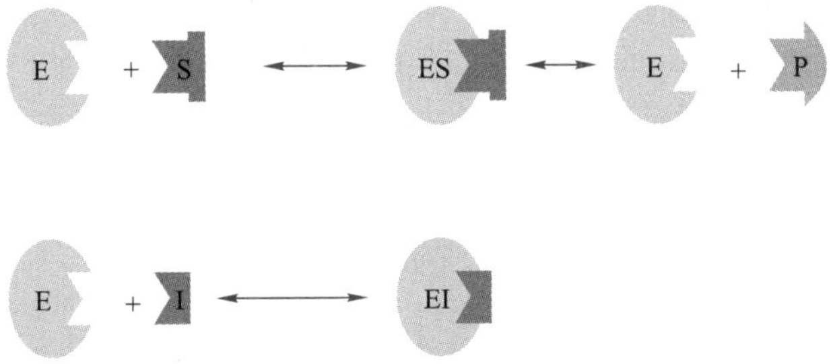

图 5-12　竞争性抑制模式图

抑制剂与酶的结合是可逆的，因此抑制剂的抑制程度取决于抑制剂与酶的亲和力，以及抑制剂与底物浓度的相对比例。加大底物浓度，可使得抑制剂的抑制作用减弱甚至解除。如丙二酸与琥珀酸（丁二酸）的结构相似，可竞争性结合琥珀酸脱氢酶的活性中心，丙二酸是琥珀酸脱氢酶的竞争性抑制剂。

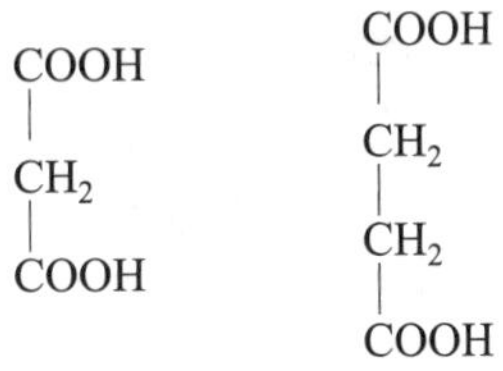

$COOH-CH_2-COOH$
丙二酸

$COOH-CH_2-CH_2-COOH$
琥珀酸（丁二酸）

琥珀酸 ⇌（琥珀酸脱氢酶；FAD → $FADH_2$）延胡索酸

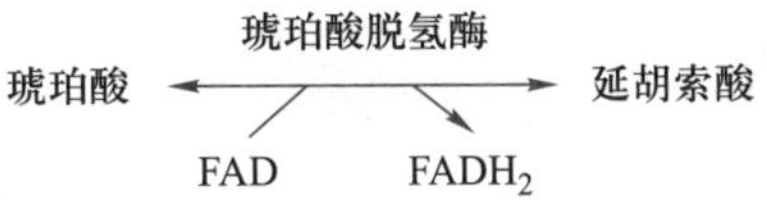

很多药物都是酶的竞争性抑制剂。例如，磺胺类药物的抑菌机制就属于竞争性抑制作用。对磺胺类药物敏感的细菌不能直接利用环境中的叶酸，在生长繁殖过程中以对氨基苯甲酸、二氢蝶呤及谷氨酸作为底物，在菌体内二氢叶酸合成酶的作用下合成二氢叶酸（FH_2），FH_2 在二氢叶酸还原酶的作用下，再还原成四氢叶酸（FH_4）。FH_4 是一碳单位的载体，是细菌繁殖过程中核酸合成必需的辅酶。磺胺类药物与对氨基苯甲酸具有类似的结构，可作为二氢叶酸合成酶的竞争性抑制剂，抑制 FH_2 的合成，进而影响菌体内 FH_4 的生成，最终导致细菌的核酸合成障碍，细菌的生长繁殖被抑制。人体可以直接利用食物中的叶酸，体内叶酸代谢过程不受磺胺类药物的影响。

考点提示

磺胺类药物抑菌的机制。

$H_2N-C_6H_4-COOH$
对氨基苯甲酸

$H_2N-C_6H_4-SO_2NHR$
磺胺类药物

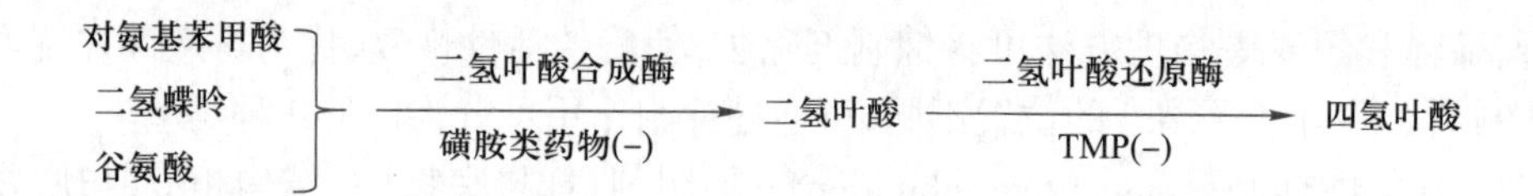

2. 非竞争性抑制(noncompetitive inhibition)　抑制剂(I)和底物(S)在结构上无相似之处，与酶活性中心以外的化学基团结合，抑制剂不影响底物和酶的结合，同时底物和酶的结合也不影响抑制剂与酶的结合，但酶 – 底物 – 抑制剂复合物(ESI)不能进一步分解释放产物(图 5-13)。非竞争性抑制剂抑制作用的强弱取决于抑制剂的浓度，增加底物浓度不能减弱或消除抑制剂对酶的抑制程度。

考点提示

竞争性抑制和非竞争性抑制的不同。

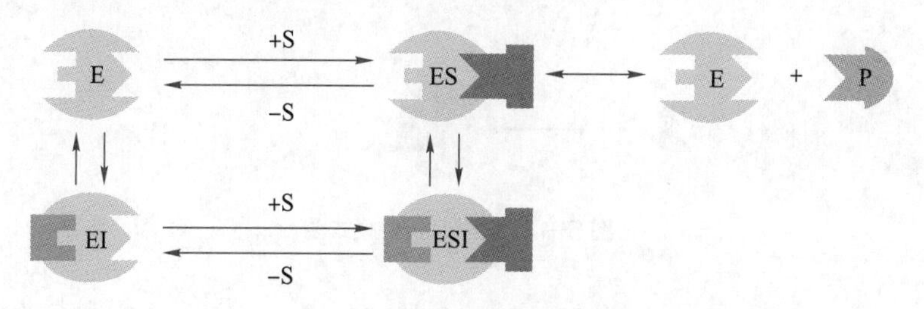

图 5-13　非竞争性抑制模式图

3. 反竞争性抑制(uncompetitive inhibition)　反竞争性抑制剂是由底物诱导产生的，常见于多底物的酶促反应。与非竞争性抑制一样，反竞争性抑制剂(I)和底物(S)在结构上一般无相似之处，抑制剂与酶活性中心以外的化学基团结合。与非竞争性抑制不同的是，反竞争性抑制剂不与游离的酶结合，只有酶与底物结合形成酶 – 底物复合物(ES)后，反竞争性抑制剂与酶 – 底物复合物结合生成酶 – 底物 – 抑制剂复合物(ESI)(图 5-14)，酶的催化活性被抑制。在反应体系中存在反竞争性抑制时，不仅不排斥酶和底物的结合，反而增加两者的亲和力。增加底物浓度不能减少反竞争性抑制剂对酶的抑制程度。

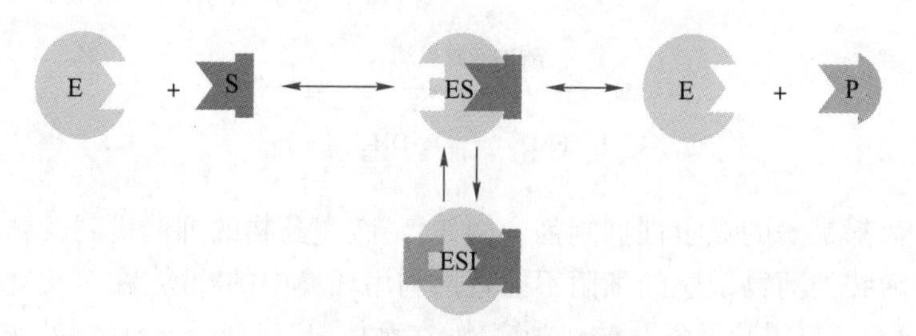

图 5-14　反竞争性抑制模式图

第五节　酶的其他形式

一、单体酶、寡聚酶、多酶体系和多功能酶

(一) 单体酶

单体酶是指具有三级结构的蛋白质组成的酶分子，通常仅由 1 条多肽链组成，分子

量在 35 000 以下，大多数为催化水解反应的酶，如牛胰核糖核酸酶、溶菌酶等。

（二）寡聚酶

寡聚酶是由 2 个或 2 个以上亚基组成的酶。寡聚酶中亚基的种类可以相同，也可以不同；亚基之间以非共价键结合，彼此之间容易分开，如苹果酸脱氢酶、琥珀酸脱氢酶。绝大多数的寡聚酶含有偶数个数的亚基，但也有例外，如荧光素酶、嘌呤核苷磷酸化酶分别由 3 个亚基组成。

（三）多酶体系

多酶体系是由催化功能密切相关的几种酶，通过非共价键彼此嵌合形成复合体。多酶体系的形成有利于细胞中一系列化学反应的连续进行，可大大提高酶的催化效率。如脂肪酸合成酶系，由 7 种酶沿着酰基载体蛋白围绕形成球状结构，前一个酶催化生成的产物直接作为后一个酶的催化底物，直到终产物生成才离开复合体系。

（四）多功能酶

多功能酶由 1 条多肽链组成，由于其含有多个活性中心，可以催化多种生化反应，具有多种催化功能。如哺乳动物的脂肪酸合成酶，由 2 条多肽链组成，每一条多肽链均含脂肪酸合成所需的 7 种酶的催化活性。

二、同工酶

同工酶（isoenzyme）是指催化相同的化学反应，但酶蛋白的分子结构、理化性质和免疫学性质不同的一组酶。同工酶具有以下特点：①存在于生物的同一种属或同一个体的不同组织，甚至同一组织或同一细胞的亚细胞结构中；②同工酶一级结构可不相同，但酶的活性中心相同或相似，催化相同的化学反应；③由于分子结构差异，同工酶对底物的专一性、亲和力及动力学特征都可能存在差异。同工酶使不同的组织、器官或不同的亚细胞结构具有不同的代谢特征，为利用同工酶诊断不同器官的疾病提供了理论依据。

考点提示

同工酶的概念。

视频：

同工酶

目前已发现的同工酶有数百种，其中乳酸脱氢酶（lactate dehydrogenase，LDH）是最早发现的同工酶。LDH 有 5 种同工酶，都由 4 个亚基聚合组成。LDH 的亚基有两种类型：骨骼肌型（M 型）和心肌型（H 型）。两种亚基的氨基酸组成有差别，以不同比例共组成 5 种四聚体，分别是 $LDH_1(H_4)$、$LDH_2(H_3M)$、$LDH_3(H_2M_2)$、$LDH_4(HM_3)$ 和 $LDH_5(M_4)$（图 5-15），称为一组 LDH 同工酶，它们均能催化乳酸和丙酮酸之间的氧化还原反应。由于分子结构的差异，5 种 LDH 具有不同的电泳速度。电泳时 LDH 同工酶各组分都自负极向正极移动，电泳速度由 LDH_1 向 LDH_5 依次递减。

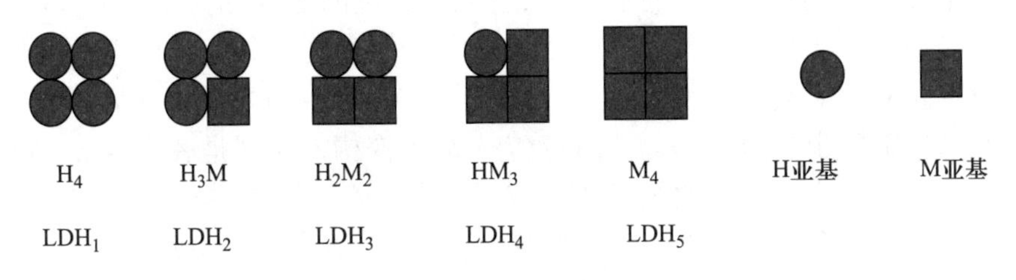

图 5-15　乳酸脱氢酶同工酶的亚基构成

正常情况下，每种组织中LDH同工酶谱是相对固定的，这与它们的生理功能密切相关。若某一组织发生病变，将释放其中的LDH到血液，导致血清同工酶谱发生变化，因此临床上可通过观测患者血清中LDH同工酶的电泳图谱，作为体内器官组织发生病变的辅助诊断指标（图5-16）。如心肌中以LDH_1最为丰富，LDH_1对乳酸的亲和力高，易使乳酸脱氢氧化生成丙酮酸，后者可进一步氧化分解释放能量供心肌活动所需。在骨骼肌及肝组织中LDH_5较多，LDH_5对丙酮酸的亲和力高，可使丙酮酸还原生成乳酸，可保证肌肉在短暂缺氧时的能量供应。心肌细胞受损的患者血清LDH_1含量上升，而肝细胞受损者血清LDH_5含量增高。

考点提示

LDH_1和LDH_5主要存在的部位。

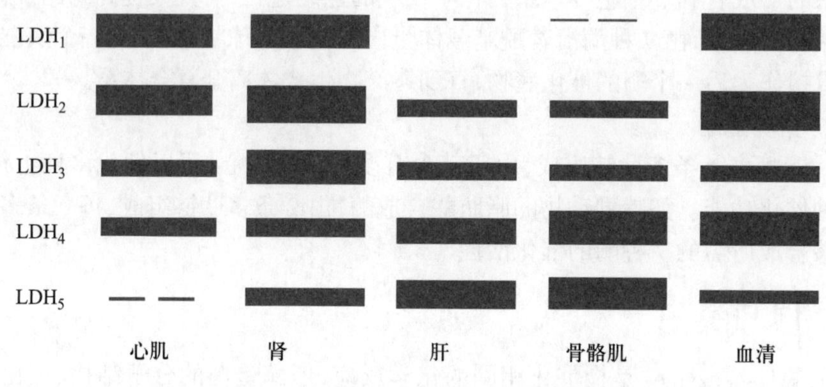

图5-16　人体某些组织中LDH同工酶电泳示意图

三、变构酶

机体对酶促反应的调节可以通过改变酶的活性和含量来实现。通常情况下，人体主要通过调节关键酶特别是限速酶的活性或含量来完成对代谢过程的调控。体内的一些代谢物可以与酶活性中心以外的部位发生可逆结合，使酶发生构象变化，从而影响其催化活性，称为酶的变构调节（allosteric regulation）。能够诱导变构调节的物质称为变构效应剂。受变构调节的酶称为变构酶（allosteric enzyme）或别构酶。变构酶中与变构效应剂结合的部位称为酶的变构部位或调节部位。变构酶在机体代谢调节过程中常处于关键地位，对代谢速率、方向和强度的控制具有重要的意义，也称为调节酶（regulatory enzyme）。

变构酶通常由多个（偶数）亚基组成，具有四级结构。变构酶中与底物结合的催化部位以及与变构效应剂结合的调节部位可以在不同的亚基，也可在同一亚基的不同部位。含催化部位的亚基称为催化亚基，含调节部位的亚基称为调节亚基。当变构效应剂与其中一个亚基结合时，此亚基的变构效应可使得相邻亚基构象发生改变，若增加后续亚基对效应剂的亲和力，称为正协同效应；相反，如果后续亚基的构象改变，降低酶与效应剂的亲和力，称为负协同效应。如果变构效应剂是底物本身，则协同效应的底物与酶促反应速率的曲线呈S形，其中正协同效应使S形曲线左移，而负协同效应使S形曲线右移（图5-17）。如磷酸果糖激酶-1是一种变构酶，催化反应：F-6-P+ATP→FDP+ADP。此酶促反应过程中，ATP和柠檬酸是变构抑制剂，可防止产物过剩；ADP和AMP是变构激活剂，增加ATP生成。

变构调节的特点主要包括：①酶活性的改变通过酶分子构象的改变来实现；②酶的变构调节仅涉及酶蛋白分子中非共价键的变化；③调节酶活性的因素通常为酶的代谢物；④酶的变构调节不需要消耗能量；⑤酶的变构调节无放大效应。

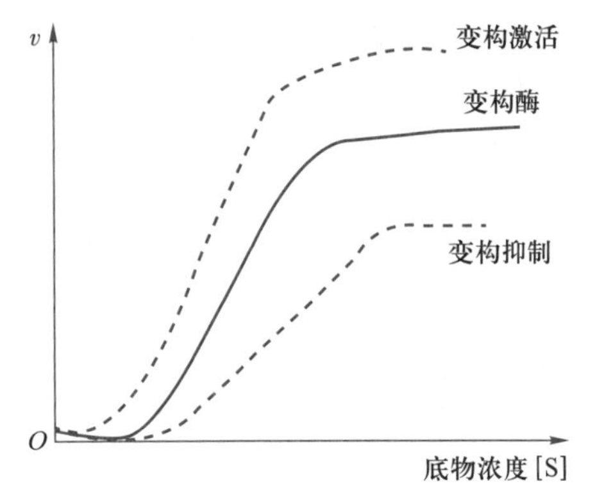

图 5-17　变构酶的 S 形曲线

四、修饰酶

某些酶蛋白多肽链上的基团可与特定的化学基团发生可逆共价结合，导致酶的催化活性发生改变，这种调节方式称为酶的化学修饰（chemical modification）或共价修饰。在此过程中，酶发生无活性（低活性）与有活性（高活性）两种形式的互变。酶化学修饰方式主要有磷酸化与脱磷酸化、甲基化与脱甲基化、乙酰化与脱乙酰化、腺苷化与脱腺苷化，氧化型巯基（—S—S—）与还原型巯基（—SH）的互变等。其中以磷酸化修饰最为常见（图 5-18）。

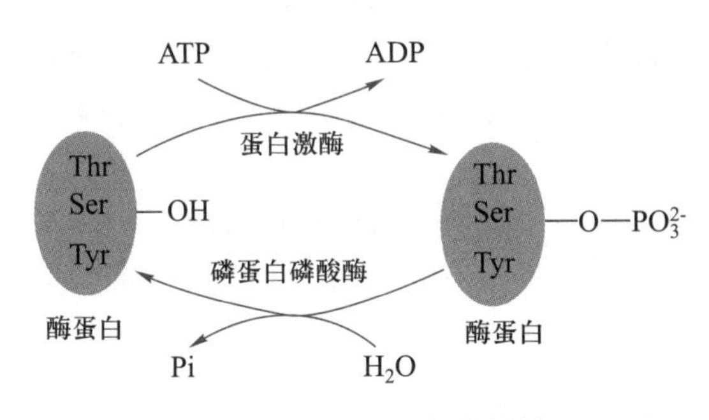

图 5-18　酶的磷酸化与脱磷酸化

化学修饰调节的特点主要包括：①酶有两种不同修饰和活性的存在形式；②酶分子内有共价键的变化；③化学修饰过程一般需要消耗 ATP，作用快，效率高，是体内快速调节的重要方式；④化学修饰过程受其他调节因素如激素的影响；⑤化学修饰过程存在放大效应；⑥机体内很多关键酶都受变构调节与共价修饰调节的双重调控。

第六节　酶类药物

随着生物科学和生物工程技术的飞速发展，酶在医药领域的用途越来越广泛。进入 21 世纪后，新酶如核酶、抗体酶、端粒酶等的发现，以及酶分子修饰、固定化等技术的快速发展，使酶在医药领域的应用范围不断扩大。

视频：

酶与药学的关系

一、酶类药物的分类和作用

（一）助消化酶类

助消化酶类研究得最早，品种最多，其主要功能是补充内源性消化酶的不足，促进食物中各种营养物质的消化吸收，如胃蛋白酶、胰蛋白酶、纤维素酶、淀粉酶、脂肪酶、乳糖酶、木瓜蛋白酶等。

（二）抗炎净创酶类

抗炎净创酶类药物是临床上发展得最快、用途最广的酶类制剂，包括蛋白质水解酶、多糖水解酶和核酸酶等。如胰蛋白酶、糜蛋白酶、菠萝蛋白酶等蛋白质水解酶能够分解炎症部位纤维蛋白的凝结物，消除伤口周围的坏疽、腐肉和碎屑，分解脓液中的核蛋白和黏多糖，降低脓液的黏性，最终达到净洁创口、抗炎消肿的目的。

（三）止血和抗血栓酶类

止血和抗血栓酶类药物的功能是促使血液凝固或溶解血块。如凝血酶是在机体意外出血的情况下，促进血液凝固，起止血作用的药用酶。而纤溶酶、尿激酶、链激酶等可以激活纤溶酶，促进血块溶解，防止血栓形成。

（四）解毒酶类

解毒酶类制剂可解除体内产生的有害物质。如青霉素酶能够分解青霉素分子中的 β- 内酰胺环，消除青霉素引发的过敏反应。有机磷解毒酶用以治疗有机磷农药中毒，缓解中毒症状。

（五）诊断酶类

诊断酶类药物作为临床上生化检查的试剂，主要功能是辅助临床疾病诊断。如葡萄糖氧化酶可用于测定血糖、尿糖浓度；脲酶用于测定血液和尿液中尿素浓度。

（六）抗肿瘤酶类

抗肿瘤酶类可在一定程度上预防和治疗某些肿瘤。如 L- 天冬酰胺酶分解核酸和蛋白质合成所需的天冬酰胺，临床上常用于治疗白血病和淋巴瘤。谷氨酰胺酶也有类似的功能。

（七）辅酶类

辅酶种类繁多，结构各异。如辅酶 Q（CoQ）和 CoA 等作为脑、心、肝、肾等疾病的辅助治疗。

（八）其他药用酶类

如胰激肽原酶是一种血管舒张药，超氧化物歧化酶可用于治疗类风湿性关节炎和放射病，透明质酸酶可用作药物扩散剂和治疗青光眼。

二、酶类药物的制备

酶类药物的制备通常是以动植物的组织、器官、微生物发酵液、动植物细胞培养液等作为原始材料，采用现代生物化学技术控制中间产物和成品质量，获得有酶活性的药物制剂。酶的化学本质是蛋白质，因此酶类药物的制备就是目的蛋白质的提取和纯化过程。一般情况下，酶类药物的制备包括破碎细胞、溶剂抽提、离心、过滤、浓缩、干燥等步骤，对某些纯度要求很高的酶类制剂则需要经几种方法多次反复处理。

（一）酶的提取

对于胞外酶可以直接进行提取和分离，而对于胞内酶，一般应根据各种生物组织的细胞特点和性质，选用适当的方法破碎组织细胞，释放出酶蛋白分子以利于提取，常用的破碎细胞的方法有机械法、化学法、酶解法、冻融法等。

(二) 酶的纯化

酶的分离纯化是将酶从组织、细胞内或细胞外液中提取出来,并将其与杂质如其他的蛋白质、脂类、多糖等分开,获得相应的酶制品。酶的纯化手段包括盐析法、沉淀法、等电点法、柱层析法、电泳法等。一般情况下,初次提取液或发酵液中酶的浓度很低,需要进行进一步浓缩。常用方法有冷冻干燥法、超滤法、薄膜蒸发浓缩法、凝胶吸水法、离子交换法等。当酶的浓度达到一定程度时,就可以使酶结晶。酶的结晶是指缓慢地降低酶蛋白的溶解度,使酶略处于过饱和状态,从而有规则周期性地排列成晶体而析出。结晶也是纯化的有效手段。

在酶类药物制备过程中,为了提高提取率和防止酶变性失活,必须注意如下几点。①温度:除少数耐热和低温敏感酶之外,一般酶在 0 ℃附近是比较稳定的。②pH:大多数酶在中性附近稳定。当溶液的 pH>9 或 pH<5 时,酶往往会失活,要防止在调整溶液 pH 时添加酸、碱引起的局部过酸或过碱。③酶浓度:酶在低浓度下易失活,因此在操作中应注意酶浓度不宜太低。制备成固体或干粉更有利于酶类制剂的保存。④添加保护剂:在酶提取过程,为了提高酶的稳定性,可以加入适量的酶作用底物,或其辅酶和某些抗氧化剂等。

(三) 酶的分析和纯度测定

酶类药物分析与检测的内容包括酶活力、纯度和酶效价测定。酶活力的测定贯穿酶类药物制备的全过程,当提纯到某一恒定的比活力(比活力 = 酶活力单位数 / 毫克蛋白)时,可认为酶已被纯化,需进一步对纯化的酶进行纯度检测和效价测定,最终鉴定酶的质量。

思考题

1. 利用活性中心解释急性胰腺炎发生的机制。
2. 有机磷农药中毒和解毒的机制是什么?
3. 磺胺类药物抑菌的机制是什么?
4. 试比较酶的竞争性抑制和非竞争性抑制的一般特点及动力学特点。
5. 什么是酶原的激活、变构酶、修饰酶?

在线测试

本章小结

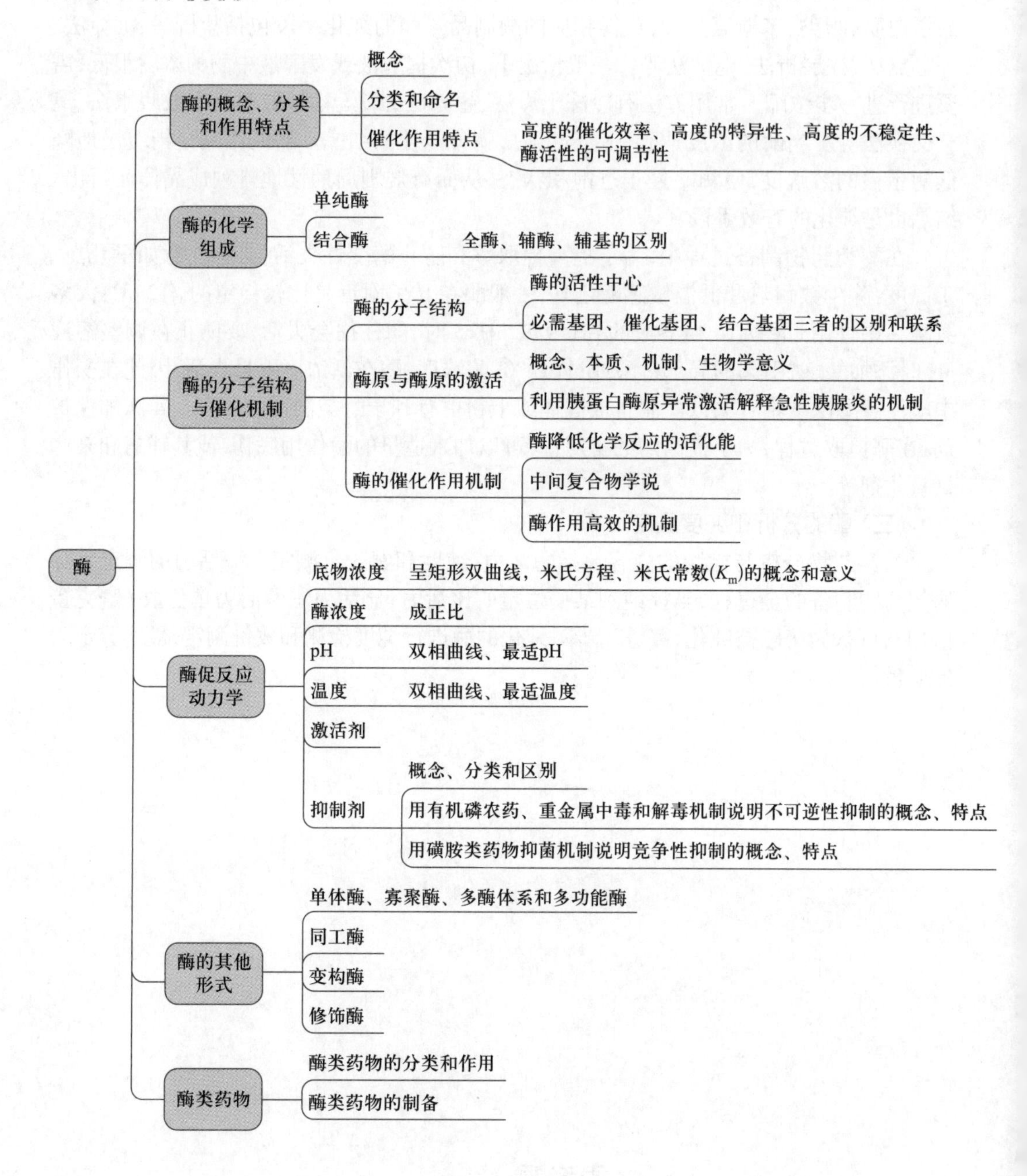
酶
酶的概念、分类和作用特点
概念
分类和命名
催化作用特点
高度的催化效率、高度的特异性、高度的不稳定性、酶活性的可调节性
酶的化学组成
单纯酶
结合酶
全酶、辅酶、辅基的区别
酶的分子结构与催化机制
酶的分子结构
酶的活性中心
必需基团、催化基团、结合基团三者的区别和联系
酶原与酶原的激活
概念、本质、机制、生物学意义
利用胰蛋白酶原异常激活解释急性胰腺炎的机制
酶的催化作用机制
酶降低化学反应的活化能
中间复合物学说
酶作用高效的机制
酶促反应动力学
底物浓度
呈矩形双曲线，米氏方程、米氏常数(K_m)的概念和意义
酶浓度
成正比
pH
双相曲线、最适pH
温度
双相曲线、最适温度
激活剂
抑制剂
概念、分类和区别
用有机磷农药、重金属中毒和解毒机制说明不可逆性抑制的概念、特点
用磺胺类药物抑菌机制说明竞争性抑制的概念、特点
酶的其他形式
单体酶、寡聚酶、多酶体系和多功能酶
同工酶
变构酶
修饰酶
酶类药物
酶类药物的分类和作用
酶类药物的制备

实验三　酶促反应特点的检验

一、实验目的

理解酶促反应的高催化效率、酶的特异性和高度不稳定性。

二、实验原理

酶是一种生物催化剂，能大大降低反应的活化能，加快化学反应速率。过氧化氢酶广泛分布于生物体内，能将代谢中产生的有害 H_2O_2 分解成 H_2O 和 O_2，从而减少 H_2O_2 在身体内的大量积累。本实验从产生 O_2（由水中逸出小气泡）的多少判断 H_2O_2 的分解速率。

酶与一般催化剂最主要的区别之一是酶具有高度的特异性，即酶对作用的底物有选择作用。本实验选用唾液中的唾液淀粉酶作为反应的酶，其可催化淀粉水解生成还原性的麦芽糖或葡萄糖，可进一步导致本尼迪克特试剂（俗称班氏试剂，Benedict 试剂）中 Cu^{2+} 还原 Cu^{+}，并被空气中 O_2 氧化生成 Cu_2O，为砖红色沉淀。淀粉酶不能催化蔗糖发生水解作用，蔗糖是非还原性的糖，不能与班氏试剂反应，没有砖红色的沉淀出现。

三、实验试剂与器材

1. 材料　发芽的马铃薯方块（生、熟）。

2. 试剂

(1) 铁粉。

(2) 2%H_2O_2（用时临时配制）。

(3) 唾液淀粉酶溶液：每位同学进实验室自己制备，先用蒸馏水漱口，以清除食物残渣，再将蒸馏水含在口中咀嚼数分钟后吐出，收集在烧杯中，备用。

(4) 1% 蔗糖溶液：取分析纯蔗糖 1 g，溶解后加蒸馏水至 100 ml。

(5) 1% 淀粉溶液：取可溶性 1 g 淀粉和 0.3 g NaCl，用 5 ml 蒸馏水悬浮，慢慢倒入 60 ml 煮沸的蒸馏水中，煮沸 1 min，冷却至室温，加水到 100 ml，冰箱储存。

(6) 班氏试剂：A 液，称取 17.3 g $CuSO_4$ 于 100 ml 蒸馏水加热溶解，冷却稀释至 150 ml。B 液，称取 173 g 柠檬酸钠和 100 g Na_2CO_3 于 600 ml 蒸馏水中加热溶解，冷却后稀释至 850 ml。将 A 液缓慢倒入 B 液中，混合均匀。此试剂可长期保存。

(7) 磷酸缓冲液：A 液，0.2 mol/L Na_2HPO_4 溶液，称取 28.40 g Na_2HPO_4 溶于水并定容至 1 000 ml；B 液，0.1 mol/L 柠檬酸溶液，称取 19.21 g 柠檬酸溶于水并定容至 1 000 ml。

pH 4.8 缓冲液：98.6 ml A 液 +101.4 ml B 液。

pH 6.8 缓冲液：154.5 ml A 液 +45.5 ml B 液。

pH 8.0 缓冲液：194.5 ml A 液 +5.5 ml B 液。

3. 仪器　恒温水浴箱；试管；小烧杯；1 ml、5 ml 移液器；胶头滴管。

四、实验方法及步骤

1. 酶催化的高效性和不稳定性 取4支试管，按表5-3向各试管中加入对应物质。

表5-3 不同试管加入的物质及量

试管	2%H_2O_2 溶液体积 /ml	生马铃薯	熟马铃薯	铁粉	H_2O 体积 /ml
1	3	若干块			
2	3		若干块		
3	3			1小匙	
4	3				1

观察各试管中气泡产生的多少，并解释原因。

2. 酶催化的特异性和不稳定性

(1) 煮沸唾液的准备：取上述稀释唾液约5 ml，置于沸水浴中煮沸10 min，冷却备用。

(2) 取3支试管，按表5-4向各试管加入对应物质。

表5-4 不同试管加入的物质及量

单位：滴

试管	pH 6.8 缓冲液	1% 淀粉	1% 蔗糖溶液	唾液	煮沸唾液
1	20	10	—	5	—
2	20	10	—	—	5
3	20	—	10	5	—

(3) 各管摇匀，置37 ℃水浴保温10 min左右，取出各管，分别加班氏试剂20滴，摇匀，置沸水浴中煮沸，观察结果，并解释原因。

五、实验思考

1. 在酶催化的特异性实验中若用蔗糖酶取代唾液，实验结果将有何变化？
2. 根据添加煮沸唾液试管的实验结果，说明酶促反应具有什么特点。

实验四 影响酶促反应速率的因素

一、实验目的

了解温度、pH、激动剂和抑制剂对酶促反应的影响。

二、实验原理

温度与酶促反应速率关系密切。温度降低时，酶促反应速率减慢甚至完全停止；随着温度升高，反应速率逐渐加快。在某一温度时反应速率达到最大值，此温度称酶作用的最适温度。温度继续升高，反应速率反而下降。人体内大多数酶的最适温度在 37 ℃左右。

pH 影响酶促反应速率，是由于酶的化学本质是蛋白质。pH 不仅影响酶蛋白分子中某些基团的解离，也能影响底物的解离程度，从而影响酶与底物的结合。酶促反应速率达到最大值时的溶液 pH，称为该酶的最适 pH。不同的酶最适 pH 不尽相同，人体大多数酶的最适 pH 在 7.0 左右。

有些物质可作为激活剂提高酶的活性；有些物质可作为抑制剂降低酶的活性，从而影响淀粉被水解的程度。

本实验中，淀粉酶能催化淀粉逐步水解，生成分子大小不同的糊精，最后水解生成麦芽糖。糊精按分子大小遇碘可呈蓝色、紫色、暗褐色和红色，麦芽糖遇碘不变色。由于不同温度、不同酸碱度下，或者在有激活剂或抑制剂存在的条件下，唾液淀粉酶的活性高低不同，则淀粉被水解的程度也不一样。因此，通过与碘产生的颜色反应可以判断淀粉被水解的程度。

三、实验试剂与器材

1. 试剂

(1) 1% 淀粉溶液：称取 1 g 可溶性淀粉，悬于 5 ml 蒸馏水中，搅动后缓慢倒入沸腾的 60 ml 蒸馏水中，搅动煮沸 1 min，冷却至室温。继续加水至 100 ml。

(2) 1% NaCl 溶液。

(3) 1% $CuSO_4$ 溶液。

(4) 1% Na_2SO_4 溶液。

(5) 蒸馏水。

(6) 磷酸缓冲溶液系列(0.2 mol/L)：①pH 4.8；②pH 6.8；③pH 9.8。

(7) 稀碘液：称取 2 g 碘和 3 g 碘化钾溶于 1 000 ml 水中。

2. 器材　烧杯、电炉、恒温水浴锅、试管、玻璃棒、白色反应瓷板等。

四、实验方法及步骤

1. 制备稀唾液　将痰咳尽，用清水漱口，含蒸馏水少许行咀嚼动作以刺激唾液分泌，2 min 后吐入烧杯中备用(可收集混合唾液，以免个别人唾液淀粉酶活性过高或过低，影响实验进行)。

2. 取试管 8 支，按表 5-5 加入试剂。

表 5-5　不同试管加入的物质及量　单位：滴

试管	pH 4.8 缓冲液	pH 6.8 缓冲液	pH 9.8 缓冲液	1% NaCl 溶液	1% $CuSO_4$ 溶液	1% Na_2SO_4 溶液	1% 淀粉	蒸馏水	稀释唾液
1	—	20	—	10	—	—	10	—	5
2	—	20	—	10	—	—	10	10	—
3	—	20	—	10	—	—	10	—	—

续表

试管	pH 4.8 缓冲液	pH 6.8 缓冲液	pH 9.8 缓冲液	1% NaCl 溶液	1% $CuSO_4$ 溶液	1% Na_2SO_4 溶液	1% 淀粉	蒸馏水	稀释唾液
4	20	—	—	10	—	—	10	—	5
5	—	—	20	10	—	—	10	—	5
6	—	20	—	—	10	—	10	—	5
7	—	20	—	—	—	10	10	—	5
8	—	20	—	—	—	—	10	10	5

3. 上述各管混匀后，3 号管置于沸水浴中，2 号管置于冰浴中，其余放入 37 ℃水浴箱中。

4. 观察反应时以第一管为标准，保温 2 min 后，隔 0.5 min 用玻璃棒蘸取第一管反应液置白色反应瓷板上（白色反应瓷板上已加入半滴稀碘液），检查淀粉水解程度，若呈淡黄色则全部取出。

5. 在各管中分别加入稀碘液 1 滴，观察颜色变化。

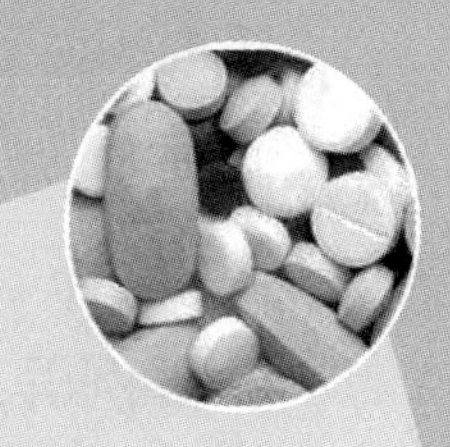

第六章 生物氧化

学习目标

知识目标

1. 掌握：生物氧化的概念，呼吸链电子传递顺序，能量产生的方式。
2. 熟悉：能量的利用，影响能量生成的因素。
3. 了解：CO_2 的生成方式，非线粒体氧化体系。

技能目标

1. 学会运用能量产生的相关知识计算糖类、脂类代谢过程中 ATP 的生成量。
2. 学会分析 CO、氰化物中毒致死的生化机制。
3. 能解释甲状腺功能亢进患者出现怕热、多汗等临床症状的原因。

案例导入

［案例］ 患者，男，30 岁，某化工厂电焊工，在对该厂某车间堵塞管道进行切割时，不慎吸入管内余存的氢氰酸气体，出现头晕、乏力，进而呼吸困难、意识丧失，皮肤黏膜呈樱桃红色，送往医院。诊断为急性氢氰酸中毒，给予亚硝酸戊酯、1% 亚硝酸钠、25% 硫代硫酸钠紧急解毒，经较长时间的住院治疗后渐趋康复。

［讨论］

1. 氢氰酸中毒的生化机制是什么？
2. 氢氰酸中毒的特效解毒药的作用机制是什么？

第一节　生物氧化概述

一、生物氧化的概念和方式

一切生物维持生存都必须依靠能量。生物氧化(biological oxidation)是指糖类、脂类、蛋白质等营养物质在生物体内氧化分解，最终生成 H_2O 和 CO_2，并逐步释放能量的过程。释放的能量一部分以热能的形式释放，主要用于维持体温，另一部分以化学能的形式储存于 ATP 中，可被机体利用。此过程进行场所在组织细胞内，利用 O_2 产生 CO_2，因此又被称为细胞呼吸。生物氧化的生理意义主要就是将释放的能量储存于 ATP 中，为机体生命活动提供可以利用的能量。

知识拓展

生命活动最直接的供能物质

ATP 是生物体内能量的储存形式，也是机体最直接的供能物质。生物体通过食物获取的能量大多以 ATP 的形式储存。人体所有日常活动都需要消耗能量，这些能量主要由 ATP 水解释放。

生物氧化的过程大致可以分为 3 个阶段(图 6-1)。

(1) 营养物质(糖类、脂类和蛋白质)通过不同的代谢途径氧化生成共同的中间产物乙酰 CoA，并伴有脱氢。

(2) 乙酰 CoA 进入三羧酸循环氧化生成 CO_2，该过程有氢脱下。

(3) 前两个阶段脱下的氢经呼吸链传递给 O_2 生成 H_2O，氧化磷酸化合成 ATP。

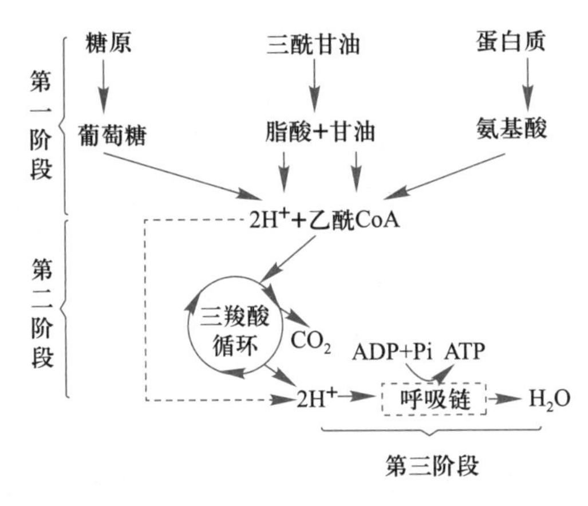

图 6-1　生物氧化的过程

知识链接

生物氧化发生的场所

营养物质的生物氧化场所是在线粒体内。代谢过程中脱下的氢和电子传递、能量的释放、ATP 的合成都是在线粒体进行的。线粒体能将生物氧化释放的大部分能量储存在 ATP 中，因此线粒体被称为细胞的"能量转换器"。除此以外，一些非营养物质的生物氧化是在微粒体、过氧化物酶体或细胞的其他部位进行，主要是对非营养物质进行生物转化，以便清除、排泄至体外。

二、生物氧化的特点

生物氧化遵循所有氧化还原反应的一般规律，氧化方式包括加氧、脱氢和失电子反应，其中最为常见的是脱氢反应。

视频：

生物氧化的特点

营养物质在体内外进行氧化分解的化学本质是一致的，均消耗氧气，产生 H_2O 和 CO_2，释放能量。但生物氧化又具有其独特之处，主要表现在产物的生成方式、反应环境和能量释放形式不同（表 6-1）。

表 6-1　生物氧化与体外氧化的区别

区别点	生物氧化	体外氧化
H_2O 生成	脱下的氢经呼吸链传递与氧结合	氢直接与氧结合
CO_2 生成	有机酸脱羧基产生	碳直接与氧结合
反应环境	正常体温，接近中性的温和条件	高温、高压等剧烈条件
能量释放	以化学能和热能的形式逐步释放	以热能的形式骤然释放
反应过程	多个酶促反应逐步完成	一步反应完成

三、参与生物氧化的酶类

参与生物氧化的酶类可分为氧化酶类、需氧脱氢酶类、不需氧脱氢酶类、其他酶类等。

（一）氧化酶类

氧化酶包括细胞色素氧化酶、抗坏血酸氧化酶等，它们直接以 O_2 为受氢体，催化底物脱氢生成 H_2O。此类酶的辅基中常常含有铁离子或铜离子等金属离子。

（二）需氧脱氢酶类

需氧脱氢酶如 L– 氨基酸氧化酶、黄嘌呤氧化酶等黄素酶，分别以黄素单核苷酸（FMN）和黄素腺嘌呤二核苷酸（FAD）为辅助因子，直接以 O_2 为受氢体，催化底物脱氢生成 H_2O。

（三）不需氧脱氢酶类

不需氧脱氢酶类是体内参与生物氧化最重要的酶，催化底物脱氢，经过一系列传递体的传递最终将氢交给氧生成 H_2O。根据辅助因子的不同，不需氧脱氢酶类又可分为两类：一类以 NAD^+ 或 $NADP^+$ 为辅助因子，如乳酸脱氢酶、苹果酸脱氢酶等；另一类以 FMN 或 FAD 为辅助因子，如琥珀酸脱氢酶、脂酰辅酶 A 脱氢酶等。

（四）其他酶类

除上述酶外，体内还有一些酶类参与非线粒体生物氧化反应，如黄素蛋白酶、抗坏血酸氧化酶、多酚氧化酶、过氧化氢酶和过氧化物酶等。

第二节 线粒体 ATP 的生成

机体进行氧化还原反应的相关酶类大多存在于线粒体中，因此线粒体被认为是细胞能量代谢的核心，也是抗病毒、抗肿瘤等药物的作用靶点。有研究表明，线粒体毒性有可能是多种已上市药物被迫撤市或者候选药物研发失败的原因。

一、氧化呼吸链

视频：

呼吸链

营养物质经过酶的催化脱下成对的氢原子，以还原当量（$NADH+H^+$ 和 $FADH_2$）形式存在，通过线粒体内膜上由多种酶和辅助因子组成的连锁反应体系逐步传递，最终与氧结合生成水，同时伴有能量释放，这一与细胞呼吸密切相关的过程被称为呼吸链（respiratory chain）。呼吸链中酶和辅助因子按一定顺序排列，起着传递氢和传递电子的作用。由于递氢体也能够传递电子，也是递电子体，所以呼吸链也被称为电子传递链。

（一）呼吸链的组成成分

呼吸链的组成成分主要包括以 NAD^+ 为辅助因子的不需氧脱氢酶、以 FMN 或 FAD 为辅助因子的黄素蛋白、铁硫蛋白、泛醌（CoQ）和细胞色素（Cyt）5 大类。

1. 以 NAD^+ 为辅助因子的不需氧脱氢酶　尼克酰胺腺嘌呤二核苷酸（NAD）和尼克酰胺腺嘌呤二核苷酸磷酸（NADP）是维生素 PP 的活性形式，也是不需氧脱氢酶类的辅助因子。它们在体内存在着氧化型（$NAD^+/NADP^+$）与还原型（NADH/NADPH）两种状态。NAD^+ 和 $NADP^+$ 中的尼克酰胺部分（维生素 PP）能可逆地加氢和脱氢发挥递氢的作用，因此在呼吸链中属于递氢体。在加氢反应中，$NAD^+/NADP^+$ 只能可逆性地接受 1 个氢原子和 1 个电子，而另一个质子总是游离在基质中。因此还原型的 NADH 和 NADPH 也可以分别写成 $NADH+H^+$ 和 $NADPH+H^+$。NAD^+ 能接受大部分代谢物脱下的 $2H^+$，通过呼吸链传递给 FMN。NADPH 所传递的电子通常用于脂肪酸、胆固醇等的合成代谢，而不是进入呼吸链。

$+ H + H^+ + e^- \rightleftharpoons$ 　$+ H^+$

NAD^+或$NADP^+$　　NADH或NADPH

2. 以 FMN 或 FAD 为辅助因子的黄素蛋白　黄素单核苷酸(FMN)和黄素腺嘌呤二核苷酸(FAD)是维生素 B_2 的活性形式,也是黄素蛋白的辅助因子。FAD、FMN 中异咯嗪环的氮能够可逆地进行加氢和脱氢反应,因此在呼吸链中属于递氢体。氧化型的 FMN(FAD)可以接受 1 个 H^+ 和 1 个 e^- 形成不稳定的 FMNH(FADH),再接受 1 个 H^+ 和 1 个 e^- 转变成还原型的 FMN(FAD),即 $FMNH_2$($FADH_2$)。在呼吸链中,FMN 和 FAD 可以接受由 NADH 或琥珀酸代谢脱下的氢生成 $FMNH_2$ 和 $FADH_2$,再进一步将电子传递给铁硫蛋白。

FMN/FAD　　FMNH·/FADH·　　$FMNH_2/FADH_2$

3. 铁硫蛋白　铁硫蛋白含非血红素铁和无机硫,其辅助因子铁硫中心(Fe–S)含有等量的铁原子和硫原子(Fe_2S_2,Fe_4S_4)。铁硫中心的铁原子可以通过二价和三价形式的相互转变传递单个电子,因此是递电子体。在呼吸链中,铁硫蛋白的功能是将 $FMNH_2$ 或 $FADH_2$ 脱下的电子传递给泛醌。

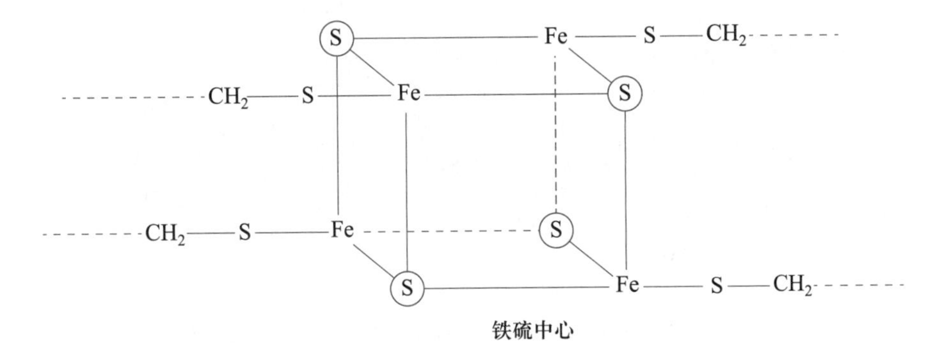

铁硫中心

4. 泛醌 又称为辅酶Q（CoQ），是一种广泛分布于生物界的小分子脂溶性醌类化合物。泛醌的侧链为异戊二烯结构，呈疏水性，因而能在线粒体内膜中自由扩散。泛醌中的苯醌结构能可逆性地加氢和脱氢，是呼吸链中唯一不与蛋白质结合的游离递氢体。在呼吸链中，泛醌可先接受1个H^+和1个e^-还原成半醌型泛醌，再接受1个H^+和1个e^-还原成二氢泛醌（QH_2），后者再将e^-传递给细胞色素体系，使2个H^+游离在介质中，自身又被氧化成泛醌。

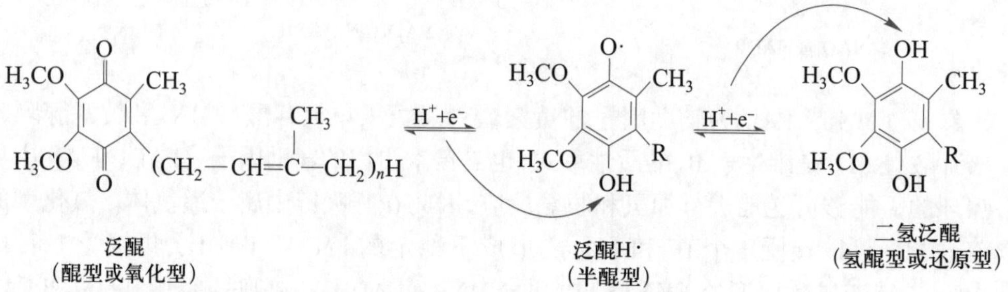

H_3CO
CH_3
H_3CO
$(CH_2-CH=C-CH_2)_nH$
CH_3
H^++e^-
H_3CO
CH_3
H_3CO
R
OH
H^++e^-
OH
H_3CO
CH_3
H_3CO
R
OH
泛醌
（醌型或氧化型）
泛醌H·
（半醌型）
二氢泛醌
（氢醌型或还原型）

5. 细胞色素 细胞色素（Cyt）是细胞内一类以铁卟啉为辅基的结合酶类，因具有特殊的吸收光谱而呈现颜色。在呼吸链中，细胞色素依靠铁卟啉中的铁原子价态的可逆变化而传递电子，因而是单电子传递体。根据吸收光谱的不同，可以将细胞色素分为a（Cyta）、细胞色素b（Cytb）和细胞色素c（Cytc）3类，每一类根据最大吸收峰的微小差别又分为不同的亚类。参与呼吸链组成的有细胞色素a、细胞色素a_3、细胞色素b、细胞色素c、细胞色素c_1。细胞色素a和细胞色素a_3在同一条多肽链上结合紧密，不易分开，合称为细胞色素氧化酶（$Cytaa_3$）。其位于呼吸链终末端，能够直接把电子交给O_2，使其还原为氧离子，后者再与$2H^+$结合生成H_2O。细胞色素c呈水溶性，与线粒体内膜外表面结合疏松，能够在线粒体内膜上游动，是呼吸链中除泛醌外另外一个可移动的递电子体。呼吸链中，电子在细胞色素中的传递顺序是Cytb→$Cytc_1$→Cytc→$Cytaa_3$→O_2。

考点提示

电子在细胞色素中的传递顺序。

呼吸链的主要组成成分中，除了泛醌和细胞色素c两个组分为可移动递电子体外，其余组分均与蛋白质结合形成复合体（Ⅰ、Ⅱ、Ⅲ和Ⅳ）来完成电子传递过程。其中复合体Ⅰ、复合体Ⅲ和复合体Ⅳ完全镶嵌在线粒体内膜上，复合体Ⅱ镶嵌在线粒体内膜的基质侧（图6-2）。4种复合体具体情况如下。

复合体Ⅰ：又称为NADH-泛醌还原酶，是线粒体内膜上最大的复合体，包括呼吸链

Ⅰ
Fe-S
FMN
Ⅱ
Fe-S
FAD
CoQ
Ⅲ
$Cytc_1$
Fe-S
Cytb
Cytc
Ⅳ
Cu
$Cytaa_3$
胞液侧
线粒体内膜
基质侧
$NADH+H^+$
NAD^+
延胡索酸
琥珀酸
O_2

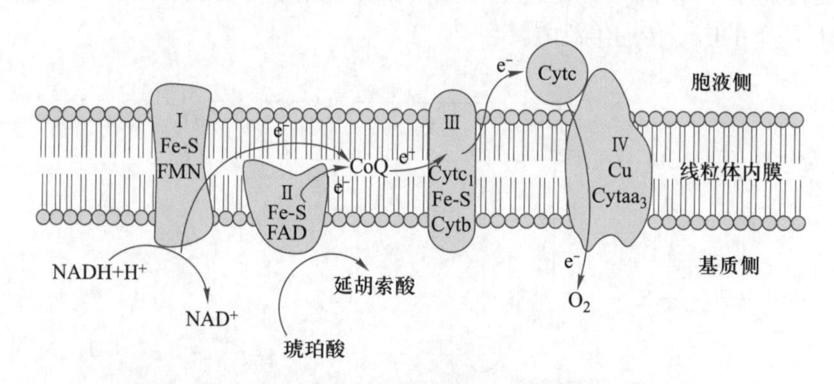

图6-2 呼吸链各复合体在线粒体内膜中的位置及电子传递顺序

上 NAD^+ 至泛醌之间的组分，含有黄素蛋白(辅基为 FMN)和铁硫蛋白，其主要功能是将电子从还原型 $NADH+H^+$ 传递给 FMN，再经铁硫蛋白传递给泛醌。

复合体Ⅱ：又称为琥珀酸－泛醌还原酶，介于琥珀酸至泛醌之间，含黄素蛋白(辅基为 FAD)、铁硫蛋白和细胞色素 b，其主要功能是将电子从琥珀酸经 FAD 和铁硫蛋白传递给泛醌。

复合体Ⅲ：又称为泛醌－细胞色素 c 还原酶，包括泛醌到细胞色素 c 之间的组分，含有细胞色素 b、细胞色素 c_1 和铁硫蛋白，其主要功能是将电子从泛醌经铁硫蛋白传递给细胞色素 c。

复合体Ⅳ：又称为细胞色素 c 还原酶，含有 Cu 和细胞色素氧化酶，其主要功能是将电子从细胞色素 c 经细胞色素氧化酶传递给氧(表 6–2)。

表 6–2　线粒体呼吸链复合体及其作用

复合体	酶名称	辅基	主要作用
复合体Ⅰ	NADH–泛醌还原酶	FMN，Fe–S	将 NADH 的氢传递给泛醌
复合体Ⅱ	琥珀酸－泛醌还原酶	FAD，Fe–S	将琥珀酸脱下的氢传递给泛醌
复合体Ⅲ	泛醌－细胞色素 c 还原酶	铁卟啉，Fe–S	将电子从泛醌传递给细胞色素 c
复合体Ⅳ	细胞色素 c 还原酶	铁卟啉，Cu	将电子从细胞色素 c 传递给氧

(二) 呼吸链中电子传递体的排列顺序

根据研究呼吸链各组分标准氧化还原电位高低、特异性抑制剂阻断氧化还原过程、各组分特有吸收光谱和体外呼吸链组分拆开和重组实验的结果分析确定呼吸链各组分的排列顺序。线粒体内膜上存在两条重要的呼吸链，即 NADH 氧化呼吸链和 $FADH_2$ 氧化呼吸链。在线粒体生物氧化体系中，脱氢酶辅助因子多为 NAD^+，少数为 FAD，代谢物脱氢主要生成 $NADH+H^+$，通过 NADH 氧化呼吸链传递；代谢物脱氢少量生成 $FADH_2$，通过 $FADH_2$ 氧化呼吸链传递。

1. NADH 氧化呼吸链　生物氧化中大多数脱氢酶(如丙酮酸脱氢酶、苹果酸脱氢酶等)都是以 NAD^+ 为辅酶(图 6–3)。糖类代谢、脂类代谢及氨基酸代谢的许多中间产物如乳酸、苹果酸、β–羟脂酰 CoA、β–羟丁酸、谷氨酸等，在相应的脱氢酶催化下脱下 2 个氢，脱下的氢首先由 NAD^+ 接受生成 $NADH+H^+$。在 NADH 脱氢酶的作用下，NADH 重新脱下氢传递给 FMN 生成 $FMNH_2$，再将氢传递至 CoQ(泛醌)生成 $CoQH_2$，$CoQH_2$ 中的 2 个氢原子解离成 $2H^++2e^-$，其中 $2H^+$ 游离于介质中，而 $2e^-$ 沿着 $Cytb \rightarrow Cytc_1 \rightarrow Cytc \rightarrow Cytaa_3 \rightarrow O_2$ 的顺序逐步传递，最后与介质中游离的 $2H^+$ 结合生成水，其电子传递顺序模式是：

$$NADH \rightarrow 复合体Ⅰ \rightarrow CoQ \rightarrow 复合体Ⅲ \rightarrow Cytc \rightarrow 复合体Ⅳ \rightarrow O_2$$

2. $FADH_2$ 氧化呼吸链　也称为琥珀酸氧化呼吸链，生物氧化中少数脱氢酶(如琥珀酸脱氢酶、α–磷酸甘油脱氢酶和脂酰 CoA 脱氢酶)以 FAD 为辅基(图 6–4)。这些酶催化代谢物(如琥珀酸、α–磷酸甘油、脂酰 CoA)脱氢交给 FAD 生成 $FADH_2$，再经复合体Ⅱ传递给 CoQ(泛醌)生成 $CoQH_2$，此后的传递和 NADH 氧化呼吸链相同，其电子传递顺序模式是：

$$琥珀酸 \rightarrow 复合体Ⅱ \rightarrow CoQ \rightarrow 复合体Ⅲ \rightarrow Cytc \rightarrow 复合体Ⅳ \rightarrow O_2$$

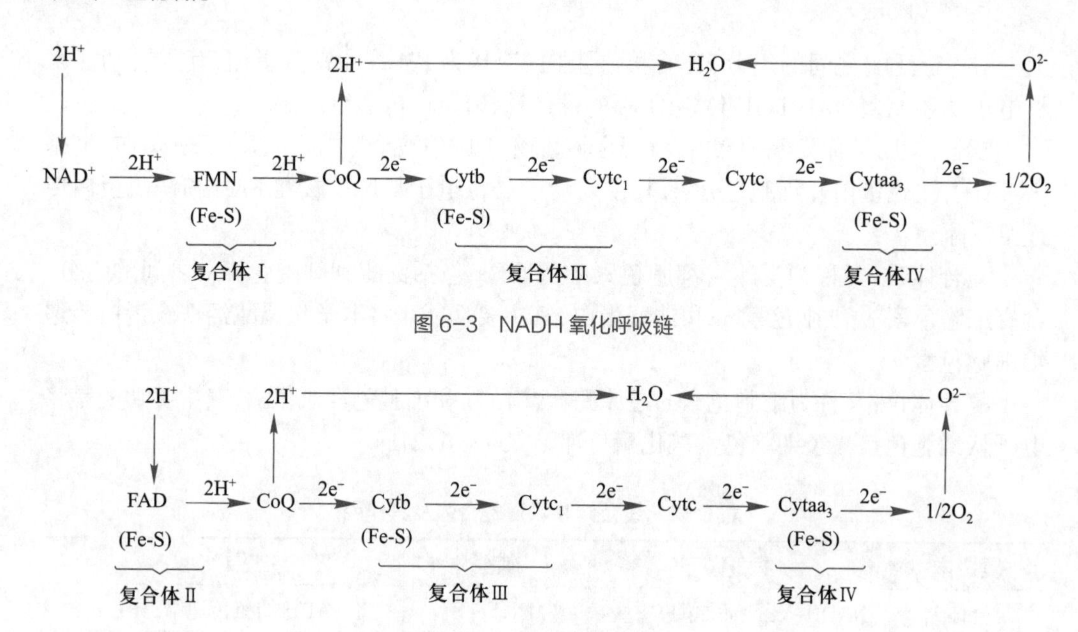

图 6-3　NADH 氧化呼吸链

图 6-4　$FADH_2$ 氧化呼吸链

考点提示

两条呼吸链的传递顺序及交汇点。

由上可知，营养物质氧化释放的电子主要以两种方式进入呼吸链：一是由 NADH 传递给复合体Ⅰ；二是由 FADH 进入复合体Ⅱ(图 6-5)。两条呼吸链在 CoQ 交汇，后续传递过程相同。

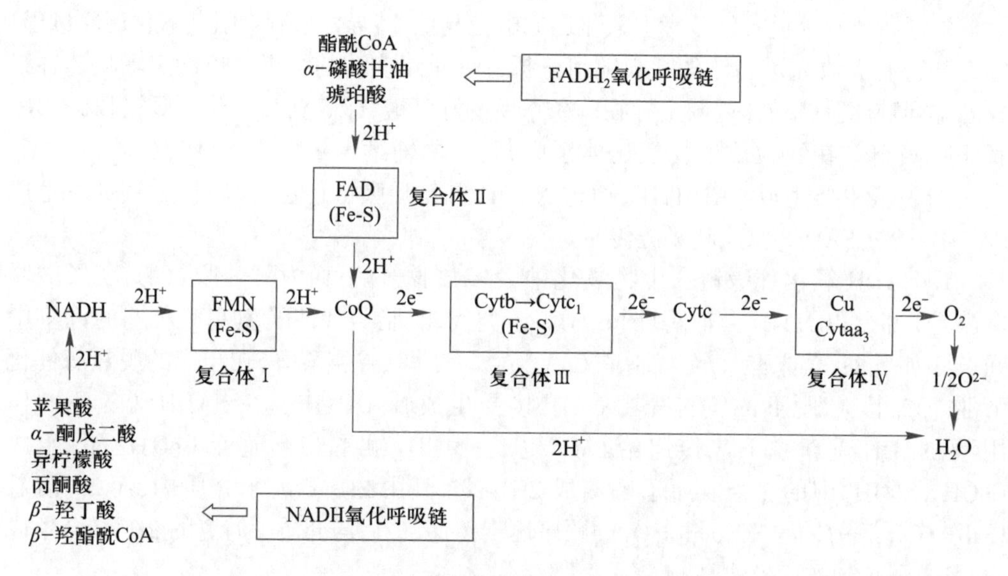

图 6-5　两条呼吸链的电子传递顺序

知识链接

MTT比色法

MTT，化学名称为 3-(4,5- 二甲基 -2- 噻唑)-2,5- 二苯基四氮唑溴盐，是一种黄色染料，常用于细胞存活率和生长情况的检测。MTT 比色法的原理：MTT 可作用于活细胞线粒体中的呼吸链，在琥珀酸脱氢酶和细胞色素 c 的作用下接受氢还原为不溶于水的甲臜结晶（蓝紫色）并沉积在细胞中，甲臜结晶的生成量与活细胞数目成正比。二甲基亚砜（DMSO）能溶解细胞中的甲臜结晶，用酶联免疫检测仪在 490 nm 波长处可测得其吸光度，从而间接反映活细胞的相对数。此方法已广泛用于部分生物活性因子的活性检测、细胞毒性试验、大规模抗肿瘤药物筛选，以及肿瘤放射敏感性测定等。其优点是灵敏度高，价格经济；缺点是溶剂有毒，对测试者有损害。

二、氧化磷酸化

（一）高能化合物

高能化合物是指含有高能键的化合物。水解时释放的自由能大于 21 kJ/mol 的化学键称为高能键，常用“~”表示。高能键包括磷酸酯键和硫酯键，体内的高能键主要是高能磷酸键，用“~P”表示。人体内常见高能化合物包括 ATP、UTP、CTP、GTP、磷酸肌酸、磷酸烯醇式丙酮酸、乙酰 CoA 和乙酰磷酸等（图 6-6）。

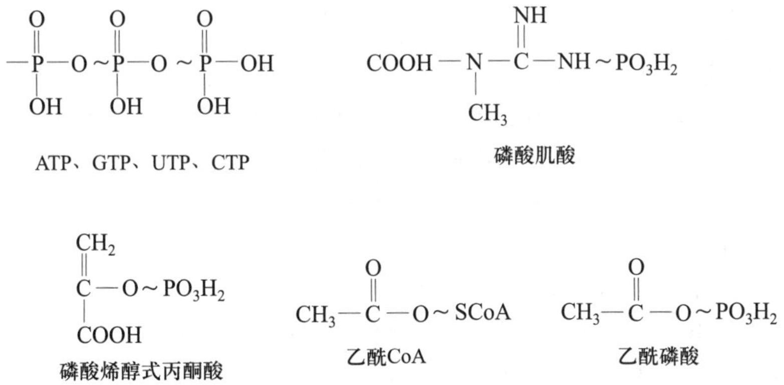

$$-P(=O)(OH)-O\sim P(=O)(OH)-O\sim P(=O)(OH)-OH$$

ATP、GTP、UTP、CTP

$$COOH-N(CH_3)-C(=NH)-NH\sim PO_3H_2$$

磷酸肌酸

$$CH_2=C(COOH)-O\sim PO_3H_2$$

磷酸烯醇式丙酮酸

$$CH_3-C(=O)-O\sim SCoA$$

乙酰CoA

$$CH_3-C(=O)-O\sim PO_3H_2$$

乙酰磷酸

图 6-6　常见的高能化合物

营养物质氧化分解释放的能量约有 60% 用于维持体温，以热能的形式散发；约有 40% 的能量以化学能的形式储存在高能键中。高能键水解断裂时释放出能量供机体利用，如肌肉收缩、体温维持、耗能反应、物质主动运输等。

ATP 是机体内最主要的高能化合物。ATP 是由 ADP 磷酸化生成的，其生成方式有底物水平磷酸化和氧化磷酸化两种，其中氧化磷酸化是体内 ATP 生成的主要方式。

考点提示

ATP 的生成方式。

（二）底物水平磷酸化

底物水平磷酸化是指含有高能磷酸键（~P）的底物在酶的催化下直接把其高能键转移给 ADP，生成 ATP 的过程，其通式如下：

$$底物\sim P+ADP \longrightarrow 产物+ATP$$

（1）在糖酵解过程中，有两次底物水平磷酸化。

1）1,3- 二磷酸甘油酸在磷酸甘油酸激酶催化下，将高能磷酸键直接转移给 ADP，磷酸化生成 ATP 和甘油酸 -3- 磷酸和 ATP。

$$1,3\text{-}二磷酸甘油酸 + ADP \xrightarrow{磷酸甘油酸激酶} 甘油酸\text{-}3\text{-}磷酸 + ATP$$

2）磷酸烯醇式丙酮酸在丙酮酸激酶催化下，将高能磷酸键转移给 ADP，生成烯醇式丙酮酸和 ATP。

$$磷酸烯醇式丙酮酸 + ADP \xrightarrow{丙酮酸激酶} 烯醇式丙酮酸 + ATP$$

（2）在三羧酸循环中，也存在着一次底物水平磷酸化。在琥珀酰 CoA 合成酶作用下，琥珀酰 CoA 将高能磷酸键转移给 GDP 磷酸化生成 GTP。GTP 可以直接利用，也可以将高能磷酸键转移给 ADP 生成 ATP。这也是三羧酸循环中唯一的底物水平磷酸化反应。

$$琥珀酰\ CoA + H_3PO_4 + GDP \xrightarrow{琥珀酰\ CoA\ 合成酶} 琥珀酸 + HSCoA + GTP$$

（三）氧化磷酸化

氧化磷酸化是指营养物质代谢脱下的氢，经呼吸链传递给氧生成水的同时逐步释放能量，并使 ADP 磷酸化生成 ATP 的过程。由于呼吸链上的氧化反应与 ADP 磷酸化反应偶联，所以又称为偶联磷酸化。氧化磷酸化是生成 ATP 的主要方式，体内 95% 的 ATP 都是通过氧化磷酸化产生。

1. 氧化磷酸化的偶联部位　可以通过测定线粒体的 P/O 比值和自由能变化确定氧化磷酸化的偶联部位。P/O 比值是指氧化磷酸化过程中每消耗 1/2 mol O_2 所生成的 ATP 的物质的量(或指一对电子经氧化呼吸链传递给氧所生成的 ATP 数)。将不同底物从不同部位进入呼吸链，比较测定的 P/O 比值和自由能变化值，实验结果表明：氧化磷酸化存在 3 个偶联部位，分别位于 NADH→CoQ 之间、Cytb→Cytc 之间和 $Cytaa_3$→O_2 之间，即在复合体Ⅰ、复合体Ⅲ和复合体Ⅳ内各存在一个 ATP 生成部位。一对电子经 NADH 氧化呼吸链传递给氧可偶联生成 2.5 分子 ATP，经 $FADH_2$ 氧化呼吸链传递给氧可偶联生成 1.5 分子 ATP(图 6-7)。

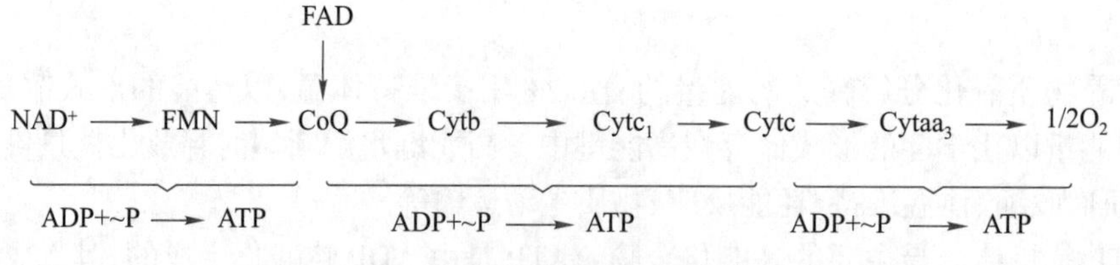

FAD ↓（进入 CoQ）

$NAD^+ \rightarrow FMN \rightarrow CoQ \rightarrow Cytb \rightarrow Cytc_1 \rightarrow Cytc \rightarrow Cytaa_3 \rightarrow 1/2O_2$

ADP+~P → ATP（NAD⁺→CoQ）　ADP+~P → ATP（CoQ→Cytc）　ADP+~P → ATP（Cytc→1/2O₂）

图 6-7　氧化磷酸化偶联部位

2. 氧化磷酸化偶联机制　目前公认的氧化磷酸化偶联机制为化学渗透假说，其主要内容是：电子经呼吸链传递时能够释放自由能，将 H^+ 从线粒体内膜的基质侧泵到胞质侧，在膜内外形成质子电化学梯度，从而储存能量；当质子顺浓度梯度回流时可驱动 ADP 与无机磷酸(Pi)生成 ATP。目前认为复合体Ⅰ、复合体Ⅲ、复合体Ⅳ均具有质子泵功能，每次可向线粒体内膜胞液侧分别泵出 $4H^+$、$4H^+$ 和 $2H^+$。ATP 合酶(即复合体Ⅴ)催化 ATP 的合成。ATP 合酶由疏水的 F_0 部分和亲水的 F_1 部分组成，F_0 部分镶嵌在线粒体内膜中，形成跨膜质子通道，F_1 部分主要功能是催化 ATP 合成，为线粒体内膜基质侧颗粒状突起。当 H^+ 通过 F_0 部分顺浓度梯度回流时，F_1 部分催化 ADP 磷酸化生成 ATP 并释放出来（图 6-8）。如果 ATP 合酶出现缺陷，可以导致线粒体能量代谢障碍，造成中枢神经系统、肝、肌肉、肾等能量代谢旺盛的器官或组织损伤，病死率较高。

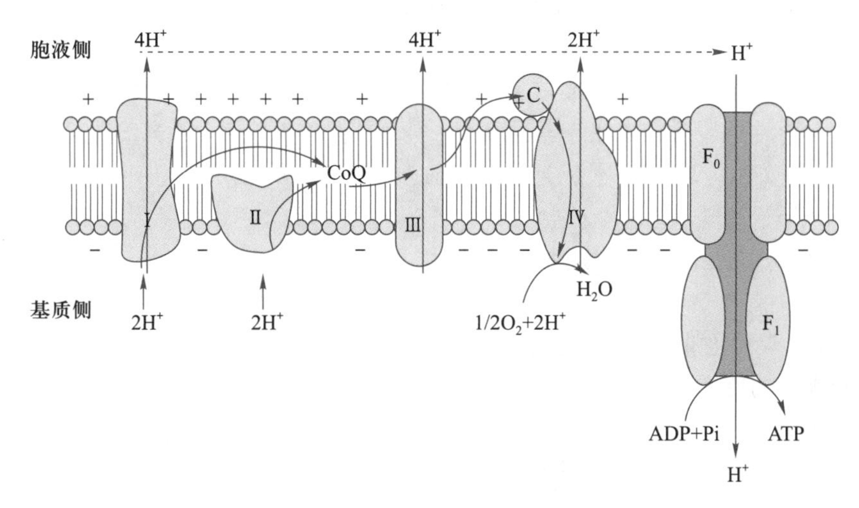

图 6-8 化学渗透假说示意图

3. 影响氧化磷酸化的因素 氧化磷酸化的正常进行有赖于电子有序地进行传递及偶联磷酸化反应的发生。很多因素都能影响氧化磷酸化的正常进行，其中主要影响因素为 ADP/ATP 比值。

（1）ADP/ATP 比值：氧化磷酸化主要受到细胞对于能量需求（ADP/ATP）的影响。当机体利用 ATP 较多时，ADP 增加，ATP 减少，线粒体内 ADP/ATP 比值增高，氧化磷酸化速率加快；反之，当机体能量供应充足时，ADP 减少，ATP 增加，ADP/ATP 比值降低，氧化磷酸化速率减慢。这种调节方式可以使机体合理使用能源，避免浪费。

（2）甲状腺激素：甲状腺激素可诱导细胞膜上 Na^+-K^+-ATP 酶的生成，加快 ATP 分解为 ADP 和 Pi，使 ADP 增多，促进氧化磷酸化。同时甲状腺激素还可以使解偶联蛋白基因的表达增加，使机体耗氧量和产热增加，使得基础代谢率提高。因此甲状腺功能亢进患者常常表现出多食、无力、喜冷怕热等临床症状。

（3）呼吸链抑制剂：主要通过作用于呼吸链特异部位而阻断电子传递。鱼藤酮、异戊巴比妥等呼吸链抑制剂可作用于复合体Ⅰ，阻断电子从铁硫中心向 CoQ 传递；抗霉素 A、二巯基丙醇等可以阻断电子从细胞色素 b 向细胞色素 c_1 传递。CO、H_2S 及氰化物可作用于细胞色素氧化酶，阻断电子传递给氧，使得细胞内氧化呼吸链中断，氧化磷酸化无法进行，能源枯竭，相关细胞生命活动停止，从而引起机体迅速死亡。

（4）解偶联剂：不阻断呼吸链氢和电子的传递，仅使电子传递和 ADP 磷酸化分开，作用机制是使 H^+ 不通过 ATP 合酶的 F_0 部分回流，而通过其他途径回流到线粒体基质，使电化学梯度中储存的自由能转换成热能，从而抑制 ATP 的合成。2,4- 二硝基苯酚、水杨酸、双香豆素等都是常见的解偶联剂。感冒等感染性疾病体温升高就是由于细菌或病毒产生解偶联剂而引起。哺乳动物线粒体内的解偶联蛋白也具有解偶联作用。

知识链接

解偶联蛋白

解偶联蛋白是一种线粒体载体蛋白,可在线粒体内膜上形成质子通道,将线粒体内膜外的质子转运回基质,降低跨膜质子浓度梯度,将自由能转化为热能,抑制 ATP 的生成。哺乳动物的解偶联蛋白仅存在于棕色脂肪组织,主要参与机体非战栗产热。新生儿含有大量棕色脂肪组织用于维持体温,若缺乏棕色脂肪可导致新生儿硬肿病,表现为皮肤、皮下脂肪组织硬化、水肿为临床特征,常伴有低体温,严重者可出现器官功能损害,常见于早产、感染、窒息的新生儿。冬眠动物利用解偶联蛋白将部分用于制造 ATP 的能量转化为热量,从而维持冬眠时的体温。

(5) 氧化磷酸化抑制剂:寡霉素可以阻止质子从 F_0 部分回流,抑制 ATP 生成,同时也能抑制电子的传递(图 6-9)。

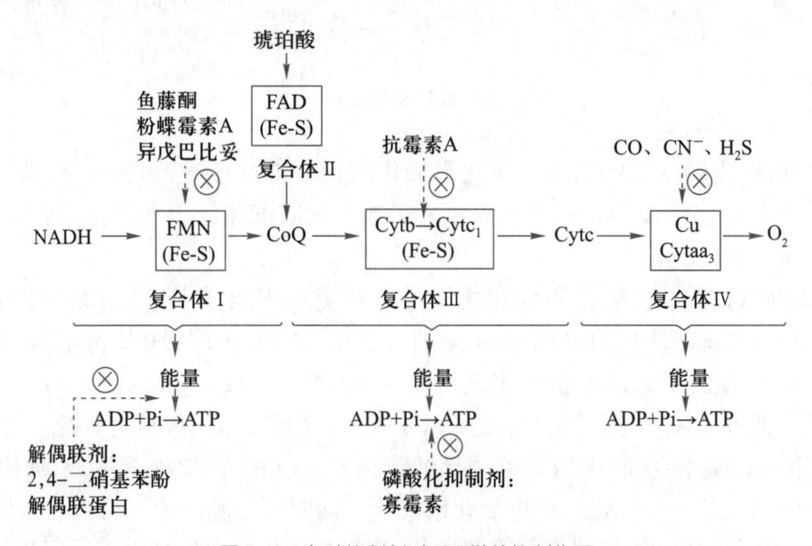

图 6-9　各种抑制剂对呼吸链的抑制作用

4. 糖类、脂类氧化磷酸化产生的能量

(1) 三羧酸循环中有 4 次脱氢反应,其中 3 次以 NAD^+ 为受氢体,生成 3 分子 $NADH+H^+$,1 次以 FAD 为氢受体,生成 $FADH_2$;1 次底物水平磷酸化。

(2) 1 分子葡萄糖经有氧氧化分解,第一阶段经糖类酵解途径生成 2 分子丙酮酸,产生的 $NADH+H^+$ 进入线粒体,因穿梭机制不同可产生 3 分子或 5 分子 ATP;第二阶段,2 分子丙酮酸进入线粒体内氧化脱羧生成 2 分子乙酰 CoA,产生的 $NADH+H^+$ 可生成 5 分子 ATP;第三阶段,2 分子乙酰 CoA 进入三羧酸循环,彻底氧化可生成 20 分子 ATP。1 分子葡萄糖在体内经有氧氧化彻底分解为 H_2O 和 CO_2,可净生成 30 分子或 32 分子 ATP。

视频:

ATP 的生成

(3) 1 分子脂肪酸经过一次 β 氧化,可生成 1 分子 $NADH+H^+$、1 分子 $FADH_2$、1 分子乙酰 CoA 和 1 分子比原来少 2 个碳原子的脂酰 CoA。以软脂肪酸(16 碳)为例,经过 7

次 β 氧化，生成 7 分子 $NADH+H^+$、7 分子 $FADH_2$ 及 8 分子乙酰 CoA。每分子 $NADH+H^+$ 通过呼吸链产生 2.5 分子 ATP，每分子 $FADH_2$ 通过呼吸链产生 1.5 分子 ATP，每分子乙酰 CoA 进入三羧酸循环彻底氧化产生 10 分子 ATP。因此 1 分子软脂肪酸彻底氧化共生成 $(7 \times 1.5)+(7 \times 2.5)+(8 \times 10)=108$ 分子 ATP。减去脂肪酸活化时耗去的 2 分子 ATP，净生成 106 分子 ATP。

三、ATP 的转移和利用

生物体内能量的生成、转移、储存和利用都是以 ATP 为中心，通过 ATP 与 ADP 的相互转变来实现。ATP 的利用主要体现在两方面：一是为物质代谢提供能量，包括分解代谢和合成代谢，其中合成代谢所需能量约占机体总耗能的 10%；二是为生命活动提供能量，ATP 是机体一切生理活动所需能量的直接供给者，但有些代谢过程需要其他的核苷三磷酸供能。体内有些物质的合成代谢不需要直接用 ATP 供能，如糖原、磷脂、蛋白质合成时需要 UTP、CTP、GTP 等高能磷酸化合物供能，ATP 可以将其高能磷酸键转移给 UDP、CDP、GDP 生成 UTP、CTP、GTP。

视频：

能量的利用、转移、储存

在脑组织、心肌和骨骼肌中，当 ATP 充足时，ATP 可在肌酸激酶（CK）的催化下，将高能磷酸键（~P）转移给肌酸生成磷酸肌酸（C~P）而储存起来。当机体急需 ATP 时，磷酸肌酸又可以将 ~P 转移给 ADP 生成 ATP，供生命活动需要。磷酸肌酸是脑组织、心肌和骨骼肌中能量的主要储存形式，磷酸肌酸所含的高能键不能被机体直接利用（图 6-10）。

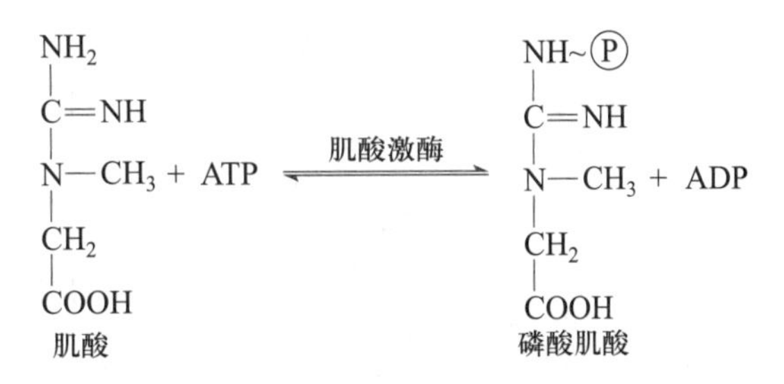

图 6-10　ATP 的储存

四、线粒体外 NADH 的氧化

呼吸链存在于线粒体内膜上，线粒体外生成的 NADH 必须经过穿梭作用才能从基质进入线粒体，再通过呼吸链进行氧化磷酸化生成 ATP。这种穿梭转运机制主要有苹果酸 - 天冬氨酸穿梭和 α- 磷酸甘油穿梭两种。

（一）苹果酸 - 天冬氨酸穿梭

这种穿梭机制主要存在于心肌、肝和肾。胞质中 NADH 在苹果酸脱氢酶催化下脱氢，使草酰乙酸还原为苹果酸。苹果酸进入线粒体后，在苹果酸脱氢酶（辅酶为 NAD^+）的催化下脱氢氧化生成草酰乙酸和 $NADH+H^+$。草酰乙酸在谷草转氨酶催化下生成天冬氨酸，转运出线粒体后转变成草酰乙酸继续参与穿梭。1 分子 $NADH+H^+$ 通过 NADH 氧化呼吸链产生 2.5 分子 ATP（图 6-11）。

（二）α- 磷酸甘油穿梭

这种穿梭机制主要存在于脑和骨骼肌中。胞液中的 NADH 在 α- 磷酸甘油脱氢酶的催化下脱氢，将磷酸二羟丙酮还原为 α- 磷酸甘油。α- 磷酸甘油进入线粒体后，在 α- 磷酸甘油脱氢酶（辅基为 FAD）的催化下脱氢，生成磷酸二羟丙酮和 $FADH_2$。磷酸二羟丙酮返回胞质继续参与穿梭，1 分子 $FADH_2$ 通过 $FADH_2$ 氧化呼吸链产生 1.5 分子 ATP（图 6-12）。

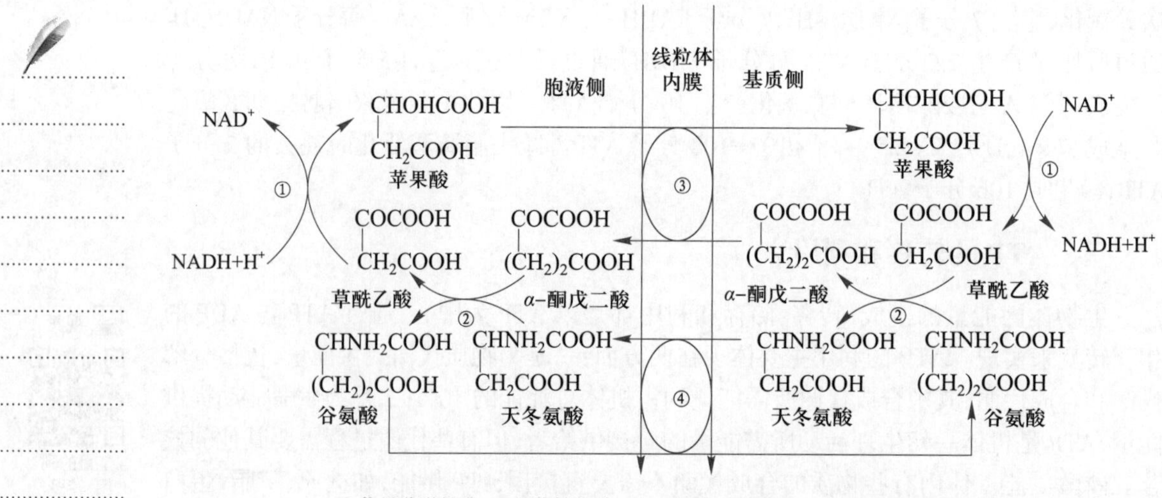

①苹果酸脱氢酶；②谷草转氨酶；③α-酮戊二酸载体；④酸性氨基酸载体。

图6-11　苹果酸-天冬氨酸穿梭

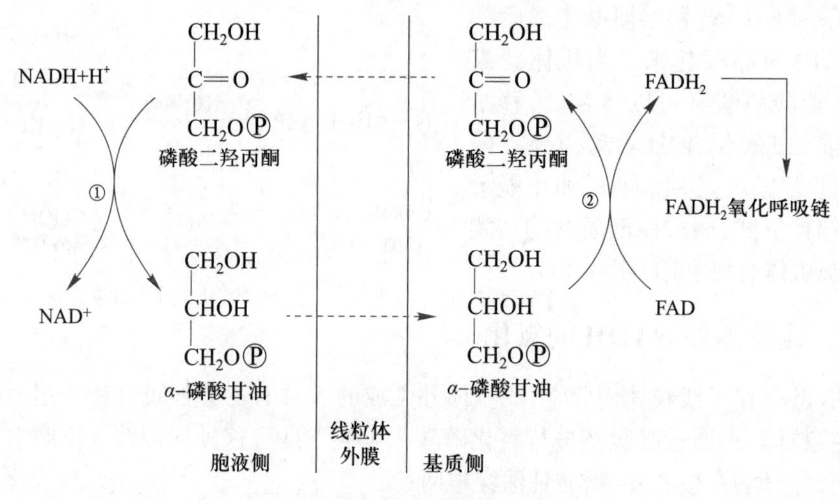

图6-12　α-磷酸甘油穿梭

第三节　其他的氧化体系

除了线粒体中进行的生物氧化过程，线粒体外还存在着其他类型的氧化体系，称为非线粒体氧化体系，其中以微粒体加氧酶系和抗氧化酶系最为重要。其特点是不生成ATP，主要与体内代谢物、药物和毒物生物转化有关。

一、微粒体加氧酶系

外源性药物、毒物和代谢产生的胆红素、氨等非营养物质水溶性差，在排出机体之前需要经过生物转化，增强其水溶性。生物转化的重要场所就是微粒体，微粒体加氧酶系主要为加单氧酶。这种酶可以催化氧分子中的一个氧原子加到底物分子上，使底物被羟化；另外一个氧原子被还原生成水，因此又称为羟化酶或混合功能酶。

$$RH + O_2 + NADPH + H^+ \xrightarrow{\text{加单氧酶}} ROH + NADP^+ + H_2O$$

加单氧酶催化的反应需要 NADPH 和细胞色素 P450（CytP450）参与，此酶主要存在于肝、肾、肠等组织中，以肝中作用最强，参与催化一些具有重要生理意义的反应，如将维生素 D_3 转化成活性形式；使脂溶性药物或毒物羟化等。

二、抗氧化酶系

体内代谢可生成 H_2O_2，具有强氧化性，过量会造成生物膜损伤，氧化生物膜中的不饱和脂肪酸；还会氧化含巯基的蛋白质或酶，使其丧失活性。因此机体需要及时清除多余的 H_2O_2，清除的主要场所是过氧化物酶体。过氧化物酶体中含有分解 H_2O_2 的过氧化氢酶和过氧化物酶。

1. 过氧化氢酶　也称触酶，是一种含有 4 个血红素辅基的结合酶，可催化 2 分子 H_2O_2 氧化还原生成 H_2O 和 O_2。

$$2H_2O_2 \xrightarrow{\text{过氧化氢酶}} 2H_2O + O_2$$

2. 过氧化物酶　也是一种含血红素辅基的结合酶，可催化 H_2O_2 直接氧化芳香族胺类和酚类等有毒代谢物，催化底物脱氢，脱下来的氢将 H_2O_2 还原为 H_2O。该反应既可消除体内的 H_2O_2，又使得有害酚类等有毒化合物易于排出体外。

$$R + H_2O_2 \xrightarrow{\text{过氧化物酶}} RO + H_2O \text{ 或 } RH_2 + H_2O_2 \xrightarrow{\text{过氧化物酶}} R + 2H_2O$$

电子经呼吸链传递最后交给 O_2 生成 H_2O，如果未能获得足够电子可产生超氧阴离子（O_2^-），可进一步生成 H_2O_2 和羟自由基（·OH），统称为活性氧族（ROS）。ROS 化学性质活泼，氧化性强，会损伤生物膜，破坏蛋白质、酶及核酸结构，导致组织老化、心血管疾病及肿瘤等疾病。

3. 超氧化物歧化酶（SOD）　SOD 是一种以 Cu^{2+}、Zn^{2+} 为辅基的金属酶，可以清除超氧阴离子，广泛存在于各组织细胞中。SOD 能催化超氧阴离子歧化生成 O_2 和 H_2O_2，H_2O_2 进一步被过氧化氢酶分解。

$$2O_2^- + 2H^+ \xrightarrow{\text{SOD}} H_2O_2 + O_2$$

4. 谷胱甘肽过氧化物酶　该酶含硒，具有保护生物膜及血红蛋白免遭损伤的作用。可催化还原型谷胱甘肽（GSH）与 H_2O_2 反应，生成氧化型谷胱甘肽（GSSG）和 H_2O，GSSG 进一步在谷胱甘肽还原酶催化下还原为 GSH。

$$2GSH + H_2O_2 \xrightarrow{\text{谷胱甘肽过氧化物酶}} GSSG + 2H_2O$$

思考题

在线测试

1. 与体外氧化相比，生物氧化的特点有哪些？
2. 简述煤气中毒的生化机制。
3. 简述线粒体内膜NADH氧化呼吸链和琥珀酸氧化呼吸链组成成分的排列顺序及其氧化磷酸化的偶联部位。
4. 简述甲状腺功能亢进患者怕热喜冷的生化机制。

本章小结

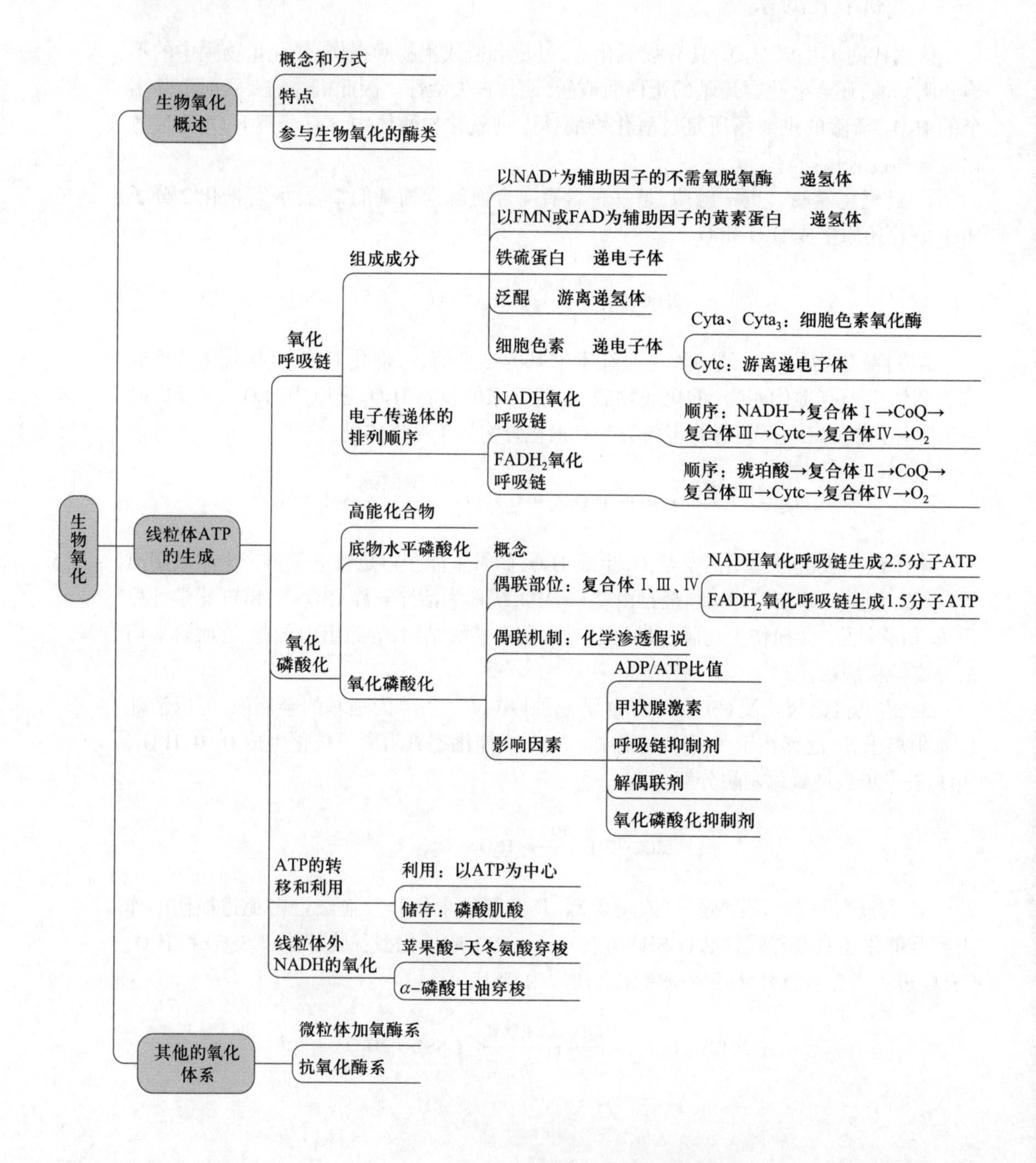

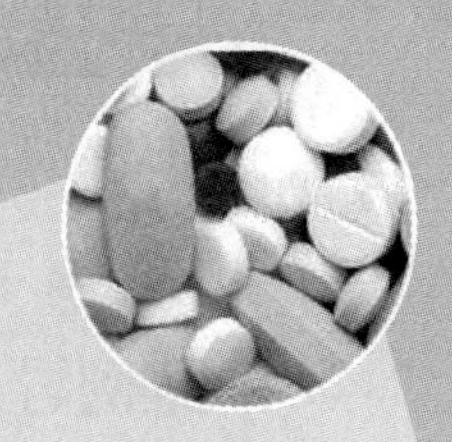

第七章
糖类代谢

学习目标

知识目标

1. 掌握：糖类代谢各种代谢途径的概念、过程、关键酶及生理意义，血糖的来源和去路。
2. 熟悉：糖类的生理功能，糖类代谢异常及常见降血糖药物。
3. 了解：糖类的概念、分类及消化吸收，血糖的调节，糖类药物。

技能目标

1. 学会计算糖类的无氧酵解和有氧分解过程中所产生的能量。
2. 认识糖类代谢在生命过程中的重要性及体内代谢的相互联系。
3. 能运用所学知识，联系临床实际，说明常见糖类代谢紊乱的原因、机制。

案例导入

［案例］ 患者，男，55岁，生活不规律，平时常饮酒、吸烟，喜欢食用肉、动物内脏等高热量饮食，体重一度增至100 kg。近3年来，患者感觉自己越来越不耐饥饿，常有乏力、疲惫感，体重下降明显，出现小便量及次数增加、口渴、多饮、多食等症状。经查空腹血糖浓度8.9 mmol/L，餐后2 h血糖浓度达到18 mmol/L。血胰岛素水平低于正常值下限。诊断为糖尿病。

［讨论］

1. 本病的诊断依据是什么？
2. 结合糖类代谢知识，阐述糖尿病出现高血糖的原因。
3. 为什么患者出现了多食症状，体重反而会下降？
4. 临床上可以用什么药物进行治疗？

第一节 糖类概述

糖类（carbohydrate）是自然界中存在数量最多、分布最广且具有重要生理功能的有机化合物，几乎存在于所有生物体内。其中，以植物体中含量最为丰富，占其干重的85%~90%，主要以淀粉和纤维素的形式存在。人和动物组织中的含糖量不超过组织干重的2%，主要以葡萄糖或糖原的形式存在。微生物体内含糖量占菌体干重的10%~30%，这些糖类主要与蛋白质或脂类结合以复合糖的形式存在。糖类在人体内的含量虽少，却是人体生命活动中不可或缺的能源物质和碳源。

一、糖类的概念和分类

糖类是指多羟基醛、多羟基酮及其衍生物或聚合物的统称，主要由碳、氢、氧3种元素组成，过去也称为碳水化合物。

知识链接

碳水化合物

糖类主要由碳、氢、氧3种元素组成，它的另一个名称是“碳水化合物”，是由于在一些糖类分子中氢原子和氧原子间的比例是2∶1，刚好与水分子中氢和氧的比例相同，它们的分子式可用$C_n(H_2O)_m$表示，故以为糖类是碳和水的化合物，称为碳水化合物。但是后来的发现证明了有些糖类并不符合上述分子式，如鼠李糖（$C_6H_{12}O_5$）、脱氧核糖（$C_5H_{10}O_4$）；而有些物质符合上述分子式但并非糖类，如甲醛（CH_2O）、乙酸［$(CH_2O)_2$］、乳酸［$(CH_2O)_3$］等。但是，现在人们有时还是习惯称糖类为碳水化合物。

根据糖类物质能否水解及水解以后产物的不同，可以将其分为以下几类。

(一) 单糖

单糖是指不能被水解成更小分子的糖类。单糖是糖类中最简单的一种,是组成糖类物质的基本结构单位。根据单糖所含碳原子数目的不同,可分为丙糖、丁糖、戊糖、己糖和庚糖。其中,丙糖是最简单的单糖,只有两种,即甘油醛和二羟丙酮,它们是糖类代谢的中间产物。戊糖中最重要的是核糖和脱氧核糖,它们分别是 RNA 和 DNA 的组成成分。己糖在自然界中分布最广,数量最多,与机体的营养代谢也最为密切,重要的己糖有葡萄糖、果糖和半乳糖。其中,葡萄糖是人体最重要的单糖,它是体内糖类主要的运输和利用形式。

(二) 寡糖

寡糖是由单糖缩合而成的短链结构的糖类(一般含 2~6 个单糖分子),根据其所含单糖数目可分为双糖、三糖、四糖等。自然界中存在最为广泛,也最为重要的寡糖是双糖,为两分子单糖以糖苷键连接而成。常见的双糖有蔗糖(含 1 分子葡萄糖和 1 分子果糖)、麦芽糖(含 2 分子葡萄糖)和乳糖(含 1 分子葡萄糖和 1 分子半乳糖),是人体食物中糖类的重要来源。

(三) 多糖

多糖是由许多单糖分子通过糖苷键缩合而成的高分子化合物。根据来源不同可分为动物多糖、植物多糖、微生物多糖、海洋生物多糖。多糖按其组成成分,则可以分为以下几类。

1. 同聚多糖　又称为均一多糖,是由同一种单糖缩合而成,如淀粉、糖原、纤维素、木糖胶、阿拉伯糖胶、几丁质等。

2. 杂聚多糖　又称为不均一多糖,是由不同类型的单糖缩合而成,如肝素、透明质酸,以及许多来源于植物中的多糖如波叶大黄多糖、当归多糖、茶叶多糖等。

3. 黏多糖　又称为糖胺聚糖,是一类含氮的不均一多糖,其化学组成通常为糖醛酸及氨基己糖或其衍生物,有的还含有硫酸,如透明质酸、肝素、硫酸软骨素、硫酸角质素等。

(四) 结合糖

结合糖又称为复合糖或糖复合物,是指糖类与蛋白质、脂类等非糖物质结合而成的复合分子,其中的糖链一般是杂聚寡糖或杂聚多糖。常见的结合糖有糖蛋白、蛋白聚糖、糖脂和脂多糖等。糖蛋白和蛋白聚糖均是由糖类与蛋白质结合形成的复合物,前者含糖量占 2%~10%,后者含糖量占 50% 以上。常见的糖蛋白包括人红细胞膜糖蛋白、血浆糖蛋白、黏液糖蛋白,以及一些酶、载体蛋白、凝血因子等;蛋白聚糖则是构成动物结缔组织、软骨、角膜等的主要成分之一。糖脂和脂多糖均是由糖类与脂类结合形成的复合物,前者以脂质为主,后者以糖类为主体成分。

二、糖类的生物学功能

1. 氧化供能　提供能量是糖类最主要的生理功能,糖类也是人和动物的主要能源物质。通常人体生命活动所需能量的 50%~70% 来自糖类的氧化分解。1 mol 葡萄糖在体内完全氧化可释放出 2 840 kJ 的能量,其中约 34% 转化为 ATP,用于机体各种生命活动所需能量,另外部分能量以热能形式散发用于维持体温。

2. 储能物质　糖原是糖类在体内的重要储存形式。在能量充足时,糖类以糖原的形式储存起来,需要能量时,糖原可以快速分解,释放出葡萄糖,有效地维持正常的血糖浓度，保证生命活动所需。

3. 参与构成组织细胞 糖类是构成人体组织细胞结构的重要成分。糖类可与蛋白质、脂质等结合，形成糖蛋白、蛋白聚糖、糖脂等分子，进一步参与构成某些组织细胞。如蛋白聚糖和糖蛋白是结缔组织、软骨和骨基质的构成成分；糖蛋白和糖脂均参与神经组织和生物膜的组成。

4. 提供碳源 糖类代谢过程产生的一些中间产物可为体内其他含碳化合物的合成提供原料，如糖类在体内可转变为脂肪酸和 α- 磷酸甘油，进而合成脂肪；可转变为某些非必需氨基酸，参与组织蛋白质合成。

5. 其他功能 糖类可以参与构成体内多种重要的生物活性物质，如 NAD^+、FAD、ATP 等是糖类的磷酸衍生物；核糖、脱氧核糖可分别参与 RNA 和 DNA 的组成；某些血浆蛋白、免疫球蛋白、酶、激素和多种凝血因子等分子中也含有糖类；可转变为葡萄糖醛酸参与机体的生物转化作用。此外，部分膜糖蛋白还与细胞间信息的传递、细胞的免疫、细胞的识别作用有关。

三、糖类的消化与吸收

糖类是人体能量的主要来源，每日摄入的糖类一般比脂肪和蛋白质多，通常占摄入量的一半以上。人类食物中的糖类主要有植物淀粉和动物糖原及麦芽糖、蔗糖、乳糖、葡萄糖等，食物中的糖类一般以淀粉为主。人体摄取的淀粉是大分子物质，不能直接通过消化道黏膜吸收，故需要经过消化水解成小分子糖类后方可吸收入血。

食物淀粉的消化始于口腔，完成于小肠。唾液中含有唾液淀粉酶（α- 淀粉酶），可催化水解淀粉分子内的 α-1,4- 糖苷键，该酶作用发挥的程度与食物在口腔中被咀嚼的程度和停留的时间有关。由于食物在口腔中停留时间较短，唾液淀粉酶仅对淀粉进行初步消化，而胃液 pH 较低，可使淀粉酶失活，故淀粉在胃内几乎不消化，因而小肠成为淀粉消化的主要部位。胰腺可分泌胰液进入小肠，内含大量的 α- 淀粉酶，可将淀粉水解成麦芽糖、麦芽三糖、异麦芽糖和 α- 糊精等，再经小肠黏膜细胞内的酶进一步水解生成葡萄糖、果糖等单糖。此外，肠黏膜细胞内还含有 β- 葡萄糖苷酶类（包括蔗糖酶和乳糖酶），可水解蔗糖和乳糖。

糖类消化水解后生成的小分子单糖主要是葡萄糖，这也是糖类吸收的主要形式。葡萄糖主要在小肠上段经肠黏膜细胞吸收入血，小肠黏膜细胞对葡萄糖的摄入是一个依赖于特定载体转运的、主动耗能的过程，在吸收过程中同时伴有 Na^+ 转运和 ATP 的消耗。这类葡萄糖转运体被称为 Na^+ 依赖型葡萄糖转运体（Na^+-dependent glucose transporter，SGLT），它们主要存在于小肠黏膜细胞和肾小管上皮细胞。此外，部分单糖可进行被动扩散入血。

知识链接

乳糖不耐受

乳糖不耐受，是指人体由于乳糖酶先天缺乏或分泌减少，不能完全分解母乳或牛乳中的乳糖导致乳糖消化不良或乳糖吸收不良而产生的疾病症状，又称为乳糖酶缺乏。

在乳糖酶缺乏或不足的情况下，人体摄入的乳糖不能被消化吸收进入血液，而是滞留在肠道。肠道细菌可将乳糖发酵分解变成乳酸，从而破坏肠道的碱性环境，使肠道分泌出大量的碱性消化液来中和乳酸，又因为肠道内部的渗透压升高，阻止水分吸收进入体内，所以容易导致腹泻。同时，在发酵过程中会产生大量气体，造成腹胀。乳糖不耐受的人不宜空腹饮乳类，且应选择低乳糖乳及乳制品，如酸奶、乳酪等。

四、糖类在体内的代谢概况

葡萄糖经小肠黏膜吸收入血后，经门静脉入肝，其中一部分转变为肝糖原储存，一部分经人体血液循环运输至全身各组织细胞加以利用。此外，还可转变成其他物质，如脂肪、某些氨基酸等。肝糖原又可分解为葡萄糖再进入血液，然后随血液运输到各组织氧化利用，或者在肌肉中生成肌糖原储存备用。体内有些非糖物质如乳酸、丙酮酸等可转变成葡萄糖或糖原。可见，葡萄糖是体内糖类的运输形式，糖原是体内糖类的储存形式。

糖类在体内的代谢概况

糖类代谢主要是指葡萄糖在体内的一系列复杂的化学反应，包括分解代谢和合成代谢。所有的代谢反应均在细胞内完成，因此，吸收入血液中的葡萄糖首先要进入细胞，这一过程是依赖于一类葡萄糖转运体（glucose transporter，GLUT）而实现的。葡萄糖在不同类型细胞中的代谢途径有所不同，其分解代谢方式还在很大程度上受到氧供应情况的影响。糖类的分解代谢途径主要包括糖类的无氧分解、有氧氧化和戊糖磷酸途径3条；糖类的合成代谢途径主要包括糖原合成和糖异生。

第二节　糖类的分解代谢

人体组织均能对糖类进行分解代谢，葡萄糖进入组织细胞后，根据机体生理需要在不同组织细胞内可进行不同形式的分解代谢，发挥不同的生理功能。根据反应条件和反应途径的不同，葡萄糖在体内的分解代谢可分为3种：糖类的无氧分解、糖类的有氧氧化和戊糖磷酸途径。

一、糖类的无氧分解

在缺氧条件下，葡萄糖生成乳酸（lactic acid）的过程称为糖酵解（glycolysis）。糖酵解是体内利用葡萄糖的主要代谢途径，可发生在所有细胞中，由于该过程与酵母菌代谢糖类生醇发酵的过程类似，故名糖酵解。糖酵解途径从葡萄糖开始到形成乳酸共包括11步反应，此途径的所有酶均分布在细胞质中，因此糖酵解的全部反应都是在细胞质中进行的。糖酵解整个反应过程可人为地分为两个阶段：第一阶段是葡萄糖分解为丙酮酸，第二阶段为丙酮酸还原生成乳酸。

糖类的无氧代谢

考点提示

糖酵解的反应过程、能量生成。

（一）糖酵解途径

1. 葡萄糖磷酸化生成葡糖-6-磷酸　葡萄糖在细胞内发生酵解作用的第一步是葡萄糖分子在第6位的磷酸化，生成葡糖-6-磷酸（glucose-6-phosphate，G-6-P）。催化此步反应的酶是己糖激酶（hexokinase，HK），这个反应必须有 Mg^{2+} 的参与，在己糖激酶的作用下，ATP 分子中的 γ- 磷酸基团转移到葡萄糖分子上，因此消耗了 1 分子 ATP。激酶（kinase）是一种催化磷酸基团从高能磷酸盐供体分子（通常是 ATP）转移到特定底物分子的酶，激酶催化的这个过程称为磷酸化，其目的是“激活”或“能化”底物分子。

这一步反应基本上是不可逆的，这是糖酵解过程中的第一个限速步骤。该反应的意义在于：葡萄糖磷酸化后形成相对较活泼的产物，容易参与后续的代谢反应；且生成的葡糖 -6- 磷酸因带有负电荷的磷酸基团而不能自由通过细胞膜而逸出细胞，是细胞的一种保糖机制。

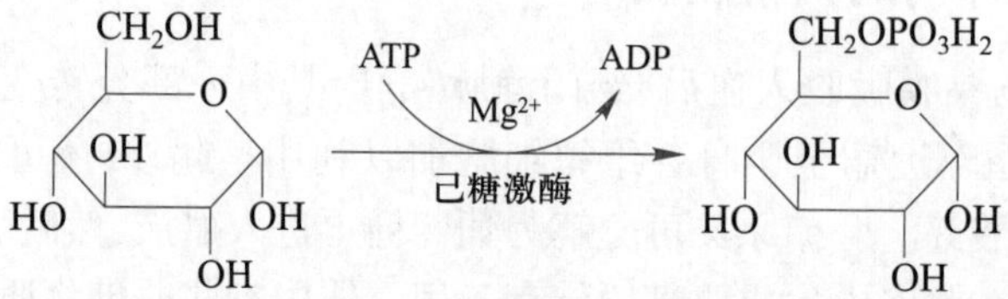

2. 葡糖 -6- 磷酸异构化变为果糖 -6- 磷酸　这是由磷酸己糖异构酶（phosphohexose isomerase）催化的己醛糖和己酮糖之间的异构反应，使葡糖 -6- 磷酸转变为果糖 -6- 磷酸（fructose-6-phosphate，F-6-P），是需要 Mg^{2+} 参与的可逆反应。

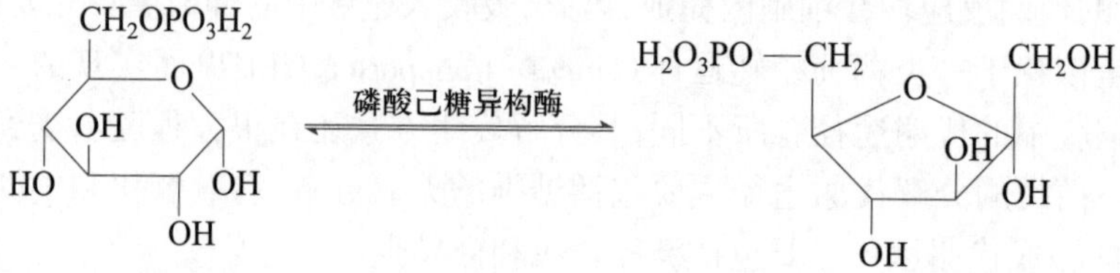

3. 果糖 -6- 磷酸再磷酸化生成果糖 -1，6- 二磷酸　这是第二次磷酸化反应，在果糖 -6- 磷酸的第 1 位再次磷酸化，生成果糖 -1，6- 二磷酸（fructose-1，6-biphosphate，F-1，6-BP 或 FBP），是由磷酸果糖激酶 -1（phosphofructokinase，PFK1）催化的，需要 Mg^{2+} 参与和 ATP 提供磷酸基团，消耗 1 分子 ATP。该反应不可逆，是糖酵解的第二个限速步骤。

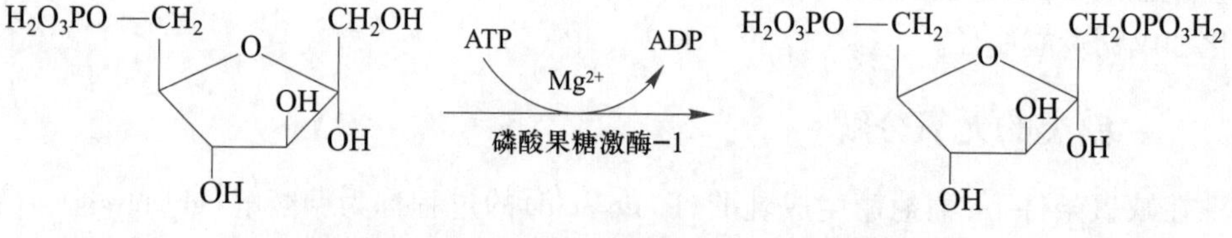

4. 果糖 -1，6- 二磷酸裂解为两分子磷酸丙糖　在醛缩酶（aldolase）的作用下，果糖 -1，6- 二磷酸裂解为两个磷酸丙糖分子：磷酸二羟丙酮（dihydroxyacetone phosphate）和甘油醛 -3- 磷酸（glyceraldehyde-3-phosphate）。该反应是可逆的，其逆反应是一个醛缩反应。

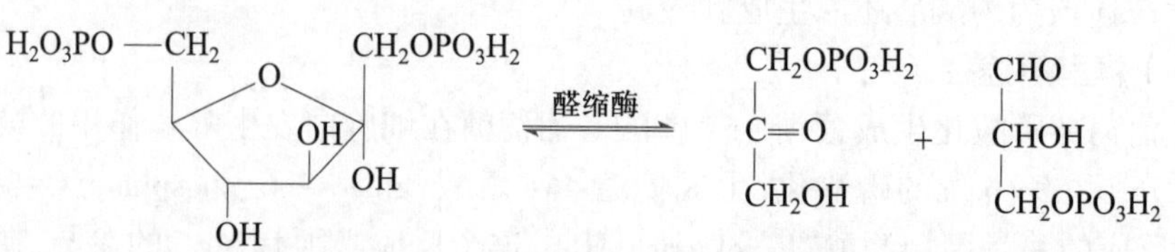

5. 磷酸二羟丙酮转变为甘油醛 -3- 磷酸　磷酸二羟丙酮和甘油醛 -3- 磷酸是同分异构体，在磷酸丙糖异构酶（triose phosphate isomerase）的催化下可以相互转变。当甘油醛 -3- 磷酸在下一步反应中消耗后，磷酸二羟丙酮迅速转变为甘油醛 -3- 磷酸，因此反应向右进行，其结果相当于 1 分子果糖 -1，6- 二磷酸转变为 2 分子甘油醛 -3- 磷酸。

$$\begin{array}{l}CH_2OPO_3H_2\\ |\\ C{=}O\\ |\\ CH_2OH\end{array} \xrightleftharpoons{\text{磷酸丙糖异构酶}} \begin{array}{l}CHO\\ |\\ CHOH\\ |\\ CH_2OPO_3H_2\end{array}$$

前 5 步反应为糖酵解的耗能阶段，1 分子葡萄糖经过两次磷酸化反应消耗了 2 分子 ATP，并进一步裂解和异构化生成了 2 分子甘油醛 -3- 磷酸。之后的 5 步反应是产生 ATP 的过程，为产能阶段。

6. 甘油醛 -3- 磷酸氧化成 1，3 - 二磷酸甘油酸　该反应中甘油醛 -3- 磷酸的醛基氧化为羧基以及羧基的磷酸化均由甘油醛 -3- 磷酸脱氢酶（glyceraldehyde-3-phosphate dehydrogenase，GAPDH）催化，生成含有 1 个高能磷酸键的 1，3- 二磷酸甘油酸，反应需要 NAD^+ 和 Pi 参与。甘油醛 -3- 磷酸脱氢酶是一种巯基酶，烷化剂如碘乙酸能强烈抑制该酶活性，造成甘油醛 -3- 磷酸的累积，阻断糖酵解过程。

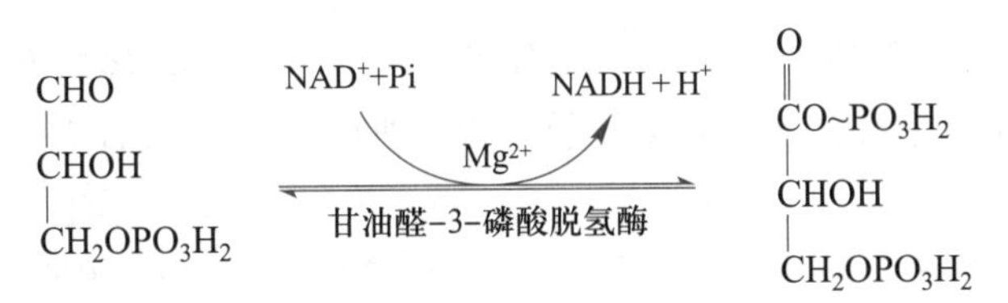

7. 1，3- 二磷酸甘油酸转变成甘油酸 -3- 磷酸　1，3- 二磷酸甘油酸含有酰基磷酸，是具有高能磷酸基团转移势能的化合物。在 Mg^{2+} 存在下，磷酸甘油酸激酶（phosphoglycerate kinase，PGK）催化 1，3- 二磷酸甘油酸将其分子内的高能磷酸基团转移到 ADP，生成甘油酸 -3- 磷酸和 ATP。该反应是糖酵解途径中第一次生成 ATP 的反应，这种由高能磷酸化合物水解其磷酸基团并转移至 ADP 生成 ATP 的作用，称为底物水平磷酸化（substrate level phosphorylation）。

$$\begin{array}{l}O\\ \|\\ CO\sim PO_3H_2\\ |\\ CHOH\\ |\\ CH_2OPO_3H_2\end{array} \xrightleftharpoons[\text{磷酸甘油酸激酶}]{ADP \quad Mg^{2+} \quad ATP} \begin{array}{l}COOH\\ |\\ CHOH\\ |\\ CH_2OPO_3H_2\end{array}$$

8. 甘油酸 -3- 磷酸转变为甘油酸 -2- 磷酸　由磷酸甘油酸变位酶（phosphoglyceromutase）催化磷酸基团从甘油酸 -3- 磷酸的 C-3 位上转移到 C-2 位上生成甘油酸 -2- 磷酸，也是需要 Mg^{2+} 参与的可逆反应。

$$\begin{array}{l}COOH\\ |\\ CHOH\\ |\\ CH_2OPO_3H_2\end{array} \xrightleftharpoons{\text{磷酸甘油酸变位酶}} \begin{array}{l}COOH\\ |\\ CHOPO_3H_2\\ |\\ CH_2OH\end{array}$$

9. 甘油酸 -2- 磷酸脱水生成磷酸烯醇式丙酮酸　此反应由烯醇化酶（enolase）催化，甘油酸 -2- 磷酸在脱水的同时，分子内部能量重新分布并集中于 C-2 位上的磷酸酯键上，生成具有高能磷酸键的磷酸烯醇式丙酮酸（phosphoenolpyruvate，PEP）。氟化物能强烈抑制烯醇化酶的活性而抑制糖酵解。

$$\begin{array}{l} COOH \\ | \\ CHOPO_3H_2 \\ | \\ CH_2OH \end{array} \underset{Mg^{2+}}{\overset{\text{烯醇化酶}}{\rightleftharpoons}} \begin{array}{l} COOH \\ | \\ CO\sim PO_3H_2 + H_2O \\ \| \\ CH_2 \end{array}$$

10. 磷酸烯醇式丙酮酸转变为丙酮酸　这是糖酵解途径中第二次底物水平磷酸化生成 ATP 的反应，由丙酮酸激酶（pyruvate kinase，PK）催化，需要 Mg^{2+} 及 K^+ 激活。磷酸基团由磷酸烯醇式丙酮酸转移到 ADP 上生成 ATP 和烯醇式丙酮酸，后者经分子重排迅速转变为丙酮酸。此反应不可逆，是糖酵解途径中的第三个限速步骤。

$$\begin{array}{l} COOH \\ | \\ CO\sim PO_3H_2 \\ \| \\ CH_2 \end{array} \xrightarrow[\text{丙酮酸激酶}]{ADP \quad Mg^{2+} \quad ATP} \begin{array}{l} COOH \\ | \\ C{=}O \\ | \\ CH_3 \end{array}$$

在糖酵解产能阶段的 5 步反应中，2 分子甘油醛 -3- 磷酸经历两次底物水平磷酸化转变为 2 分子丙酮酸，总共生成 4 分子 ATP。所以，1 分子葡萄糖分解为 2 分子丙酮酸的总反应式如下：

$$\text{葡萄糖} + 2\,Pi + 2\,ADP + 2\,NAD^+ \rightarrow 2\times\ \text{丙酮酸} + 2\,ATP + 2\,(NADH + H^+)$$

11. 丙酮酸还原为乳酸　由乳酸脱氢酶催化，丙酮酸加氢还原成乳酸所需要的氢原子由 $NADH+H^+$ 提供，后者来自上述第 6 步反应中的甘油醛 -3- 磷酸的脱氢反应。该反应是可逆的，在缺氧的情况下，这对氢用于还原丙酮酸生成乳酸，使 $NADH+H^+$ 重新转变为 NAD^+，后者可继续接受甘油醛 -3- 磷酸脱下的氢，从而使糖酵解能持续进行。

$$\begin{array}{l} COOH \\ | \\ C{=}O \\ | \\ CH_3 \end{array} \underset{\text{乳酸脱氢酶}}{\overset{NADH+H^+ \quad NAD^+}{\rightleftharpoons}} \begin{array}{l} COOH \\ | \\ CHOH \\ | \\ CH_3 \end{array}$$

糖酵解的最终产物是乳酸和少量能量，此过程的全部反应归纳如图 7-1 所示。1 分子葡萄糖通过糖酵解生成 2 分子乳酸，同时净产生 2 分子 ATP，其总反应式如下：

$$\text{葡萄糖} + 2\,Pi + 2\,ADP \rightarrow 2\times\ \text{乳酸} + 2\,ATP$$

（二）糖酵解作用的调节

糖酵解中的大多数反应是可逆的，这些可逆反应的方向和速率由产物和底物的浓度决定，催化这些反应的酶的活性变化并不能决定反应的方向。但是在糖酵解途径中有 3 个反应是不可逆的，分别由己糖激酶、磷酸果糖激酶 -1 和丙酮酸激酶催化，是控制糖酵解流量的 3 个关键酶，因此都具有调节糖酵解途径的作用，其活性受到变构效应和激素的调节。

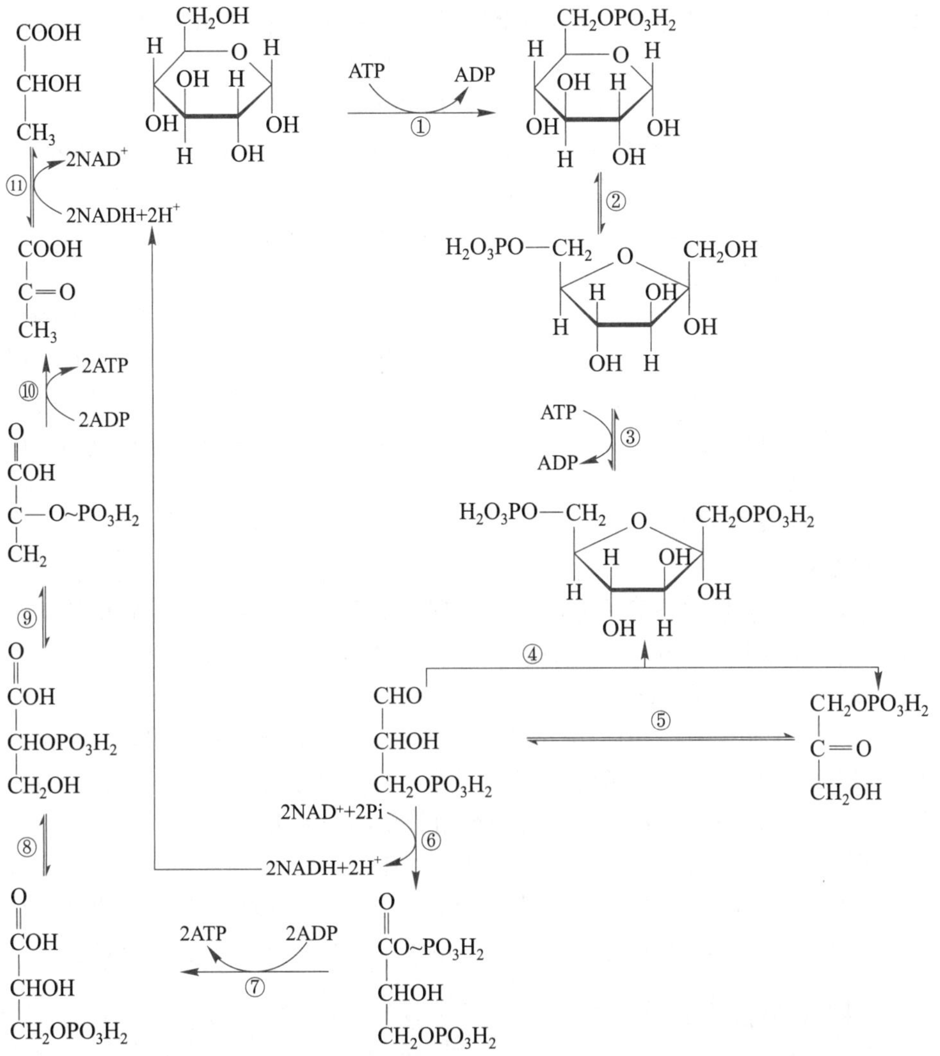

①己糖激酶；②磷酸己糖异构酶；③磷酸果糖激酶 -1；④醛缩酶；⑤磷酸丙糖异构酶；⑥甘油醛 -3- 磷酸脱氢酶；⑦磷酸甘油酸激酶；⑧磷酸甘油酸变位酶；⑨烯醇化酶；⑩丙酮酸激酶；⑪乳酸脱氢酶。

图 7-1　糖酵解过程示意图

1. 磷酸果糖激酶 -1 的调节　磷酸果糖激酶 -1 是一种变构酶（allosteric enzyme），它的催化效率很低，糖酵解的速率严格地依赖该酶的活力水平，因此该酶被认为是糖酵解途径中最重要的调节点。磷酸果糖激酶 -1 是四聚体，受多种变构效应剂的影响。ATP 是该酶的底物，因此需要一定的能量才能使糖酵解进行，但 ATP 又是该酶的变构抑制剂，较高浓度的 ATP 可结合到该酶的变构结合部位上，从而使酶丧失活性，可见当细胞内 ATP 含量丰富和能量足够时可使糖酵解减弱。柠檬酸是该酶的另一种变构抑制剂，是通过加强 ATP 的抑制效应来抑制磷酸果糖激酶 -1 的活性。而 AMP、ADP、果糖 -1,6- 二磷酸和果糖 -2,6- 二磷酸是磷酸果糖激酶 -1 的变构激活剂。AMP 可与 ATP 竞争结合酶的变构结合部位，抵消 ATP 的抑制作用。果糖 -2,6- 二磷酸是磷酸果糖激酶 -1 最强的变构激活剂，其作用是与 AMP 一起抵消 ATP、柠檬酸对磷酸果糖激酶-1的变构抑制作用。果糖-2,6-二磷酸是由磷酸果糖激酶-2(phosphofructokinase 2, PFK2)催化果糖-6-磷酸,使其在C-2位磷酸化而生成的。

2. 丙酮酸激酶的调节 丙酮酸激酶是糖酵解途径中第二个重要的调节点。果糖-1,6-二磷酸是丙酮酸激酶的变构激活剂,而ATP对其有抑制作用而使糖酵解过程减慢。此外,肝内丙氨酸对该酶也有变构抑制作用。丙酮酸激酶还受共价修饰方式调节。蛋白激酶A和依赖Ca^{2+}、钙调蛋白的蛋白激酶均可使丙酮酸激酶磷酸化而导致其失活,胰高血糖素可通过激活蛋白激酶A而抑制该酶活性。

3. 己糖激酶的调节 该调节点不及前两者重要。己糖激酶受其反应产物葡糖-6-磷酸的反馈抑制,受ADP的变构抑制。葡糖激酶由于其分子内不存在葡糖-6-磷酸的变构部位,因此不受葡糖-6-磷酸的影响。长链脂酰CoA对其有变构抑制作用,这对饥饿时减少肝和其他组织分解葡萄糖有一定意义。胰岛素可诱导葡糖激酶基因的转录,促进该酶的合成。

(三) 糖酵解的生理意义

考点提示

糖酵解的生理意义。

(1) 糖酵解最主要的生理功能在于为机体迅速提供能量,这对肌收缩更为重要。肌内ATP含量甚微,静息状态下约为4 mmol/L,肌收缩几秒即可耗尽。此时,即使不缺氧,葡萄糖通过有氧氧化供能的反应过程和所需时间相对较长,不能及时满足生理需求,而通过糖酵解则可迅速获得ATP。

(2) 成熟红细胞没有线粒体,完全依赖糖酵解提供能量。少数组织如视网膜、肾髓质、皮肤、睾丸等,即使在有氧条件下,也主要依靠糖酵解供能。此外,神经、白细胞、骨髓等代谢极为活跃,即使不缺氧,也常由糖酵解提供部分能量。

(3) 糖酵解是在特殊情况下机体应激供能的有效方式。当机体缺氧或剧烈运动造成肌肉局部血流不足时,能量主要通过糖酵解获得。某些病理情况下,如严重贫血、失血、休克、呼吸障碍、心功能不全等,因供氧不足而使糖酵解加强,以获取能量。

二、糖类的有氧氧化

视频:

糖类的有氧氧化

葡萄糖在有氧条件下彻底氧化分解生成CO_2和H_2O的过程称为糖类的有氧氧化(aerobic oxidation)。有氧氧化是体内糖类分解供能的主要方式,绝大多数细胞都通过这条途径来获取能量。肌肉组织中通过糖酵解生成的乳酸,也需要在有氧的条件下彻底氧化成CO_2和H_2O才能获得更多能量。

葡萄糖的有氧氧化分3个阶段进行(图7-2):第一阶段,葡萄糖经酵解途径分解为丙酮酸,在细胞质中进行;第二阶段,丙酮酸进入线粒体,并氧化脱羧生成乙酰CoA;第三阶段,乙酰CoA彻底氧化生成CO_2和H_2O,包括三羧酸循环及氧化磷酸化。

细胞质 | 线粒体

G —第一阶段(同酵解)→ 丙酮酸 → 丙酮酸 —第二阶段→ 乙酰CoA

乙酰CoA —三羧酸循环、氧化磷酸化(第三阶段)→ CO_2+H_2O+ATP

图7-2 葡萄糖有氧氧化概况

(一) 丙酮酸的生成

此阶段由葡萄糖生成丙酮酸,反应过程与糖酵解的第一阶段相同。不同之处在于,在有氧条件下,糖酵解第6个反应中由甘油醛-3-磷酸脱下的氢($NADH+H^+$)并非用于还原丙酮酸,而是穿梭进入线粒体内相应的呼吸链中(穿梭方式详见第六章),并获得ATP。

(二) 丙酮酸的氧化脱羧

胞质中生成的丙酮酸,经线粒体内膜上的丙酮酸载体转运到线粒体内,在丙酮酸脱氢酶复合体(pyruvate dehydrogenase complex)的催化下,氧化脱羧生成乙酰 CoA,该反应总体是不可逆的,其总反应如下:

$$\begin{matrix} COOH \\ | \\ C{=}O \\ | \\ CH_3 \end{matrix} + HSCoA \xrightarrow[\text{丙酮酸脱氢酶复合体}]{NAD^+ \quad NADH+H^+} \begin{matrix} CH_3 \\ | \\ C{\sim}SCoA \\ \| \\ O \end{matrix} + CO_2$$

丙酮酸脱氢酶复合体存在于细胞的线粒体内,由 3 种酶和 6 种辅助因子组成:丙酮酸脱氢酶[辅酶为焦磷酸硫胺素(TPP),需 Mg^{2+} 参与反应]、二氢硫辛酰胺转乙酰酶(辅酶为硫辛酸和 HSCoA)和二氢硫辛酰胺脱氢酶(辅基为 FAD,需线粒体基质中的 NAD^+ 参与反应)。3 种酶按一定比例组合成多酶复合体,形成一个有序的整体。在哺乳动物细胞中,该酶复合体由 60 分子二氢硫辛酰胺转乙酰酶组成核心,周围排列着 12 分子丙酮酸脱氢酶和 6 分子二氢硫辛酰胺脱氢酶,形成一个紧密的连锁反应体系,具有极高的催化效率。

(三) 三羧酸循环

三羧酸循环(tricarboxylic acid cycle,TAC)是指从乙酰 CoA 和草酰乙酸缩合成含有 3 个羧基的柠檬酸开始,经过 4 次脱氢和 2 次脱羧反应后,又重新生成草酰乙酸,由此形成的循环过程,又称为柠檬酸循环。该反应过程是由德国科学家 Hans Krebs 最早提出的,故又称为 Krebs 循环。

知识拓展

柠檬酸循环的发现

1937 年 Hans Krebs 提出柠檬酸循环的反应机制,其主要的依据有:Krebs 于 1932 年发现乙酸、琥珀酸、延胡索酸、苹果酸、柠檬酸、草酰乙酸可以促进组织匀浆或切片的氧化作用;Albert Szent-Gyoryi 发现少量的四碳二羧酸可以加快糖类氧化反应的速率,提出可能存在一个酶促的系列反应,他还发现了丙二酸对琥珀酸脱氢酶的抑制作用;Carl Martius 和 Franz Knoop 发现柠檬酸可以转化为其他有机酸;Krebs 发现草酰乙酸可以和活性乙酸反应生成柠檬酸,在反应体系中过量加入其中的任意一种有机酸可以很快转化为其他的有机酸,因而提出反应体系构成一个循环并最终发现了柠檬酸循环。Hans Krebs 的伟大不仅仅是发现了几个化学物质的变化,而且在于将每一个活的变化整理出来,找出了可以解释动态生命现象的结构,由此获得了 1953 年诺贝尔生理学或医学奖。

三羧酸循环包括了 8 个反应步骤。

1. 乙酰 CoA 与草酰乙酸缩合成柠檬酸　在柠檬酸合酶(citrate synthase)催化下,乙酰 CoA 分子内的硫酯键,具有足够能量使 2 碳化合物顺利地加合到草酰乙酸的羰基上,生成柠檬酰 CoA 中间体,然后高能硫酯键水解放出游离的柠檬酸,推动反应不可逆地向右进行,这是三羧酸循环的第一个限速步骤。乙酰 CoA 失去乙酰基变为 HSCoA 后,

考点提示

三羧酸循环的反应过程。

又可以参与丙酮酸的氧化脱羧反应。

$$\begin{array}{l}CH_3\\ |\\ C{\sim}SCoA\\ \|\\ O\end{array} + \begin{array}{l}COOH\\ |\\ C{=}O\\ |\\ CH_2COOH\end{array} + H_2O \xrightarrow{\text{柠檬酸合酶}} \begin{array}{l}\quad\ \ CH_2-COOH\\ \qquad |\\ HO-C-COOH\\ \qquad |\\ \quad\ \ CH_2-COOH\end{array} + HSCoA$$

2. 柠檬酸异构化生成异柠檬酸　在顺乌头酸酶(aconitase)催化下，柠檬酸先脱水生成顺乌头酸，再加水变为异柠檬酸，反应中产生的中间产物顺乌头酸与酶结合在一起，以复合物的形式存在。

$$\begin{array}{l}\quad\ \ CH_2-COOH\\ \qquad |\\ HO-C-COOH\\ \qquad |\\ \quad\ \ CH_2-COOH\end{array} \underset{}{\overset{\text{顺乌头酸酶}}{\underset{-H_2O}{\rightleftharpoons}}} \begin{array}{l}CH_2-COOH\\ |\\ C-COOH\\ \|\\ CH-COOH\end{array} \overset{\text{顺乌头酸酶}}{\underset{+H_2O}{\rightleftharpoons}} \begin{array}{l}\qquad\ CH_2COOH\\ \qquad |\\ \quad\ HC-COOH\\ \qquad |\\ HO-CH-COOH\end{array}$$

3. 异柠檬酸氧化脱羧生成 α- 酮戊二酸　在异柠檬酸脱氢酶(isocitrate dehydrogenase)催化下，异柠檬酸氧化脱羧生成 α- 酮戊二酸和 CO_2，脱下的氢由 NAD^+ 接受，生成 $NADH+H^+$。这是三羧酸循环中的第一次氧化脱羧反应，此反应是不可逆的，是三羧酸循环的第二个限速步骤。

$$\begin{array}{l}\qquad\ CH_2-COOH\\ \qquad |\\ \quad\ HC-COOH\\ \qquad |\\ HO-CH-COOH\end{array} \xrightarrow[\text{异柠檬酸脱氢酶}]{NAD^+ \ \ NADH+H^+ \ \ CO_2} \begin{array}{l}CH_2-COOH\\ |\\ CH_2\\ |\\ C{=}O\\ |\\ COOH\end{array}$$

4. α- 酮戊二酸氧化脱羧生成琥珀酰 CoA　在 α- 酮戊二酸脱氢酶复合体作用下，α- 酮戊二酸再次氧化脱羧生成琥珀酰 CoA 和 CO_2，脱下的氢由 NAD^+ 接受，生成 $NADH+H^+$。α- 酮戊二酸脱氢酶复合体与丙酮酸脱氢酶复合体的组成与作用机制相似，也是由 3 种酶(α- 酮戊二酸脱氢酶、二氢硫辛酸琥珀酰转移酶和二氢硫辛酸脱氢酶)和 6 种辅酶因子(TPP、硫辛酸、HSCoA、NAD^+、FAD 及 Mg^{2+})组成。此反应不可逆，是三羧酸循环中的第二次氧化脱羧反应和第三个限速步骤。

$$\begin{array}{l}CH_2-COOH\\ |\\ CH_2\\ |\\ C{=}O\\ |\\ COOH\end{array} + HSCoA \xrightarrow[\alpha\text{-酮戊二酸脱氢酶复合体}]{NAD^+ \ \ NADH+H^+ \ \ CO_2} \begin{array}{l}CH_2-COOH\\ |\\ CH_2\\ |\\ CO{\sim}SCoA\end{array}$$

5. 底物水平磷酸化生成琥珀酸　琥珀酰 CoA 分子中含有高能硫酯键，在 GDP、Pi 和 Mg^{2+} 参与下，由琥珀酰 CoA 合成酶(succinyl-CoA synthetase)催化其高能硫酯键水解并释放能量，驱动 GDP 磷酸化生成 GTP。这是三羧酸循环中唯一的一次底物水平磷酸化反应，生成的 GTP 可在核苷二磷酸激酶催化下，将磷酸基团转移给 ADP 而生成 ATP。

$$\begin{array}{l}CH_2-COOH\\ |\\ CH_2\\ |\\ CO{\sim}SCoA\end{array} \overset{GDP+Pi \qquad GTP}{\underset{\text{琥珀酰CoA合成酶}}{\rightleftharpoons}} \begin{array}{l}COOH\\ |\\ CH_2\\ |\\ CH_2\\ |\\ COOH\end{array} + HSCoA$$

6. 琥珀酸脱氢生成延胡索酸　琥珀酸脱氢酶(succinate dehydrogenase)催化琥珀酸脱氢氧化为延胡索酸,该酶结合在线粒体内膜上,是三羧酸循环中唯一存在于线粒体内膜上的酶,其他酶则都存在于线粒体基质中。反应脱下的氢转移给 FAD,使之还原为 $FADH_2$,然后经琥珀酸氧化呼吸链氧化生成 H_2O。丙二酸是琥珀酸的类似物,是琥珀酸脱氢酶强有力的竞争性抑制物,故可阻断三羧酸循环。

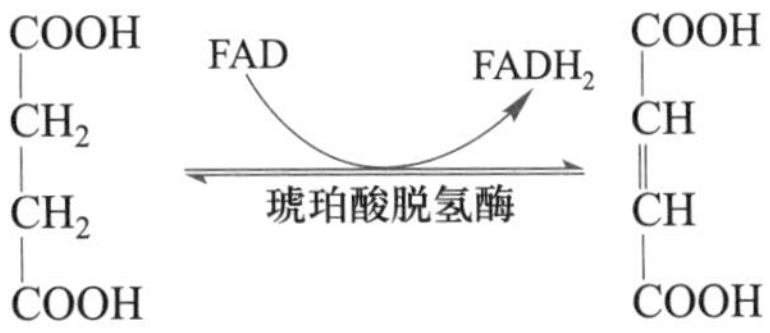

COOH
|
CH_2
|
CH_2
|
COOH

FAD → $FADH_2$
琥珀酸脱氢酶 (⇌)

COOH
|
CH
‖
CH
|
COOH

7. 延胡索酸水化生成苹果酸　该反应由延胡索酸酶(fumarase)催化生成苹果酸。该酶具有高度的立体异构专一性,仅对延胡索酸(反丁烯二酸)起作用,而对马来酸(顺丁烯二酸)无催化作用,且生成的产物只能是 L- 苹果酸。

COOH
|
CH
‖
CH
|
COOH

\+ H_2O ⇌ 延胡索酸酶

COOH
|
HO—C—H
|
CH_2
|
COOH

8. 苹果酸脱氢再生成草酰乙酸　三羧酸循环的最后一个反应是 L- 苹果酸脱氢酶(malate dehydrogenase)催化苹果酸脱氢生成草酰乙酸,脱下的氢由 NAD^+ 接受,生成 $NADH + H^+$。在细胞内,草酰乙酸不断地被用于柠檬酸的合成,因此有利于该可逆反应向生成草酰乙酸的方向进行。

COOH
|
HO—C—H
|
CH_2
|
COOH

L-苹果酸脱氢酶 (⇌)

COOH
|
C═O
|
CH_2COOH

三羧酸循环的上述 8 步反应可归纳总结如图 7-3 所示。其主要特点是:①三羧酸循环从 2 个碳原子的乙酰 CoA 与 4 个碳原子的草酰乙酸缩合成 6 个碳原子的柠檬酸开始反复地脱氢氧化。脱氢反应共有 4 次,其中 3 次由 NAD^+ 接受生成 3 分子 $NADH+H^+$,1 次由 FAD 接受生成 1 分子 $FADH_2$。脱下的氢经相应的呼吸链将电子传递给氧并偶联生成 ATP。②1 分子乙酰 CoA 进入三羧酸循环后通过两次脱羧方式共生成 2 分子 CO_2,这是体内 CO_2 的主要来源。③三羧酸循环每进行一轮,底物水平磷酸化只发生 1 次,生成 1 分子 ATP,故不是线粒体内生成 ATP 的主要方式。三羧酸循环的总反应为:

$$\text{乙酰 CoA} + 3\,NAD^+ + FAD + GDP + Pi + H_2O \rightarrow 2\,CO_2 + 3(NADH + H^+) + FADH_2 + CoA\text{-}SH + GTP$$

考点提示

三羧酸循环的生理意义。

(四) 三羧酸循环的生理意义

1. 三羧酸循环是三大营养物质氧化分解的共同途径　三大营养物质(糖类、脂肪

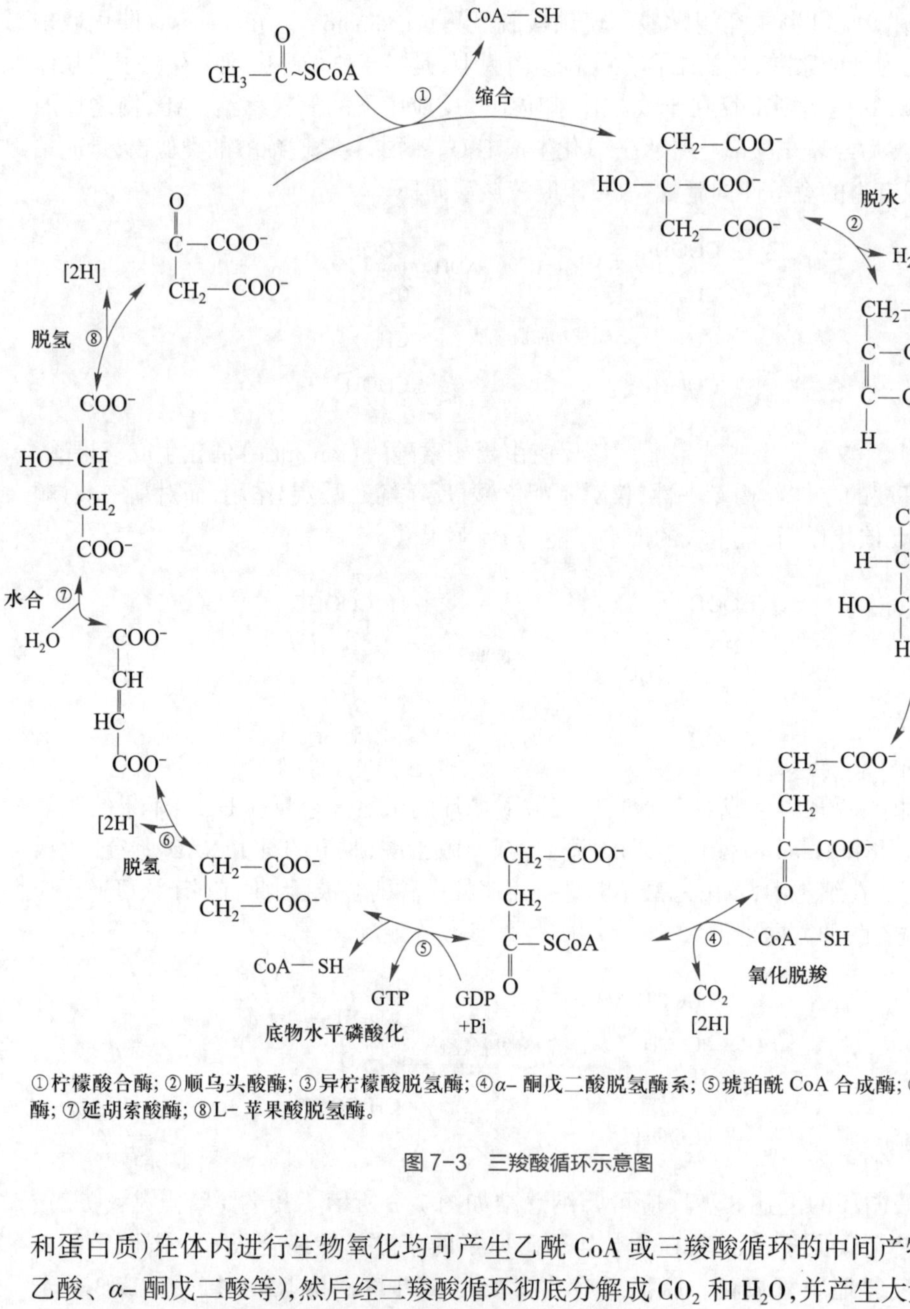

①柠檬酸合酶；②顺乌头酸酶；③异柠檬酸脱氢酶；④α- 酮戊二酸脱氢酶系；⑤琥珀酰 CoA 合成酶；⑥琥珀酸脱氢酶；⑦延胡索酸酶；⑧L- 苹果酸脱氢酶。

图 7-3　三羧酸循环示意图

和蛋白质）在体内进行生物氧化均可产生乙酰 CoA 或三羧酸循环的中间产物（如草酰乙酸、α- 酮戊二酸等），然后经三羧酸循环彻底分解成 CO_2 和 H_2O，并产生大量 ATP，故三羧酸循环是这些营养物质的共同代谢通路。

2. 三羧酸循环是糖类、脂肪和氨基酸代谢联系的枢纽　糖类、脂肪和氨基酸均可生成三羧酸循环的中间产物，可通过三羧酸循环相互转变、相互联系。例如，糖类和甘油可以通过代谢生成草酰乙酸等三羧酸循环的中间产物，可以合成非必需氨基酸；许多氨基酸的碳骨架是三羧酸循环的中间产物，通过草酰乙酸等可转变为葡萄糖。

3. 三羧酸循环提供生物合成的前体　三羧酸循环的中间产物琥珀酰 CoA 可与甘氨酸合成血红素；草酰乙酸、α- 酮戊二酸可分别用于合成天冬氨酸、谷氨酸；乙酰 CoA 又是合成脂肪的原料。因此，三羧酸循环在提供生物合成的前体中起着重要作用。

(五) 糖类有氧氧化的能量计算

考点提示

糖类有氧氧化的能量计算。

糖类有氧氧化是机体获取能量的主要途径。在第三阶段的三羧酸循环中有 4 次脱氢反应共产生 3 分子 NADH 和 1 分子 $FADH_2$。在线粒体内，每分子 NADH 经氧化呼吸链可生成 2.5 分子 ATP；每分子 $FADH_2$ 只能生成 1.5 分子 ATP；再加上底物水平磷酸化反应生成的 1 分子 ATP，因此，1 分子乙酰 CoA 经三羧酸循环彻底氧化，共产生 $2.5\times3+1.5+1=10$ 分子 ATP。在第二阶段中，1 分子丙酮酸氧化脱羧生成乙酰 CoA 的同时产生 1 分子 NADH，经氧化呼吸链可生成 2.5 分子 ATP。因此从丙酮酸开始经过一次三羧酸循环共产生 12.5 分子 ATP。1 分子葡萄糖可生成 2 分子丙酮酸，故从葡萄糖生成 2 分子丙酮酸开始，经三羧酸循环共产生 $12.5\times2=25$ 分子 ATP。在第一阶段中，糖酵解除了在反应中直接净生成 2 分子 ATP 外，其第 6 步反应中产生的 2 分子 NADH 在氧供应充足时也进入线粒体内，在不同的组织中可分别产生 2×2.5 分子或 2×1.5 分子 ATP（见第六章）。综上所述，1 分子葡萄糖在不同组织中被彻底氧化时可生成 32 分子或 30 分子 ATP（见表 7–1）。

表 7–1　葡萄糖有氧氧化生成的 ATP

细胞定位	反应阶段	反应	辅酶	生成的 ATP 分子数
细胞质	第一阶段	葡萄糖→葡糖 -6- 磷酸		−1
		果糖 -6- 磷酸→果糖 -1,6- 二磷酸		−1
		甘油醛 -3- 磷酸→1,3- 二磷酸甘油酸	NAD^+	2×2.5 或 2×1.5*
		1,3- 二磷酸甘油酸→甘油酸 -3- 磷酸		2×1
		磷酸烯醇式丙酮酸→丙酮酸		2×1
线粒体	第二阶段	丙酮酸→乙酰 CoA	NAD^+	2×2.5
	第三阶段	异柠檬酸→α- 酮戊二酸	NAD^+	2×2.5
		α- 酮戊二酸→琥珀酰 CoA	NAD^+	2×2.5
		琥珀酰 CoA→琥珀酸		2×1
		琥珀酸→延胡索酸	FAD	2×1.5
		苹果酸→草酰乙酸	NAD^+	2×2.5
合计（净生成数）				32 或 30

注：* 获得 ATP 的数量取决于细胞质中 $NADH+H^+$ 进入线粒体的穿梭机制。

(六) 糖类有氧氧化的调节

糖类有氧氧化的调节是为了适应机体或不同器官对能量的需要，体现在有氧氧化的各个阶段。其中，第一阶段由葡萄糖生成丙酮酸的调节在糖酵解已经阐述，这里主要讨论第二、三阶段中由丙酮酸氧化脱羧生成乙酰 CoA 并进入三羧酸循环的一系列反应的调节。丙酮酸脱氢酶复合体、柠檬酸合酶、异柠檬酸脱氢酶和 α- 酮戊二酸脱氢酶复合体是这两个阶段的限速酶。

1. 丙酮酸脱氢酶复合体的调节　丙酮酸脱氢酶复合体可通过变构效应和共价修饰两种方式影响其酶活性来进行快速调节。丙酸酸脱氢酶复合体的反应产物乙酰 CoA 和 NADH + H^+ 对酶有反馈抑制作用,当乙酰 CoA/HSCoA 比例升高时,酶活性被抑制,NADH/NAD^+ 比例升高也有同样的作用。当人体饥饿时,糖类的有氧氧化被抑制,机体大量动员脂肪作为能量来源以确保脑等对葡萄糖的需要。ATP 对丙酮酸脱氢酶复合体有抑制作用,AMP 则可激活该酶。丙酮酸脱氢酶复合体可被丙酮酸脱氢酶激酶磷酸化,当其丝氨酸被磷酸化后,酶蛋白变构而失去活性,丙酮酸脱氢酶磷酸酶则使其去磷酸化而恢复活性。胰岛素可促进丙酮酸脱氢酶的去磷酸化,增强酶的活性而促进糖类的氧化分解。

2. 三羧酸循环的调节　三羧酸循环的速率和流量受到多种因素的调控。三羧酸循环中有 3 个不可逆反应,分别由柠檬酸合酶、异柠檬酸脱氢酶和 α- 酮戊二酸脱氢酶复合体催化,其中后两者所催化的反应被认为是三羧酸循环的主要调节点(图 7-4)。

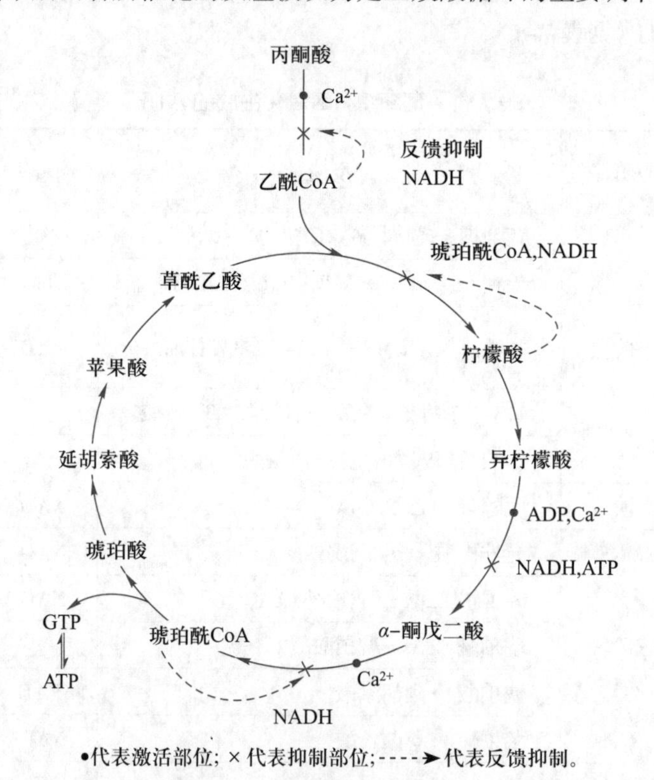

图 7-4　三羧酸循环中的调控部位

当 ATP/ADP 和 NADH/NAD^+ 两者的比值升高时,异柠檬酸脱氢酶和 α- 酮戊二酸脱氢酶复合体被反馈抑制,三羧酸循环的反应速率降低;反之,ATP/ADP 的比值下降时可激活两种酶的活性。此外,其他一些代谢产物对酶的活性也有影响,如柠檬酸能抑制柠檬酸合酶的活性,而琥珀酰 CoA 可抑制 α- 酮戊二酸脱氢酶复合体的活性。

当线粒体内 Ca^{2+} 浓度升高时,Ca^{2+} 既可与异柠檬酸脱氢酶和 α- 酮戊二酸脱氢酶复合体结合,降低其对底物的 K_m 值而使酶激活,又可激活丙酮酸脱氢酶复合体,从而促进三羧酸循环和有氧氧化的进行。

三、戊糖磷酸途径

糖酵解和糖类的有氧氧化是体内糖分解代谢的主要途径，除此之外，在肝、脂肪组织、哺乳期乳腺、红细胞、肾上腺皮质、性腺和骨髓等组织尚存在一条戊糖磷酸途径（pentose-phosphate pathway）。戊糖磷酸途径是指从葡糖-6-磷酸开始形成旁路，在葡糖-6-磷酸脱氢酶催化下生成葡糖酸-6-磷酸进而代谢生成戊糖磷酸为中间代谢物的过程，故又称为己糖磷酸支路。它在细胞质中进行，是葡萄糖分解的另外一种机制，其特点在于能生成磷酸核糖和NADPH两种重要产物，但不能直接产生ATP。

视频：

戊糖磷酸途径

（一）戊糖磷酸途径的反应过程

戊糖磷酸途径由葡糖-6-磷酸开始，其过程可分为两个阶段：第一阶段是氧化阶段，经过氧化分解后产生戊糖磷酸、NADPH和CO_2；第二阶段是基团转移阶段，通过一系列的基团转移最终生成果糖-6-磷酸和甘油醛-3-磷酸。反应过程如图7-5所示。

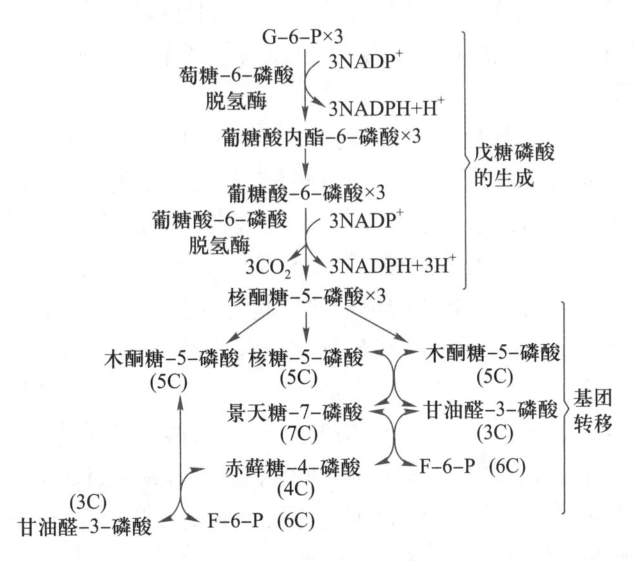

图7-5 戊糖磷酸途径示意图

1. 氧化阶段 氧化阶段的反应过程包括：①葡糖-6-磷酸在葡糖-6-磷酸脱氢酶的作用下氧化生成葡糖酸内酯-6-磷酸，脱下的氢由$NADP^+$接受而生成$NADPH+H^+$。②葡糖酸内酯-6-磷酸在内酯酶（lactonase）作用下水解生成葡糖酸-6-磷酸。③葡糖酸-6-磷酸在葡糖酸-6-磷酸脱氢酶作用下氧化脱羧生成核酮糖-5-磷酸，同时生成$NADPH + H^+$和CO_2。④核酮糖-5-磷酸经异构酶催化转变为核糖-5-磷酸，或者在差向异构酶作用下转变为木酮糖-5-磷酸。这些戊糖磷酸之间的相互转变均为可逆反应。

2. 基团转移阶段 这一阶段通过一系列基团转移反应，戊糖磷酸转变成果糖-6-磷酸和甘油醛-3-磷酸，从而进入糖酵解途径。反应过程包括：①木酮糖-5-磷酸经转酮酶的作用，将二碳单位转移到核糖-5-磷酸上，自身转变为甘油醛-3-磷酸，同时形成另外一个七碳产物，即景天糖-7-磷酸。②景天糖-7-磷酸与甘油醛-3-磷酸之间发生转醛基反应，生成果糖-6-磷酸和赤藓糖-4-磷酸。③赤藓糖-4-磷酸与木酮糖–5–磷酸之间发生转酮反应,生成糖酵解的两个中间产物:果糖–6–磷酸和甘油醛–3–磷酸。

戊糖磷酸途径的总反应为:

3× 葡糖–6–磷酸 +6 $NADP^+$→2× 果糖–6–磷酸 + 甘油醛–3–磷酸 +6($NADPH + H^+$)+3 CO_2

（二）戊糖磷酸途径的生理意义

考点提示

戊糖磷酸途径的生理意义。

戊糖磷酸途径的主要生理意义是产生核糖–5–磷酸和NADPH。

1. 提供核糖–5–磷酸作为核酸合成的原料　戊糖磷酸途径是机体利用葡萄糖生成核糖–5–磷酸的唯一途径。核糖–5–磷酸是核苷酸的组成成分,也是合成核苷酸类辅酶及核酸的主要原料。体内的核糖–5–磷酸并不依赖从食物中摄入,而是通过戊糖磷酸途径产生。

2. 提供NADPH作为供氢体参与多种代谢反应　NADPH与NADH不同,它携带的氢并不是通过电子传递链氧化提供ATP分子,而是作为供氢体参与许多代谢反应。

(1) NADPH是许多合成代谢的供氢体:脂肪酸、胆固醇和类固醇激素的生物合成,都需要大量的NADPH,因此戊糖磷酸途径在脂肪酸、固醇类合成活跃的组织如肝、肾上腺、性腺等中特别旺盛。

(2) NADPH参与体内羟化反应:体内需要NADPH的羟化反应主要体现在两个方面。①合成代谢:如从鲨烯合成胆固醇,再进一步合成胆汁酸、类固醇激素等;②生物转化:NADPH为肝单加氧酶体系的组成成分,参与激素、药物、毒物的生物转化过程。

(3) NADPH用于维持还原型谷胱甘肽(GSH)的还原状态:NADPH是谷胱甘肽还原酶的辅酶,这对维持细胞中GSH的正常含量起着重要作用。红细胞需要大量的GSH来保护其细胞膜上含巯基的蛋白质和酶,以维持膜的完整性和酶活性,GSH还可以清除细胞内的H_2O_2,这对维持红细胞膜的完整和防止溶血起着非常重要的作用。因遗传缺陷导致葡糖–6–磷酸脱氢酶缺乏的患者,戊糖磷酸途径不能正常进行,致使体内NADPH浓度达不到需求,GSH含量不足,使红细胞膜容易破坏而发生溶血性贫血、黄疸。新鲜蚕豆是很强的氧化剂,患者常因食用蚕豆而诱发此病,故称蚕豆病。

（三）戊糖磷酸途径的调节

葡糖–6–磷酸可进入体内多种代谢途径,而葡糖–6–磷酸脱氢酶是戊糖磷酸途径的第一个酶,也是限速酶。因此,其活性决定了葡糖–6–磷酸进入此途径的流量。NADPH对葡糖–6–磷酸脱氢酶有强烈的抑制作用,因此该酶活性受$NADPH/NADP^+$比值的调节,比值升高,戊糖磷酸途径被抑制,反之则被激活。当机体摄取高糖饮食,尤其是在饥饿后进食时,肝内葡糖–6–磷酸脱氢酶的含量明显增加,以提供脂肪酸合成时所必需的NADPH。总之,戊糖磷酸途径的流量取决于对NADPH的需求。

第三节　糖原的代谢

摄入的糖类除满足供能外,大部分转变成脂肪(三酰甘油)储存于脂肪组织,还有一小部分用于合成糖原。糖原是动物体内糖类的储存形式,是以葡萄糖为基本单位聚合而成的多糖。在糖原分子中,葡萄糖单位主要以α–1,4–糖苷键连接构成直链,又以α–1,6–糖苷键连接形成分支,整体糖原分子呈树枝状。糖原分子具有一个还原末端和多个非还原末端（分支），糖原的合成和分解都是从非还原末端开始的，故糖原分支越多，其合成与分解的速率就越快。

糖原具有储能物质的意义在于，当机体需要葡萄糖时可以迅速动用糖原以供急需，而动用脂肪的速率则较慢。肝和肌肉是储存糖原的主要组织器官，人体肝糖原总量为70~100 g，肌糖原为180~300 g。二者的生理功能有很大不同，肌糖原主要供肌收缩时能量的需要，肝糖原则是血糖的重要来源。

一、糖原的合成

由单糖（主要是葡萄糖）合成糖原的过程称为糖原合成（glycogenesis），主要发生在肝和骨骼肌。糖原合成的过程是在细胞质中进行的，包括下列几个反应。

视频：

糖原的合成

1. 葡萄糖磷酸化生成葡糖-6-磷酸　催化这步反应的酶是己糖激酶或葡糖激酶。此反应与糖酵解第一步反应相同，是不可逆反应。

葡萄糖 + ATP → 葡糖-6-磷酸 + ADP

2. 葡糖-6-磷酸转变为葡糖-1-磷酸　在磷酸葡糖变位酶催化下，葡糖-6-磷酸转移其磷酸基团至C-1位生成葡糖-1-磷酸。该反应是为葡萄糖与糖原分子连接时形成α-1,4-糖苷键作准备。

葡糖-6-磷酸 → 葡糖-1-磷酸

3. 尿苷二磷酸葡糖（UDPG）的生成　在尿苷二磷酸葡糖焦磷酸化酶（UDPG pyrophosphorylase）催化下，葡糖-1-磷酸与尿苷三磷酸（UTP）反应生成尿苷二磷酸葡糖（UDPG）和焦磷酸。由于焦磷酸被焦磷酸酶迅速水解为2分子的无机磷酸（Pi），推动可逆反应向糖原合成的方向进行。UDPG是活化形式的葡萄糖，作为糖原合成过程中的葡萄糖供体。

$$葡糖\text{-}1\text{-}磷酸 + UTP \rightleftharpoons UDPG + PPi$$

4. 以α-1,4-糖苷键连接形成葡萄糖聚合物　糖原合成反应不能以游离葡萄糖作为起始分子来接受UDPG的葡糖基，而是需要含一定数量葡糖基的小片段糖原分子作为引物（primer）与UDPG反应。在糖原合酶（glycogen synthase）催化下，UDPG上的葡糖基C-1与糖原引物非还原末端C-4形成α-1,4-糖苷链，从而使糖原增加一个葡萄糖单位。该反应反复进行，可使糖原的糖链不断延长，且该反应是糖原合成过程中的限速步骤。

$$UDPG + (葡萄糖)_n \rightarrow (葡萄糖)_{n+1} + UDP$$

5. 糖原分支链的合成　糖原合酶的催化只能使糖链延长，但是不能催化形成糖原支链。当糖原合酶以α-1,4-糖苷键延伸糖链长度至少11个葡糖基时，分支酶（branching enzyme）可从该糖链的非还原末端将6~7个葡糖基转移至邻近的糖链上，以α-1,6-糖苷键连接，形成分支，如图7-6所示。糖原分支的形成不仅可增加其水溶性，更重要的是可增加非还原末端的数量，以便磷酸化酶迅速分解糖原。

二、糖原的分解

视频：

糖原的分解

糖原分解（glycogenolysis）是指糖原分解成葡萄糖的过程，一般是指肝糖原的分解。糖原分解不是糖原合成的逆反应，包括以下步骤。

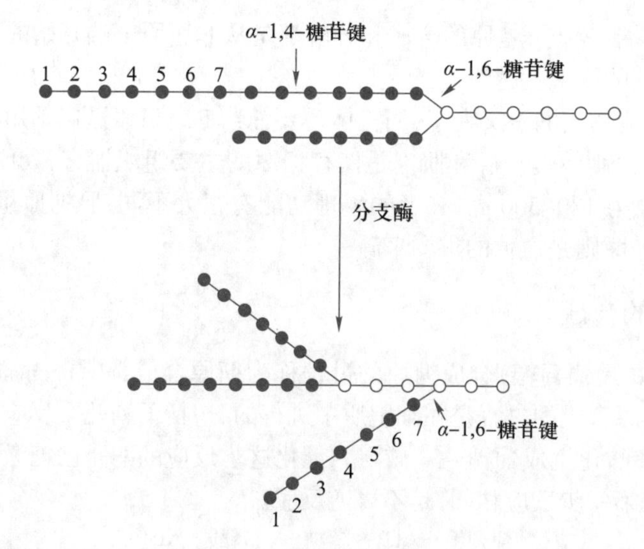

图 7-6　糖原形成分支示意图

1. 糖原磷酸解为葡糖 -1- 磷酸　在磷酸化酶催化下，糖原分子非还原末端的 α-1,4- 糖苷键被磷酸解生成葡糖 -1- 磷酸和比原先少了 1 分子葡萄糖的糖原。磷酸化酶是糖原分解过程中的限速酶，其辅酶是磷酸吡哆醛，该酶只能水解糖原分子中的 α-1,4- 糖苷键，而不能催化 α-1,6- 糖苷键断裂。

2. 葡糖 -1- 磷酸转变为葡糖 -6- 磷酸　催化该反应的酶是磷酸葡糖变位酶。

$$\text{葡糖 -1- 磷酸} \rightarrow \text{葡糖 -6- 磷酸}$$

3. 葡糖 -6- 磷酸水解为葡萄糖　该反应由葡糖 -6- 磷酸酶催化，该酶只存在于肝和肾中，而不存在于肌肉中。因此，肝糖原可直接分解为葡萄糖而补充血糖，肌糖原却不能分解为葡萄糖。

$$\text{葡糖 -6- 磷酸} + H_2O \rightarrow \text{葡萄糖} + Pi$$

4. 糖原脱支反应　当糖原分支上的糖链被磷酸化分解到距离分支点约 4 个葡糖基时，磷酸化酶由于位阻效应不能继续发挥作用。这时就需要有脱支酶（debranching enzyme）的参与才可将糖原进一步完全分解。脱支酶是一种双功能酶，它能催化糖原脱支的两个反应。第一种功能是 4-α- 葡聚糖基转移酶（4-α-D-glucanotransferase）活性，可以将糖原上四葡聚糖分支链上的三葡聚糖基转移到同一糖原分子或相邻糖原分子末端并以 α-1,4- 糖苷键连接，其结果是使糖原直链延长了 3 个葡糖基，而分支点处只留下 1 个葡糖基从而暴露出 α-1,6- 糖苷键。脱支酶的另一种功能是 α-1,6- 葡糖苷酶活性，可将分支点处暴露出的 α-1,6- 糖苷键水解，释放出游离的葡萄糖。在磷酸化酶与脱支酶的协同和反复作用下，糖原可以完全磷酸解和水解，如图 7-7 所示。

三、糖原合成与分解的生理意义

糖原合成与分解的生理意义在于储存葡萄糖和调节血糖浓度。在正常生理情况下，机体需要维持血糖浓度相对恒定，以保证依赖葡萄糖供能的组织（如脑、红细胞等）的能量供给，而糖原是葡萄糖在体内的高效储能形式。当机体内糖供应丰富（如饱食状态）和能量充足时，充足的葡萄糖会在肝和肌肉中合成糖原并储存起来，以免血糖浓度过

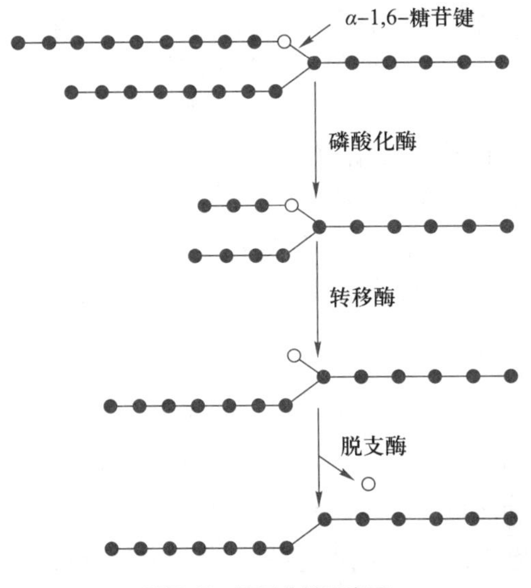

图 7-7　糖原分解示意图

高；当糖供应不足（如空腹）或能量缺乏时，肝糖原直接分解为葡萄糖以维持血糖浓度。所以糖原的合成与分解代谢对于维持血糖浓度的恒定有重要意义。

四、糖原代谢的调节

糖原的合成与分解是两条代谢途径，分别进行调控并相互制约。当糖原合成途径活跃时，糖原分解被抑制，反之亦然。这种合成与分解代谢通过两条途径进行独立的、反向的精细调节，是生物体内普遍存在的规律。糖原合酶与磷酸化酶分别是糖原合成与分解代谢中的限速酶，它们受到共价修饰调节和变构调节。

（一）共价修饰调节

磷酸化酶和糖原合酶的活性均受磷酸化和去磷酸化的共价修饰调节，这种调节方式是可逆的，两种酶磷酸化及去磷酸化的方式相似，但其效果相反（图 7-8）。

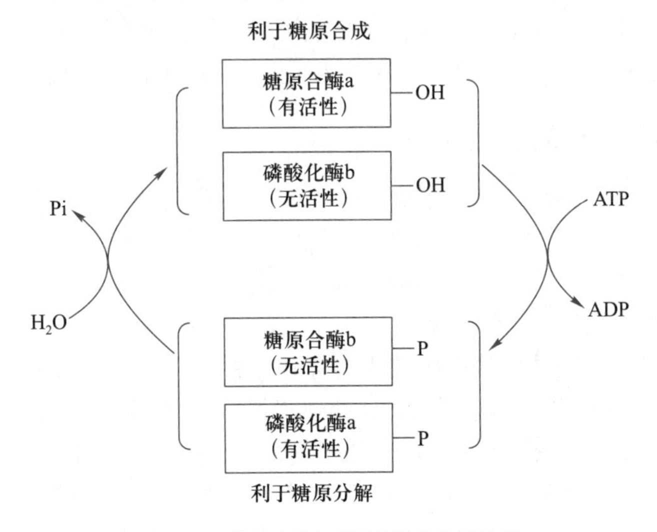

图 7-8　糖原合酶与磷酸化酶的协调控制

1. 磷酸化酶 糖原磷酸化酶有磷酸化(a 型,活性型)和去磷酸化(b 型,无活性型)两种形式。当该酶分子中第 14 位丝氨酸残基在磷酸化酶 b 激酶作用下磷酸化时,原来活性很低的磷酸化酶 b 转变为活性强的磷酸化酶 a,而磷酸化酶 a 的去磷酸化则由磷蛋白磷酸酶 -1 催化,再重新转变为磷酸化酶 b。

2. 糖原合酶 糖原合酶也有两种形式:磷酸化(b 型,无活性型)和去磷酸化(a 型,活性型)。糖原合酶 a 有活性,磷酸化后转变为无活性的糖原合酶 b,该磷酸化过程由多种激酶催化。糖原合酶 b 的去磷酸化过程也是由磷蛋白磷酸酶 -1 催化,再重新转变为糖原合酶 a。

(二) 变构调节

磷酸化酶和糖原合酶的活性还受变构效应剂的变构调节。葡糖 -6- 磷酸可变构激活糖原合酶,促进肝糖原和肌糖原的合成,但肝和肌内的磷酸化酶则分别由不同的变构剂调节,这与肝糖原和肌糖原的不同功能是相适应的。

葡萄糖是肝糖原磷酸化酶最主要的变构抑制剂,可避免在血糖充足时分解肝糖原。葡萄糖与磷酸化酶 a 的变构部位结合,引起构象改变而暴露出磷酸化的第 14 位丝氨酸,在磷蛋白磷酸酶 -1 的催化下使之去磷酸化而失活。果糖 -1,6- 二磷酸与果糖 -1- 磷酸也可变构抑制肝糖原磷酸化酶。

肌糖原磷酸化酶的变构调节主要有两种机制:一种调节机制取决于细胞内的能量状态,AMP 使磷酸化酶激活,ATP 和葡糖 -6- 磷酸则抑制其活性;另一种调节机制与肌收缩引起的 Ca^{2+} 浓度升高有关,当 Ca^{2+} 与磷酸化酶 b 激酶的变构部位(δ 亚基)结合,即可激活磷酸化酶 b 激酶,促进磷酸化酶 b 转变为有活性的磷酸化酶 a,加速糖原分解,为肌收缩供能。

第四节 糖异生作用

正常成年人每小时可由肝释出葡萄糖 210 mg/kg,但是机体储存的糖原是有限的,在没有补充的情况下,肝糖原经十多个小时即被耗尽,血糖来源受阻。然而,即便禁食甚至长期饥饿的状态下,人体中血糖浓度依然可以保持在正常范围内,这是因为机体可以将某些氨基酸、甘油、有机酸等非糖物质转变为葡萄糖来补充血糖。

一、糖异生作用的途径

视频:

糖异生作用

糖异生(gluconeogenesis)作用指的是以非糖物质作为前体合成葡萄糖或糖原的作用。这些非糖物质主要包括乳酸、丙酮酸、甘油及生糖氨基酸等。体内进行糖异生的主要器官是肝,其次是肾。肾在正常情况下糖异生能力只有肝的 1/10,但在长期饥饿和酸中毒时肾中的糖异生作用可大为增强。

考点提示

糖异生作用的概念和基本过程。

糖异生作用的途径是指从丙酮酸生成葡萄糖的过程,基本上是糖酵解的逆过程。糖酵解通路中大多数反应是可逆的,但是由己糖激酶、磷酸果糖激酶 -1 和丙酮酸激酶 3 个限速酶所催化的这 3 个反应是不可逆的,称之为"能障"。因此,糖异生途径必须要绕过这 3 个"能障"才能完成,所需要的酶就是糖异生途径中的关键酶。

1. 丙酮酸通过草酰乙酸生成磷酸烯醇式丙酮酸 这一过程分两个反应进行,分别由两个关键酶催化。第一个反应由丙酮酸羧化酶(pyruvate carboxylase)催化,该酶含有一个以共价键结合的生物素(biotin)作为辅基。CO_2 先与生物素结合,需消耗 1 分子 ATP,然后活化的 CO_2 再转移给丙酮酸生成草酰乙酸。第二个反应由磷酸烯醇式丙酮酸羧激酶(phosphoenolpyruvate carboxykinase,PEPCK)催化,草酰乙酸脱羧并消耗 1 分子 GTP 生成磷酸烯醇式丙酮酸。上述两个反应共消耗 2 分子 ATP。

$$\underset{\text{丙酮酸}}{CH_3COCOOH} \xrightarrow[\text{丙酮酸羧化酶}]{CO_2,\ ATP \to ADP} HOOCCOCH_2COOH \xrightarrow[\text{磷酸烯醇式丙酮酸羧激酶}]{GTP \to GDP,\ CO_2} CH_2{=}C(O{\sim}PO_3H_2)COOH$$

丙酮酸羧化酶是一种线粒体酶,仅存在于线粒体内,故细胞质中的丙酮酸必须进入线粒体内,才能羧化成草酰乙酸。而磷酸烯醇式丙酮酸羧激酶在线粒体和细胞质中都存在,因此草酰乙酸转变为磷酸烯醇式丙酮酸的反应可在线粒体发生,也可以将草酰乙酸先转运至细胞质后再发生,这就涉及草酰乙酸从线粒体内到细胞质的转运过程。细胞内不存在直接使草酰乙酸跨膜的转运蛋白,需借助两种方式进行转运。①经苹果酸转运:草酰乙酸在线粒体内由苹果酸脱氢酶还原为苹果酸,跨过线粒体膜后,再由细胞质中的苹果酸脱氢酶氧化重新生成草酰乙酸;②经天冬氨酸转运:草酰乙酸在线粒体内由谷草转氨酶催化转变为天冬氨酸并运出线粒体,再经细胞质中的谷草转氨酶催化而重新转变为草酰乙酸。

2. 果糖 –1,6– 二磷酸水解为果糖 –6– 磷酸　由果糖二磷酸酶 –1 催化,果糖 –1,6– 二磷酸将其 C–1 位上的磷酸酯键水解生成果糖 –6– 磷酸。

$$\text{果糖-1,6-二磷酸} \xrightarrow[\text{果糖二磷酸酶-1}]{H_2O \to Pi} \text{果糖-6-磷酸}$$

3. 葡糖 –6– 磷酸水解为葡萄糖　由葡糖 –6– 磷酸酶催化生成葡萄糖,也是将磷酸酯键水解。

$$\text{葡糖-6-磷酸} \xrightarrow[\text{葡糖-6-磷酸酶}]{H_2O \to Pi} \text{葡萄糖}$$

糖异生作用的途径可归纳如图 7–9 所示。

二、糖异生作用的生理意义

考点提示

糖异生作用的生理意义。

1. 维持血糖浓度恒定　人体糖原储备是有限的,机体在一般情况下,体内的葡萄糖量足够维持一天的需要,但在空腹或饥饿时,尤其在肝糖原消耗殆尽后,机体主要依赖一些非糖物质异生成葡萄糖,以维持血糖浓度的恒定。因此,糖异生作用是空腹或饥

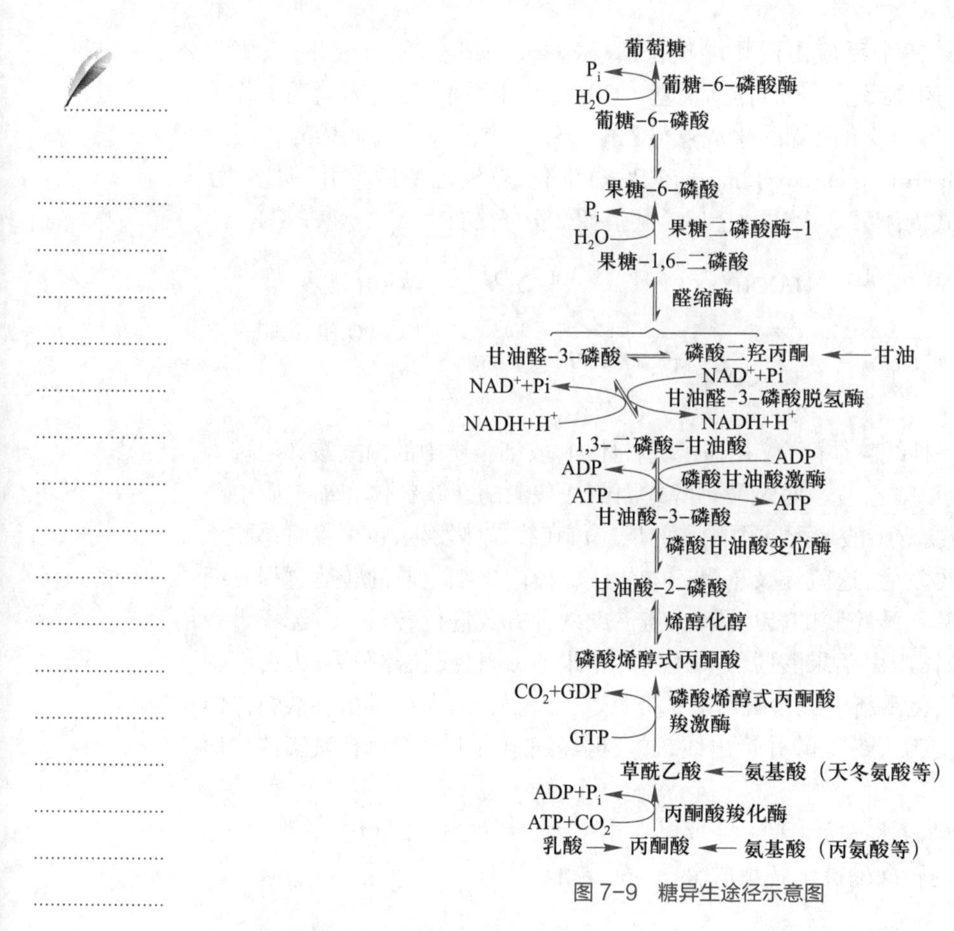

图 7-9 糖异生途径示意图

饿时血糖的重要来源。

由于脑组织主要依赖葡萄糖供应能量；成熟红细胞没有线粒体，完全通过糖酵解获得能量；骨髓、神经等组织由于代谢活跃，经常进行糖酵解。机体必须将血糖维持在一定的水平上，才能使这些组织器官及时得到葡萄糖的供应。所以，机体即使在饥饿状态下也需补充一定量的糖类，以维持生命活动，此时这些糖类全部依赖糖异生生成。

知识链接

糖异生的原料来源

糖异生的原料主要有乳酸、甘油和某些氨基酸等，不同状态下糖异生的原料来源有所不同。机体运动增强时，肌肉生成大量的乳酸，但因其缺乏葡糖-6-磷酸酶，不能将乳酸直接异生成糖类，可以经血液循环转运至肝后再异生成糖类。这部分糖异生主要与运动强度有关，所以乳酸是运动后糖异生的主要原料来源。而在饥饿时，脂肪和蛋白质动员增强，糖异生的原料主要为脂肪分解产生的甘油和蛋白质分解产生的生糖氨基酸。在长期饥饿情况下，机体储存的脂肪和蛋白质不仅要产能，还要生成糖异生原料来维持血糖浓度，势必造成过度消耗，甚至导致生命危险。所以，临床上对于不能进食的患者，常采用静脉输入葡萄糖，以维持其基本能量需要。

2. 乳酸再利用 在剧烈运动或缺氧时，肌肉组织通过糖酵解产生大量乳酸，通过细胞膜弥散进入血液再运输至肝，在肝中通过糖异生作用合成肝糖原或葡萄糖，后者再释入血液中补充血糖，又可被肌肉摄取利用，这就构成了一个循环，称为乳酸循环，也叫Cori循环，如图7–10所示。乳酸循环的形成是由于肝和肌组织中酶的特点所致。肝内含有葡糖–6–磷酸酶，因而可水解葡糖–6–磷酸释出葡萄糖而进行糖异生；而肌肉除了糖异生活性低外，又不存在葡糖–6–磷酸酶，因此，肌肉中产生的乳酸不能异生成糖类，更不能释出葡萄糖。显然，乳酸循环有利于乳酸的再利用，也有助于防止乳酸堆积而导致的酸中毒。

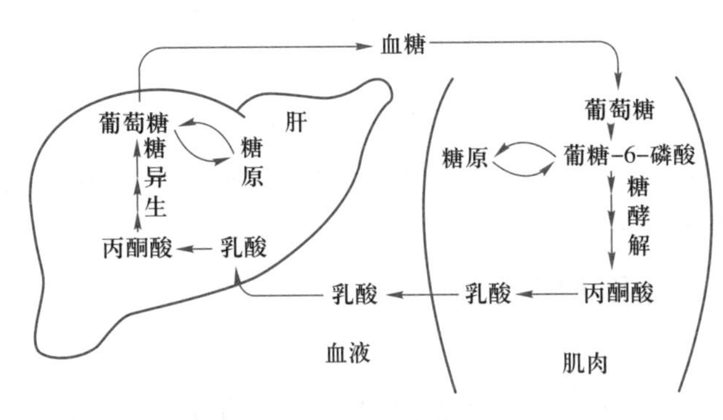

图7–10 乳酸循环示意图

3. 补充肝糖原 糖异生的产物既包括葡萄糖又包括糖原，它是肝补充或恢复糖原的重要途径，这在饥饿后进食更为重要。实验证明：在肝中，摄入的相当一部分葡萄糖先分解成丙酮酸、乳酸等三碳化合物，然后再异生成糖原。合成糖原的这条途径称为三碳途径，也有学者称之为间接途径。相应的葡萄糖经UDPG途径合成糖原的过程称为直接途径。

4. 调节酸碱平衡 长期饥饿时，肾糖异生作用增强，有利于维持酸碱平衡。原因可能是由于长期饥饿造成了代谢性酸中毒，使体液pH降低，促进了肾小管中磷酸烯醇式丙酮酸羧激酶的合成，从而使糖异生作用增强。另外，由于肾中的α–酮戊二酸因异生成糖类而减少，可促进谷氨酰胺及谷氨酸的脱氨作用，肾小管细胞将NH_3分泌入管腔中，与原尿中H^+结合，降低原尿H^+的浓度，有利于排氢保钠作用的进行，对于防止酸中毒有重要作用。

三、糖异生作用的调节

糖异生作用与糖酵解途径是方向相反的两条代谢途径。如果要进行有效的糖异生作用，就必须抑制糖酵解途径，以防止葡萄糖再转变为丙酮酸；反之亦然。这种协调主要由两条途径中酶的活性和浓度进行调节。

1. 己糖激酶和葡糖–6–磷酸酶的调节 高浓度的葡糖–6–磷酸抑制己糖激酶，而活化葡糖–6–磷酸酶，从而抑制糖酵解，而促进糖异生。

2. 磷酸果糖激酶–1和果糖二磷酸酶–1的调节 磷酸果糖激酶–1和果糖二磷酸酶–1分别是糖酵解和糖异生的关键调控酶。AMP和果糖–2,6–二磷酸对磷酸果糖激酶–1有激活作用，同时抑制果糖二磷酸酶–1，使反应向糖酵解方向进行；ATP、柠檬酸和乙酰 CoA 的作用正好相反，激活果糖二磷酸酶 -1 而抑制磷酸果糖激酶 -1，促进糖异生作用。

3. 丙酮酸激酶、丙酮酸羧化酶和磷酸烯醇式丙酮酸羧激酶的调节　丙酮酸到磷酸烯醇式丙酮酸的转化在糖异生中是由丙酮酸羧化酶调节，而在糖酵解中则是被丙酮酸激酶调节。在肝中丙酮酸激酶受 ATP 和丙氨酸的抑制，从而抑制糖酵解作用；乙酰 CoA 可激活丙酮酸羧化酶从而促进糖异生作用；而 ADP 则可同时抑制丙酮酸羧化酶和磷酸烯醇式丙酮酸羧激酶从而抑制糖异生作用。

第五节　血　　糖

视频：

血糖

血糖（blood glucose）主要是指血液中的葡萄糖。正常成年人空腹血糖含量相当恒定，始终维持在 3.89~6.11 mmol/L，这是由于机体对血糖的来源和去路进行精细调节，使二者维持动态平衡的结果。

一、血糖的来源和去路

（一）血糖的来源

1. 食物中糖类的消化吸收　食物中的糖类经消化吸收，进入血液，这是血糖的主要来源。

2. 肝糖原分解　空腹时机体血糖浓度下降，肝糖原可大量分解成葡萄糖进入血液，这是空腹时血糖的直接来源。

3. 糖异生作用　长期饥饿时，储备的肝糖原已不足以维持血糖的恒定，此时糖异生作用增强，将大量的非糖物质转变成葡萄糖以维持血糖浓度。因此，糖异生作用是空腹和饥饿时血糖的重要来源。

（二）血糖的去路

1. 氧化供能　糖类在各组织细胞中发生氧化分解并提供能量，这是血糖的最主要去路。

2. 合成糖原　当机体糖类供应充足时，葡萄糖可在肝和肌肉中合成糖原储存。

3. 转变成其他物质　血糖可转变成脂肪、多种有机酸和某些非必需氨基酸等非糖物质，也可以转变成其他糖类或其衍生物，如核糖、脱氧核糖、葡萄糖醛酸、氨基糖、唾液酸等。

4. 随尿排出　当血糖浓度高于 8.9~10.0 mmol/L（此血糖值称为肾糖阈）时，超过肾小管的最大重吸收能力，糖类就会从尿液中排出，出现糖尿现象。尿排糖是血糖的非正常去路，常在病理情况下出现，如糖尿病患者。

血糖的来源和去路见图 7–11。

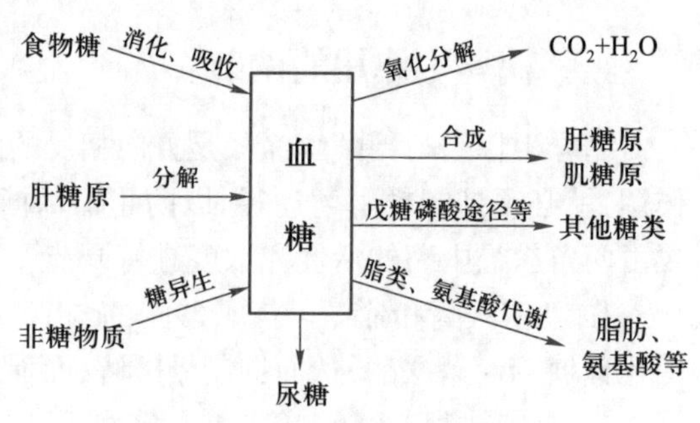

图 7–11　血糖的来源和去路

二、血糖浓度的调节

（一）肝对血糖的调节

肝对血糖浓度的变化极为敏感，是调节血糖浓度的主要器官，可通过糖原的合成、分解和糖异生等多种糖代谢途径来实现调节作用。比如，当餐后血糖浓度升高时，肝糖原合成增加，使血糖浓度下降；当空腹血糖浓度降低时，肝糖原分解为葡萄糖用于维持血糖水平；当禁食或长期饥饿时，肝中糖异生作用增强，以维持血糖的恒定。除肝外，肾、肌肉和肠道等也可调节血糖浓度。

视频：血糖浓度的调节

（二）激素对血糖的调节

调节血糖的激素可分为两类：一类是降低血糖的激素，即胰岛素；另一类是升高血糖的激素，包括肾上腺素、胰高血糖素、糖皮质激素、生长激素等。这两类激素相互协调、相互制约，共同维持血糖的正常水平。

1. 胰岛素　胰岛素是体内唯一能降低血糖的激素，同时促进糖原、脂肪、蛋白质的合成。胰岛素的分泌受血糖浓度的控制，进食后血糖浓度升高立即引起胰岛素分泌，血糖浓度降低，胰岛素分泌即减少。胰岛素降血糖的机制是多方面的，主要包括：①促进肌肉、脂肪组织等的细胞膜葡萄糖载体将葡萄糖转运入细胞内；②激活磷酸二酯酶使细胞内 cAMP 降低，使糖原合酶被活化，磷酸化酶被抑制，结果是加速糖原合成而抑制糖原分解；③激活丙酮酸脱氢酶，加速丙酮酸氧化为乙酰 CoA，促进糖的有氧氧化；④抑制肝内糖异生；⑤抑制脂肪组织内的激素敏感性脂肪酶，可减缓脂肪动员的速率，从而促使肌肉、心肌等组织利用葡萄糖。

2. 胰高血糖素　胰高血糖素是体内升高血糖的主要激素。血糖浓度降低或血中氨基酸升高可刺激胰高血糖素的分泌。其升高血糖的机制包括：①激活依赖 cAMP 的蛋白激酶，从而抑制糖原合酶和激活磷酸化酶，使肝糖原迅速分解，血糖升高；②抑制磷酸果糖激酶 -2 和激活果糖二磷酸酶 -2，使果糖 -2，6- 二磷酸的量减少，故糖酵解被抑制而糖异生则加速；③诱导肝内磷酸烯醇式丙酮酸激酶的合成，同时抑制肝内丙酮酸激酶，使糖异生加强；④与胰岛素作用相反，加速脂肪动员，间接升高血糖水平。

3. 糖皮质激素　糖皮质激素可引起血糖升高，肝糖原增加。其作用机制有两方面：①促进肌肉中蛋白质分解生成氨基酸并转移到肝进行糖异生；②抑制丙酮酸脱氢酶复合体的活性，使肝外组织摄取和利用葡萄糖减少，升高血糖浓度。此外，糖皮质激素还可协同增强其他激素促进脂肪动员的效应，促进机体利用脂肪酸供能。

4. 肾上腺素　肾上腺素是强有力的升高血糖的激素。其作用机制主要是引发肝和肌细胞内依赖 cAMP 的磷酸化级联反应，加速糖原分解，直接或间接升高血糖。肾上腺素主要在应急状态下发挥调节作用。

（三）神经系统对血糖的调节

糖代谢还受到神经系统的整体调节，通过调节激素的分泌量来完成调节作用。血糖浓度较低时，会促使机体交感神经兴奋，肾上腺素分泌增加，血糖升高，而迷走神经兴奋时，胰岛素分泌增加，则血糖浓度降低。

三、糖代谢紊乱及常用降血糖药物

视频：

糖代谢异常及相关药物的使用

许多因素都可影响糖代谢，如神经系统功能紊乱、内分泌失调、某些酶的先天性缺陷、肝或肾功能障碍等均可引起糖代谢紊乱。

(一) 低血糖

血糖浓度低于 2.8 mmol/L 时称为低血糖（hypoglycemia）。脑组织主要依赖葡萄糖氧化供能，因而对低血糖比较敏感，当血糖浓度过低时，脑组织因缺乏能量而影响其正常功能，出现头昏、倦怠无力、心悸、饥饿感及出冷汗等，严重时发生昏迷，一般称为"低血糖休克"。临床上遇到这种情况时，只需及时给患者静脉注入葡萄糖溶液，症状就会得到缓解，否则可能会导致死亡。长期饥饿、空腹饮酒或持续剧烈体力活动时，外源性糖来源受阻而内源性肝糖原已经耗竭，因而容易造成生理性低血糖。出现病理性低血糖的病因则包括：①胰性（胰岛 B 细胞功能亢进、胰腺 A 细胞功能低下等）；②严重肝病（如肝癌、糖原贮积症等）；③内分泌异常（如垂体功能低下、肾上腺皮质功能低下等）；④胃癌等肿瘤。

(二) 高血糖和糖尿

空腹血糖浓度高于 7.0 mmol/L 时称为高血糖（hyperglycemia）。如果血糖浓度高于肾糖阈值，就会形成糖尿。在生理情况下也会出现高血糖和糖尿。例如，情绪激动时交感神经兴奋，使肾上腺素分泌增加，肝糖原大量分解，导致高血糖和糖尿；又如，临床上静脉输入大量葡萄糖或滴注速度过快后，使血糖浓度迅速升高而引起高血糖甚至糖尿。病理性高血糖常见于以下情况：①遗传性胰岛素受体缺陷，胰岛素分泌障碍或升高血糖的激素分泌亢进均可引起。②某些慢性肾炎、肾病综合征等引起肾对糖类的重吸收障碍而出现糖尿，称为肾性糖尿。肾性糖尿是由于肾糖阈下降引起的，患者的糖代谢并未发生紊乱，因此临床上遇到高血糖或糖尿现象时，须全面检查和综合分析，才能得出正确的诊断结论。

(三) 糖尿病及常用降血糖药物

1. 糖尿病　糖尿病是一组以高血糖为特征的慢性、复杂的代谢性疾病，其特征是因糖代谢紊乱导致持续性高血糖和糖尿，特别是空腹血糖和糖耐量曲线高于正常范围。其主要病因是部分或完全胰岛素缺失、胰岛素抵抗（因细胞胰岛素受体减少或受体敏感性降低，导致对胰岛素的调节作用不敏感）。临床上将糖尿病主要分为 4 型：胰岛素依赖型（1 型）、非胰岛素依赖型（2 型）、妊娠糖尿病（3 型）和特殊类型糖尿病（4 型）。1 型糖尿病多发生于青少年，因自身免疫使胰腺 B 细胞功能缺陷，导致胰岛素分泌不足。2 型糖尿病与肥胖关系密切，可能是由细胞膜上胰岛素受体功能缺陷所致。

患糖尿病时，机体糖代谢紊乱，组织细胞利用血糖的能力下降，糖原合成减弱而分解加强，糖异生增强。这些代谢变化导致出现持续性高血糖和糖尿，患者表现出多食、多饮、多尿、体重减少的"三多一少"症状。糖尿病时长期存在的高血糖，可导致各种组织，特别是眼、肾、心脏、血管、神经的慢性损害和功能障碍，因此严重的糖尿病患者常伴有多种并发症，如糖尿病视网膜病变、糖尿病周围血管病变、糖尿病肾病等。这些并发症的严重程度与血糖水平升高的程度和病史的长短有关，可见治疗糖尿病的关键在于控制血糖浓度。

2. 常用降血糖药物　当糖尿病患者经过饮食和运动治疗以及糖尿病保健教育后，血糖的控制仍不能达到治疗目标时，就需采用降血糖药物来降低和控制患者的血糖浓度。常用降血糖药物大致分为口服降糖药物和注射降糖药物。

(1) 口服降糖药物：①促胰岛素分泌剂，其降血糖机制主要是刺激胰岛素分泌，通过抑制 ATP 依赖性钾通道，使 K^+ 外流，胰岛 B 细胞去极化，Ca^{2+} 内流，诱发胰岛素分泌。此类药物又分为两类：磺脲类，如格列吡嗪、格列齐特、格列本脲等；非磺脲类（格列奈类），如瑞格列奈、那格列奈等。②二甲双胍类，是首选一线降糖药，其降血糖机制主要是增加外周组织对葡萄糖的利用，增加葡萄糖的无氧酵解，减少胃肠道对葡萄糖的吸收，降低体重。③α- 糖苷酶抑制剂类，如伏格列波糖、阿卡波糖，可竞争性抑制淀粉酶、麦芽糖酶及蔗糖酶，延缓糖的消化水解，降低餐后血糖。④胰岛素增敏剂，通过提高靶组织对胰岛素的敏感性，提高胰岛素的利用能力，改善糖代谢及脂质代谢，能有效降低空腹及餐后血糖，其常用药物有罗格列酮、吡格列酮。⑤二肽基肽酶 -4（DPP-4）抑制剂，可抑制胰高血糖素样肽 -1（GLP-1）在人体内的灭活而提高内源性 GLP-1 水平，促进胰腺中的胰岛 B 细胞释放胰岛素，同时抑制胰岛 A 细胞分泌胰高血糖素来降低血糖。常用药物有西格列汀、沙格列汀、维格列汀。

(2) 注射降糖药物：①胰岛素及其类似物，胰岛素是最有效的糖尿病治疗药物之一，胰岛素制剂在全球糖尿病药物中的使用量也位居第一。对于 1 型糖尿病患者，胰岛素是唯一的治疗药物，此外，有 30%~40% 的 2 型糖尿病患者最终需要使用胰岛素。②GLP-1 受体激动剂，GLP-1 是一种重要的肠促胰素，可以增强胰岛 B 细胞功能，此外作用于胰岛 A 细胞可以减少胰高血糖素分泌，减少肝糖输出，同时还能抑制食欲并延缓胃排空，从而改善胰岛的负荷，并降低血糖。该类药物如艾塞那肽、度拉鲁肽和利拉鲁肽等，可通过激活 GLP-1 受体，替代生理性的 GLP-1 发挥作用。

第六节　糖 类 药 物

目前已发现许多糖类及其衍生物具有很高的药用价值，特别是多糖类，在抗凝、降血脂、提高机体免疫力和抗肿瘤、抗辐射等方面具有显著的药理作用与疗效。

一、糖类药物的分类及作用

（一）糖类药物的分类

1. 单糖类药物及其衍生物　单糖类药物包括葡萄糖、果糖、氨基葡萄糖等；葡糖 -6- 磷酸、果糖 -1,6- 二磷酸、磷酸肌酸等单糖衍生物也作为药物应用于临床。

2. 寡糖类药物　寡糖类药物包括麦芽糖、乳糖、乳果糖等。

3. 多糖类药物　多糖类药物是目前研究得最多的糖类药物，按其来源又可以分为以下几种。

(1) 植物来源的多糖：指从植物，尤其是从中药材中提取的水溶性多糖，如当归多糖、枸杞多糖、艾叶多糖、大黄多糖等。这类多糖大多数都没有细胞毒性，而且质量通过化学手段容易控制，目前已成为新药研究的发展方向之一。

(2) 动物来源的多糖：指从动物的组织、器官及体液中分离、纯化得到的多糖，如肝素、硫酸软骨素、透明质酸等。这类多糖大多数是水溶性的黏多糖，而且也是最早用作药物的多糖。

(3) 微生物来源的多糖：指来源于微生物的多糖，如右旋糖酐是以细菌发酵法制得的一种葡聚糖。近年来发现真菌能产生多种有生物活性的多糖，如香菇多糖、茯苓多糖、猪苓多糖、芸芝多糖、银耳多糖等，这类多糖主要用于肿瘤的治疗及提高机体免疫功能。

(4) 海洋生物来源的多糖：指从海洋、湖泊生物体内分离、纯化得到的多糖，如几丁质(壳多糖、甲壳素)、螺旋藻多糖、刺身多糖等，这类多糖具有广泛的生物学效应。

(二) 糖类药物的作用

1. 调节免疫功能　主要表现为影响补体活性，促进淋巴细胞增生，激活或提高吞噬细胞的功能，增强机体的抗炎、抗氧化和抗衰老能力。如香菇多糖是一种具有免疫调节作用的抗肿瘤辅助药物，可提高患者的免疫功能。

2. 抗感染作用　可提高机体组织细胞对细菌、病毒、真菌及原虫感染的抵抗能力。如甲壳素等对皮下肿胀有治疗作用，对皮肤伤口有愈合作用。

3. 抗辐射损伤作用　紫菜多糖、茯苓多糖、透明质酸等可以对抗 ^{60}Co、γ 射线的损伤，有抗氧化、抗辐射的作用。

4. 抗凝血作用　肝素为天然抗凝剂，可用于防治血栓栓塞性疾病、心绞痛、充血性心力衰竭等，也可用于肿瘤的辅助治疗。甲壳素、黑木耳多糖、芦荟多糖等也具有类似的抗凝作用。

5. 降血脂、抗动脉粥样硬化作用　硫酸软骨素、小分子肝素等具有降血脂、降胆固醇和抗动脉粥样硬化的作用，可用于动脉硬化和冠心病的防治。

6. 其他作用　糖类药物除上述作用外，还具有其他多方面的活性作用，如右旋糖酐可以代替血浆蛋白以维持血液渗透压，起到抗休克、改善微循环等作用；海藻酸钠等能增加血容量，使血压恢复正常；有些多糖还能促进细胞 DNA、蛋白质的合成，可促进细胞的增殖和生长。

二、常见的糖类药物

1. 肝素　肝素因最初从肝发现而得名，是由 D- 葡糖胺、L- 艾杜糖醛酸、*N*- 乙酰葡糖胺和 D- 葡糖醛酸交替组成的黏多糖硫酸脂。其广泛分布于哺乳动物的肝、肺、肾、胸腺、肠黏膜、肌肉及血液中，现主要从牛肺、猪肺或猪小肠黏膜中提取。肝素为抗凝血药，在体内、体外均有强大的抗凝作用，可使多种凝血因子灭活。此外，肝素还可以抑制血小板聚集，抑制血管平滑肌细胞增生和抗血管内膜增生，还具有调血脂、抗炎、抗过敏等作用。

临床上肝素广泛用于血栓栓塞性疾病的治疗，如深静脉血栓、肺栓塞等；也可用作各种外科手术前后防治血栓形成和栓塞，输血时预防血液凝固和作为保存新鲜血液的抗凝剂；还可用于各种原因引起的弥散性血管内凝血(DIC)的早期治疗及心导管检查、体外循环、血液透析等；对于急性心肌梗死患者，可用肝素预防患者发生静脉血栓栓塞性疾病，并可预防大块的前壁透壁性心肌梗死患者发生动脉栓塞等；小剂量肝素用于防治高脂血症与动脉粥样硬化。另外，肝素软膏在皮肤病及化妆品中也已广泛应用。

2. 右旋糖酐 右旋糖酐为葡萄糖的聚合物,是由蔗糖经肠膜状明串珠菌-1226发酵后,经处理精制而得的。依聚合的葡萄糖分子数目不同,可分为中分子量(分子量约为75 000)、低分子量(平均分子量为20 000~40 000)和小分子量(平均分子量为10 000)。

右旋糖酐为血浆代用品,其分子量较大,静脉滴注后不易渗出血管,能提高血浆胶体渗透压,从而扩充血容量,维持血压。其作用强度随分子量减小而降低。低、小分子右旋糖酐能阻止红细胞及血小板聚集,降低血液黏滞性,从而有改善微循环的作用,可预防或消除血管内红细胞聚集和血栓形成等,亦可扩充血容量,但作用较中分子右旋糖酐短暂。低、小分子右旋糖酐流经肾小管时,能形成管腔高渗,水重吸收减少而产生利尿作用。临床上中分子右旋糖酐主要用作血浆代用品,用于防治低血容量休克,如出血性休克、手术中休克、创伤性休克及烧伤性休克等。低、小分子右旋糖酐主要用于各种休克所致的微循环障碍、弥散性血管内凝血、心绞痛、急性心肌梗死及其他周围血管疾病等,也可用于防治急性肾衰竭。

3. 硫酸软骨素 硫酸软骨素是从动物组织中提取制得的酸性黏多糖,广泛存在于人和动物软骨组织中,是构成细胞间质的主要成分,对维持细胞环境的相对稳定性和正常功能具有重要作用。其药用制剂主要含有硫酸软骨素A和硫酸软骨素C两种异构体。

硫酸软骨素具有广泛的药理作用,可加速伤口愈合,减少瘢痕组织的产生,可作为外伤口的愈合剂;可通过促进基质的生成,为细胞的迁移提供架构,有利于角膜上皮细胞的迁移,从而促进角膜创伤愈合,制备成滴眼液可用于治疗角膜炎、角膜溃疡、角膜损伤等,也可用于治疗眼疲劳、眼干燥症等;具有促进软骨再生、改善关节功能、减少关节肿胀和积液等功效,能够减少骨关节炎患者的疼痛,故常用于治疗关节疾病;此外,还可用于抗炎、抗凝血、防治冠心病和防治动脉粥样硬化。

4. 透明质酸 透明质酸是一种酸性黏多糖,广泛存在于人和脊椎动物体内,是组成结缔组织的细胞外基质、眼球玻璃体、脐带和关节液的重要成分之一,在人的皮肤真皮层和关节滑液中含量最多。透明质酸以其独特的分子结构和理化性质在机体内显示出多种重要的生理功能,如润滑关节,调节血管壁的通透性,调节蛋白质,水电解质扩散及运转,促进创伤愈合等。尤为重要的是,透明质酸具有特殊的保水作用,是目前发现的自然界中保湿性最好的物质,被称为理想的天然保湿因子。

透明质酸是具有较高临床价值的生化药物,广泛应用于各类眼科手术,如晶状体植入、角膜移植和抗青光眼手术等,还可用于治疗关节炎和加速伤口愈合。透明质酸在化妆品中的应用更加广泛,能起到独特的皮肤保护作用,可保持皮肤滋润光滑、细腻柔嫩、富有弹性,具有防皱、抗皱、美容保健和恢复皮肤生理功能的作用。同时还是良好的透皮吸收促进剂,与其他营养成分配合使用,可以起到促进营养吸收的理想效果。

思考题

1. 说明糖酵解途径的主要过程及其生理意义。
2. 写出三羧酸循环的反应历程及催化各反应的酶。
3. 三羧酸循环的生理意义。
4. 戊糖磷酸途径的生理意义。
5. 什么叫糖异生作用？哪些代谢物可以在体内转变为糖类？
6. 糖原合成与分解是如何协调控制的？
7. 简述血糖水平异常的两种常见类型。

本章小结

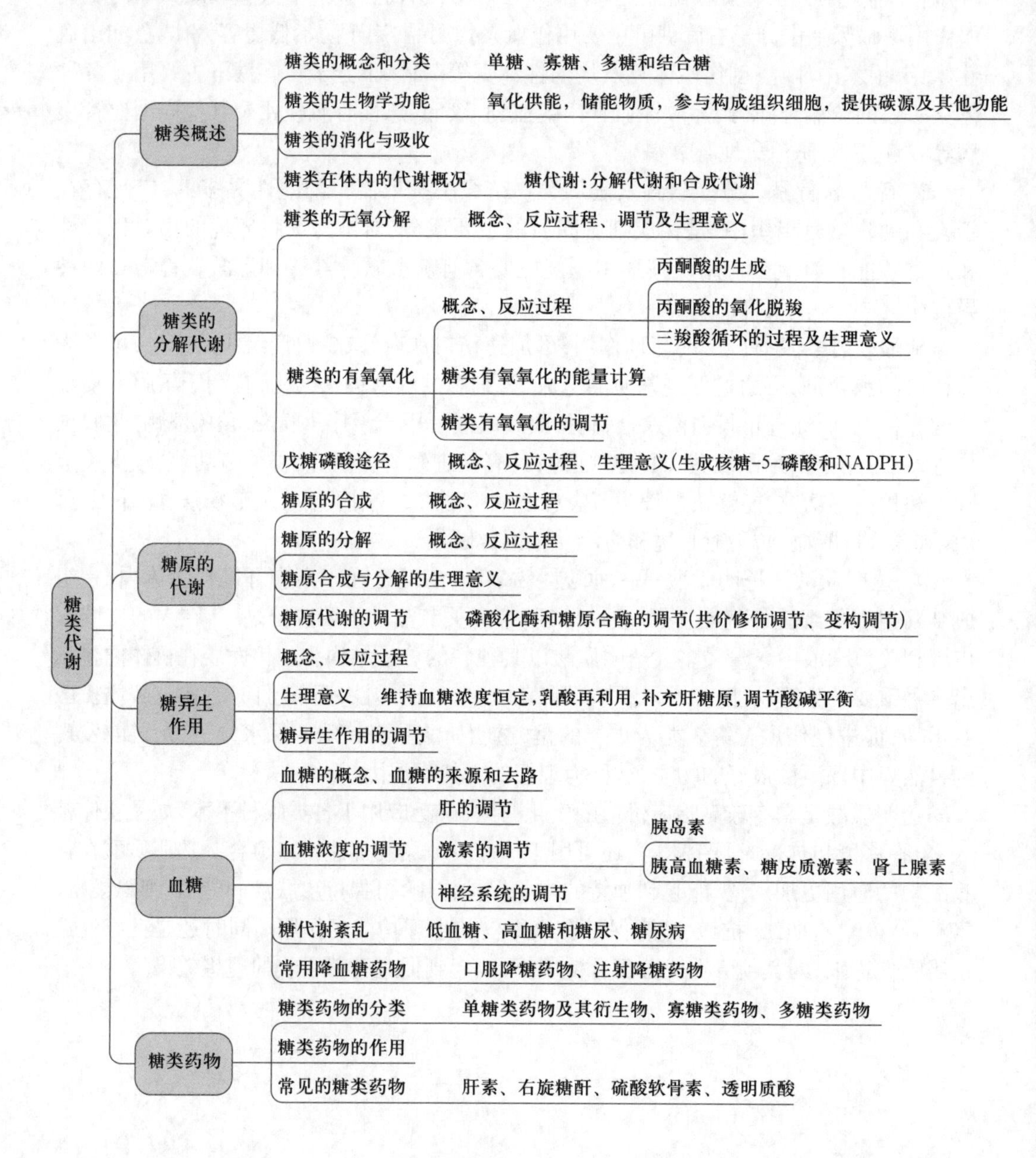

实验五　银耳多糖的制备及鉴定

一、实验目的

1. 掌握糖类物质提取及纯化的基本操作技术。
2. 熟悉糖类物质的鉴定方法及原理。
3. 了解银耳多糖制备的基本原理。

二、实验原理

银耳是真菌的一种，是我国传统的珍贵药材之一，具有滋阴润肺、益胃生津等功效。银耳多糖是银耳中的主要药效成分，具有明显的提高机体免疫功能、抗炎症和抗放射等作用。

多糖的纯化方法很多，但必须根据目的物质的性质及条件选择合适的方法。而且用一种方法往往不易得到理想的结果，因此必要时应考虑合用几种方法。①乙醇沉淀法：该法是制备多糖的最常用手段。乙醇的加入，改变了溶液的极性，导致多糖溶解度下降。供乙醇沉淀的多糖溶液，其含多糖的浓度以1%~2%为宜。加完乙醇，搅拌数小时，以保证多糖完全沉淀。沉淀物可用无水乙醇、丙酮、乙醚脱水，真空干燥即可得疏松粉末状产品。②分级沉淀法：不同多糖在不同浓度的甲醇、乙醇或丙酮中的溶解度不同，因此可用不同浓度的有机溶剂分级沉淀分子大小不同的多糖。③季铵盐络合法：有的多糖与一些阳离子表面活性剂如十六烷基三甲基溴化铵（CTAB）和十六烷基氯化吡啶（CPC）等能形成季铵盐络合物。这些络合物在低离子强度的水溶液中不溶解，而在离子强度大时可以解离、释放和溶解。本实验采用沸水抽提、三氯甲烷－正丁醇法除蛋白质和乙醇沉淀分离制得银耳多糖粗品，再用十六烷基三甲基溴化铵（CTAB）络合法进一步纯化得到银耳多糖纯品。

多糖的鉴别反应很多，本实验采用Molish反应（α-萘酚反应）和费林反应来进行银耳多糖的鉴定。Molish反应的原理是糖类在浓硫酸（或浓盐酸）的作用下脱水形成糖醛及其衍生物，其与α-萘酚作用形成紫红色复合物，在糖液和浓硫酸的液面间形成紫环，因此又称紫环反应。费林反应的原理是新配制的$Cu(OH)_2$溶液，在加热条件下与醛基反应，被还原成砖红色的Cu_2O沉淀，可用于鉴定可溶性还原糖（即醛基）的存在。

三、实验试剂与器材

1. 试剂

(1) 银耳子实体、95%乙醇、无水乙醇、乙醚、浓硫酸、α-萘酚、2 mol/L NaCl溶液、三氯甲烷－正丁醇溶液（4∶1）。

(2) 2% CTAB：取2 g CTAB溶于100 ml蒸馏水中，摇匀备用。

(3) Molish试剂：取5 g α-萘酚用95%乙醇溶解至100 ml，临用前配置，棕色瓶保存。

(4) 费林试剂：A液，将34.5 g硫酸铜（$CuSO_4·5H_2O$）溶于500 ml水中；B液，将125 g

氢氧化钠和 137 g 酒石酸钾钠溶于 500 ml 水中。临用时，将 A、B 两液等量混合，配完后立即使用。

2. 器材 布氏漏斗、抽滤瓶（500 ml）、分液漏斗（250 ml）、量筒（10 ml、100 ml）、烧杯（250 ml、500 ml、1 000 ml）、容量瓶（100 ml）、试管、玻璃棒、滤纸、纱布、透析袋、电磁炉、离心机、真空干燥箱、电子天平、数显恒温水浴锅。

四、实验方法及步骤

（一）银耳多糖的提取

1. 取银耳子实体 10 g 加水 300 ml，加热煮沸提取 1.5 h，提取过程中不断用玻璃棒搅拌。然后用双层纱布过滤除去残渣，收集滤液。

2. 滤液转移至分液漏斗中，加入 1/4 体积的三氯甲烷 - 正丁醇溶液，振摇 15 min，以 3 000 r/min 离心 10 min，取最上层清液，重复去蛋白操作两次。

3. 上清液加入 3 倍量 95% 乙醇，搅拌均匀后，以 3 000 r/min 离心 10 min，收集沉淀，然后用无水乙醇洗涤 2 次，乙醚洗涤 1 次，干燥，得银耳多糖粗品。

（二）银耳多糖的纯化

1. 取粗品 0.5 g，溶于 50 ml 水中，溶解后以 3 000 r/min 离心 10 min，除去不溶物。取上清液加 2% CTAB 溶液至沉淀完全，摇匀，静置 2 h，以 3 000 r/min 离心 15 min，沉淀用 80 ℃热水洗涤 3 次，加 50 ml 2 mol/L NaCl 溶液于 60 ℃解离 4 h，然后以 3 000 r/min 离心 15 min，上清液扎袋流水透析 10 h。

2. 透析液 80 ℃浓缩，加 3 倍量 95% 乙醇，搅拌均匀后，以 3 000 r/min 离心 10 min，收集沉淀，然后用无水乙醇、乙醚洗涤，最后干燥，得银耳多糖纯品。

（三）银耳多糖的鉴定

1. 称取银耳多糖纯品 20 mg，加水溶解并定容至 100 ml，作为样品待测溶液。

2. Molish 反应：取试管，加入 1 ml 待测多糖溶液，然后加入两滴 Molish 试剂，摇匀。倾斜试管，沿管壁小心加入约 1 ml 浓硫酸，切勿摇动，小心竖直后仔细观察两层液面交界处的颜色变化。

3. 费林反应：取试管，加入 2 ml 费林试剂，然后加入 4 滴待测多糖溶液，摇匀，置于沸水浴中加热 2~3 min，取出冷却，观察沉淀和颜色变化。

五、注意事项

1. 在沸水提取银耳多糖的过程中，要不停搅拌提取液，以防止底部银耳碎片粘于烧杯底部而变糊，同时可适量补加水。

2. 提取液用纱布过滤后，如体积太大，可将提取液浓缩至 100 ml 左右再进行后续操作。

3. 以三氯甲烷 - 正丁醇法去蛋白质时，振摇要剧烈，以使蛋白质变性完全。由于一次无法将蛋白质去除干净，故需反复几次。

实验六　胰岛素和肾上腺素对血糖浓度的影响

一、实验目的

1. 掌握葡糖氧化酶法测定血糖浓度的原理和方法。
2. 观察胰岛素和肾上腺素对血糖浓度的影响。

二、实验原理

激素是调节血糖浓度的重要因素,其中胰岛素能降低血糖,肾上腺素等激素能升高血糖。本实验将胰岛素或肾上腺素分别注射入两只健康的家兔体内,通过测定注射前后家兔体内的血糖含量变化,从而观察胰岛素和肾上腺素对血糖浓度的影响。

本实验采用葡糖氧化酶法测定血清葡萄糖含量。其原理是葡糖氧化酶(GOD)利用氧和水将葡萄糖氧化为葡糖酸,并释放出过氧化氢,然后过氧化物酶(POD)在色素原性氧受体存在下将释放出的过氧化氢分解为水和氧,同时使色素原性氧受体4–氨基安替比林和酚去氢缩合为红色醌类化合物(苯醌亚胺非那腙),其颜色深浅在一定范围内与葡萄糖浓度成正比。其反应方程式如下:

$$\beta\text{-D-葡萄糖} + O_2 + H_2O \xrightarrow{\text{葡糖氧化酶}} \text{D-葡糖酸} + H_2O_2$$

$$H_2O_2 + \text{4-氨基安替比林} + \text{苯酚} \xrightarrow{\text{过氧化物酶}} H_2O + \text{红色醌类物质}$$

三、实验动物、试剂与器材

1. 动物　健康家兔两只,体重2~3 kg。

2. 试剂

(1) 0.1 mol/L磷酸盐缓冲液(pH 7.0):称取无水磷酸氢二钠8.67 g及无水磷酸二氢钾5.3 g,溶于800 ml蒸馏水中,用1 mol/L NaOH(或1 mol/L HCl)调pH至7.0,用蒸馏水定容至1 L。

(2) 酶试剂:称取过氧化物酶1 200 U,葡糖氧化酶1 200 U,4–氨基安替比林10 mg,叠氮化钠100 mg,溶于80 ml磷酸盐缓冲液中,用1 mol/L NaOH调pH至7.0,用磷酸盐缓冲液定容至100 ml,置4 ℃保存,可稳定存放3个月。

(3) 酚溶液:称取重蒸馏酚100 mg,溶于100 ml蒸馏水中,用棕色瓶储存。

(4) 酶酚混合试剂:酶试剂与酚溶液等量混合,置4 ℃保存,可存放1个月。

(5) 12 mmol/L苯甲酸溶液:称取苯甲酸1.4 g,溶于约800 ml蒸馏水中,加热助溶,冷却后用蒸馏水定容至1 L。

(6) 100 mmol/L葡萄糖标准储存液:称取已干燥至恒重的无水葡萄糖1.802 g,溶于约70 ml 12 mmol/L苯甲酸溶液中,再用12 mmol/L苯甲酸溶液定容至100 ml。2 h后方可使用。

(7) 5 mmol/L葡萄糖标准应用液:吸取5.0 ml葡萄糖标准储存液至100 ml容量瓶中,

用 12 mmol/L 苯甲酸溶液定容至 100 ml。

3. 器材 手术刀片、二甲苯、剪刀、干棉球、注射器(1 ml)、试管及试管架、微量加样器、数显恒温水浴锅、紫外－可见分光光度计、离心机。

四、实验方法及步骤

1. 动物准备 取健康家兔两只,实验前预先饥饿 16 h,称体重。

2. 注射激素前取血 一般多从耳缘静脉取血:先剪去外耳静脉周围的兔毛,用二甲苯擦拭兔耳,使其血管充血,再用干棉球擦干,于放血部位涂一薄层凡士林,再用手术刀片或粗针头刺破静脉放血。将静脉血收集于干净试管中,静置至血清析出。取血完毕后,用干棉球压迫血管止血。

3. 注射激素 一只家兔注射胰岛素:皮下注射,剂量为 1.0 U/kg。另一只家兔注射肾上腺素:皮下注射,剂量为 0.4 mg/kg。分别记录注射时间,30 min 后取第二次血,取血方法同前。

4. 血糖测定 分别测定各血样中的葡萄糖含量:取试管 7 支,其中空白管 1 支,标准管 1 支,测定管 4 支,按表 7–2 操作。

表 7–2 葡糖氧化酶法测定血糖含量 单位:ml

加入物	空白管	标准管	测定管
血清	—	—	0.02
葡萄糖标准应用液	—	0.02	—
蒸馏水	0.02	—	—
酶酚混合试剂	3.0	3.0	3.0

混匀,置 37 ℃水浴中,保温 15 min,在波长 505 nm 处比色,以空白管调零,读取标准管及各测定管的吸光度。

5. 计算及分析 读取标准管及测定管的吸光度,代入下列公式计算出各血样中的葡萄糖含量。

$$\text{血清葡萄糖含量(mmol/L)} = \frac{\text{测定管吸光度}}{\text{标准管吸光度}} \times \text{标准液浓度}$$

然后,将计算出来的血糖浓度与正常血糖浓度进行比较,计算注射胰岛素后血糖浓度降低和注射肾上腺素后血糖浓度增高的百分率。

$$\text{血糖改变百分率} = \frac{\Delta BS}{\text{注射前 BS}} \times 100\%$$

式中,BS 为血糖浓度,ΔBS= 注射后 BS– 注射前 BS。计算所得结果中,“+”值表示 BS 升高;“–”值表示 BS 降低。

五、注意事项

1. 剪家兔耳毛时，先用水润湿后再剪，要求耳缘静脉四周要剪干净，否则取血时容易引起溶血。

2. 选用腹部皮肤作胰岛素和肾上腺素皮下注射，一只手轻轻提起腹部皮肤，另一只手持注射器以 45° 进针，针头不要刺入腹腔，更不要穿破皮肤注射到体外。

3. 考虑到饥饿后再注射胰岛素，可能使家兔血糖过低引起痉挛，发生胰岛素性休克（低血糖休克），因此，从注射胰岛素的家兔取血后，宜立即向家兔皮下注射 40% 葡萄糖溶液 10 ml。

4. 采血后应及时将血清与血细胞分离，以免血清中葡萄糖被细胞利用而降低。

5. 血糖测定应在 2 h 内完成，血液放置过久，糖类容易氧化分解，致使含量降低。

6. 因用血量甚微，操作中应直接加样本至试剂中，再吸试剂反复冲洗吸管，以保证结果可靠。

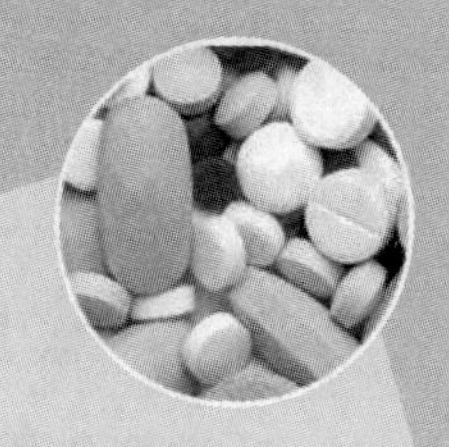

第八章 脂类代谢

学习目标

知识目标

1. 掌握：脂肪动员，脂肪酸的β氧化，酮体的代谢，血浆脂蛋白的分类和生理功能，胆固醇的代谢。
2. 熟悉：脂类的化学，甘油的氧化，脂肪酸的合成。
3. 了解：脂类的分布及生理功能，磷脂的代谢，血浆脂蛋白的代谢。

技能目标

1. 学会运用胆固醇代谢特点分析降脂药物作用机制；运用血浆脂蛋白代谢知识理解高脂血症分型。
2. 具有指导高脂血症患者科学用药、合理饮食的能力。

案例导入

［案例］ 患者，男，58岁，单位体检时发现血清总胆固醇6.35 mmol/L，三酰甘油4.8 mmol/L，低密度脂蛋白4.53 mmol/L。患者体型肥胖，自述血压升高6年，最高达180/110 mmHg（1 mmHg=0.133 kPa），一直规律服用氨氯地平及美托洛尔治疗，血压控制在130/80 mmHg左右。诊断：①高血压3级极高危组；②混合型高脂血症。医嘱：①低盐、低脂饮食，加强运动，控制体重；②抗血小板治疗，阿司匹林；③降压治疗，继续服用降压药，定期检测；④降脂治疗，阿托伐他汀20 mg/d，睡前服用，定期复查血脂。

［讨论］

1. 高脂血症的诊断依据是什么？
2. 分析总胆固醇和三酰甘油升高易引发何种疾病？
3. 试述阿托伐他汀治疗高脂血症的生化机制及睡前服用的原理。
4. 请给予患者科学的饮食习惯和正确的生活方式指导。

第一节　脂类的化学

一、脂类的概念和分类

脂类（lipids）是一类不溶于水而易溶于乙醚、三氯甲烷等有机溶剂的有机化合物。按照化学结构及其组成，脂类可分为脂肪（fat）和类脂（lipoid）。脂肪在人体内受膳食、运动、营养、疾病等因素影响变动幅度大，因具有储存能量的功能，被称为可变脂或储存脂。类脂又称固定脂或基本脂，包括磷脂（phospholipid，PL）、糖脂（glycolipid，GL）、游离胆固醇（cholesterol，Ch）和胆固醇酯（cholesterol ester，CE）等，后两者合称总胆固醇（TC）。按照化学组成，脂类又分为3大类。①单纯脂类：由脂肪酸与醇组成，包括脂肪、油、蜡；②复合脂类：由单脂和非脂分子组成，包括磷脂、糖脂等；③衍生脂：由单脂和复合脂衍生而来或与之相关，具备脂类的性质，包括萜类、固醇等。

二、脂类的化学与代谢

（一）脂肪酸

脂肪酸（fatty acid，FA）是脂类的基本组成成分，其元素组成特点是富含碳和氢，天然脂类中的脂肪酸所含的碳原子数目大多数是偶数。根据碳原子数目的不同，脂肪酸可分为短链脂肪酸（<6 C）、中链脂肪酸（6~10 C）和长链脂肪酸（>12 C），人体内主要以软脂酸（16 C）和硬脂酸（18 C）为主；根据烃基中是否含有双键分为饱和脂肪酸和不饱和脂肪酸（含双键）。饱和脂肪酸链含氢量已满，在室温下多呈现固态，如牛油、猪油等。脂肪酸不饱和度越高，在室温下就越容易呈液态，如红花油、橄榄油等。根据机体能否合成脂肪酸又可分为必需脂肪酸和非必需脂肪酸。

H_3C　　　　　　　　　　　　COOH

软脂酸

知识拓展

顺式脂肪酸和反式脂肪酸

从化学结构来讲，反式脂肪酸（trans fatty acid，TFA）是含有反式非共轭双键结构不饱和脂肪酸的总称。如果与双键上2个碳原子结合的2个氢原子在碳链的同侧，空间构象呈弯曲状，称顺式不饱和脂肪酸，这是自然界绝大多数不饱和脂肪酸的存在形式。反之，如果与双键上2个碳原子结合的2个氢原子分别在碳链的两侧，空间构象呈线形，则称为反式不饱和脂肪酸。

氢化植物油是TFA最主要的食物来源。以不饱和脂肪酸为主的植物油在加氢硬化过程中，一部分不饱和脂肪酸从顺式转变成反式。氢化植物油呈固体状态，与普通植物油相比更加稳定，可以使食品口感更好，外观更美观；与动物油相比其价格更低廉。所有含有氢化油或者使用氢化油炸过的食品都含有反式脂肪酸，如人造黄油、人造奶油、西式糕点、薯片、炸薯条、珍珠奶茶等。另外，许多人烹调时习惯将油加热到冒烟，导致TFA的产生。一些反复煎炸食物的油，所含的TFA也是越积越多。

研究表明，TFA导致心血管疾病的概率是饱和脂肪酸的3~5倍。另外，TFA的长期摄入还易导致糖尿病和阿尔茨海默病等疾病的发生。因此我们应该少食或不食油炸、烧烤等食品，避免高温炒菜，以减少TFA的摄入，避免它对我们身体健康造成危害。

（二）脂肪

脂肪由1分子甘油和3分子脂肪酸通过酯键相连而生成，故又称三酰甘油（triglyceride，TG）。式中R_1、R_2、R_3为各种脂肪酸的烃基。三酰甘油中的脂肪酸如果是饱和脂肪酸，则在室温下呈固态，常称为脂肪；如果是不饱和脂肪酸，则在室温下呈液态，常称为油。纯净的脂肪是无色、无臭、无味的液体或固体，难溶于水，易溶于有机溶剂。

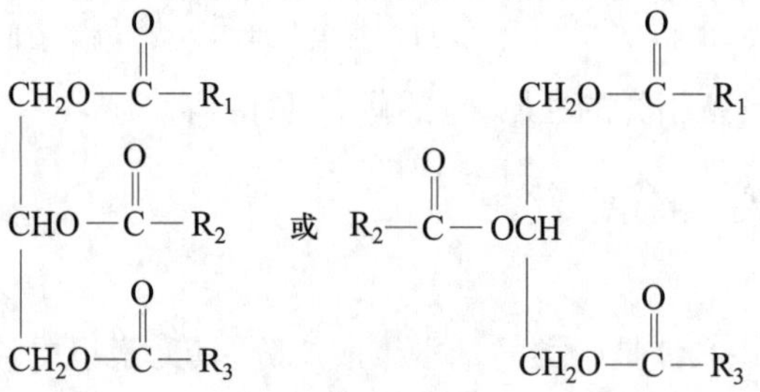

$$
\begin{array}{l}
CH_2O-\overset{O}{\overset{\|}{C}}-R_1\\
|\\
CHO-\overset{O}{\overset{\|}{C}}-R_2\\
|\\
CH_2O-\overset{O}{\overset{\|}{C}}-R_3
\end{array}
\quad \text{或} \quad
\begin{array}{r}
CH_2O-\overset{O}{\overset{\|}{C}}-R_1\\
|\\
R_2-\overset{O}{\overset{\|}{C}}-OCH\\
|\\
CH_2O-\overset{O}{\overset{\|}{C}}-R_3
\end{array}
$$

三酰甘油

1. 水解和皂化反应　脂肪能在酸或酶的作用下水解生成甘油和脂肪酸。如果在碱液中水解则称皂化反应，产生甘油和脂肪酸盐（俗称肥皂）。水解1 g脂肪所消耗氢氧化钾的质量（mg）称为皂化值。皂化值越高，说明脂肪酸分子量越小，亲水性较强，失去油脂的特性；皂化值越低，则脂肪酸分子量越大或含有较多的不皂化物，油脂接近固体，难以注射和吸收。

2. 酸败和酸值　脂肪长期在光和热的作用下，会发生水解反应产生游离脂肪酸，其中不饱和脂肪酸被氧化断裂生成醛、酮及低分子量脂肪酸，从而产生臭味，这种现象称为酸败。中和 1 g 油脂中游离脂肪酸所消耗的氢氧化钾的质量(mg)，称为酸值。它是衡量油脂质量的指标之一。

3. 氢化　指三酰甘油中的不饱和双键与氢发生加成反应，从而转化成饱和脂肪酸含量较多的油脂。这一过程可使液态的油变成半固态或固态的脂肪，所以油脂的氢化又称油脂的硬化。

4. 碘值　100 g 脂肪所能吸收碘的质量(g)称为碘值。碘值越大，脂肪的不饱和程度越高。

《中华人民共和国药典》(2020 年版)规定，注射用油的质量标准是：①无异臭，无酸败味；色泽不得深于规定的标准比色液；在 10 ℃时应保持澄明。②碘值为 78~128。③皂化值为 185~200。④酸值不大于 0.56。

(三) 蜡

天然蜡的主要成分是高级脂肪酸与高级一元醇形成的单酯，其中最常见的酸是软脂酸和廿六碳酸，最常见的醇是十六碳醇、廿六碳醇及三十碳醇。常温下蜡是固体，能溶于醚、苯、三氯甲烷等有机溶剂。蜡在理化性质上与中性脂肪很相似，但更稳定一些，表现在既不被脂肪酶所水解，也不易酸败和皂化。

蜡根据来源可分为动物蜡、植物蜡、矿物蜡及合成蜡等。动物蜡多是昆虫分泌物，如白蜡、蜂蜡等。蜂蜡是蜜蜂的分泌物，其主要成分为软脂酸蜂脂，极性小，不溶于水，制成蜡丸后在体内释放药物极缓慢，可延长药效。蜂蜡的熔点为 62~65 ℃，因此制备栓剂时，加入适量蜂蜡能提高基质可可豆油的熔点；蜂蜡与芝麻油的融合物可作蜜丸的润滑剂。

(四) 类脂

1. 磷脂　磷脂是分子中含有磷酸基的类脂，结构与脂肪相似。根据所含醇的不同，磷脂分为甘油磷脂和神经鞘磷脂。甘油磷脂有高度极性的头部及疏水性较强的尾部，是生物膜的重要组成成分。甘油磷脂结构中磷酸基团上另一端的羟基可被一些含氮碱基取代，形成一系列不同的甘油磷脂。如果取代基是肌醇则称磷脂酰肌醇，它在磷脂酶作用下，水解为脂肪酸、肌醇三磷酸(IP_3)、磷脂酸(PA)和二酰甘油(DAG)。IP_3、PA、DAG 是细胞信号转导的第二信使，可将细胞外部各种信号转导到细胞内，引发一系列级联反应。

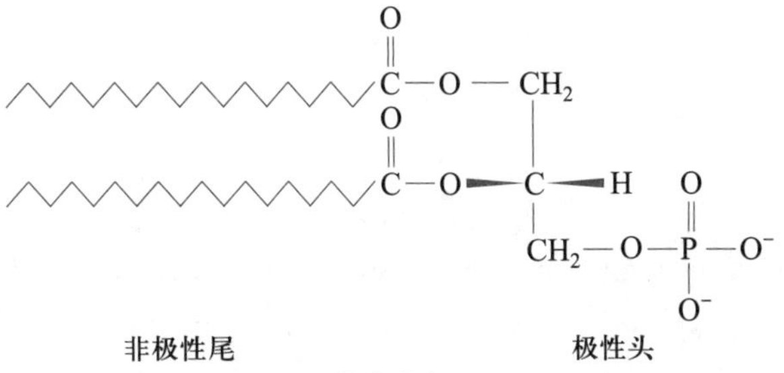

非极性尾　　极性头

甘油磷脂

2. 类固醇　指固醇及其衍生物，包括游离固醇、固醇酯、胆汁酸、维生素 D 和类固醇激素等。天然固醇都是环戊烷多氢菲的衍生物,在动物中以胆固醇为代表,植物中以麦角固醇为代表。胆固醇在神经组织和肾上腺中含量特别丰富,约占脑固体物质的17%。麦角固醇最初是从麦角中提取,因此而得名。它不会像动物胆固醇一样被人和动物有效地吸收,相反,被摄入的植物胆固醇可以抑制对动物胆固醇的吸收,因此可以降低血胆固醇浓度,有效预防动脉粥样硬化。胆汁盐是脂肪良好的乳化剂,能降低水和油脂的表面张力,使之乳化成微粒(乳化肠腔内油脂,增加脂肪酶作用位点),有利于脂肪的消化。

三、脂类的生物学功能

(一) 脂肪的功能

1. 储能和供能 这是脂肪的主要功能。脂肪是人体在饥饿或禁食条件下的主要供能物质,还是人体内最有效的储能形式,表现在,同等质量的糖类、脂肪和蛋白质氧化分解,脂肪所释放的能量远高于糖类和蛋白质。1 g 脂肪彻底氧化产生 38 kJ 能量,而 1 g 糖类或蛋白质氧化只产生 17 kJ 能量。

2. 提供必需脂肪酸 必需脂肪酸(essential fatty acid,EFA)是指机体生命活动必需,但自身不能合成,必须从食物中摄取的一类脂肪酸,均为不饱和脂肪酸,包括亚油酸、亚麻酸和花生四烯酸等。必需脂肪酸对于大脑、神经系统、免疫系统、心血管系统和皮肤功能维持来说是必需的,但摄入过多,可使体内的氧化物、过氧化物等增加,同样对机体产生多种慢性危害。

除此之外,脂肪还有促进脂溶性维生素吸收、保温、保护内脏器官等功能。

(二) 类脂的功能

1. 维持正常生物膜的结构与功能 磷脂和胆固醇是生物膜如细胞膜、线粒体膜等的重要组分。磷脂有极性的头部和疏水的尾巴,其亲水的头部朝外,疏水的尾巴朝内,构成生物膜脂质双分子层结构的基本骨架,为细胞提供了通透性屏障。

2. 转变成多种生理活性物质 胆固醇在体内可转变成胆汁酸、维生素 D、类固醇激素等具有重要生理功能的物质。花生四烯酸可转变成前列腺素、血栓素、白三烯等物质,参与炎症、免疫、过敏等重要病理生理过程。

3. 构成血浆脂蛋白 脂蛋白是血脂的运输形式。磷脂单分子层与胆固醇组成脂蛋白的外壳,里面包裹着三酰甘油和胆固醇酯,使不溶于水的脂类以可溶的形式在血液中运输。

知识拓展

新生儿肺透明膜病

新生儿肺透明膜病(hyaline membrane disease of newborn,HMD)又称新生儿呼吸窘迫综合征(neonatal respiratory distress syndrome,NRDS),是由于缺乏肺表面活性物质所致。临床表现为出生后不久出现进行性加重的呼吸窘迫和呼吸衰竭。肺表面活性物质是由肺泡上皮细胞合成和分泌的一种磷脂蛋白混合物,其中含磷脂 90%。肺泡表面活性物质对新生儿正常肺功能的维护起着重要作用，可以降低肺泡液气平面的张力，防止呼气末肺塌陷。患者多为早产儿，病情严重的婴儿多在3天内死亡，以出生后第二天病死率最高。

四、脂类的消化与吸收

食物中的脂类主要为脂肪，其消化主要在小肠上段进行，吸收主要在十二指肠下段及空肠上段。

首先，胆汁中的胆汁酸盐将脂类物质乳化并分散为细小的微团，利于消化酶的作用。中链脂肪酸（6~10 C）及短链脂肪酸（2~4 C）构成的三酰甘油，经胆汁酸盐乳化后即可被吸收至肠黏膜细胞，然后在脂肪酶的作用下，水解为脂肪酸及甘油，经门静脉进入血液循环。长链脂肪酸（12~26 C）构成的三酰甘油在胰脂酶催化下水解生成1分子单酰甘油和2分子脂肪酸。单酰甘油和脂肪酸被吸收入肠黏膜细胞后，在细胞内再合成甘油，与载脂蛋白结合以乳糜微粒（CM）形式经淋巴进入血液循环。

第二节　脂肪的代谢

案例导入

［案例］ 患者，女，53岁，患糖尿病8年，5天前感冒并咳嗽，未及时治疗，因呼吸急促，意识不清入院。检查：血糖20.28 mmol/L、酮体(+++)、尿糖(++++)，呼吸中有“烂苹果”气味。诊断为“糖尿病、糖尿病酮症酸中毒”。

［讨论］

1. 糖尿病酮症酸中毒的诊断依据是什么？
2. 试述糖尿病酮症酸中毒的生化机制。
3. 分析患者呼吸中有“烂苹果”气味的原因。

一、脂肪的分解代谢

（一）脂肪动员

脂肪动员是指储存在脂肪细胞中的三酰甘油被脂肪酶逐步水解，生成甘油和游离脂肪酸（free fatty acid，FFA）并释放入血，经血液循环运输到其他组织被氧化利用的过程。

当禁食、饥饿或交感神经兴奋时，脂肪细胞中的三酰甘油脂肪酶被激活，水解三酰甘油成二酰甘油和游离脂肪酸。二酰甘油被二酰甘油脂肪酶分解为单酰甘油和脂肪酸，单酰甘油再被单酰甘油脂肪酶分解为甘油和脂肪酸（图8–1）。三酰甘油脂肪酶活性最低，是脂肪动员的限速酶，其活性受多种激素的调控，故称激素敏感性三酰甘油脂肪酶。肾上腺素、去甲肾上腺素、胰高血糖素、促肾上腺皮质激素等能促进脂肪动员，被称为脂解激素。胰岛素、前列腺素E_2能抑制脂肪动员，被称为抗脂解激素。

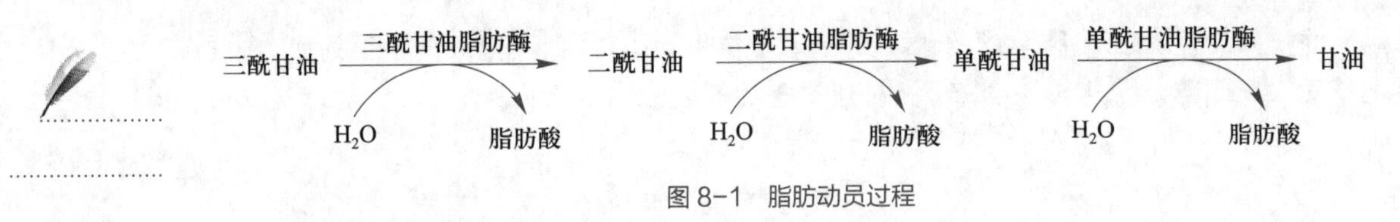

图 8-1 脂肪动员过程

通过脂肪动员，三酰甘油被分解为甘油和游离脂肪酸。脂肪酸不溶于水，与清蛋白结合后经血液运至全身各组织；甘油溶于水，直接由血液运至各组织利用。

（二）甘油的代谢

甘油在甘油激酶催化下转变为 α- 磷酸甘油，继续由 α- 磷酸甘油脱氢酶催化生成磷酸二羟丙酮后，既可沿糖异生途径转变为糖类，也可循糖代谢途径分解（图 8-2）。因此，甘油是糖异生的原料。脂肪细胞及骨骼肌细胞缺乏甘油激酶，不能利用甘油。

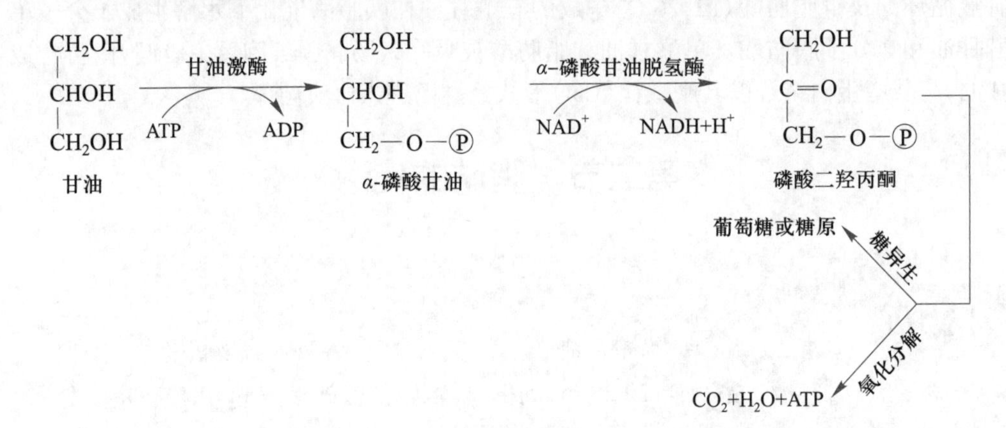

图 8-2 甘油的氧化

（三）脂肪酸的氧化

脂肪酸的氧化分解

考点提示

脂肪酸氧化的步骤。

脂肪酸是机体的重要能源物质，在氧气充足的条件下，脂肪酸可彻底氧化分解为 CO_2 和 H_2O 并产生大量 ATP 供机体利用。除脑组织和成熟的红细胞，大多数组织都能氧化利用脂肪酸，但以肝和肌肉组织最为活跃。

1. 脂肪酸活化为脂酰 CoA　脂肪酸的活化在细胞液中进行。心、肝、骨骼肌等细胞的内质网和线粒体外膜上均含有脂酰 CoA 合成酶，可催化脂肪酸生成脂酰 CoA（图 8-3）。上述反应由 ATP 供能，产生 AMP 和焦磷酸（PPi），实际消耗了 2 个高能磷酸键。脂肪酸活化后不仅含有高能硫酯键，而且水溶性增加，代谢活性相应提高。

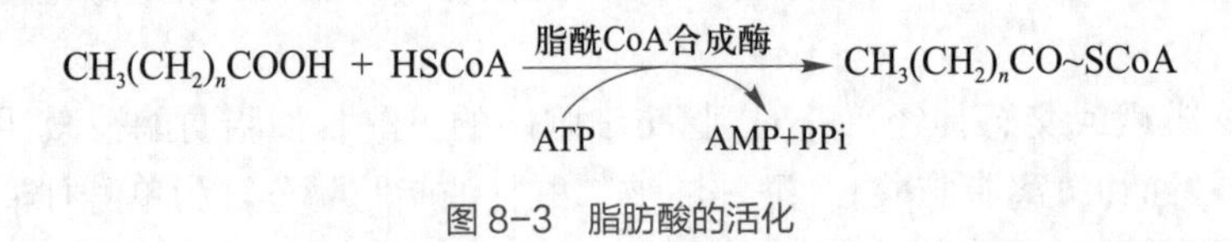

图 8-3 脂肪酸的活化

2. 脂酰 CoA 经肉碱转运进入线粒体　脂肪酸的活化在细胞液中进行，而催化脂酰 CoA 氧化的酶系存在于线粒体基质内，因此活化的脂酰 CoA 必须进入线粒体内才能氧化分解。长链脂酰 CoA 不能直接透过线粒体内膜，需要肉碱的转运才能进入线粒体

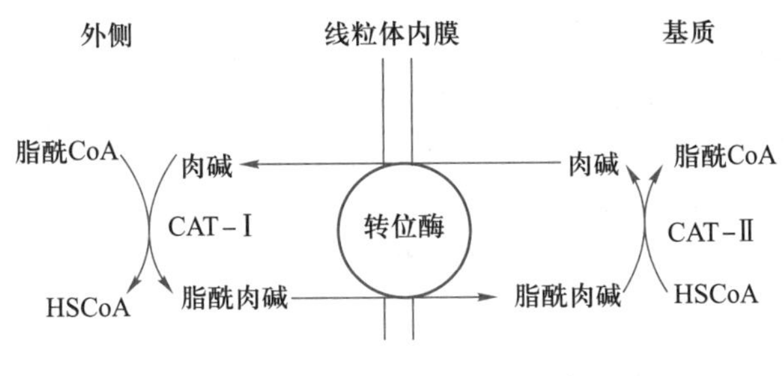

图 8-4 脂酰 CoA 进入线粒体

基质(图 8-4)。该过程是脂肪酸氧化的主要限速步骤,肉毒碱脂酰转移酶Ⅰ(CAT-Ⅰ)是限速酶。当饥饿、高脂低糖膳食或糖尿病等情况时,机体不能利用葡萄糖获取能量,这时 CAT-Ⅰ活性增加,脂肪酸氧化增强。相反,饱食后,CAT-Ⅰ活性受抑制,脂肪酸氧化减少。

知识拓展

左旋肉碱与减肥

左旋肉碱(L-carnitine),又称 L-肉碱,是一种能促进脂肪酸进入线粒体氧化分解的类氨基酸。脂肪酸不能透过线粒体膜,需要肉碱作为载体将其运送至线粒体彻底氧化分解。所以,额外补充肉碱可以提高单位时间内输送至线粒体的脂肪酸量,有利于氧化消耗掉更多的脂肪。问题在于,脂肪在机体中并不会轻易分解,只有当糖类提供的能量不足以满足机体需要时才分解。所以,如果不进行运动,单靠补充肉碱进行减肥,效果微乎其微。

红色肉类是左旋肉碱的主要来源,机体还可通过自身合成来满足生理需要。所以,在正常情况下我们不会缺乏肉碱。但是水果、蔬菜或其他植物中不含肉碱,所以严格素食者绝对缺乏肉碱。

3. 脂肪酸 β 氧化产生乙酰 CoA　脂酰 CoA 在脂肪酸 β 氧化多酶体系的催化下,从脂酰基的 β 碳原子开始,经脱氢、加水、再脱氢、硫解 4 步连续反应,生成 1 分子乙酰 CoA 和比原来少 2 个碳原子的脂酰 CoA(图 8-5)。

考点提示

脂肪酸 β 氧化的步骤和能量生成。

(1) 脱氢:在脂酰 CoA 脱氢酶的催化下,脂酰 CoA 的 α- 碳原子和 β- 碳原子各脱下 1 个 H^+,生成反 Δ^2- 反烯脂酰 CoA,脱下的 $2H^+$ 由 FAD 接受生成 $FADH_2$,随后进入 $FADH_2$ 氧化呼吸链产生 1.5 分子 ATP。

(2) 加水:Δ^2- 反烯脂酰 CoA 在水化酶的催化下,加水生成 L-β- 羟脂酰 CoA。

(3) 再脱氢:在 β- 羟脂酰 CoA 脱氢酶的催化下,L-β- 羟脂酰 CoA 脱下 $2H^+$ 生成 β- 酮脂酰 CoA,脱下的 H^+ 由 NAD^+ 接受,生成 $NADH+H^+$,随后进入 NADH 氧化呼吸链产生 2.5 分子 ATP。

(4) 硫解:在 β- 酮脂酰 CoA 硫解酶的催化下,β- 酮脂酰 CoA 从 α- 碳原子和 β- 碳原子之间断裂,生成 1 分子乙酰 CoA 和少 2 个碳原子的脂酰 CoA。

以上 4 步反应反复进行,偶数碳饱和脂肪酸可全部转变成乙酰 CoA,一部分在线粒体内通过三羧酸循环彻底氧化,一部分在线粒体内缩合生成酮体,通过血液运送至肝外

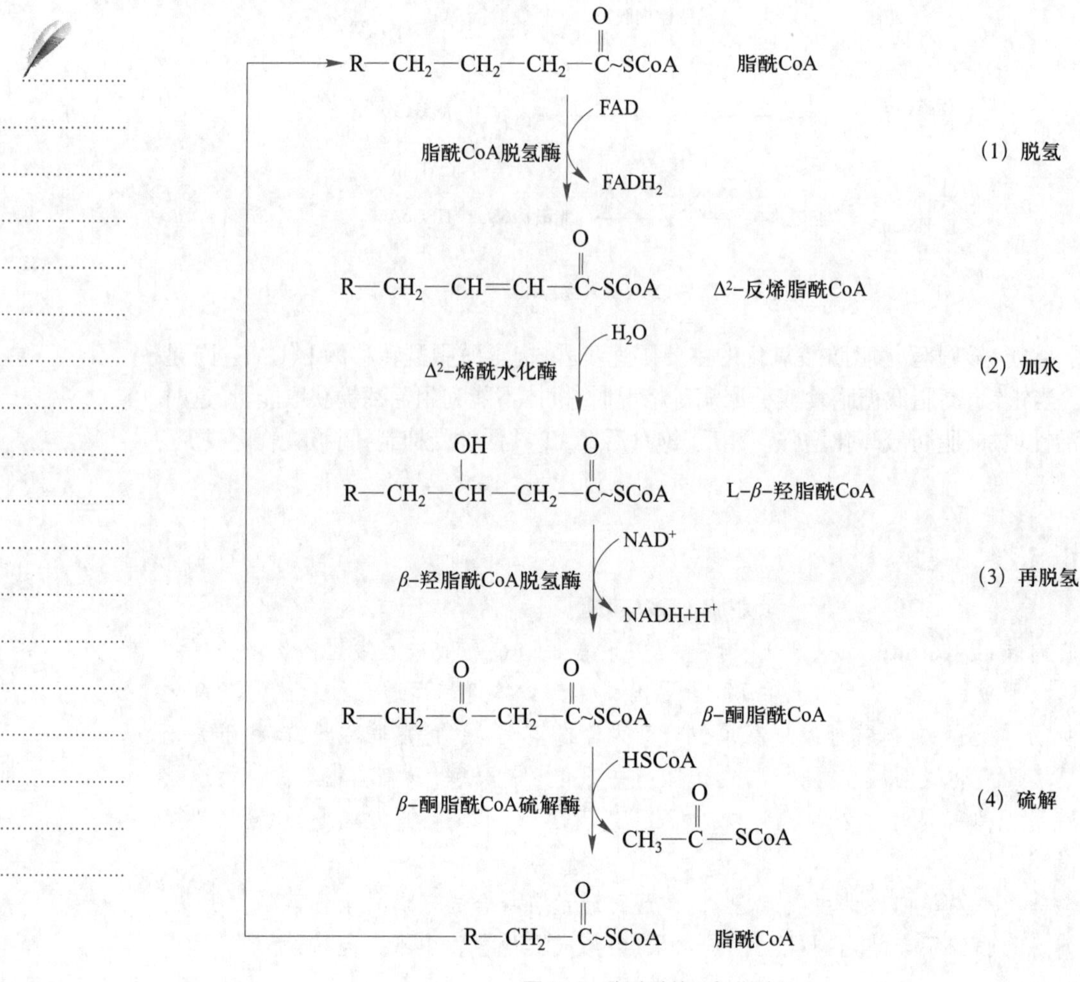

图 8-5 脂肪酸的 β 氧化过程

氧化利用。

4. 乙酰 CoA 进入三羧酸循环彻底氧化 乙酰 CoA 进入三羧酸循环彻底氧化分解，生成 CO_2、H_2O 和 ATP。

5. 脂肪酸氧化的能量生成 以 16 碳的软脂酸为例，在细胞液中活化为软脂酰 CoA，消耗 2 分子 ATP，然后，软脂酰 CoA 经 7 次 β 氧化产生 8 分子乙酰 CoA 和 28 分子 ATP，随后 8 分子乙酰 CoA 进入三羧酸循环产生 80 分子 ATP。因此，软脂酸彻底氧化分解净生成的 ATP 分子数为：28+80−2=106（表 8-1）。

表 8-1 1 分子软脂酸彻底氧化净生成的 ATP 数

代谢过程	生成的 ATP 分子数
活化	−2
7 次 β 氧化	+(7 × 4)=28
8 分子乙酰 CoA 进入三羧酸循环	+(8 × 10)=80
合计	+106

注："+"表示生成，"−"表示消耗。

含 n 个碳原子(n 为偶数)的脂肪酸若氧化分解，包括如下与能量产生有关的步骤。①活化：消耗 2 个高能磷酸键，相当于 2 分子 ATP。②β 氧化：活化产物脂酰 CoA 经 $\left(\frac{n}{2}-1\right)$ 次 β 氧化完全转变为 $\frac{n}{2}$ 分子乙酰 CoA。一次 β 氧化生成 1 分子 $FADH_2$ 和 1 分子 $NADH+H^+$，它们分别进入 $FADH_2$ 及 NADH 氧化呼吸链各产生 1.5 分子和 2.5 分子 ATP，即一次 β 氧化共生成 4 分子 ATP，故此阶段共生成的 ATP 数为 $\left(\frac{n}{2}-1\right)\times 4=2n-4$。③三羧酸循环：一次三羧酸循环产生 10 分子 ATP，$\frac{n}{2}$ 分子乙酰 CoA 共产生 $5n$ 分子 ATP。因此，含 n 个碳原子的脂肪酸彻底氧化净生成的 ATP 数是：$(2n-4)+5n-2=7n-6$。

二、酮体的生成和利用

乙酰乙酸、β- 羟丁酸和丙酮 3 种物质合称为酮体(ketone body)，是脂肪酸在肝细胞分解氧化时产生的特有的中间产物。

考点提示
酮体的概念和代谢特点。

(一) 酮体在肝内产生

酮体合成的部位为肝细胞的线粒体，合成原料来自脂肪酸 β 氧化产生的乙酰 CoA，合成过程可分 3 步进行(图 8-6)。

1\. 生成乙酰乙酰 CoA　两分子乙酰 CoA 在硫解酶的催化下生成乙酰乙酰 CoA。

2\. 生成 β- 羟甲戊二酸单酰 CoA (HMG-CoA)　在 HMG-CoA 合酶的催化下，乙酰乙酰 CoA 与 1 分子乙酰 CoA 缩合生成 HMG-CoA。HMG-CoA 合酶是酮体合成的限速酶，也是肝特有的合成酮体的酶。

3\. 生成酮体　在 HMG-CoA 裂解酶作用下，HMG-CoA 裂解生成乙酰乙酸和乙酰 CoA。在 β- 羟丁酸脱氢酶作用下，乙酰乙酸加氢还原成 β- 羟丁酸。部分乙酰乙酸在乙酰乙酸脱羧酶的催化下脱羧变成丙酮。

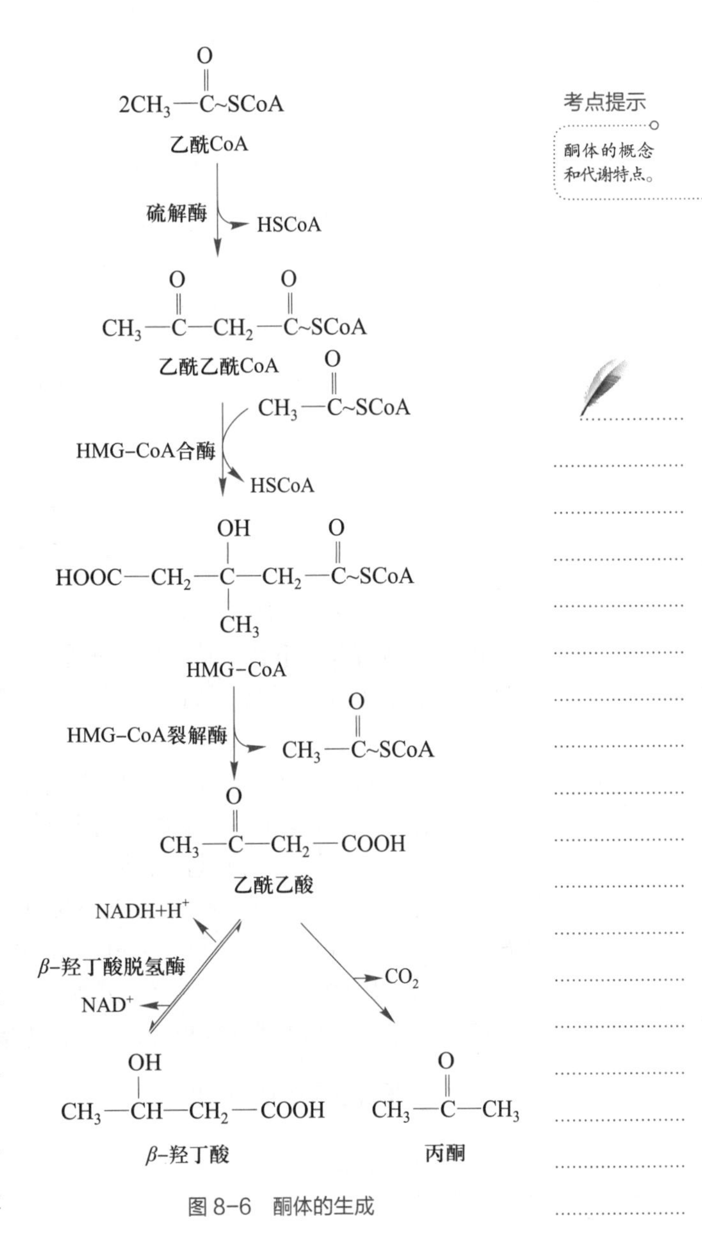

图 8-6　酮体的生成

(二) 酮体在肝外利用

肝虽能合成酮体，但氧化酮体的酶活性很低，而肝外的许多组织则可将酮体裂解成乙酰 CoA，再通过三羧酸循环彻底氧化分解供能。因此酮体代谢具有“肝内产生肝外利用”的特点。

在心、肾、脑及骨骼肌的线粒体内有琥珀酰 CoA 转硫酶，心、肾及脑的线粒体内有乙酰乙酸硫激酶，它们均催化乙酰乙酸活化生成乙酰乙酰 CoA，后者在乙酰乙酰硫解酶作用下，转变为 2 分子乙酰 CoA，进入三羧酸循环氧化分解（图 8-7）。

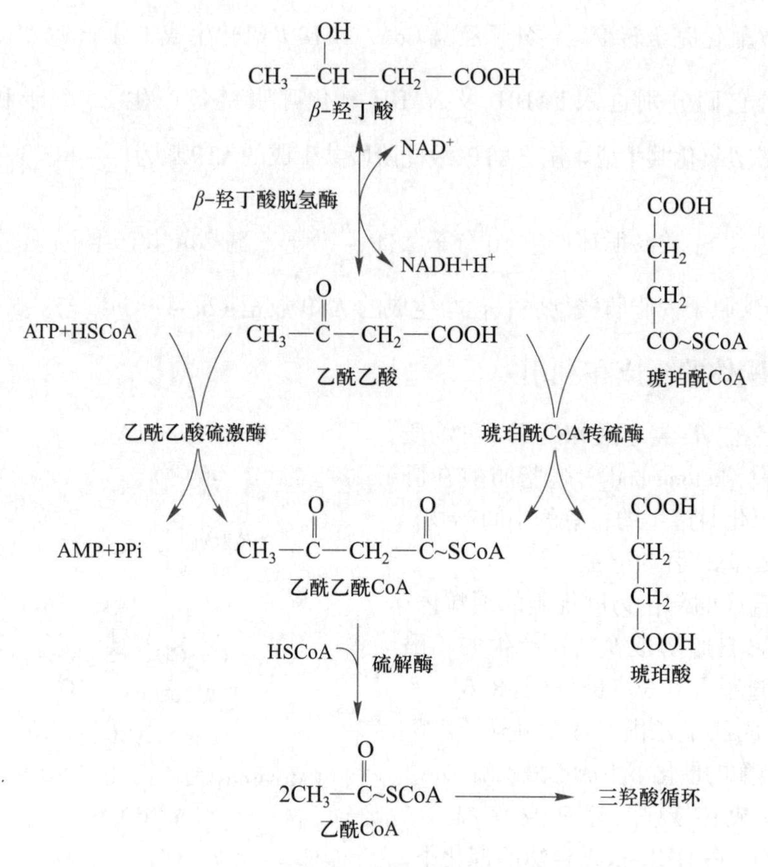

图 8-7 酮体的利用

β- 羟丁酸在 β- 羟丁酸脱氢酶的催化下，脱氢生成乙酰乙酸氧化分解。部分丙酮则在一系列酶催化下转变成丙酮酸或乳酸。丙酮可随尿排出，或经呼吸道呼出。丙酮呈烂苹果味，因此严重糖尿病患者呼吸中常有"烂苹果"的味道。

（三）酮体代谢的生理意义

考点提示

酮体代谢的生理意义。

酮体是脂肪酸在肝内正常代谢的中间产物，也是肝输出的一种能源物质。正常情况下，大脑以葡萄糖作为能源物质，但糖类供应不足如长期饥饿时，肝合成酮体增多。酮体溶于水，分子小，易透过血脑屏障，可代替葡萄糖成为脑组织的主要能源。

正常人血中仅含有少量酮体，为 0.03~0.5 mmol/L（0.3~5 mg/dl）。在高脂低糖膳食或严重糖尿病时，脂肪动员加强，脂肪酸在肝内分解增多，酮体生成增加，超过肝外组织利用的能力，引起血中酮体增多，称为酮血症。尿中出现酮体称为酮尿症。由于酮体中的乙酰乙酸、β- 羟丁酸是有机酸，血中含量过高会导致酮症酸中毒。

三、脂肪的合成代谢

（一）合成部位

肝、脂肪细胞及小肠是合成脂肪的主要场所，以肝的合成能力最强。肝合成脂肪后需以极低密度脂蛋白形式运出，否则在肝内堆积，易形成脂肪肝。小肠合成脂肪的原料来源于肠道消化脂肪的产物，合成后以乳糜微粒形式经淋巴进入血液循环。

（二）合成原料

脂肪的合成需要 α- 磷酸甘油和活化的脂肪酸即脂酰 CoA 作为原料，两者主要由糖代谢提供。因此，即使完全不经人体摄入，脂肪亦可由糖大量合成。

（三）α- 磷酸甘油的合成

α- 磷酸甘油是甘油的活化形式，主要有两个来源：①糖代谢的中间产物磷酸二羟丙酮，在 α- 磷酸甘油脱氢酶的催化下氧化生成 α- 磷酸甘油，这是 α- 磷酸甘油的主要来源；②食物中的甘油吸收进入体内后，经甘油激酶催化生成 α- 磷酸甘油（图 8-8）。

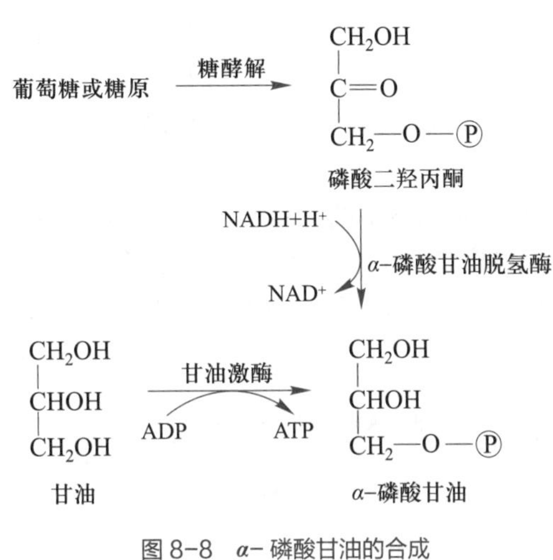

图 8-8 α- 磷酸甘油的合成

（四）脂肪酸的合成

考点提示：脂肪酸合成的原料、部位和限速酶。

1. 合成部位 肝是人体合成脂肪酸的主要场所，其合成能力较脂肪组织大 8~9 倍。脂肪酸合成酶系存在于细胞液中。

2. 合成原料 乙酰 CoA 是合成脂肪酸的主要原料，主要来自葡萄糖的有氧氧化。此外还需 NADPH 供氢，它来自戊糖磷酸途径。因此，糖类是脂肪酸合成原料的主要来源。

葡萄糖有氧氧化产生乙酰 CoA 的过程在线粒体内完成，而脂肪酸的合成在细胞液中完成，因此乙酰 CoA 必须穿出线粒体才能成为脂肪酸合成的原料。乙酰 CoA 不能自由出入线粒体内膜，此过程主要通过柠檬酸 - 丙酮酸循环完成（图 8-9）。首先，在线粒体内，乙酰 CoA 与草酰乙酸缩合形成柠檬酸，柠檬酸通过线粒体内膜上的载体转运至细胞液；在细胞液中，柠檬酸由柠檬酸裂解酶催化重新生成乙酰 CoA 和草酰乙酸。乙酰 CoA 用于脂肪酸的合成，草酰乙酸经苹果酸脱氢酶催化还原成苹果酸，经线粒体内膜上的特异载体进入线粒体。苹果酸也可在苹果酸酶的作用下分解为丙酮酸，再进入线粒体变成草酰乙酸，继续参与乙酰 CoA 的转运。

3. 软脂酸的合成 在细胞液中，以乙酰 CoA 为原料合成脂肪酸的过程并不是 β 氧化的逆过程，而是以丙二酸单酰 CoA 为基础的连续反应。

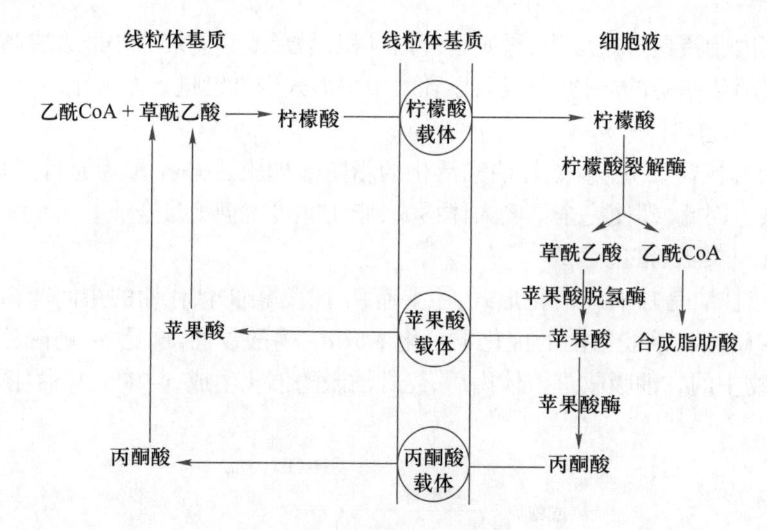

图 8-9 柠檬酸 - 丙酮酸循环

(1) 乙酰 CoA 羧化生成丙二酸单酰 CoA：在乙酰 CoA 羧化酶催化下，乙酰 CoA 羧化生成丙二酸单酰 CoA，ATP 提供能量，碳酸氢盐提供羧化过程所需的 CO_2。脂肪酸合成时，只有 1 分子乙酰 CoA 直接参与反应，其余的乙酰 CoA 均需以丙二酸单酰 CoA 的形式参与合成过程。

$$CH_3CO\sim SCoA \xrightarrow[HCO_3^- + ATP \quad ADP+Pi]{\text{乙酰CoA羧化酶（限速酶）}} HOOCCH_2CO\sim SCoA$$

乙酰 CoA 羧化酶存在于细胞液中，是软脂酸合成的限速酶，其辅酶为生物素，Mn^{2+} 为激活剂。此酶活性受体内物质代谢和膳食成分的调节和影响。

(2) 软脂酸合成酶系催化合成软脂酸：7 分子丙二酸单酰 CoA 与 1 分子乙酰 CoA 在软脂酸合成酶系的催化下合成软脂酸，由 NADPH 提供氢。

软脂酸合成碳链的延长过程是一个循环反应过程。每次循环包括 4 步反应：缩合、还原、脱水、再还原。每经过一次循环反应，碳链延长两个碳原子。7 次循环后即可生成 16 碳的软脂酸。人体内的软脂酸合成酶系是由一条多肽链构成的多功能酶，具有 8 个不同功能的结构域，包括 7 个不同酶功能的活性区域和 1 个酰基载体蛋白（ACP）结构。软脂酸合成的总反应式为：

$$CH_3CO\sim SCoA + 7HOOCCH_2CO\sim SCoA + 14(NADPH + H^+) \xrightarrow{\text{脂肪酸合成酶系}}$$
$$CH_3(CH_2)_{14}CO\sim SCoA + 6H_2O + 7CO_2 + 8HSCoA + 14NADP^+$$

4. 不同碳链长度的脂肪酸的合成　脂肪酸合成酶系只能催化生成十六碳的软脂酸，碳链长短不同的脂肪酸需要对软脂酸进行加工后才能获得。脂肪酸碳链的缩短在线粒体中经 β 氧化完成，延长可在内质网和线粒体中经脂酸延长酶体系催化完成。

(五) 三酰甘油的合成

三酰甘油主要在肝、脂肪细胞和小肠细胞的内质网中合成，原料是 α- 磷酸甘油和脂酰 CoA。首先，α- 磷酸甘油脂酰转移酶催化 α- 磷酸甘油加上 2 分子脂酰 CoA 生成磷脂酸。后者在磷酸酶的作用下，水解脱去磷酸生成二酰甘油，最后在二酰甘油脂酰转移酶催化下，再加上 1 分子脂酰 CoA，生成三酰甘油（图 8-10）。

视频：

三酰甘油的合成代谢

CH_2OH—CHOH—CH_2—O—Ⓟ（α-磷酸甘油）$\xrightarrow[2RCO\sim SCoA \rightarrow 2HSCoA]{\alpha\text{-磷酸甘油脂酰转移酶}}$ CH_2—O—CO—R / CH—O—CO—R / CH_2—O—Ⓟ（磷脂酸）$\xrightarrow[H_2O \rightarrow H_3PO_4]{\text{磷酸酶}}$

CH_2—O—CO—R / CH—O—CO—R / CH_2OH（二酰甘油）$\xrightarrow[RCO\sim SCoA \rightarrow HSCoA]{\text{二酰甘油脂酰转移酶}}$ CH_2—O—CO—R / CH—O—CO—R / CH_2—O—CO—R（三酰甘油）

图 8-10　三酰甘油的合成过程

第三节　类脂的代谢

类脂包括磷脂、糖脂、胆固醇和胆固醇酯。

一、磷脂的代谢

含有磷酸的脂类称为磷脂，按化学组成的不同可分为甘油磷脂和鞘磷脂。由甘油酯化产生的磷脂称甘油磷脂，由鞘氨醇构成的磷脂则称鞘磷脂。

视频：

磷脂的代谢

甘油磷脂是体内含量最多的一类磷脂，其结构与三酰甘油极为相似。两者的区别主要在于，甘油的第 3 位羟基若与脂肪酸相连则为三酰甘油，若与磷酸相连则为甘油磷脂。甘油磷脂的磷酸羟基还可被氨基醇（如胆碱、乙醇胺等）或肌醇等取代，形成不同类型的甘油磷脂（表 8-2）。体内含量最多的甘油磷脂是磷脂酰胆碱（卵磷脂）和磷脂酰乙醇胺（脑磷脂），约占总磷脂的 75%。

CH_2—O—CO—R_1 / R_2—CO—O—CH / CH_2—O—P(=O)(OH)—O—X

甘油磷脂

表 8-2 体内几种重要的甘油磷脂

X 取代基	磷脂名称
胆碱	磷脂酰胆碱（卵磷脂）
乙醇胺	磷脂酰乙醇胺（脑磷脂）
丝氨酸	磷脂酰丝氨酸
肌醇	磷脂酰肌醇
甘油的 C-1 和 C-3 分别与 1 分子磷脂酸结合	双磷脂酰甘油（心磷脂）

（一）甘油磷脂的合成

1. 合成部位　全身各组织细胞的内质网均含有甘油磷脂合成酶系，以肝、肾、小肠等活性最高。

考点提示

甘油磷脂生物合成的原料及消耗的高能化合物。

2. 合成原料　主要包括甘油、脂肪酸、磷酸盐、胆碱、乙醇胺和丝氨酸等，并需要 ATP、CTP 提供能量。甘油和脂肪酸主要由葡萄糖代谢产生。丝氨酸脱羧基变成乙醇胺，后者从 *S*-腺苷甲硫氨酸（SAM）得到 3 个甲基生成胆碱。因叶酸和维生素 B_{12} 参与 SAM 的生成，所以间接参与磷脂合成。

3. 合成过程　甘油磷脂的种类较多，合成过程也比较复杂，不仅不同磷脂的合成途径不同，而且同一种磷脂也可经不同的途径合成，同时有些磷脂还可在体内互相转变。

（1）胆碱和乙醇胺的生成和活化：胆碱和乙醇胺均可在体内合成，然后依次消耗 ATP 和 CTP，最终活化为 CDP-胆碱和 CDP-乙醇胺，才能参与合成反应（图 8-11）。

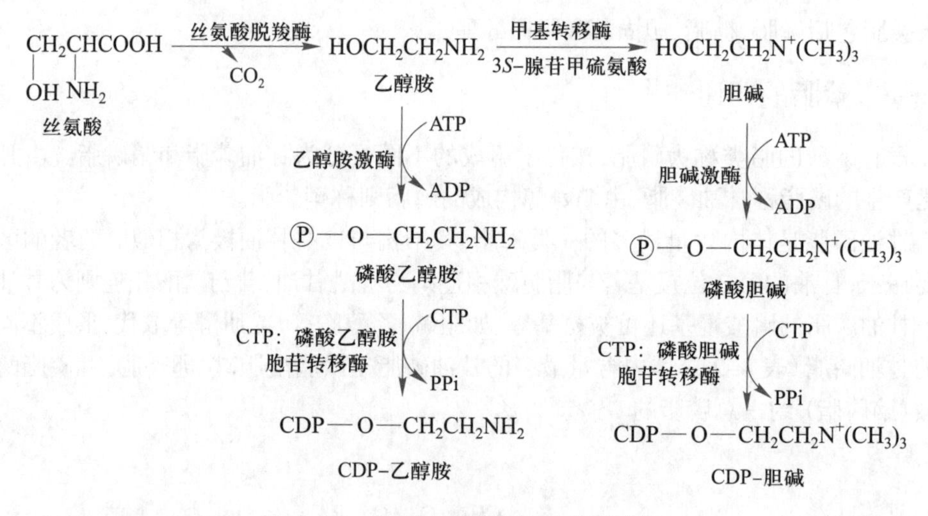

图 8-11 胆碱和乙醇胺的生成和活化过程

（2）磷脂酰胆碱和磷脂酰乙醇胺的生成：反应在内质网上进行，二酰甘油是合成的重要中间物。磷酸胆碱脂酰甘油转移酶催化二酰甘油与 CDP-胆碱反应生成磷脂酰胆碱，磷酸乙醇胺脂酰甘油转移酶催化二酰甘油和 CDP-乙醇胺生成磷脂酰乙醇胺。另外，磷脂酰乙醇胺也可甲基化变成磷脂酰胆碱（图 8-12）。

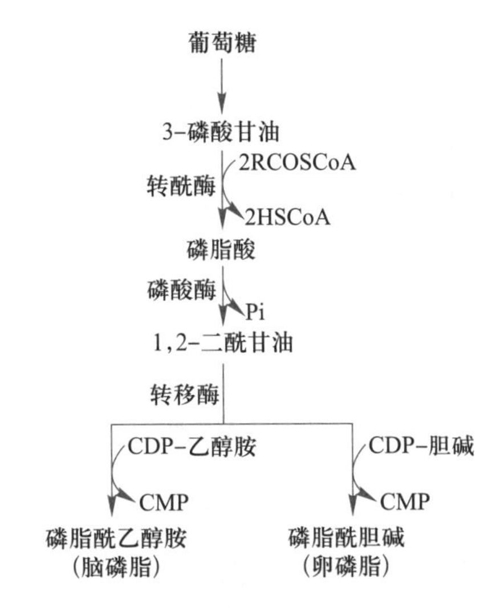

图 8-12 磷脂酰胆碱和磷脂酰乙醇胺的合成

(二) 甘油磷脂的分解

甘油磷脂的分解由磷脂酶催化完成。不同的磷脂酶作用于甘油磷脂分子中的不同酯键。磷脂酶 A_1 和磷脂酶 A_2 分别作用于甘油磷脂 1、2 位酯键，产生溶血磷脂；磷脂酶 B_1 和磷脂酶 B_2 分别作用于溶血磷脂 1、2 位酯键；磷脂酶 C 作用于 3 位磷酸酯键；磷脂酶 D 作用于磷酸取代基间的酯键(图 8-13)。

> 考点提示
> 催化甘油磷脂分解的酶。

溶血磷脂是一类具有较强表面活性的物质，能使红细胞及其他细胞膜破裂，引起溶血或细胞坏死。磷脂酶 A_2 存在于动物各组织的细胞膜及线粒体膜上，生理条件下可参与细胞膜磷脂转换；病理状态下，磷脂酶 A_2 过度表达，膜磷脂分解大于合成，溶血磷脂增多，导致膜功能改变。临床上急性胰腺炎的发病就是由于某种原因导致磷脂酶 A_2 活性升高，胰腺细胞受损。毒蛇唾液中含有磷脂酶 A_2，因此被毒蛇咬伤后可产生溶血症状。

二、胆固醇的代谢

胆固醇的名称源于它是最早从动物胆石中分离出的具有羟基的固醇类化合物。它的结构不同于三酰甘油和磷脂，是环戊烷多氢菲的衍生物。胆固醇在体内有两种存在形式，即游离胆固醇和胆固醇酯，游离胆固醇 C-3 位上的羟基与脂肪酸相连即称胆固醇酯。两者总量约为 140 g，主要分布于肾上腺、性腺及脑和神经组织，其次为肝、肾、肠、皮肤及脂肪组织，肌肉组织含量较少。

视频：

胆固醇的代谢

H_3C CH_3 CH_3 H_3C H_3C 3 HO

胆固醇

H_3C CH_3 CH_3 H_3C H_3C 3 RCOO

胆固醇酯

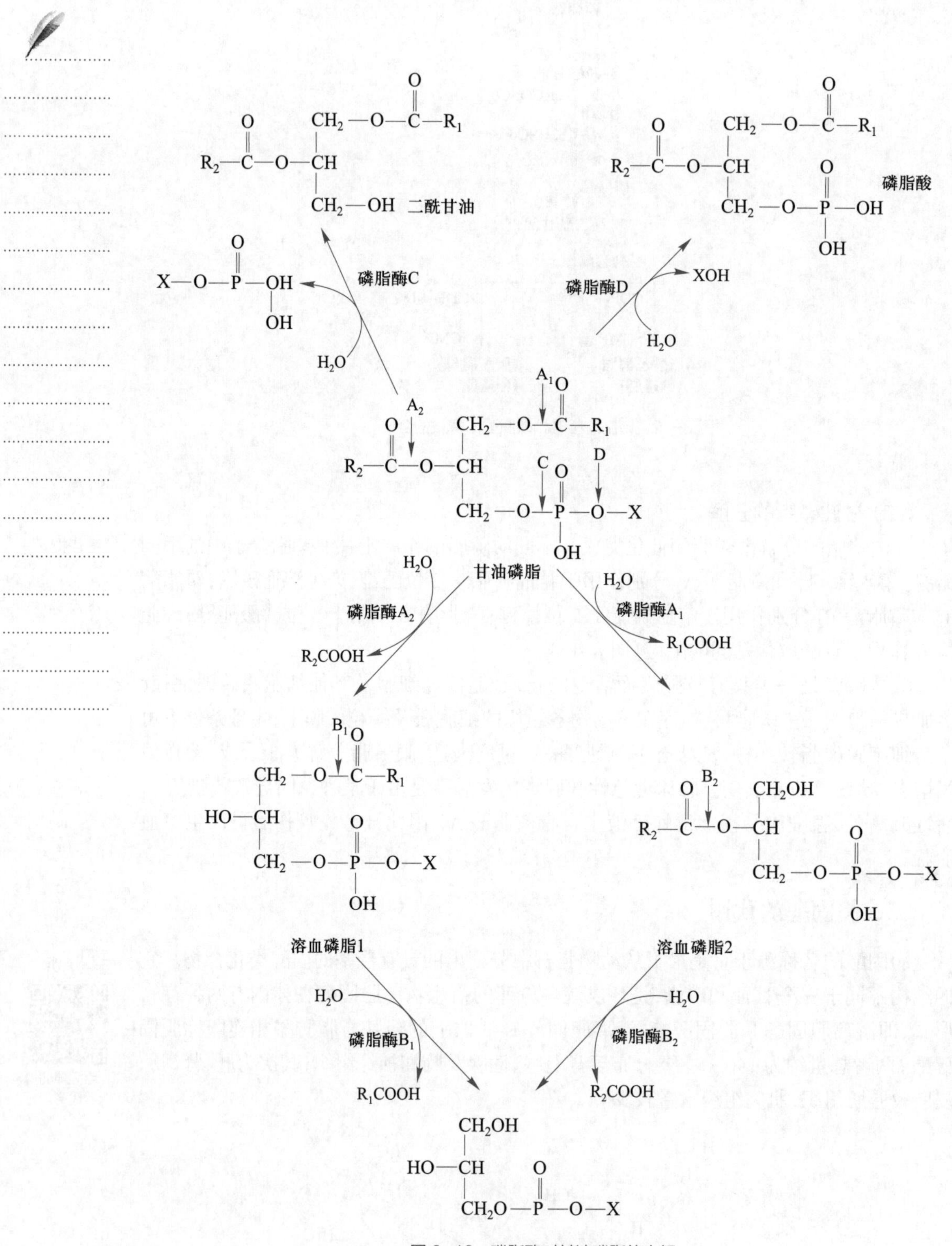

图 8-13　磷脂酶对甘油磷脂的水解

(一) 胆固醇的合成

除成年人脑组织和成熟的红细胞外，人体各组织几乎都能合成胆固醇，其中70%~80% 在肝内合成，10% 左右在小肠合成。人体每天合成胆固醇的总量约为 1 g。胆固醇的合成主要在细胞液及内质网中。

考点提示
胆固醇生物合成的部位和原料。

1. 合成原料　乙酰 CoA 是合成胆固醇的基本原料，另外还需要大量的 $NADPH+H^+$ 及 ATP。每合成 1 分子胆固醇需要 18 分子乙酰 CoA，16 分子 $NADPH+H^+$ 及 36 分子 ATP。

乙酰 CoA 主要来自葡萄糖的有氧氧化，它在线粒体内产生，不能自由透过线粒体膜，需要柠檬酸 - 丙酮酸循环转移到细胞液，才能参与胆固醇的合成。NADPH 来自戊糖磷酸途径。

知识总结

乙酰CoA的来源与去路

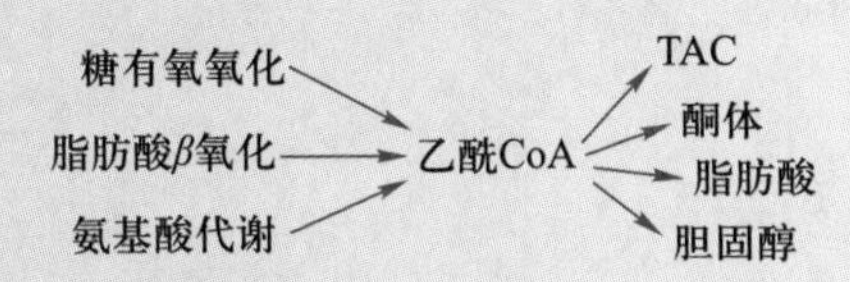

需要注意的是：①合成酮体的原料来自脂肪酸的 β 氧化，而非葡萄糖的有氧氧化；②胆固醇和脂肪酸合成所需要的乙酰 CoA 主要来自葡萄糖的有氧氧化，需要柠檬酸 - 丙酮酸循环转移至细胞液，才能参与合成反应。

2. 合成过程　胆固醇的合成过程非常复杂，有 30 多步酶促反应，可分为以下 3 个阶段。

(1) 甲羟戊酸(MVA)的合成：在细胞液中，2 分子乙酰 CoA 在乙酰乙酰硫解酶催化下缩合成乙酰乙酰 CoA，然后再与 1 分子乙酰 CoA 缩合生成 β- 羟 β- 甲戊二酸单酰 CoA(HMG-CoA)。HMG-CoA 是合成酮体和胆固醇的重要中间产物，但合成的细胞定位不同。在酮体合成中 HMG-CoA 在肝线粒体内生成；在胆固醇合成中 HMG-CoA 在肝细胞液中生成，然后在 HMG-CoA 还原酶催化下产生甲羟戊酸(MVA)。HMG-CoA 还原酶是胆固醇合成的限速酶。

考点提示
胆固醇生物合成的限速酶。

(2) 鲨烯的合成：甲羟戊酸经磷酸化、脱羧及脱羟基等反应生成五碳焦磷酸化合物，再经多次缩合生成三十碳多烯烃化合物——鲨烯。

(3) 胆固醇的生成：鲨烯再经环化、氧化、脱羧及还原等反应，最终生成含有 27 个碳原子的胆固醇(图 8-14)。

(二) 胆固醇合成的调节

HMG-CoA 还原酶是胆固醇合成的限速酶，各种因素对胆固醇合成的影响和调节，主要是通过调节 HMG-CoA 还原酶活性来实现的。

考点提示
胆固醇合成的调节。

1. HMG-CoA 还原酶活性特点　此酶活性具有昼夜节律性，午夜活性最高，中午最低。因此胆固醇合成的高峰期在夜间，所以在服用降低血脂药物时，以晚间服用最佳。

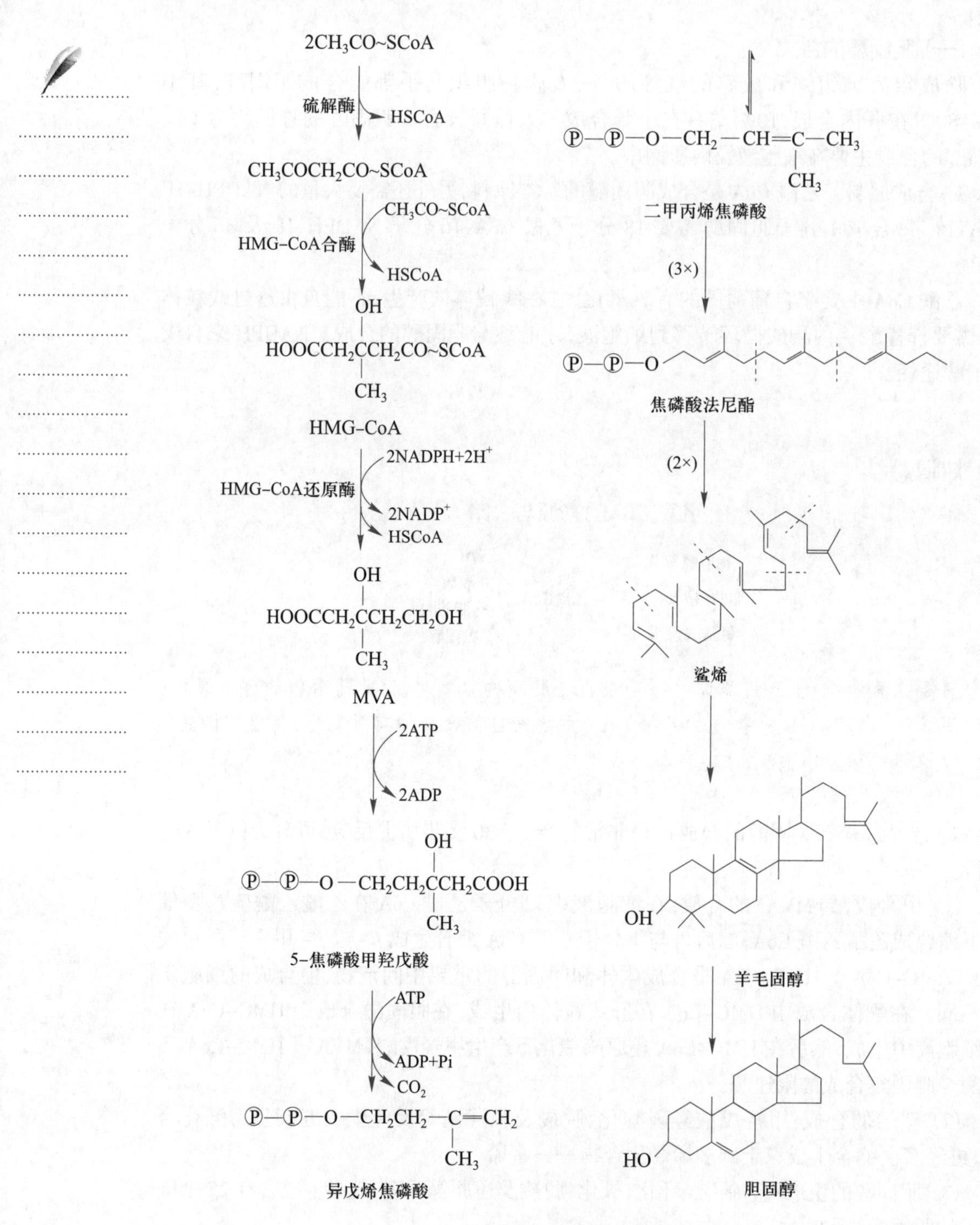

图 8-14　胆固醇合成过程

2. 饥饿与饱食　饥饿与禁食使 HMG-CoA 还原酶活性降低，可抑制肝内胆固醇合成；同时饥饿与禁食时乙酰 CoA、NADPH+H^+、ATP 不足也是胆固醇合成下降的重要原因。高糖、高脂膳食会使 HMG-CoA 还原酶活性增强，胆固醇合成增多。

3. 激素　胰岛素能使 HMG-CoA 还原酶合成增多，从而增加胆固醇合成；胰高血糖素及皮质醇等能抑制并降低此酶活性，从而减少胆固醇合成；甲状腺激素既能促进胆固醇的合成，又能促进胆固醇向胆汁酸的转化，且后一作用较强，因而甲状腺功能亢进患者血清胆固醇含量下降。

4. 胆固醇的负反馈调节　食物及人体合成的胆固醇均可作为产物对 HMG-CoA 还原酶发挥反馈抑制作用，使胆固醇合成减少。但这种反馈调节仅存在于肝细胞内，小肠黏膜细胞内的胆固醇合成不受此影响。

5. 药物　目前公认最有效的降脂药他汀类药物如洛伐他汀、辛伐他汀和阿托伐他汀等，能竞争性地抑制 HMG-CoA 还原酶，减少体内胆固醇的合成。降脂药考来烯胺则通过抑制胆汁酸的重吸收，使更多的胆固醇转变为胆汁酸而起到降血脂的作用。

（三）胆固醇在体内的转化与排泄

1. 胆固醇的酯化　细胞内和血浆中的胆固醇都可以酯化为胆固醇酯。细胞内胆固醇在脂酰 CoA- 胆固醇酰基转移酶（ACAT）的催化下，接受脂酰 CoA 的脂酰基生成胆固醇酯。

考点提示

胆固醇在体内的转化。

血浆脂蛋白中的胆固醇在卵磷脂 - 胆固醇酰基转移酶（LCAT）催化下，接受卵磷脂分子上的脂酰基生成胆固醇酯。LCAT 完全由肝细胞合成，然后分泌到血液中发挥作用。所以，肝有病变时，LCAT 合成减少，血浆胆固醇酯含量下降。

$$\text{胆固醇+脂酰CoA} \xrightarrow[\text{（细胞内）}]{\text{ACAT}} \text{胆固醇酯+HSCoA}$$

$$\text{胆固醇+卵磷脂} \xrightarrow[\text{（血浆）}]{\text{LCAT}} \text{胆固醇酯+溶血卵磷脂}$$

2. 胆固醇的转化与排泄　胆固醇不能为机体提供能量，但可以在体内转化成多种重要的生理活性物质。

（1）转变成胆汁酸：胆固醇在肝细胞内经过一系列反应可转化为胆汁酸，这是胆固醇在体内代谢的主要去路，也是机体清除胆固醇的主要方式。正常人每天合成 1~1.5 g 胆固醇，其中约 2/5 在肝中转变为胆汁酸，随胆汁排入肠道。

（2）转变为类固醇激素：在肾上腺皮质合成醛固酮、皮质醇及少量性激素；在睾丸合成雄激素睾酮；在卵巢和黄体合成雌激素雌二醇和孕酮等。

（3）转变为维生素 D_3：皮肤细胞内的胆固醇可脱氢氧化生成 7- 脱氢胆固醇，再经紫外线照射转变为维生素 D_3。

（4）胆固醇的排泄：在体内，有一部分胆固醇可以直接随胆汁排泄入肠道，经肠菌作用还原为类固醇，随粪便排出。

第四节　血脂与脂类代谢紊乱

血浆中所含的脂类称为血脂，主要包括三酰甘油、磷脂、胆固醇、胆固醇酯及游离脂肪酸（free fatty acid，FFA）。血脂的来源有两种：一是外源性脂类，即从食物消化吸收的脂类；二是内源性脂类，由肝、脂肪组织等合成后释放入血。

考点提示

血脂的概念。

正常人血脂的含量远不如血糖恒定，易受膳食、性别、年龄、运动及机体代谢状况等诸多因素的影响，波动范围比较大。正常人空腹血脂含量见表 8-3。

表 8-3 正常成人空腹血脂的组成和含量

组成	血浆含量		空腹时主要来源
	mg/dl	mmol/L	
总脂	400~700	6.7~12.2	
三酰甘油	10~150	0.11~1.69	肝
总胆固醇	100~250	2.59~6.47	肝
游离胆固醇	40~70	1.03~1.81	肝
胆固醇酯	70~200	1.81~5.17	肝
总磷脂	150~250	48.44~80.73	肝
卵磷脂	50~200	16.1~64.6	肝
神经磷脂	50~130	16.1~42.0	肝
脑磷脂	15~35	4.8~13.0	肝
游离脂肪酸	5~20	0.5~0.7	脂肪组织

一、血浆脂蛋白

考点提示

血浆脂蛋白的概念、分类、组成和功能。

血脂不溶于水，不能在血液中游离运输。游离脂肪酸与清蛋白组成复合体转运，其余的血脂均以脂蛋白形式运输。

（一）血浆脂蛋白的分类

根据各类血浆脂蛋白含蛋白质及脂质量的不同，可用电泳法或超速离心法将其分离。

1. 电泳法　这是分离血浆脂蛋白最常用的方法。由于脂蛋白的颗粒大小及表面电荷量各不相同，所以在电场的电泳迁移率不同。经过一定时间的泳动，可将血浆脂蛋白分成 4 条区带，从正极到负极依次为：α- 脂蛋白（α-LP）、前 β- 脂蛋白（pre β-LP）、β- 脂蛋白（β-LP）和乳糜微粒（chylomicron，CM）（图 8-15）。

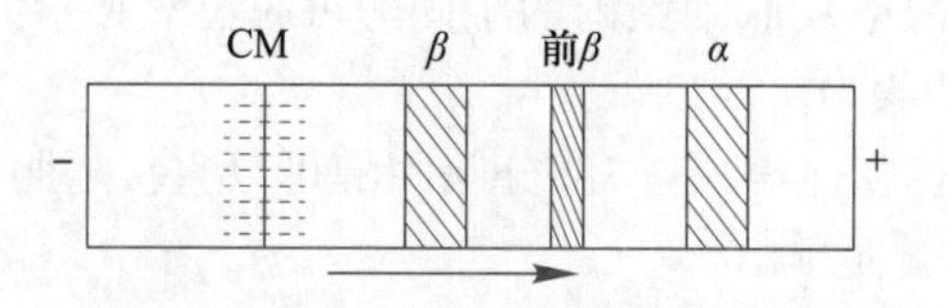

图 8-15 血浆脂蛋白琼脂糖凝胶电泳图谱

2. 超速离心法（又称密度法）　利用不同密度脂蛋白在一定浓度的盐溶液中进行超速离心时沉降或漂浮速度不同的特点，可将血浆脂蛋白分为 4 类，密度从高到低依次为：高密度脂蛋白（high density lipoprotein，HDL）、低密度脂蛋白（low density lipoprotein，LDL）、极低密度脂蛋白（very low density lipoprotein，VLDL）和乳糜微粒（CM）。这 4 类脂蛋白分别相当于电泳分类法的 α- 脂蛋白、β- 脂蛋白、前 β- 脂蛋白和乳糜微粒。除上述4类脂蛋白外，还有中密度脂蛋白(intermediate density lipoprotein，IDL)，IDL是VLDL在血浆向LDL转变时的中间代谢物，密度介于VLDL和LDL之间(图8-16)。

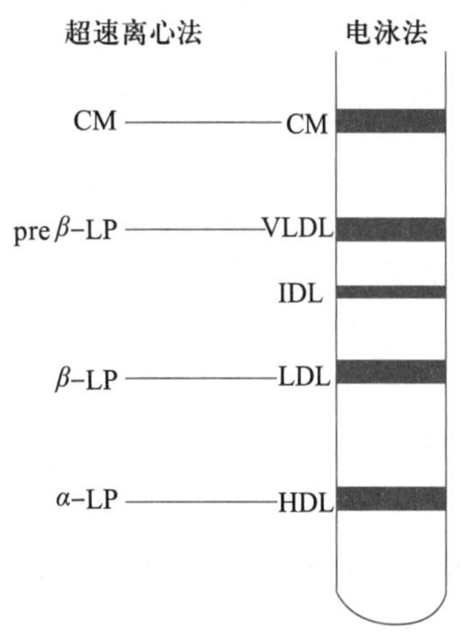

图8-16　超速离心法分离血浆脂蛋白图

(二) 血浆脂蛋白的组成和结构

1. 血浆脂蛋白的组成　血浆脂蛋白是由蛋白质和各种脂质组成的复合物。脂质成分主要有三酰甘油、磷脂、胆固醇和胆固醇酯；脂蛋白中的蛋白质成分称为载脂蛋白(apolipoprotein，apo)。目前已发现了十几种载脂蛋白，它们除了可以作为脂类的运输载体，还能够调节脂蛋白代谢关键酶的活性，以及参与脂蛋白受体识别、结合及其代谢过程。各类血浆脂蛋白均由三酰甘油(TG)、游离胆固醇(FC)、胆固醇酯(CE)、磷脂(PL)和载脂蛋白构成，但不同的血浆脂蛋白各组分所占比例差别很大(表8-4)。

表8-4　血浆脂蛋白的组成及功能

项目		超速离心法			
		CM	VLDL	LDL	HDL
		电泳法			
		CM	pre β-LP	β-LP	α-LP
组成/%	蛋白质	0.5~2	5~10	20~25	50
	脂类	98~99	90~95	75~80	50
	三酰甘油	80~95	50~70	10	5
	磷脂	5~7	15	20	25
	总胆固醇	1~4	15~19	45~50	20
	游离胆固醇	1~2	5~7	8	5
	胆固醇酯	3	10~12	40~42	15~17
合成部位		小肠黏膜细胞	肝细胞	血液	肝细胞
功能		转运外源性三酰甘油	转运内源性三酰甘油	转运胆固醇从肝到肝外	转运胆固醇从肝外到肝

2. 血浆脂蛋白的结构　成熟的血浆脂蛋白大致呈球形，载脂蛋白、磷脂及胆固醇常以单层分子分布于脂蛋白表层，形成脂蛋白的外壳。磷脂的亲水性头部朝外，疏水的尾部朝内，赋予了脂蛋白的可溶性特点，便于其在血液中运输。疏水性的三酰甘油和胆固醇酯常集中分布于球的内部构成内核，CM和VLDL的内核主要是三酰甘油，而LDL和HDL的内核主要是胆固醇酯。

视频：

血脂代谢

(三) 血浆脂蛋白的代谢

1. 乳糜微粒的代谢　CM是由小肠黏膜细胞吸收食物中脂类后形成的脂蛋白，经淋巴入血，是运输外源性三酰甘油的主要形式。正常人 CM 在血浆中半衰期为 5~15 min，因此空腹血浆中检测不到 CM。

小肠黏膜细胞将三酰甘油、磷脂、胆固醇与 apoB48、apoAⅠ、apoAⅡ、apoAⅣ结合生成新生的 CM，经淋巴管进入血液循环。血中新生的 CM 从 HDL 分子中获得 apoC 及 apoE 形成成熟的 CM。肝外组织的毛细血管内皮细胞表面的脂蛋白脂肪酶（lipoprotein lipase，LPL）水解 CM 中的三酰甘油，产生甘油和脂肪酸，脂肪酸可经血液循环进入外周组织利用。CM 颗粒逐渐变小，最后转变成为富含胆固醇酯、apoB48 及 apoE 的 CM 残粒，与肝细胞膜 apoE 受体结合，被肝细胞摄取代谢。

2. 极低密度脂蛋白的代谢　肝细胞合成的三酰甘油、磷脂及胆固醇主要以 VLDL 的形式，经血循环转运至全身其他组织。VLDL 是内源性三酰甘油的运输形式。

肝细胞合成的三酰甘油，加上 apoB100、apoE 及磷脂、胆固醇等生成 VLDL。VLDL 可直接分泌入血，从 HDL 获得 apoC，后者激活肝外组织毛细血管内皮细胞表面的 LPL（同新生的 CM 一样）。活化的 LPL 使 VLDL 逐步水解，VLDL 颗粒逐渐变小，转变成 IDL。IDL 一部分被肝细胞摄取代谢，其余进一步被 LPL 水解，直至内核中的三酰甘油被完全水解掉，只剩下胆固醇酯，VLDL 转变成 LDL。

知识链接

脂肪肝

正常成年人肝中脂类的含量占肝重的 3%~5%，其中三酰甘油约占 2%。脂类总量超过 10%，即称脂肪肝。

肝是合成脂肪的主要器官，但肝不储存脂肪，以 VLDL 的形式运出至肝外组织。形成脂肪肝的常见原因有以下 3 种：①肝功能障碍，合成、释放脂蛋白的功能降低；②肝合成脂肪过多，主要由于高脂肪饮食、高脂血症等导致过多游离脂肪酸输送入肝细胞，肝合成脂肪的原料增多；③合成磷脂的原料不足，导致 VLDL 生成障碍。所以，临床上常用磷脂及其合成原料（丝氨酸、甲硫氨酸、胆碱、肌醇及乙醇胺等）及有关辅助因子（叶酸、维生素 B_{12}、ATP 及 CTP 等）来防治脂肪肝。

3. 低密度脂蛋白的代谢　LDL 由 VLDL 在血浆中转变而来，是正常成年人空腹血浆中的主要脂蛋白，约占血浆脂蛋白总量的 2/3。LDL 含胆固醇最多，其功能是将胆固醇从肝细胞转运至肝外组织。

血浆 LDL 可以通过 LDL 受体途径被全身组织细胞摄取、利用。LDL 受体广泛分布于全身各组织的细胞表面，LDL 与 LDL 受体结合后通过胞吞进入细胞，被溶酶体中的酶水解，载脂蛋白被水解为氨基酸，胆固醇酯被水解为游离胆固醇和脂肪酸。游离胆固醇可用于构成细胞膜或类固醇激素的合成，还可反馈抑制细胞内胆固醇的合成。成年人 LDL 正常范围是 2.1~3.1 mmol/L，血浆 LDL 增多者易发生动脉粥样硬化。

4. 高密度脂蛋白的代谢　HDL 主要由肝细胞合成，小肠亦可合成。正常人空腹血浆中 HDL 含量约占脂蛋白总量的 1/3，HDL 的作用是将外周组织的胆固醇转运到肝细胞内进行代谢。

新生 HDL 为磷脂双脂层圆盘状结构，其表面的 apoAⅠ激活血浆 LCAT，LCAT 使 HDL 分子表面的卵磷脂与游离胆固醇生成溶血卵磷脂和胆固醇酯，胆固醇酯转移到 HDL 双脂层内部，形成内核。在 LCAT 反复作用下，酯化胆固醇进入 HDL 内核逐渐增多，最终转变成为成熟的 HDL。成熟的 HDL 被肝细胞摄取，在肝细胞内降解。

这个过程与 LDL 将肝细胞合成的胆固醇转运到外周组织，供外周组织利用的过程正好相反，故称为胆固醇的逆向转运（reverse cholesterol transport，RCT）。通过此途径，将外周组织中的胆固醇转运到肝细胞内代谢并排出体外，可防止胆固醇在体内堆积。所以 HDL 有抗动脉粥样硬化的作用。

血浆脂蛋白代谢总途径如图 8-17。

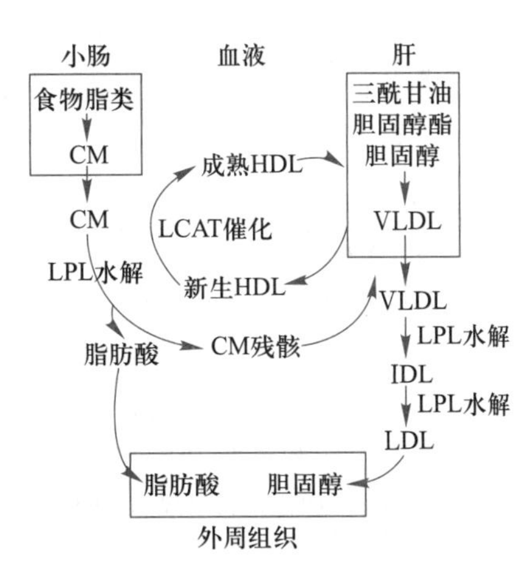

图 8-17　血浆脂蛋白代谢途径

二、脂类代谢紊乱

（一）高脂血症

高脂血症（hyperlipidemia）是指血浆中三酰甘油或胆固醇浓度异常升高。一般以成年人空腹 12~14 h 血三酰甘油超过 2.26 mmol/L，胆固醇超过 6.21 mmol/L，儿童胆固醇超过 4.14 mmol/L，为高脂血症标准。血脂在血液中以脂蛋白形式运输，因此高脂血症实际上就是高脂蛋白血症。世界卫生组织（WHO）分型法将高脂（蛋白）血症分为 5 型 6 类，分类及各类特征见表 8-5。

表 8-5　高脂血症分型

分型	血脂变化	脂蛋白变化
Ⅰ	TG↑↑↑　TC↑	CM↑↑
Ⅱa	TC↑↑	LDL↑
Ⅱb	TC↑↑　TG↑↑	VLDL↑　LDL↑
Ⅲ	TC↑↑　TG↑↑	IDL↑（电泳出现宽 β 带）
Ⅳ	TG↑↑	VLDL↑
Ⅴ	TG↑↑↑　TC↑	VLDL↑　CM↑

高脂血症可以分为原发性和继发性两大类。原发性高脂血症是指原因不明或遗传缺陷所造成的高脂血症。例如，参与脂蛋白代谢的关键酶 LPL 基因缺陷造成 CM 清除障碍的Ⅰ型高脂蛋白血症；LDL 受体缺陷造成的家族性高胆固醇血症等。继发性高脂血症是继发于其他疾病，如糖尿病、甲状腺功能减退、肾病综合征、胆石症等，也多见于肥胖、酗酒及肝病患者。

（二）动脉粥样硬化

动脉粥样硬化（atherosclerosis，AS）是一类动脉壁退行性病理变化，其病理基础之一是大量脂质沉积在大、中动脉内膜上，形成粥样斑块，引起局部坏死、结缔组织增生、血管壁纤维化和钙化等病理改变，使血管管腔狭窄。冠状动脉若发生这种变化，常引起心肌缺血，导致冠状动脉粥样硬化性心脏病，称为冠心病。近来研究表明，动脉粥样硬化的发生发展过程与血浆脂蛋白代谢密切相关。

流行病学调查表明，血浆 LDL 水平升高与动脉粥样硬化的发病率呈正相关，而 HDL 的浓度与动脉粥样硬化的发生呈负相关。因此，临床上认为 HDL 是抗动脉粥样硬化的"保护因子"。如果患者血中 LDL 含量升高，再伴随 HDL 含量降低，此情况即是动脉粥样硬化最危险的因素。

研究证明，遗传缺陷与动脉粥样硬化关系密切。参与脂蛋白代谢的关键酶 LPL 及 LCAT，载脂蛋白 apoCⅡ、apoB、apoE、apoAⅠ和 apoCⅢ，以及 LDL 受体的遗传缺陷均能引起脂蛋白代谢异常和高脂血症的发生。已证实，apoCⅡ基因缺陷则不能激活 LPL，可产生与 LPL 缺陷相似的高脂血症；LDL 受体缺陷则是引起家族性高胆固醇血症的重要原因。

第五节 脂类药物和调血脂药物

一、脂类药物的分类和作用

（一）脂类药物的分类

脂类药物是一类具有重要生理、药理效应的脂类化合物，有较好的预防和治疗疾病的效果。脂类药物可采用组织提取、微生物发酵、酶转化及化学合成方法制备。

根据脂类药物的化学结构和组成，常见脂类药物分类见表 8-6。

表 8-6 脂类药物的分类

分类	名称
不饱和脂肪酸类	亚油酸、亚麻酸、花生四烯酸、二十碳五烯酸（EPA）、二十二碳六烯酸（DHA）、前列腺素等
磷脂类	卵磷脂、脑磷脂等
糖苷脂	神经节苷脂等
萜式脂类	鲨烯等
固醇及类固醇类	胆固醇、谷固醇、胆酸、胆汁酸等
其他	CoQ_{10}、胆红素、人工牛黄等

（二）常见脂类药物的作用

1. 不饱和脂肪酸类药物　常见的不饱和脂肪酸类药物包括前列腺素、亚麻酸、EPA、DHA 等。前列腺素具有广泛的生理作用，收缩子宫平滑肌，扩张小血管，抑制胃酸分泌，保护胃黏膜等；亚油酸、亚麻酸、EPA、DHA 都有调节血脂、抑制血小板聚集、扩张血管等作用；DHA 还可促进大脑神经元发育。

2. 磷脂类药物　磷脂类药物主要有卵磷脂及脑磷脂，二者都有增强神经组织及调节高级神经活动的作用，又是血浆脂肪良好的乳化剂，有促进胆固醇及脂肪运输的作用，临床上用于治疗神经衰弱及防止动脉粥样硬化等。

3. 糖苷脂　神经节苷脂（ganglioside）是一种复合糖脂，存在于哺乳动物细胞，特别是神经元细胞的胞膜中，是神经细胞膜的天然组成部分。神经节苷脂参与神经元的生长、分化和表型的表达以及细胞迁移和神经生长锥的定向延伸，具有神经保护和神经修复的双重作用，能从多个病理生理环节发挥神经保护作用，对多种临床上的神经损伤有很好的修复作用。

4. 固醇类药物　固醇类药物包括胆固醇、麦角固醇及β-谷固醇。胆固醇是人工牛黄、多种甾体激素及胆酸原料，是机体细胞膜不可缺少的成分。麦角固醇是机体维生素D_2的原料；β-谷固醇具有调节血脂、抗炎、解热、抗肿瘤及免疫调节功能。

胆酸作为药物投送载体最大的优势是肝肠循环效率高。药物与胆酸偶联后，由于可被胆酸转运蛋白识别，参与胆酸的肝肠循环，从而提高药物的吸收及其在肝中的浓度。

5. 人工牛黄　人工牛黄是根据天然牛黄的化学组成来人工合成的脂类药物，其主要成分为胆红素、胆酸、猪胆酸及无机盐等，它是多种中药的重要原料药，具有清热、解毒、祛痰作用。临床用于治疗热病谵狂、神昏不语等。外用治疗疥疮及口疮。

二、调血脂药物

调血脂药物是指能降低血浆三酰甘油或血浆胆固醇的药物，也称降血脂药或抗动脉粥样硬化药。常见的调节血脂的药物主要有以下几类。

（一）他汀类药物

他汀类药物即HMG-CoA还原酶抑制剂，是目前最有效的降脂药物，不仅能强效降低TC和LDL，而且能一定程度上降低TG，同时升高HDL。他汀类药物的作用机制是通过竞争性抑制内源性胆固醇合成限速酶HMG-CoA还原酶，阻断细胞内甲羟戊酸代谢途径，使细胞内胆固醇合成减少，进而反馈性刺激细胞膜表面LDL受体数量和活性增加，使血清胆固醇清除增加。临床上主要用于降低胆固醇尤其是LDL-C，治疗动脉粥样硬化，现已成为冠心病预防和治疗的最有效药物。常见的他汀类药物有普伐他汀、洛伐他汀、辛伐他汀、阿托伐他汀、瑞舒伐他汀等。

（二）烟酸类

烟酸（nicotinic acid）属于B族维生素，能抑制脂肪细胞的脂肪酸分解作用。烟酸通过降低脂肪组织内的cAMP水平，增加磷酸二酯酶活性，使脂肪酶的活性下降，从而抑制脂解作用，引起血浆游离脂肪酸水平迅速下降。此外，烟酸还能增加HDL水平，抑制血栓素A_2（TXA_2）的生成，增加前列环素（PGI_2）的生成。

（三）贝特类

贝特类药物既有调脂作用也有非调脂作用。调脂作用表现在它能降低血浆TG、VLDL-C、LDL-C，升高HDL-C。非调脂作用有抗凝血、抗血栓和抗炎作用等。

贝特类药物的主要作用机制是抑制乙酰CoA羧化酶，减少脂肪酸从脂肪组织进入肝合成TG及VLDL；增强LPL活性，加速CM和VLDL的分解代谢；增加HDL的合成，减慢HDL的清除，促进胆固醇逆化转运，促进LDL颗粒的清除。临床常用药物有非诺贝特、吉非贝齐和苯扎贝特等。

(四) 胆汁酸结合树脂

考来烯胺为苯乙烯型强碱性阴离子交换树脂类,不溶于水,不易被消化酶破坏。考来烯胺能明显降低血浆 TC 和 LDL-C 浓度,主要作用机制是在肠道通过离子交换与胆汁酸结合,防止胆汁酸重吸收,促进更多的胆固醇转变为胆汁酸,最终使血浆 TC 和 LDL 水平降低。

(五) 脂酰 CoA- 胆固醇酰基转移酶抑制药

甲亚油酰胺(melinamide)可抑制脂酰 CoA- 胆固醇酰基转移酶活性,减少细胞内胆固醇向胆固醇酯的转化;降低外源性胆固醇的吸收,抑制胆固醇在肝形成 VLDL,并且抑制外周组织胆固醇酯的蓄积和泡沫细胞的形成,有利于胆固醇的逆化转运,使血浆及组织胆固醇降低,适用于Ⅱ型高脂蛋白血症。

(六) 多不饱和脂肪酸类

多不饱和脂肪酸(polyunsaturated fatty acid,PUFA)亦称多烯脂肪酸。根据其不饱和键在脂肪酸链中开始出现位置的不同,分为 ω-3 型和 ω-6 型。常见的 ω-3 型多烯脂肪酸有亚麻酸、二十碳五烯酸(EPA)、二十二碳六烯酸(DHA)等;ω-6 型多烯脂肪酸类包括亚油酸、花生四烯酸、前列腺素等。

ω-3 型多烯脂肪酸具有明显地降低 VLDL 和 TG 及适度升高 HDL 的作用,但对 TC、LDL-C 的作用不明显。其作用机制可能与抑制肝合成 TG 及 apoB,增强 LPL 活性,促进 CM、VLDL 分解为脂肪酸有关。ω-6 型多烯脂肪酸能够适度降低血浆 TG、LDL 及升高 HDL。

思考题 》》》

1. 1 mol 硬脂酸彻底氧化可以净生成多少摩尔 ATP ?
2. 严重糖尿病患者易出现酮症酸中毒,解释其生化机制。
3. 简述胆固醇的来源和去路。
4. 简述血浆脂蛋白的分类、组成及功能。
5. 临床上用叶酸和维生素 B_{12} 治疗脂肪肝的依据是什么?
6. 试述考来烯胺和他汀类药物降低血脂的生化机制。

在线测试

本章小结

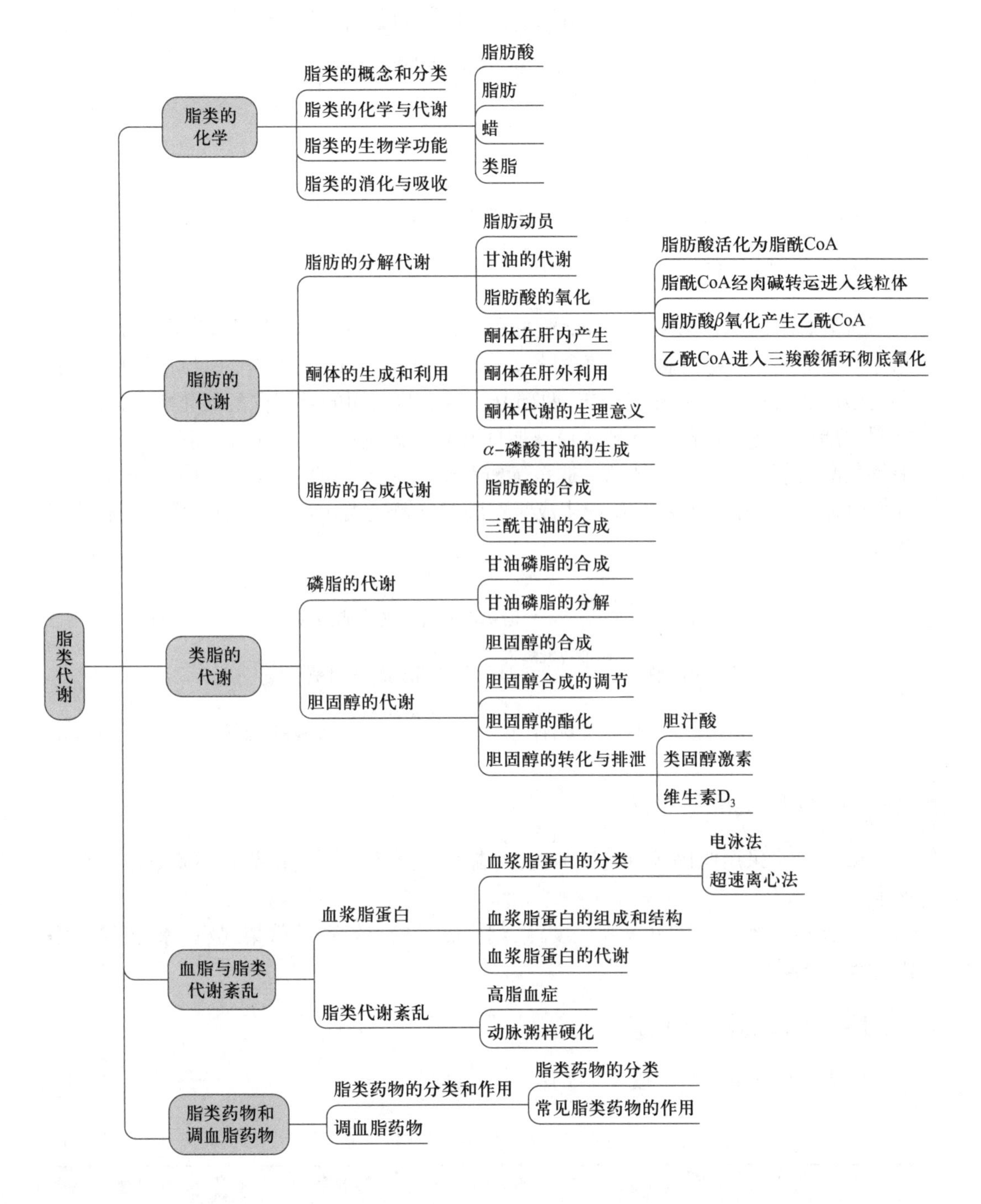

脂类代谢
脂类的化学
脂类的概念和分类
脂类的化学与代谢
脂类的生物学功能
脂类的消化与吸收
脂肪酸
脂肪
蜡
类脂
脂肪的代谢
脂肪的分解代谢
脂肪动员
甘油的代谢
脂肪酸的氧化
脂肪酸活化为脂酰CoA
脂酰CoA经肉碱转运进入线粒体
脂肪酸β氧化产生乙酰CoA
乙酰CoA进入三羧酸循环彻底氧化
酮体的生成和利用
酮体在肝内产生
酮体在肝外利用
酮体代谢的生理意义
脂肪的合成代谢
α-磷酸甘油的生成
脂肪酸的合成
三酰甘油的合成
类脂的代谢
磷脂的代谢
甘油磷脂的合成
甘油磷脂的分解
胆固醇的代谢
胆固醇的合成
胆固醇合成的调节
胆固醇的酯化
胆固醇的转化与排泄
胆汁酸
类固醇激素
维生素D_3
血脂与脂类代谢紊乱
血浆脂蛋白
血浆脂蛋白的分类
电泳法
超速离心法
血浆脂蛋白的组成和结构
血浆脂蛋白的代谢
脂类代谢紊乱
高脂血症
动脉粥样硬化
脂类药物和调血脂药物
脂类药物的分类和作用
脂类药物的分类
常见脂类药物的作用
调血脂药物

实验七 血清总胆固醇含量测定技术——胆固醇氧化酶法

一、实验目的

掌握血清总胆固醇测定的原理、方法和临床意义。

二、实验原理

血清总胆固醇含量测定是动脉粥样硬化性疾病防治、临床诊断和营养研究的重要指标。正常成年人血清总胆固醇含量为2.59~6.47 mmol/L。血清中总胆固醇(TC)包括游离胆固醇(FC)和胆固醇酯(CE)两部分。本实验采用的是胆固醇氧化酶法:血清中胆固醇酯可被胆固醇酯酶水解为游离胆固醇和游离脂肪酸(FFA),游离胆固醇在胆固醇氧化酶的氧化作用下生成Δ^4–胆甾烯酮和过氧化氢,H_2O_2在4–氨基安替比林和酚存在时,经过氧化物酶催化,反应生成醌亚胺的红色醌类化合物,其颜色深浅与标本中TC含量成正比。

$$\text{胆固醇酯} \xrightarrow{\text{胆固醇酯酶}} \text{游离胆固醇} + \text{游离脂肪酸}$$

$$\text{游离胆固醇} \xrightarrow{\text{胆固醇氧化酶}} \Delta^4\text{–胆甾烯酮} + \text{过氧化氢}$$

$$\text{过氧化氢} + \text{4–氨基安替比林} + \text{酚} \xrightarrow{\text{过氧化物酶}} \text{醌亚胺(红色)}$$

三、实验试剂与器材

1. 试剂 采用胆固醇测定试剂盒,内含有胆固醇标准应用液、酶试剂、酚试剂、蒸馏水。

2. 器材 紫外–可见分光光度计、刻度吸量管、试管、试管架、吸耳球、恒温水浴锅、微量加样器。

四、实验方法及步骤

1. 取试管3支,标号,按表8–7操作加入试剂。

表8–7 胆固醇含量测定操作表 单位:ml

加入物	空白管	标准管	测定管
血清	—	—	0.02
胆固醇标准液	—	0.02	—
蒸馏水	0.02	—	—
酶工作液	3.0	3.0	3.0

2. 各试管混匀，置 37 ℃水浴，保温 10 min。
3. 在波长 505 nm 处比色，以空白管调零，读取标准管及测定管吸光度。
4. 结果计算。

$$血清总胆固醇(mmol/L)=\frac{测定管吸光度}{标准管吸光度}\times 胆固醇标准液浓度$$

五、参考范围

正常：<5.17 mmol/L（<200 mg/dl）。
临界值（轻度增高）：5.17~6.47 mmol/L（200~250 mg/dl）。
高胆固醇血症：≥6.47 mmol/L（ ≥250 mg/dl）。
严重高胆固醇血症：≥7.76 mmol/L（ ≥300 mg/dl）。

实验八　肝中酮体的生成作用

一、实验目的

验证酮体生成是肝特有的功能。

二、实验原理

用丁酸作为底物，将丁酸溶液分别与新鲜的肝匀浆或肌匀浆混合后一起保温。肝细胞中含有酮体生成酶系，故能生成酮体。酮体中的乙酰乙酸与丙酮可与显色粉中的亚硝基铁氰化钠作用，生成紫红色化合物。肌肉中没有生成酮体的酶系，同样处理的肌匀浆则不产生酮体，因此不能与显色粉产生颜色反应。

$$丁酸+肝匀浆\xrightarrow{保温}酮体\left\{\begin{matrix}\beta\text{-}羟丁酸\\ \left.\begin{matrix}乙酰乙酸\\ 丙酮\end{matrix}\right\}\xrightarrow{显色粉}紫红色化合物\end{matrix}\right.$$

三、实验试剂与器材

1. 试剂

(1) 0.9% NaCl 溶液。

(2) 洛克溶液：取氯化钠 0.9 g、氯化钾 0.042 g、氯化钙 0.024 g、碳酸氢钠 0.02 g、葡萄糖 0.1 g 放入烧杯中，加蒸馏水溶解后，定容至 100 ml，置冰箱中保存备用。

(3) 0.5 mol/L 丁酸溶液：取 4.0 g 丁酸溶于 0.1 mol/L NaOH 溶液中，加 0.1 mol/L NaOH 溶液至 1 000 ml。

(4) 0.1 mol/L 磷酸盐缓冲液（pH 7.6）：准确称取 7.74 g $Na_2HPO_4\cdot 2H_2O$ 和 0.897 g $NaH_2PO_4\cdot H_2O$，用蒸馏水稀释至 500 ml，准确测定 pH。

(5) 15% 三氯醋酸溶液。

(6) 显色粉:亚硝基铁氰化钠 1 g、无水碳酸钠 30 g、硫酸铵 50 g,混合后研碎。

2. 器材 试管、试管架、匀浆器或研钵、恒温水浴、离心机或小漏斗、白瓷板。

四、实验方法及步骤

1. 肝匀浆和肌匀浆的制备。准备猪的新鲜肝和肌组织,剪碎,分别放入匀浆器或研钵中,加入生理盐水(质量 : 体积为 1 : 3),研磨成匀浆。

2. 取 4 支试管,编号后按表 8-8 操作。

表 8-8 酮体生成实验操作表 单位:滴

加入物	1 号管	2 号管	3 号管	4 号管
洛克溶液	15	15	15	15
0.5 mol/L 丁酸溶液	30	—	30	30
磷酸盐缓冲液(pH 7.6)	15	15	15	15
肝匀浆	20	20	—	—
肌匀浆	—	—	—	20
蒸馏水	—	30	20	—

3. 将上述 4 支试管摇匀后放 37 ℃恒温水浴中保温 30 min。

4. 取出各管,每管加入 15% 三氯醋酸 20 滴,摇匀,以 3 000 r/min 离心 5 min。

5. 分别于各管取离心液滴于白瓷板 4 个凹孔中,每个凹孔放入显色粉一小匙(约 0.1 g),观察并记录每个凹孔所产生的颜色反应。

五、结果分析

观察各管颜色变化,并分析实验结果。

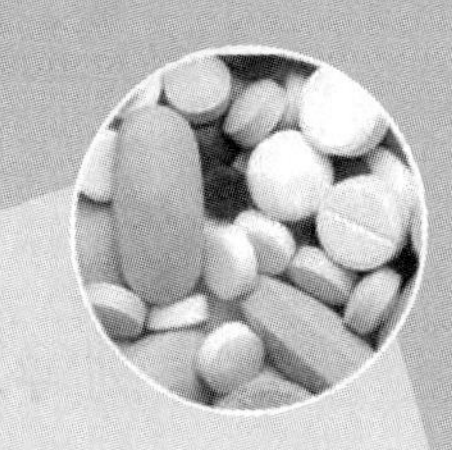

第九章
蛋白质代谢

学习目标

知识目标

1. 掌握:氮平衡的概念及类型,必需氨基酸的概念及种类,氨基酸脱氨基作用,氨的来源、转运及去路,尿素合成部位、原料及主要过程,一碳单位的概念及一碳单位代谢的生物学意义。
2. 熟悉:食物蛋白质的营养价值,食物蛋白质生理需要量,蛋白质的腐败作用,α-酮酸的代谢去路,氨基酸的脱羧基作用,含硫氨基酸的代谢。
3. 了解:蛋白质的消化吸收,芳香族氨基酸的代谢。

技能目标

1. 学会运用肾小管上皮细胞泌氨的特点,解释对于肝硬化腹水患者不宜使用碱性利尿药的原因。
2. 能够对氨基酸分解代谢的相关知识进行实际应用;从生物化学角度分析发生肝性脑病的原因。

案例导入

［案例］ 患者，男，46岁，有严重的肝硬化病史。临床表现：恶心、呕吐、食欲缺乏，定时、定向力障碍，烦躁、谵语、嗜睡。肝功能检查显示：血氨浓度192 μmol/L，谷丙转氨酶160 U/L。

［讨论］

1. 该患者可能患有什么疾病？肝功能障碍患者血氨升高的原因是什么？
2. 临床上对高氨血症患者采用弱酸性透析液做结肠透析的原因是什么？
3. 临床上高氨血症的患者为什么要限制饮食中蛋白质的摄入量？

第一节　蛋白质的营养作用

一、氮平衡

视频：

氮平衡

氮平衡是指机体摄入食物的含氮量（摄入氮）和排泄物中的含氮量（排出氮）之间的关系，它可反映人体蛋白质的代谢概况。氮平衡可分为3种类型，即总氮平衡、正氮平衡和负氮平衡。

1. 总氮平衡　摄入氮 = 排出氮，表示蛋白质的合成代谢与分解代谢相对平衡，即氮的“收支”平衡，如正常成年人。

2. 正氮平衡　摄入氮 > 排出氮，表示蛋白质的合成代谢大于分解代谢，如儿童、妊娠期妇女及恢复期的患者。

3. 负氮平衡　摄入氮 < 排出氮，表示蛋白质合成代谢小于分解代谢，即“入不敷出”，如营养不良及消耗性疾病患者等。

摄取足量的蛋白质对于机体维持总氮平衡和正氮平衡是必要的。但是，实验证明仅注意蛋白质的数量并不能满足机体对蛋白质的需要，还要重视蛋白质的质量。在一定程度上，蛋白质的质量比数量更为重要。

二、食物蛋白质的营养作用

（一）蛋白质的需要量

根据氮平衡实验计算，成年人在禁食蛋白质时，每日最低分解约20 g蛋白质。由于食物蛋白质与人体蛋白质组成的差异，摄入的蛋白质不可能全部被利用，故成年人每日最低需要30~50 g蛋白质。为了长期维持总氮平衡，仍需增大摄入量才能满足要求。我国营养学会推荐成年人每日蛋白质需要量为80 g。

（二）蛋白质的营养价值

考点提示

必需氨基酸的概念和种类。

1. 必需氨基酸与非必需氨基酸　组成人体蛋白质的氨基酸有20多种，在营养价值上可分为两类：必需氨基酸和非必需氨基酸。必需氨基酸是指人体自身不能合成或合成量少，不能满足机体需求，必须由食物供给的氨基酸。人体必需氨基酸有下列8种：缬氨酸、异亮氨酸、亮氨酸、苏氨酸、甲硫氨酸、赖氨酸、苯丙氨酸和色氨酸。其余12种氨基酸在体内可以合成，不一定需要由食物供给，称为非必需氨基酸。需要强调的是，非必需氨基酸同样为机体所需要。

2. 蛋白质的营养价值　一般认为，食物蛋白质的营养价值取决于所含氨基酸的种类、数量和其比例，尤其是取决于必需氨基酸的种类和数量。一般来说，某种食物蛋白质所含必需氨基酸的量和比例与人体需要越相近，其被消化吸收后在体内被利用的程度就越高，因而营养价值就越高。另外，蛋白质的消化率直接影响利用率。有时用加工或烹饪方法可以使蛋白质的消化率提高，例如大豆，整粒进食时蛋白质的消化率为60%，加工为豆腐制品则高达90%。

考点提示

蛋白质的营养价值取决于食物蛋白质中必需氨基酸的种类和数量。

3. 蛋白质的互补作用　几种营养价值较低的蛋白质混合食用，则必需氨基酸可以相互补充而提高营养价值，称为食物蛋白质的互补作用。食品的多样化、荤素食物的搭配能有效地提高蛋白质的营养价值。例如，谷类蛋白质中含赖氨酸少，而含色氨酸多；豆类蛋白质中含赖氨酸多，而色氨酸少，可以将这两种食物混合食用，使这两种必需氨基酸的含量相互补充，从而提高其营养价值。

蛋白质的生理功能

知识拓展

蛋白质的营养作用

蛋白质营养对疾病的防治具有重要意义，特别是在外科创伤或手术后，患者机体中蛋白质分解代谢急剧增加，很快出现负氮平衡，使病情进一步恶化。而通过静脉高营养剂的使用，使许多危重患者转危为安。目前临床上使用的高营养剂主要有水解蛋白和复合氨基酸液，其主要成分是营养必需氨基酸。临床上常用的氨基酸制剂有14氨基酸800（含14种氨基酸）、凡命（含17种氨基酸）、复方结晶氨基酸、复合氨基酸（18F）、支链氨基酸3H（含亮氨酸、异亮氨酸和缬氨酸）等注射液。

（三）食物蛋白质的消化、吸收和腐败

1. 蛋白质的消化　食物蛋白质的消化、吸收是人体氨基酸的主要来源。一般来说，食物蛋白质水解为氨基酸及小分子肽后才能被机体吸收、利用。食物蛋白质的消化自胃中开始，但主要在小肠中进行。

蛋白质的消化与吸收

（1）蛋白质在胃中被水解成多肽和氨基酸：食物蛋白质进入胃后经胃蛋白酶作用水解生成多肽及少量氨基酸。胃蛋白酶由胃蛋白酶原经盐酸激活生成。胃蛋白酶原由胃黏膜主细胞分泌。胃蛋白酶的最适pH为1.5~2.5。蛋白质经胃蛋白酶作用后，主要分解为多肽及少量氨基酸。胃蛋白酶对肽键的特异性较差，主要水解由芳香族氨基酸及甲硫氨酸和亮氨酸等形成的肽键。胃蛋白酶还有凝乳作用，可使乳汁中的酪蛋白与Ca^{2+}形成乳凝块，使乳汁在胃中停留时间延长，有利于乳汁中蛋白质的充分消化。

（2）蛋白质在小肠中水解成小分子肽和氨基酸：在小肠中，蛋白质的消化产物及未被消化的蛋白质再受胰液及肠黏膜细胞分泌的多种蛋白酶及肽酶的共同作用，进一步水解成为氨基酸和寡肽。小肠黏膜细胞的刷状缘以及细胞液中存在一些寡肽酶，如氨基肽酶、二肽酶等，寡肽酶能将寡肽彻底水解，最终生成氨基酸。因此，小肠是蛋白质消

化的主要场所。小肠中蛋白质的消化主要依靠胰酶来完成，胰酶的最适 pH 为 7.0 左右。

2. 蛋白质的吸收　蛋白质消化后的终产物是氨基酸及少量的寡肽。氨基酸和寡肽的吸收主要在小肠中进行，其吸收的过程是一个耗能的主动吸收过程。在小肠上皮细胞的绒毛膜上，存在着多种 Na^+– 氨基酸和 Na^+– 肽的同向转运体，能够转运氨基酸、二肽和三肽进入小肠上皮细胞。进入小肠上皮细胞的氨基酸以及少量未水解的二肽、三肽，经基底侧细胞膜上的氨基酸或肽的转运体以易化扩散的方式进入细胞间液，然后再进入血液。少数氨基酸的吸收不依赖于 Na^+，可以通过易化扩散的方式进入小肠上皮细胞。

视频：

蛋白质的腐败作用

3. 蛋白质的腐败作用　在消化过程中，有一小部分蛋白质不被消化，也有一小部分消化产物不被吸收。肠道细菌对这部分蛋白质及其消化产物所起的作用，称为腐败作用。腐败作用的大多数产物对人体有害，但也可以产生少量脂肪酸及维生素等可被机体利用的物质。

(1) 胺类的生成：蛋白质可经肠道细菌蛋白酶的作用水解生成氨基酸，再经氨基酸脱羧作用产生胺类。例如，组氨酸脱羧基生成组胺，赖氨酸脱羧基生成尸胺，酪氨酸脱羧基生成酪胺，苯丙氨酸脱羧基生成苯乙胺等。酪胺和苯乙胺可分别经 β– 羟化而形成 β– 羟酪胺和苯乙醇胺。β– 羟酪胺和苯乙醇胺的化学结构与儿茶酚胺类似，称为假神经递质。假神经递质增多，可取代神经递质儿茶酚胺，但假神经递质不能传导神经冲动，可使大脑发生异常抑制，这可能与肝性脑病的症状有关。

(2) 氨的生成：肠道中的氨主要有两个来源：一是未被吸收的氨基酸在肠道细菌作用下脱氨基生成；二是血液中尿素渗入肠道，被肠道细菌尿素酶水解生成。这些氨均可被吸收入血液在肝中合成尿素。降低肠道的 pH，可减少氨的吸收。

(3) 其他有害物质的生成：除了胺类和氨以外，通过腐败作用还可产生其他有害物质，如苯酚、吲哚、甲基吲哚及硫化氢等。

正常情况下，上述有害物质大部分随粪便排出，只有小部分被吸收，经过肝的代谢转变而解毒，因此不会发生中毒现象。

三、氨基酸的代谢概况

人体内蛋白质的合成与降解处于一种动态平衡中，成年人每天有 1%~2% 的蛋白质被降解。食物蛋白质经消化而被吸收的氨基酸（外源性氨基酸）与体内组织蛋白质降解产生的氨基酸（内源性氨基酸）一起，分布于体内各处，参与代谢，称为氨基酸代谢库。氨基酸代谢库通常以游离氨基酸总量进行计算。由于氨基酸不能自由地通过细胞膜，所以氨基酸在体内的分布也是不均匀的。例如，肌肉中氨基酸占总代谢库的 50% 以上，肝约占 10%，肾约占 4%，血浆占 1%~6%。由于肝、肾体积较小，所以实际上肝肾所含游离氨基酸的浓度很高，氨基酸的代谢也很旺盛。消化吸收的大多数氨基酸主要在肝中进行分解，而支链氨基酸的分解代谢则主要在骨骼肌中进行。血浆中的氨基酸则是体内各组织之间氨基酸转运的主要形式。

氨基酸的主要来源包括：①食物蛋白质经消化吸收进入人体内的氨基酸；②组织蛋白质分解产生的氨基酸；③人体自身合成的部分非必需氨基酸。而氨基酸的去路则包括：①合成组织蛋白；②转变为其他的含氮化合物（如嘌呤、嘧啶、肾上腺素等）；③氧化分解，氨基酸分解代谢的主要途径是通过脱氨基作用生成氨和相应的 α- 酮酸，二者还可继续进行代谢；④小部分氨基酸通过脱羧基作用生成胺类和二氧化碳。正常情况下，体内氨基酸的来源与去路保持动态平衡。氨基酸代谢概况见图 9-1。

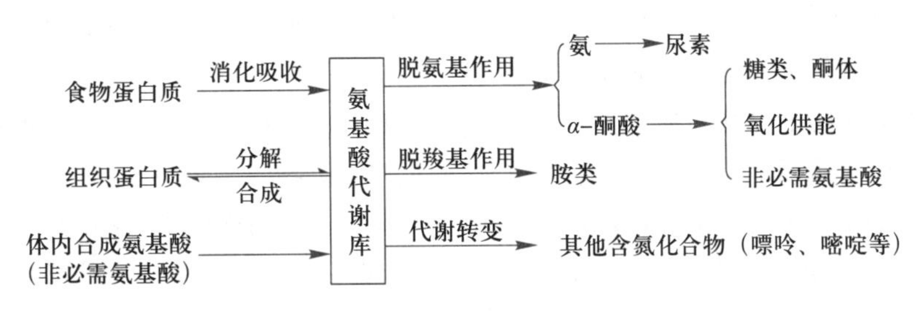

图 9-1　氨基酸代谢概况

第二节　氨基酸的一般代谢

一、氨基酸的脱氨基作用

脱氨基作用是氨基酸分解代谢的主要途径，它在体内大多数组织中均可进行。氨基酸脱氨基作用的方式主要有氧化脱氨基、转氨基、联合脱氨基等，其中以联合脱氨基最为重要。

（一）氧化脱氨基作用

氨基酸在酶的催化下，进行氧化脱氢的同时脱去氨基的过程，称为氧化脱氨基。体内有多种氨基酸氧化酶，其中以 L- 谷氨酸脱氢酶最为重要。此酶是以 NAD^+ 或 $NADP^+$ 为辅酶的不需氧脱氢酶，活性较强，催化 L- 谷氨酸氧化脱氨生成 α- 酮戊二酸，其反应如下：

$$\underset{\text{L-谷氨酸}}{\mathrm{HOOC{-}(CH_2)_2{-}CH(NH_2){-}COOH}} \xrightleftharpoons{\text{L-谷氨酸脱氢酶}} \underset{\text{亚谷氨酸}}{\mathrm{HOOC{-}(CH_2)_2{-}C({=}NH){-}COOH}} \xrightleftharpoons[-H_2O]{+H_2O} \underset{\alpha\text{-酮戊二酸}}{\mathrm{HOOC{-}(CH_2)_2{-}C({=}O){-}COOH}} + NH_3$$

肝、肾、脑等组织中广泛存在着 L- 谷氨酸脱氢酶，但在骨骼肌和心肌中 L- 谷氨酸脱氢酶活性低。L- 谷氨酸脱氢酶催化的反应是可逆的，通过还原加氨基作用，α- 酮戊二酸和氨可合成谷氨酸。虽然 L- 谷氨酸脱氢酶的特异性强，只能催化 L- 谷氨酸氧化脱氨基，但由于此酶可与转氨酶联合作用，所以 L- 谷氨酸脱氢酶在体内非必需氨基酸的合成中起着重要作用。

（二）转氨基作用

1. 转氨基作用的概念　氨基酸的 α- 氨基在氨基转移酶（即转氨酶）的作用下转移到另一 α- 酮酸的酮基上，α- 酮酸生成相应的氨基酸；而原来的氨基酸则转变成相应的 α- 酮酸。一般反应如下：

$$\begin{array}{c}R_1\\|\\H-C-NH_2\\|\\COOH\end{array} + \begin{array}{c}R_2\\|\\C=O\\|\\COOH\end{array} \xrightleftharpoons{\text{转氨酶}} \begin{array}{c}R_1\\|\\C=O\\|\\COOH\end{array} + \begin{array}{c}R_2\\|\\H-C-NH_2\\|\\COOH\end{array}$$

转氨基作用并没有使氨基酸的氨基真正脱下，只是使氨基发生转移，必须通过与其他酶的联合作用，才能真正地脱去氨基。因为转氨酶催化的反应是可逆的，平衡常数接近1，所以转氨基作用既是氨基酸的分解代谢过程，也是体内某些氨基酸（非必需氨基酸）合成的重要途径。反应的实际方向取决于4种反应物的相对浓度。

考点提示

两种重要的转氨酶及其临床意义。

2. 转氨酶　催化转氨基作用的酶统称为转氨酶或氨基转移酶。大多数转氨酶需要 α- 酮戊二酸作为氨基的受体。体内的转氨酶种类多，分布广。在各种转氨酶中，以丙氨酸转氨酶（ALT，又称谷丙转氨酶，GPT）和天冬氨酸转氨酶（AST，又称谷草转氨酶，GOT）最为重要。它们分别催化下列反应：

$$\text{丙氨酸}+\alpha\text{-酮戊二酸} \xrightleftharpoons{\text{ALT}} \text{丙酮酸}+\text{谷氨酸}$$

$$\text{天冬氨酸}+\alpha\text{-酮戊二酸} \xrightleftharpoons{\text{AST}} \text{草酰乙酸}+\text{谷氨酸}$$

它们在体内广泛存在，但各组织中含量不等，以肝、肾、心肌、骨骼肌含量丰富，见表9-1。

表 9-1　正常成人各组织中 ALT、AST 活性

转氨酶	心	肝	骨骼肌	肾	胰腺	脾	肺	血清
ALT （单位 / 克湿组织）	7 100	44 000	4 800	19 000	2 000	1 200	700	16
AST （单位 / 克湿组织）	156 000	142 000	99 000	91 000	28 000	14 000	10 000	20

由表9-1可知，在正常情况下，转氨酶主要分布于细胞内，特别是肝和心，而血清中这两种酶的活性最低。当某细胞通透性增高或细胞受到破坏时，可有大量的转氨酶从细胞内释放入血，导致血清中转氨酶活性明显升高。例如，急性肝炎患者血清中 ALT 活性显著升高，心肌梗死患者血清中 AST 活性明显升高。因此临床上测定血清中 ALT 或 AST 的含量，可以作为肝和心肌疾病诊断的指标之一。

3. 转氨基作用的机制　转氨酶是结合蛋白酶，所有转氨酶的辅酶是由维生素 B_6 参与组成的磷酸吡哆醛或磷酸吡哆胺。在转氨基的过程中，磷酸吡哆醛从氨基酸接受氨基转变为磷酸吡哆胺，同时氨基酸转变为相应的 α- 酮酸。磷酸吡哆胺再将氨基转移给另一个 α- 酮酸，磷酸吡哆胺又转变为磷酸吡哆醛，而同时 α- 酮酸得到氨基后生成相应的氨基酸，如图9-2。通过磷酸吡哆醛和磷酸吡哆胺这两者的相互转变，起着传递氨基的作用。

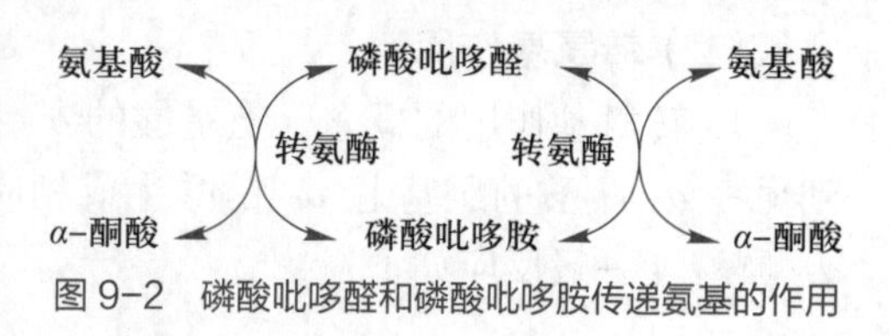

图 9-2　磷酸吡哆醛和磷酸吡哆胺传递氨基的作用

（三）联合脱氨基作用

1. 转氨基联合氧化脱氨基作用 氨基酸与 α- 酮戊二酸在转氨酶作用下生成相应 α- 酮酸和谷氨酸，谷氨酸再经 L- 谷氨酸脱氢酶作用，脱去氨基生成 α- 酮戊二酸和氨（图 9-3）。将这种转氨酶与 L- 谷氨酸脱氢酶联合催化使氨基酸的 α- 氨基脱下并产生游离氨的过程称为联合脱氨基作用。由于联合脱氨基作用的过程是可逆的，所以其逆过程是体内合成非必需氨基酸的主要途径。

视频：

氨基酸的脱氨基作用

考点提示

联合脱氨基是生物体内氨基酸脱氨基的主要方式。

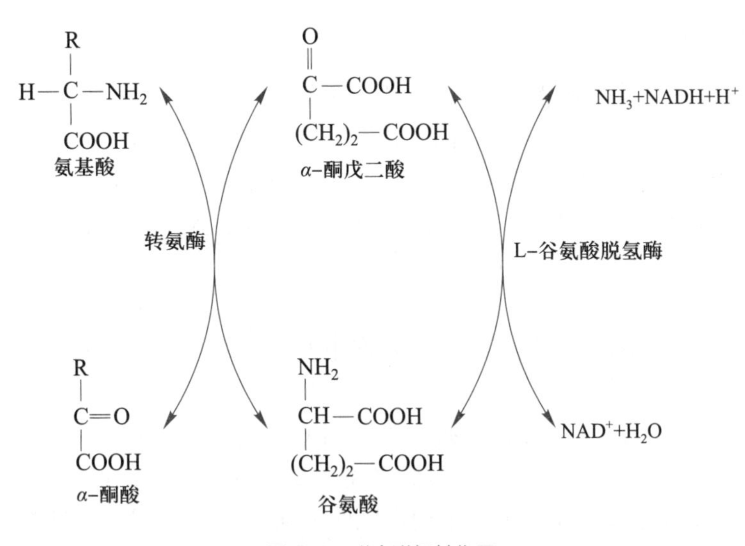

图 9-3 联合脱氨基作用

2. 嘌呤核苷酸循环 由于在骨骼肌和心肌中 L- 谷氨酸脱氢酶活性较低，氨基酸脱氨基主要是通过嘌呤核苷酸循环完成的（图 9-4）。在嘌呤核苷酸循环中，氨基酸首

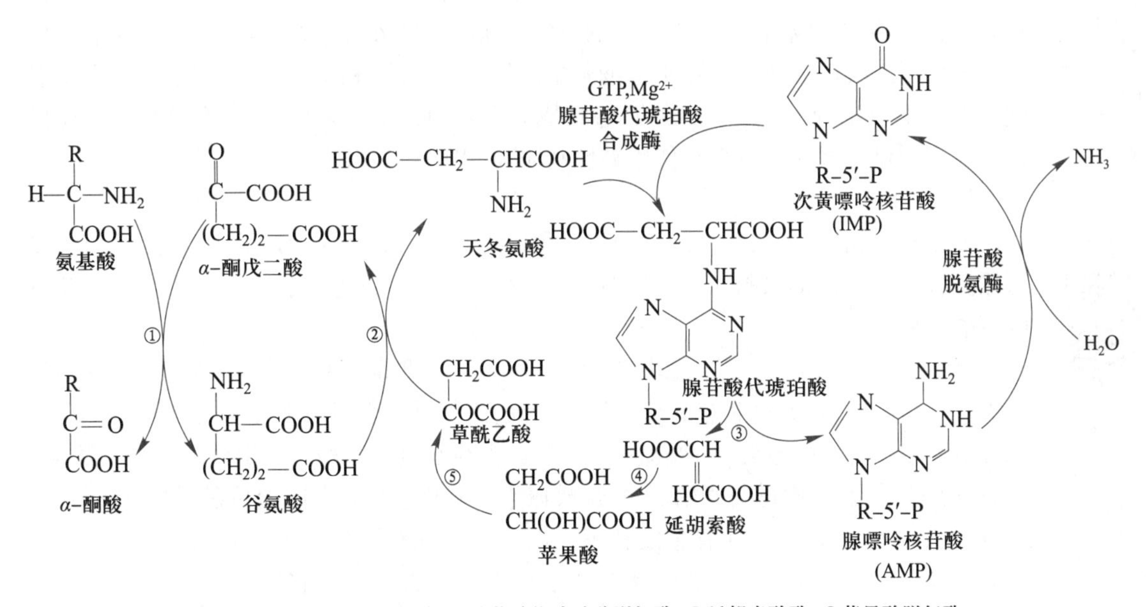

①转氨酶；②天冬氨酸转氨酶；③腺苷酸代琥珀酸裂解酶；④延胡索酸酶；⑤苹果酸脱氢酶。

图 9-4 嘌呤核苷酸循环

先将氨基转移给 α- 酮戊二酸,α- 酮戊二酸得到氨基后转变为谷氨酸,谷氨酸再将氨基转移给草酰乙酸,使其转变为天冬氨酸;天冬氨酸与次黄嘌呤核苷酸(IMP)在腺苷酸代琥珀酸合成酶的作用下生成腺苷酸代琥珀酸,腺苷酸代琥珀酸再经裂解,释放出延胡索酸并生成腺嘌呤核苷酸(AMP)。AMP 在腺苷酸脱氨酶的作用下脱去氨基,生成 IMP,而 IMP 可以再参加循环。由此可见,嘌呤核苷酸循环实际上也可以看成是另外一种形式的联合脱氨基作用。

二、氨的代谢

氨是机体的正常代谢产物,同时氨也是一种有毒物质,实验证明氨是强烈的神经毒物。正常成年人血氨浓度低于 60 μmol/L,某些原因引起血氨浓度升高,可导致神经组织,特别是脑组织功能障碍,称为氨中毒。正常情况下,机体不会发生氨的堆积而中毒,这是因为体内有解除氨毒的代谢途径,使血氨的来源和去路保持动态平衡,所以血氨浓度维持相对恒定,不会发生堆积而引起中毒。

(一) 氨的来源

氨的来源

1. 氨基酸脱氨基作用　氨基酸脱氨基作用产生的氨是体内氨的主要来源。胺类的分解也可以产生氨。

2. 肠道吸收　肠道吸收的氨主要有两个来源:一是肠内氨基酸在肠道细菌作用下产生的氨;二是血中尿素渗入肠道后水解产生的氨。肠道产氨的量较多,每天约 4 g。NH_3 比 NH_4^+ 更容易透过肠黏膜细胞膜而被吸收入血。当肠道 pH 偏碱时,NH_4^+ 偏向于转变为 NH_3,氨的吸收增强。临床上对高氨基酸血症患者采用弱酸性透析液做结肠透析,而禁止用碱性的肥皂水灌肠,就是为了减少氨的吸收。

考点提示

高氨基酸血症患者不能用碱性肥皂水灌肠的原因;肝硬化腹水的患者需用弱酸性利尿药。

3. 肾小管上皮细胞分泌氨　在肾小管上皮细胞内,谷氨酰胺被谷氨酰胺酶催化,生成谷氨酸和 NH_3。正常情况下,肾小管上皮细胞内产生的这部分氨可分泌到肾小管管腔内,与 H^+ 结合成 NH_4^+,并以铵盐的形式随尿排出体外,这对调节机体的酸碱平衡起着重要作用。酸性尿有利于肾小管细胞中的氨扩散入尿;相反,碱性尿则阻碍肾小管细胞中 NH_3 的排出,此时氨可被吸收入血,成为血氨的另一个来源,引起血氨升高。故临床上对肝硬化腹水的患者不宜使用碱性利尿药,以防血氨升高。

(二) 氨的转运

氨的转运

氨是毒性物质,各组织中产生的氨必须以无毒的形式经血液运输到肝合成尿素,或运输到肾以铵盐的形式排出体外。现已知,氨在血液中的运输形式主要是谷氨酰胺和丙氨酸两种。

1. 谷氨酰胺转运氨　谷氨酰胺主要从脑和骨骼肌等组织向肝或肾运输氨。在脑、骨骼肌等组织中,谷氨酰胺合成酶的活性较高,谷氨酰胺合成酶催化氨与谷氨酸反应生成谷氨酰胺。谷氨酰胺经血液运输到肝或肾,再经谷氨酰胺酶水解生成谷氨酸以及氨。由谷氨酰胺分解产生的氨可在肝中合成尿素,或在肾中生成铵盐后随尿排出。少量谷氨酰胺在各组织中也可被直接利用。例如,参与嘌呤核苷酸的合成。因此谷氨酰胺既是氨的解毒产物,也是氨的储存及运输形式。谷氨酰胺在脑中固定和转运氨的过程中起着重要作用。临床上对氨中毒的患者可服用或输入谷氨酸盐,以降低氨的浓度。

考点提示

谷氨酰胺既是氨的运输形式,又是氨的解毒和储存形式。

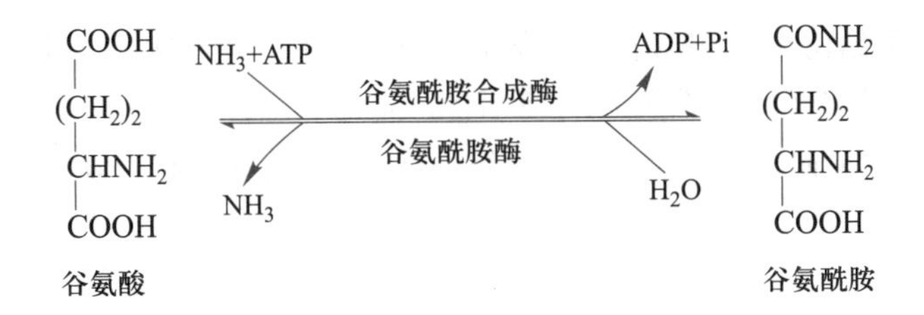

2. 葡萄糖－丙氨酸循环　在肌肉中,氨基酸经转氨基作用将氨基转移给丙酮酸,丙酮酸得到氨基生成丙氨酸。丙氨酸释放入血,经血液转运至肝。在肝中,丙氨酸通过联合脱氨基作用生成氨和丙酮酸。氨可用于合成尿素。丙酮酸则在肝中经糖异生途径生成葡萄糖,葡萄糖释放入血后再由血液运送至肌肉。在肌肉中葡萄糖沿糖分解途径转变成丙酮酸,后者加氨再转变为丙氨酸。丙氨酸和葡萄糖反复地在肌肉和肝之间进行氨的转运,故称为葡萄糖－丙氨酸循环(图 9-5)。通过这一循环,既能使肌肉中的氨以无毒的丙氨酸形式运输至肝,同时,肝又为肌肉提供了葡萄糖,为肌肉活动提供能量。

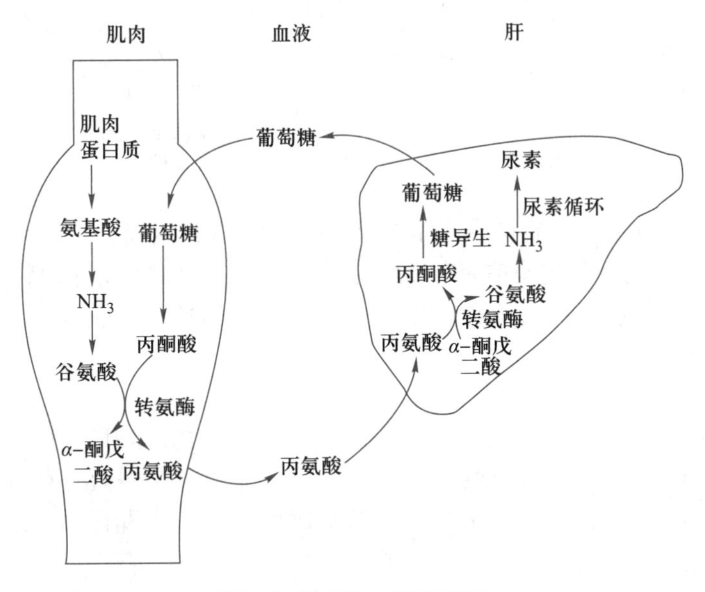

图 9-5　葡萄糖－丙氨酸循环

(三) 氨的去路

体内氨的去路包括合成尿素、生成谷氨酰胺、参与合成一些重要的含氮化合物(如嘌呤嘧啶、非必需氨基酸等)及以铵盐形式由尿排出。其中合成尿素是氨的主要代谢去路。

视频:

氨的去路

1. 尿素的生成　尿素是蛋白质分解代谢的最终无毒产物。尿素的生成也是体内氨代谢的主要途径,约占尿排出总氮量的 80%。实验证明,肝是合成尿素的主要器官。尿素合成的途径称为鸟氨酸循环(又称为尿素循环)。该循环首先是氨与二氧化碳结合形成氨基甲酰磷酸,然后鸟氨酸接受由氨基甲酰磷酸提供的氨甲酰基形成瓜氨酸,瓜氨酸与天冬氨酸结合形成的精氨酸代琥珀酸分解为精氨酸及延胡索酸。最后,延胡索酸水解为尿素和鸟氨酸。主要反应如下。

考点提示

血氨的来源和去路。

(1) 氨基甲酰磷酸的合成：肝细胞线粒体内，在 Mg^{2+}、*N*- 乙酰谷氨酸存在时，氨与二氧化碳在氨基甲酰磷酸合成酶Ⅰ(CPS-Ⅰ)的催化下，消耗 2 分子 ATP，合成氨基甲酰磷酸。氨基甲酰磷酸是高能化合物，性质较为活泼，在酶的催化下易与鸟氨酸反应生成瓜氨酸。

$$NH_3+CO_2+H_2O \xrightarrow[2ATP \rightarrow 2ADP+Pi,\ Mg^{2+}]{\text{氨基甲酰磷酸合成酶 I}} H_2N-\overset{O}{\overset{\|}{C}}-O\sim PO_3H_2$$

(2) 瓜氨酸的合成：氨基甲酰磷酸与鸟氨酸在鸟氨酸氨基甲酰转移酶的催化下，缩合生成瓜氨酸。鸟氨酸氨基甲酰转移酶也存在于肝细胞线粒体中。

$$\underset{\text{鸟氨酸}}{NH_2-(CH_2)_3-CH(NH_2)-COOH} + \underset{\text{氨基甲酰磷酸}}{NH_2-C(=O)-O\sim PO_3H_2} \xrightarrow{\text{鸟氨酸氨基甲酰转移酶}} \underset{\text{瓜氨酸}}{NH_2-C(=O)-NH-(CH_2)_3-CH(NH_2)-COOH} + H_3PO_4$$

(3) 精氨酸的合成：瓜氨酸在线粒体中合成后，由线粒体内膜上的载体转运至线粒体外，在细胞液中经精氨酸代琥珀酸合成酶的催化，与天冬氨酸反应生成精氨酸代琥珀酸，此反应由 ATP 供能。其后，精氨酸代琥珀酸再经精氨酸代琥珀酸裂解酶的催化，裂解成为精氨酸和延胡索酸。

$$\underset{\text{瓜氨酸}}{NH_2-C(=O)-NH-(CH_2)_3-CH(NH_2)-COOH} + \underset{\text{天冬氨酸}}{H_2N-CH(COOH)-CH_2-COOH} \xrightarrow[ATP \rightarrow AMP+PPi,\ H_2O]{\text{精氨酸代琥珀酸合成酶}} \underset{\text{精氨酸代琥珀酸}}{NH_2-C(=N-CH(COOH)-CH_2-COOH)-NH-(CH_2)_3-CH(NH_2)-COOH}$$

$$\xrightarrow{\text{精氨酸代琥珀酸裂解酶}} \underset{\text{精氨酸}}{NH_2-C(=NH)-NH-(CH_2)_3-CH(NH_2)-COOH} + \underset{\text{延胡索酸}}{HOOC-CH=CH-COOH}$$

上述反应中，天冬氨酸起着供给氨基的作用。天冬氨酸又可由草酰乙酸与谷氨酸通过转氨基作用生成，而谷氨酸的氨基又可来自体内多种氨基酸。由此可见，其余多种氨基酸的氨基也可以通过天冬氨酸的形式参与尿素的合成。

在尿素合成的酶系中，精氨酸代琥珀酸合成酶的活性最低，是尿素合成的限速酶。

(4) 尿素的生成：在细胞液中，精氨酸在精氨酸酶的作用下，水解生成尿素和鸟氨酸。鸟氨酸再通过线粒体内膜上载体的转运进入线粒体，重复上述反应，完成鸟氨酸循环。

$$\begin{array}{l} NH_2 \\ | \\ C{=}NH \\ | \\ NH \\ | \\ (CH_2)_3 \\ | \\ CH{-}NH_2 \\ | \\ COOH \\ \text{精氨酸} \end{array} + H_2O \xrightarrow{\text{精氨酸酶}} \begin{array}{l} NH_2 \\ | \\ C{=}O \\ | \\ NH_2 \\ \text{尿素} \end{array} + \begin{array}{l} NH_2 \\ | \\ (CH_2)_3 \\ | \\ CH{-}NH_2 \\ | \\ COOH \\ \text{鸟氨酸} \end{array}$$

尿素生成的总反应归结为：

$$2NH_3+CO_2+3ATP+3H_2O \longrightarrow \begin{array}{l} NH_2 \\ | \\ C{=}O \\ | \\ NH_2 \\ \text{尿素} \end{array} + 2ADP + AMP + 4Pi$$

现将鸟氨酸循环合成尿素的过程总结如图 9-6。从图中可见，尿素分子中的两个氮原子，一个来自氨，另一个则由天冬氨酸提供，而天冬氨酸又可由其他氨基酸通过转氨基作用生成。因此，尿素分子中的两个氮原子虽来源不同，但都直接或间接来自各种

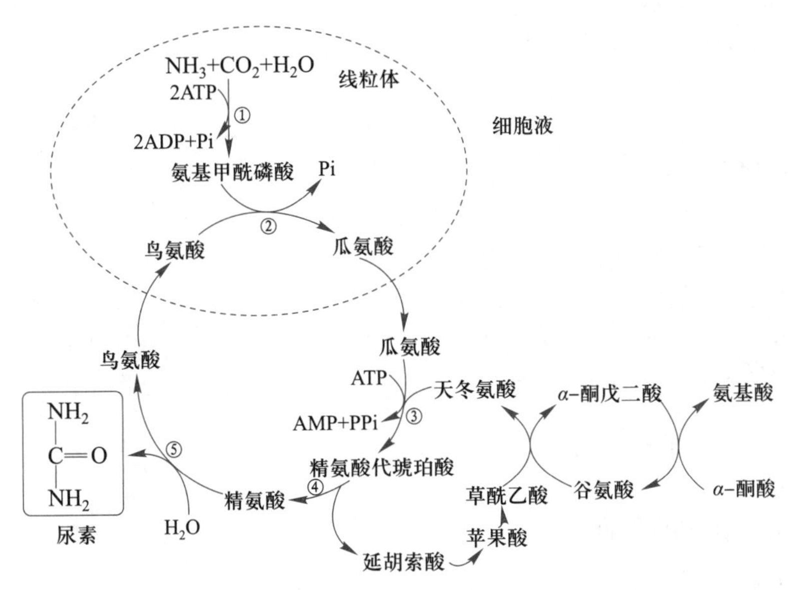

①氨基甲酰磷酸合成酶Ⅰ；②鸟氨酸氨基甲酰转移酶；③精氨酸代琥珀酸合成酶；④精氨酸代琥珀酸裂解酶；⑤精氨酸酶。

图 9-6　鸟氨酸循环合成尿素

氨基酸。另外,尿素的生成是耗能过程,每合成1分子尿素需消耗4个高能磷酸键。

知识拓展

鸟氨酸循环学说

Krebs与鸟氨酸循环:1932年,德国学者Hans Krebs和Kurt Henseleit根据一系列实验,首次提出鸟氨酸循环学说,这是最早发现的代谢循环。Krebs一生中提出两个循环学说,1953年发现三羧酸循环而获得诺贝尔生理学或医学奖,为生物化学的发展作出了重大贡献。

鸟氨酸循环学说的实验根据是:在有氧条件下,将大鼠肝的薄切片与铵盐保温数小时后,铵盐的含量减少,而同时尿素增多。另外,在肝切片中分别加入不同化合物,观察它们对尿素生成的影响。发现鸟氨酸、瓜氨酸或精氨酸都能加速尿素的合成。根据这3种氨基酸的结构,推断它们彼此相关。经进一步研究,Krebs和Henseleit提出了这一循环机制:鸟氨酸先与氨及CO_2结合生成瓜氨酸;瓜氨酸再接受1分子氨生成精氨酸;精氨酸水解产生1分子尿素和新的鸟氨酸,鸟氨酸又进入下一轮循环。

2. 高氨基酸血症和氨中毒　正常情况下,血氨的来源与去路保持动态平衡,血氨浓度处于较低水平。氨在肝中合成尿素是维持这种平衡的关键。当肝功能严重受损或尿素合成相关酶发生遗传性缺陷时,都可导致尿素合成受阻,使血氨浓度升高,称为高氨基酸血症。常见的临床症状包括呕吐、厌食、间歇性共济失调、嗜睡甚至昏迷等。高血氨的毒性作用机制尚不完全清楚。一般认为,氨进入脑组织,可与脑中的α-酮戊二酸结合生成谷氨酸。因此,脑中氨的增加可以使脑细胞中的α-酮戊二酸减少,导致三羧酸循环作用减弱,从而使脑组织中的ATP生成减少,大脑供能不足,引起大脑功能障碍,严重时可发生昏迷,称为肝性脑病(又称肝昏迷)。

知识拓展

氨的动态平衡

临床上,可以根据氨在体内的代谢,使用一些代谢中间物治疗高氨基酸血症,如谷氨酸、精氨酸和鸟氨酸等。谷氨酸可以使氨转化为无毒的谷氨酰胺;精氨酸和鸟氨酸可以促进尿素循环,加速氨生成尿素,这些药物通过增加氨的去路起到治疗的效果。此外,减少氨的来源也很重要,如限制患者摄入蛋白质的量,或用抗菌药物抑制蛋白质在肠道的腐败作用,从而减少氨的产生。

视频:

α-酮酸的代谢

三、α-酮酸的代谢

氨基酸脱氨基后生成的α-酮酸可以进一步代谢,主要有3个方面的代谢途径。

(一) α-酮酸经氨基化生成非必需氨基酸

氨基酸脱氨基反应是可逆的,经转氨基作用或还原氨基化反应,生成相应的氨基酸。这是机体合成非必需氨基酸的重要途径。

（二）α- 酮酸可转变成糖类及脂类化合物

在体内，α- 酮酸可以转变成糖类及脂类。氨基酸在体内的转化可分为 3 类：在体内可经糖异生作用转化为糖类的氨基酸称为生糖氨基酸；可经脂肪酸分解或合成途径生成酮体或脂肪酸的氨基酸称为生酮氨基酸；既能转变为糖类又能转变为酮体的氨基酸称为生糖兼生酮氨基酸。小结见表 9-2。

考点提示

氨基酸脱氨基后可生成相应的α-酮酸，后者可在体内参与哪些代谢过程？

表 9-2　氨基酸生糖及生酮性质的分类

类别	氨基酸
生酮氨基酸	亮氨酸、赖氨酸
生糖氨基酸	甘氨酸、丝氨酸、缬氨酸、组氨酸、精氨酸、半胱氨酸、脯氨酸、羟脯氨酸、丙氨酸、谷氨酸、谷氨酰胺、天冬氨酸、天冬酰胺、甲硫氨酸
生糖兼生酮氨基酸	异亮氨酸、苯丙氨酸、酪氨酸、苏氨酸、色氨酸

（三）α- 酮酸可彻底氧化分解并提供能量

α- 酮酸在体内可以通过三羧酸循环与生物氧化体系彻底氧化成水和二氧化碳，同时释放能量以供机体生理活动所需。

第三节　个别氨基酸的代谢

一、氨基酸的脱羧基作用

人体内，部分氨基酸也能进行脱羧基作用生成相应的胺。催化这些反应的是氨基酸脱羧酶，其辅酶是磷酸吡哆醛。例如，组氨酸脱羧基生成组胺，谷氨酸脱羧基生成 γ-氨基丁酸等。也有的氨基酸先进行羟化后再发生脱羧基反应。在生理浓度时，有些胺类有重要的生理功能，一旦超过生理浓度，则会引起神经系统和心血管系统的功能紊乱。胺类在胺氧化酶的催化下可生成相应的醛类，醛类再进一步氧化生成羧酸，羧酸再氧化成 CO_2 和 H_2O 或随尿排出，从而避免胺类在体内蓄积。胺氧化酶属于黄素蛋白酶，在肝中活性最强。

视频：

氨基酸的脱羧基作用

$$\text{部分氨基酸}\xrightarrow[\text{磷酸吡哆醛}]{\text{氨基酸脱羧酶}}\text{胺}\xrightarrow{\text{胺氧化酶}}\text{醛类}\longrightarrow\text{羧酸}$$

下面列举几种氨基酸脱羧基产生的重要的胺类物质。

（一）γ- 氨基丁酸

谷氨酸在谷氨酸脱羧酶的催化下，脱羧生成 γ- 氨基丁酸（GABA）。谷氨酸脱羧酶在脑、肾组织中活性很高，故脑中 GABA 的含量较高。GABA 是一种抑制性神经递质，对中枢神经有抑制作用。临床上使用维生素 B_6 治疗妊娠呕吐、婴儿惊厥和精神焦虑等，是因为磷酸吡哆醛作为谷氨酸脱羧酶的辅酶，可促进 GABA 的生成，从而导致中枢抑制作用而减轻症状。长期服用异烟肼的结核病患者如果经常合并使用维生素 B_6，则易引起中枢过度兴奋的中毒症状，这是因为异烟肼能与维生素 B_6 结合而使其失活，影响脑内 GABA 的合成。

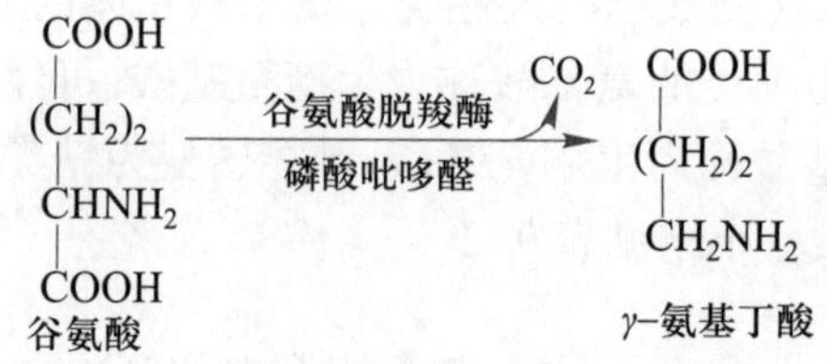

$$HOOC-(CH_2)_2-CHNH_2-COOH \xrightarrow[\text{磷酸吡哆醛}]{\text{谷氨酸脱羧酶}} HOOC-(CH_2)_2-CH_2NH_2 + CO_2$$

谷氨酸 γ-氨基丁酸

（二）组胺

组氨酸经组氨酸脱羧酶催化，生成组胺。组胺主要分布于乳腺、肺、肝、肌肉及胃黏膜等的肥大细胞中。组胺是一种强烈的血管舒张剂，并能增加毛细血管通透性，可引起血压下降和局部水肿。组胺的释放与创伤性休克及过敏反应等密切相关，还可刺激胃液的分泌。

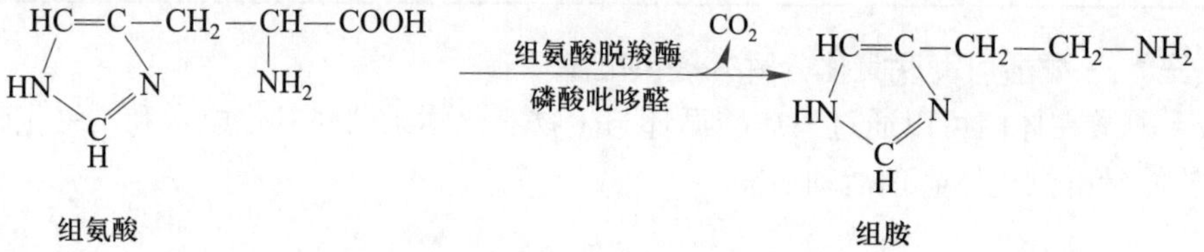

组氨酸 $\xrightarrow[\text{磷酸吡哆醛}]{\text{组氨酸脱羧酶}}$ 组胺 + CO_2

（三）5- 羟色胺

色氨酸经羟化生成 5- 羟色氨酸，后者再脱羧生成 5- 羟色胺（5-HT）。5- 羟色胺广泛分布于体内各组织，除神经组织外，还存在于胃肠、血小板及乳腺细胞中。脑组织中的 5- 羟色胺是一种抑制性神经递质；在外周组织，5- 羟色胺有收缩血管、升高血压的作用。

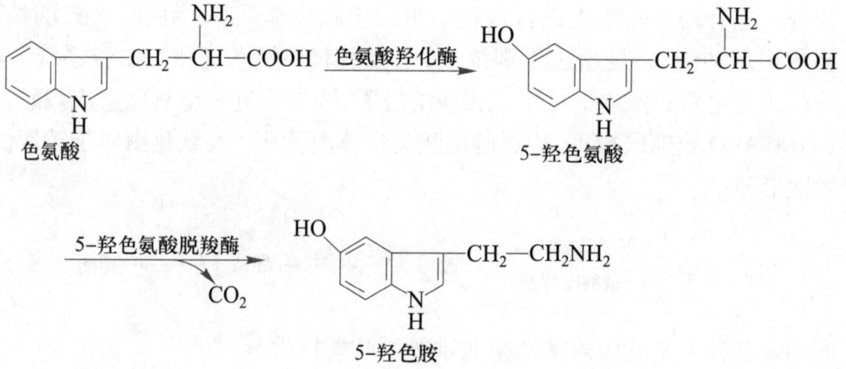

色氨酸 $\xrightarrow{\text{色氨酸羟化酶}}$ 5-羟色氨酸 $\xrightarrow{\text{5-羟色氨酸脱羧酶}}$ 5-羟色胺 + CO_2

（四）牛磺酸

在体内，半胱氨酸代谢转变可生成牛磺酸。半胱氨酸首先氧化生成磺酸丙氨酸，后者再在磺酸丙氨酸脱羧酶的催化下，脱去羧基生成牛磺酸。牛磺酸是结合胆汁酸的组成成分。

$$\underset{\text{L-半胱氨酸}}{HSCH_2CH(NH_2)COOH} \longrightarrow \underset{\text{磺酸丙氨酸}}{HO_3SCH_2CH(NH_2)COOH} \xrightarrow[\searrow CO_2]{\text{磺酸丙氨酸脱羧酶}} \underset{\text{牛磺酸}}{HO_3SCH_2CH_2NH_2}$$

（五）多胺

某些氨基酸脱氨基可以生成多胺类物质。例如，鸟氨酸在鸟氨酸脱羧酶的催化下脱氨基生成腐胺，腐胺再转变为精脒和精胺。精脒和精胺可以调节细胞的生长。鸟氨酸脱羧酶是多胺合成的限速酶，凡是生长旺盛的组织，例如胚胎、肿瘤组织、再生肝，该酶的活性均较强，多胺的含量也较高。目前临床上以癌症患者血、尿中多胺的含量作为观察患者病情和辅助诊断的指标之一。

鸟氨酸 $NH_2(CH_2)_3CH(NH_2)COOH$ —($-CO_2$)→ 腐胺 $NH_2(CH_2)_4NH_2$ → 精脒 $NH_2(CH_2)_4NH(CH_2)_3NH_2$ → 精胺 $NH_2(CH_2)_3NH(CH_2)_4NH(CH_2)_3NH_2$

S-腺苷甲硫氨酸 腺苷—$S^+(CH_3)$—$CH_2CH_2CH(NH_2)COOH$ —($-CO_2$)→ S-腺苷甲硫基丙胺 腺苷—$S^+(CH_3)$—$CH_2CH_2CH_2NH_2$（提供丙胺基给腐胺和精脒）→ 腺苷—S—CH_3

二、一碳单位的代谢

（一）一碳单位的概念

一碳单位的代谢

某些氨基酸在分解代谢过程中可以产生含有一个碳原子的基团，称为一碳单位。体内的一碳单位有：甲基（$-CH_3$）、甲烯基（$-CH_2-$）、甲炔基（$-CH=$）、甲酰基（$-CHO$）、亚氨甲基（$-CH=NH$）等。但是 CO、CO_2 不属于一碳单位。

（二）一碳单位的载体

一碳单位不能游离存在，从氨基酸释放后需与载体结合，再参与一碳单位的代谢。四氢叶酸是一碳单位的运载体。四氢叶酸可由叶酸经两次还原反应，在第 5、6、7、8 位加 4 个 H 成为四氢叶酸。

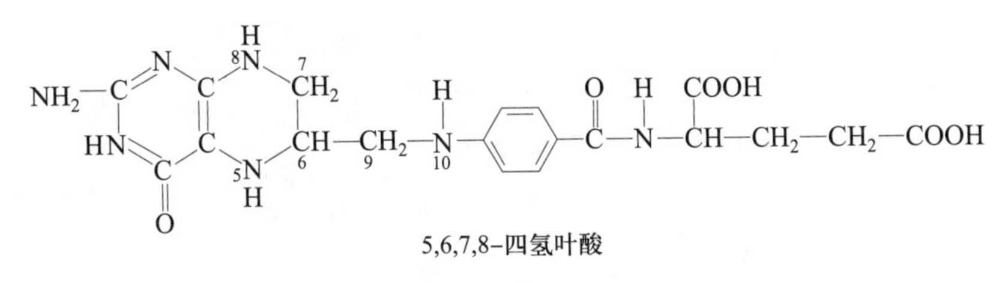

5,6,7,8-四氢叶酸

$$叶酸 \xrightarrow[NADPH+H^+ \quad NADP^+]{二氢叶酸还原酶} 二氢叶酸 \xrightarrow[NADPH+H^+ \quad NADP^+]{二氢叶酸还原酶} 四氢叶酸$$

一碳单位通常结合在四氢叶酸分子的 N^5、N^{10} 位上。例如：

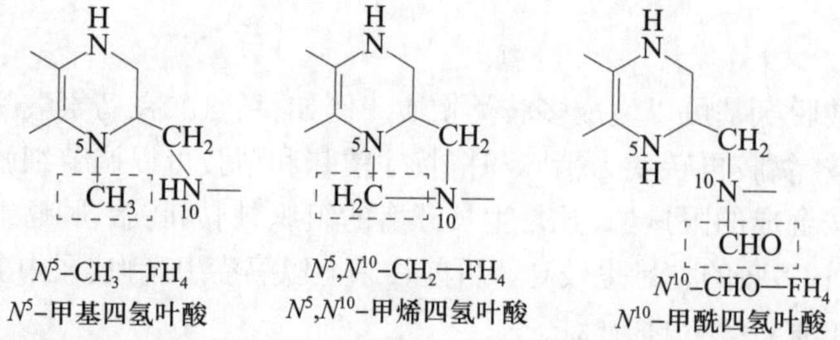

N^5-CH_3—FH_4
N^5-甲基四氢叶酸

N^5,N^{10}-CH_2—FH_4
N^5,N^{10}-甲烯四氢叶酸

N^{10}-CHO—FH_4
N^{10}-甲酰四氢叶酸

（三）一碳单位的来源

一碳单位主要来源于丝氨酸、甘氨酸、组氨酸和色氨酸的代谢。例如，丝氨酸在丝氨酸羟甲基转移酶的作用下生成 N^5,N^{10}-甲烯四氢叶酸和甘氨酸，甘氨酸又可裂解生成 N^5,N^{10}-甲烯四氢叶酸；组氨酸通过酶促分解为亚氨甲基谷氨酸，后者在亚氨甲基转移酶的作用下将甲基转移给四氢叶酸生成 N^5-亚氨甲基四氢叶酸；色氨酸分解代谢生成甲酸，甲酸在 N^{10}-CHO—FH_4 合成酶的催化下与四氢叶酸反应生成 N^{10}-甲酰四氢叶酸。

$$丝氨酸 + FH_4 \xrightarrow{丝氨酸羟甲基转移酶} 甘氨酸 + N^5,N^{10}\text{-}CH_2\text{—}FH_4$$

$$甘氨酸 + FH_4 \xrightarrow{甘氨酸裂解酶} CO_2+NH_3+N^5,N^{10}\text{-}CH_2\text{—}FH_4$$

$$组氨酸 \longrightarrow 亚氨甲基谷氨酸 \xrightarrow[FH_4]{亚氨甲基转移酶} 谷氨酸 + N^5\text{-}CH{=}NH\text{—}FH_4$$

$$色氨酸 \longrightarrow 甲酸 \xrightarrow[FH_4 \quad ATP \quad ADP+Pi]{N^{10}\text{-}CHO\text{—}FH_4合成酶} N^{10}\text{-}CHO\text{—}FH_4$$

（四）一碳单位的相互转变

来自不同氨基酸的一碳单位，在适当条件下，可以通过氧化、还原等反应而相互转变（图 9-7）。但是，在这些反应中，N^5-甲基四氢叶酸的生成是不可逆的。

N^{10}-CHO—FH_4（N^{10}-甲酰四氢叶酸）
⇕
N^5-CH=NH—FH_4（N^5-亚氨甲基四氢叶酸） ⇌ N^5,N^{10}=CH—FH_4（N^5,N^{10}-甲炔四氢叶酸）
⇕
N^5,N^{10}-CH_2—FH_4（N^5,N^{10}-甲烯四氢叶酸）
↓
N^5-CH_3—FH_4（N^5-甲基四氢叶酸）

图 9-7 一碳单位的相互转变

(五) 一碳单位的生理作用

一碳单位代谢与氨基酸、核酸代谢密切相关,是蛋白质和核酸代谢相互联系的重要途径,对机体生命活动具有重要意义。

1. 一碳单位参与体内嘌呤、嘧啶的合成　四氢叶酸携带的一碳单位主要参与体内嘌呤碱和嘧啶碱的生物合成。嘌呤碱和嘧啶碱是合成核酸的基本成分,所以一碳单位的代谢与机体的生长、发育、繁殖和遗传等许多重要功能密切相关。

2. 一碳单位直接参与 *S*- 腺苷甲硫氨酸的合成　*S*- 腺苷甲硫氨酸(SAM)为体内许多重要生理活性物质的合成提供甲基。据统计,体内有 50 多种化合物的合成需要由 SAM 提供甲基,其中许多化合物具有重要的生化功能,如肾上腺素、肌酸、胆碱、核酸中的稀有碱基等。

此外,磺胺类药物及某些抗癌药物(甲氨蝶呤等)也正是通过干扰细菌及癌细胞的叶酸、四氢叶酸的合成,进而影响一碳单位代谢与核酸合成而发挥其药理作用。

三、含硫氨基酸的代谢

体内的含硫氨基酸有 3 种,即甲硫氨酸(又称蛋氨酸)、半胱氨酸、胱氨酸。这 3 种氨基酸的代谢是相互联系的,甲硫氨酸可以转变为半胱氨酸和胱氨酸,而且半胱氨酸和胱氨酸可以互相转变,但二者都不能转变为甲硫氨酸,所以甲硫氨酸是必需氨基酸。

(一) 甲硫氨酸的代谢

1. 甲硫氨酸与转甲基作用　甲硫氨酸与 ATP 作用,生成 *S*- 腺苷甲硫氨酸(SAM)。SAM 中的甲基称为活性甲基,SAM 称为活性甲硫氨酸。SAM 可通过转甲基作用生成多种生理活性物质,如肾上腺素、肌酸等。

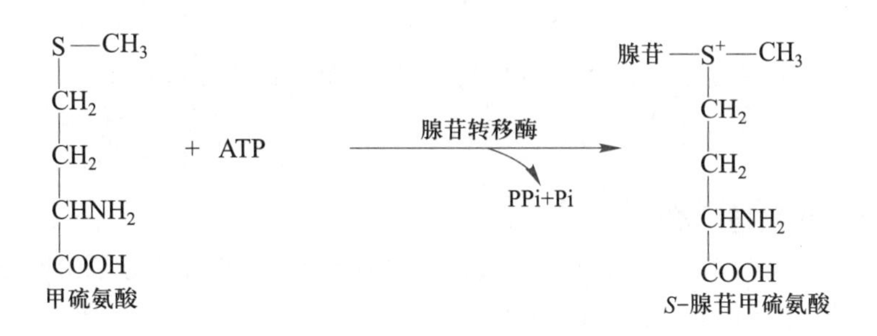

2. 甲硫氨酸循环　*S*- 腺苷甲硫氨酸在甲基转移酶的催化下,将甲基转移给其他物质(RH),使其发生甲基化(R—CH_3)。*S*- 腺苷甲硫氨酸脱下氨基转变成 *S*- 腺苷同型半胱氨酸,*S*- 腺苷同型半胱氨酸进一步脱去腺苷,生成同型半胱氨酸。因此,SAM 是体内重要的甲基直接供给体。而同型半胱氨酸又可以在 N^5-CH_3—FH_4 转甲基酶的作用下,接受来自 N^5-CH_3—FH_4 提供的甲基,重新生成甲硫氨酸,将这个过程称为甲硫氨酸循环,见图 9-8。

N^5-CH_3—FH_4 转甲基酶,又称为甲硫氨酸合成酶,其辅酶是维生素 B_{12}。维生素 B_{12} 缺乏会导致 N^5-CH_3—FH_4 上的甲基不能转移,其结果会影响四氢叶酸的再生,使组织中游离的四氢叶酸含量减少,不能重新利用它来转运其他一碳单位,导致核酸合成障碍,影响细胞分裂。因此维生素 B_{12} 缺乏时可引起巨幼细胞贫血。同时,血中同型半胱

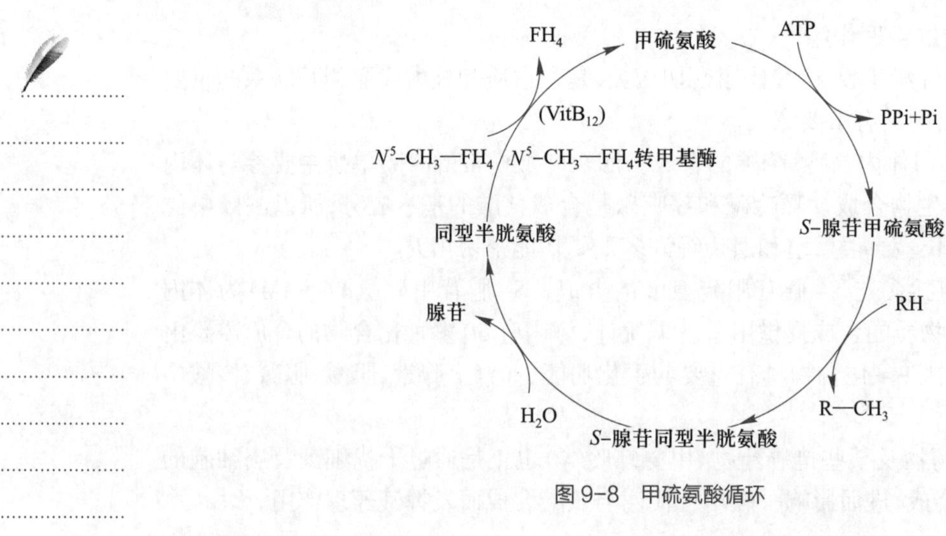

图 9-8 甲硫氨酸循环

氨酸浓度升高，可能是动脉粥样硬化和冠心病的独立危险因素。

甲硫氨酸循环的生理意义是由 N^5-CH_3—FH_4 提供甲基合成甲硫氨酸，再通过此循环的 SAM 提供甲基，以进行体内广泛存在的甲基化反应。因此，N^5-CH_3—FH_4 可看成是体内甲基的间接供体。体内有 50 多种物质合成时需要 SAM 提供甲基，如 DNA、RNA 及蛋白质的甲基化，还有肌酸、胆碱、肾上腺素、肉碱等。

知识拓展

同型半胱氨酸与心血管疾病

近年来科学家将同型半胱氨酸和胆固醇一起归为导致心脏病的独立危险因素，进一步研究发现了同型半胱氨酸的作用机制，包括刺激心血管细胞增殖等多种作用，引起更为广泛的医学问题。

（二）半胱氨酸与胱氨酸

1. 半胱氨酸与胱氨酸的互变　半胱氨酸含有巯基（—SH），2 分子半胱氨酸在有氧条件下，脱氢氧化生成 1 分子含有二硫键（—S—S—）的胱氨酸。

$$2\ \begin{array}{c} CH_2SH \\ | \\ CHNH_2 \\ | \\ COOH \end{array} \underset{+2H}{\overset{-2H}{\rightleftharpoons}} \begin{array}{ccc} CH_2 — S — S — CH_2 \\ | \qquad\qquad\qquad | \\ CHNH_2 \qquad\quad CHNH_2 \\ | \qquad\qquad\qquad | \\ COOH \qquad\quad\ \ COOH \end{array}$$

半胱氨酸　　　　　　　　胱氨酸

体内许多重要的酶，如琥珀酸脱氢酶、乳酸脱氢酶等的活性与半胱氨酸的巯基直接有关，称为巯基酶。有些毒物，如芥子气、重金属盐等，能与酶分子中的巯基结合从而抑制酶的活性。体内存在的还原型谷胱甘肽能保护酶分子上的巯基，因而有重要的生理功能。

2. 半胱氨酸可生成活性硫酸根　含硫氨基酸氧化分解均可产生硫酸根，而半胱氨酸是体内硫酸根的主要来源。体内的硫酸根一部分以硫酸盐形式随尿排出，其余的硫酸根可经 ATP 活化成“活性硫酸根”，即 3′－磷酸腺苷－5′－磷酸硫酸（PAPS）。PAPS 化学性质活泼，在肝生物转化中可提供硫酸根使某些物质形成硫酸酯，例如，活性硫酸根可与类固醇激素结合，从而使类固醇激素灭活；活性硫酸根也可与一些外源性酚类化合物结合，从而增加酚类物质的极性，利于其从尿中排出。

PAPS的结构

四、芳香族氨基酸的代谢

芳香族氨基酸包括苯丙氨酸、酪氨酸和色氨酸。酪氨酸可由苯丙氨酸羟化生成。

视频：

芳香族氨基酸代谢

（一）苯丙氨酸和酪氨酸的代谢

苯丙氨酸和酪氨酸代谢既有联系又有区别。苯丙氨酸的主要代谢是经羟化作用生成酪氨酸，再进一步代谢。另外，少量苯丙氨酸可经转氨基作用生成苯丙酮酸。

1. 苯丙氨酸代谢　苯丙氨酸经苯丙氨酸羟化酶催化生成酪氨酸，从而进一步代谢。苯丙氨酸羟化酶的辅酶是四氢生物蝶呤，催化的反应不可逆，因而酪氨酸不能转变为苯丙氨酸。

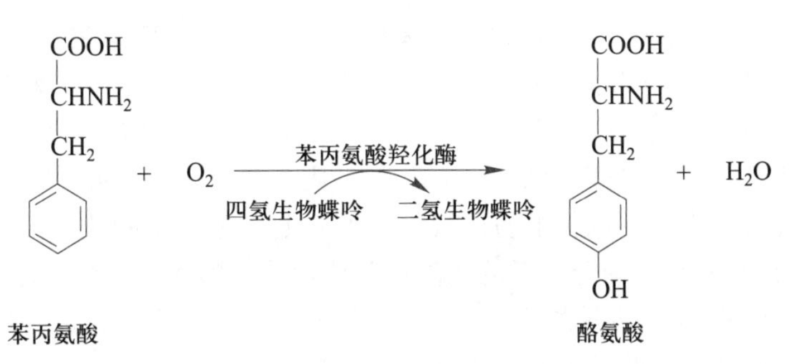

苯丙氨酸除能转变为酪氨酸外，少量还可经转氨基作用生成苯丙酮酸。先天性苯丙氨酸羟化酶缺乏患者，不能将苯丙氨酸转变为酪氨酸。体内的苯丙氨酸蓄积，并可经转氨基作用生成大量苯丙酮酸。此时，大量的苯丙酮酸及其部分代谢产物（苯乳酸及苯乙酸等）由尿排出，称为苯丙酮尿症（PKU）。苯丙酮酸的蓄积对中枢神经系统有毒性，使脑发育障碍，患儿的智力发育低下。治疗原则是早期发现，并适当控制膳食中苯丙氨酸的含量。

2. 酪氨酸代谢

（1）转变为儿茶酚胺：在肾上腺髓质和神经组织，酪氨酸经酪氨酸羟化酶（辅酶：四氢生物蝶呤）催化生成 3,4－二羟苯丙氨酸（多巴）。在多巴脱羧酶的作用下，多巴脱去羧基，转变为多巴胺。多巴胺是一种神经递质。帕金森病患者多巴胺生成减少。在肾上腺髓质中，多巴胺的 β－碳原子发生羟化，生成去甲肾上腺素，后者可接受 SAM 提供的甲基生成肾上腺素。多巴胺、去甲肾上腺素、肾上腺素统称为儿茶酚胺。酪氨酸羟化酶是儿茶酚胺合成的限速酶。

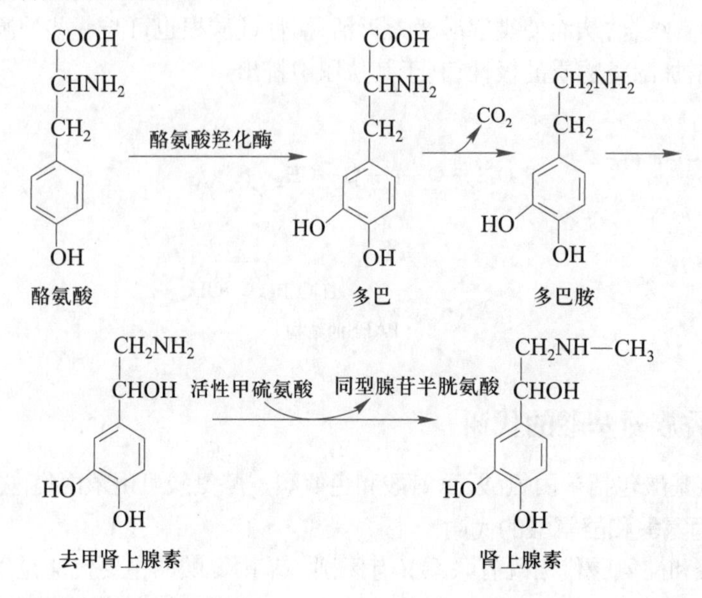

(2) 合成黑色素:酪氨酸代谢的另一条途径是合成黑色素。在黑色素细胞中,酪氨酸在酪氨酸酶的作用下羟化生成多巴。多巴再经氧化、脱羧等反应转变成吲哚醌。最后吲哚醌聚合为黑色素。人体若缺乏酪氨酸酶,黑色素合成障碍,皮肤、毛发等发白,称为白化病。

(3) 彻底氧化分解:酪氨酸还可在酪氨酸转氨酶的催化下,经转氨基作用,生成对羟苯丙酮酸,后者可氧化脱羧生成尿黑酸。尿黑酸在尿黑酸氧化酶等酶的作用下,逐步转变为延胡索酸和乙酰乙酸。然后二者分别沿糖和脂肪酸代谢途径进行代谢。若尿黑酸氧化酶缺乏,由酪氨酸分解代谢产生的尿黑酸则不能进一步代谢,引起大量尿黑酸由尿中排出。尿黑酸在碱性条件下易被氧化成醌类化合物,后者可进一步生成黑色化合物。因此,尿黑酸氧化酶缺乏患者的尿液加碱放置后变黑,同时,患者的骨组织也可有广泛的黑色物沉积,称为尿黑酸症。

苯丙氨酸和酪氨酸的代谢过程总结如图 9-9。

(二) 色氨酸代谢

色氨酸除生成 5- 羟色胺以外,本身还可分解代谢。色氨酸分解可产生丙酮酸及乙酰乙酰 CoA,所以色氨酸是生糖兼生酮氨基酸。色氨酸还可分解产生烟酸(尼克酸),这是体内合成维生素的特例,但合成量较少,无法满足机体所需。

五、支链氨基酸的代谢

支链氨基酸包括缬氨酸、亮氨酸和异亮氨酸。支链氨基酸的分解代谢主要在骨骼肌中进行。这 3 种氨基酸首先经过转氨基作用,生成各自相应的 α- 酮酸,再进一步代谢分解。缬氨酸分解产生琥珀酸单酰 CoA;亮氨酸产生乙酰 CoA 和乙酰乙酰 CoA;异亮氨酸产生乙酰 CoA 以及琥珀酸单酰 CoA。所以,这 3 种氨基酸分别是生糖氨基酸、生酮氨基酸、生糖兼生酮氨基酸。

苯丙氨酸 —苯丙氨酸转氨酶→ 苯丙酮酸 → 苯乙酸

苯丙氨酸 —苯丙氨酸羟化酶→ 酪氨酸

酪氨酸 —酪氨酸羟化酶→ 多巴 → 多巴胺 → 去甲肾上腺素 → 肾上腺素

酪氨酸 —酪氨酸酶→ 多巴 → 多巴醌 → → 吲哚醌 —聚合→ 黑色素

酪氨酸 —酪氨酸转氨酶→ 羟苯丙酮酸 → 尿黑酸 → → 延胡索酸 + 乙酰乙酸

图 9-9　苯丙氨酸和酪氨酸的代谢过程总结

思考题

1. 简述血氨的来源和去路。
2. 简述一碳单位的定义、来源和生理意义。
3. 鸟氨酸循环的主要过程及生理意义是什么?
4. 运用生物化学知识解释肝性脑病发生的机制及临床上采用的降血氨措施的机制。
5. 为什么维生素 B_6 可用于治疗妊娠呕吐及小儿惊厥?
6. 简述肝性脑病氨中毒的机制。

在线测试

本章小结

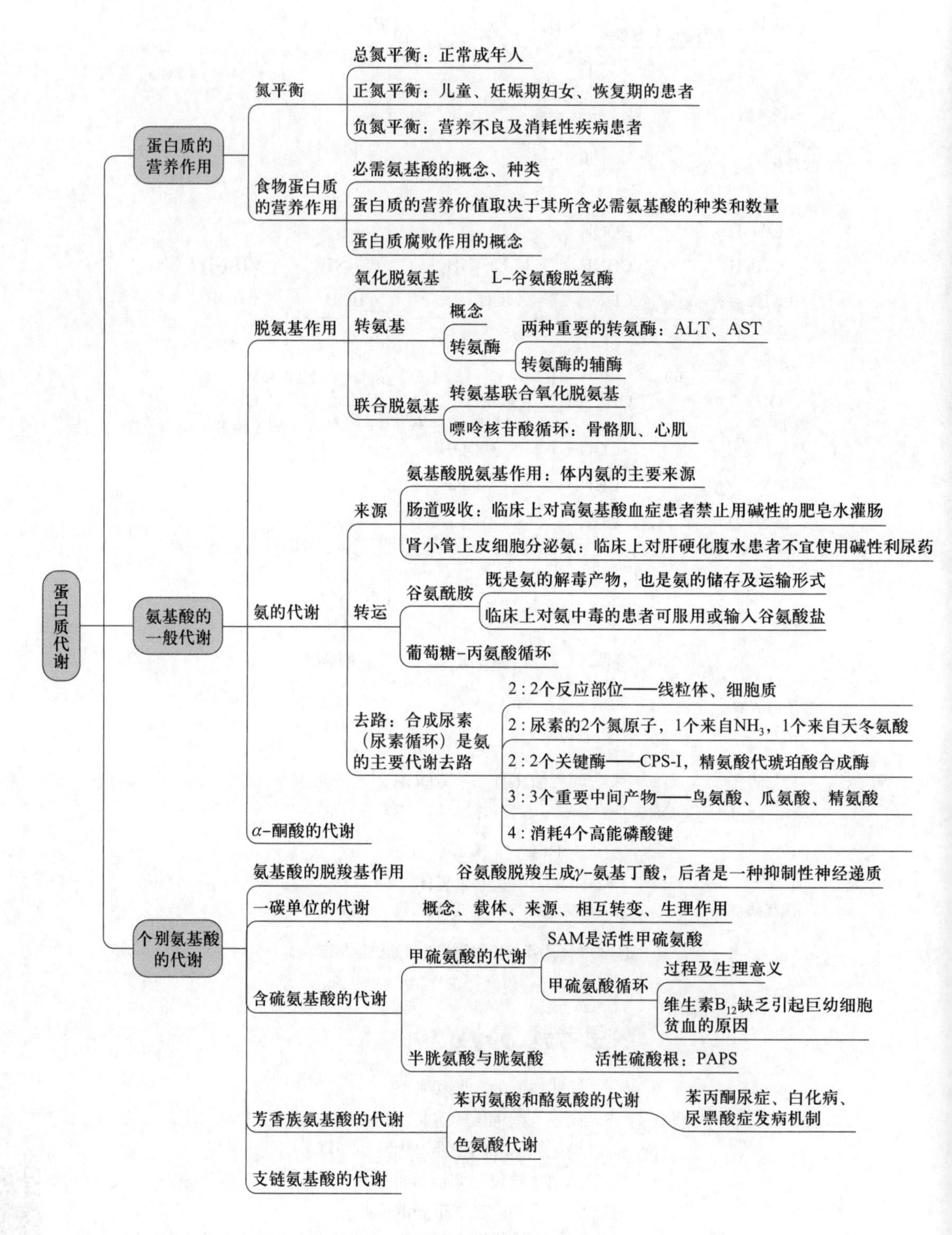
蛋白质代谢
蛋白质的营养作用
氮平衡
总氮平衡：正常成年人
正氮平衡：儿童、妊娠期妇女、恢复期的患者
负氮平衡：营养不良及消耗性疾病患者
食物蛋白质的营养作用
必需氨基酸的概念、种类
蛋白质的营养价值取决于其所含必需氨基酸的种类和数量
蛋白质腐败作用的概念
氨基酸的一般代谢
脱氨基作用
氧化脱氨基
L-谷氨酸脱氢酶
转氨基
概念
转氨酶
两种重要的转氨酶：ALT、AST
转氨酶的辅酶
联合脱氨基
转氨基联合氧化脱氨基
嘌呤核苷酸循环：骨骼肌、心肌
氨的代谢
来源
氨基酸脱氨基作用：体内氨的主要来源
肠道吸收：临床上对高氨基酸血症患者禁止用碱性的肥皂水灌肠
肾小管上皮细胞分泌氨：临床上对肝硬化腹水患者不宜使用碱性利尿药
转运
谷氨酰胺
既是氨的解毒产物，也是氨的储存及运输形式
临床上对氨中毒的患者可服用或输入谷氨酸盐
葡萄糖-丙氨酸循环
去路：合成尿素（尿素循环）是氨的主要代谢去路
2 : 2个反应部位——线粒体、细胞质
2 : 尿素的2个氮原子，1个来自NH3，1个来自天冬氨酸
2 : 2个关键酶——CPS-I，精氨酸代琥珀酸合成酶
3 : 3个重要中间产物——鸟氨酸、瓜氨酸、精氨酸
4 : 消耗4个高能磷酸键
α-酮酸的代谢
个别氨基酸的代谢
氨基酸的脱羧基作用
谷氨酸脱羧生成γ-氨基丁酸，后者是一种抑制性神经递质
一碳单位的代谢
概念、载体、来源、相互转变、生理作用
含硫氨基酸的代谢
甲硫氨酸的代谢
SAM是活性甲硫氨酸
甲硫氨酸循环
过程及生理意义
维生素B12缺乏引起巨幼细胞贫血的原因
半胱氨酸与胱氨酸
活性硫酸根：PAPS
芳香族氨基酸的代谢
苯丙氨酸和酪氨酸的代谢
苯丙酮尿症、白化病、尿黑酸症发病机制
色氨酸代谢
支链氨基酸的代谢

实验九　血清谷丙转氨酶活力测定

一、实验目的

谷丙转氨酶(GPT),又称丙氨酸转氨酶(ALT)。通过实验,掌握血清谷丙转氨酶活性测定的基本原理以及实验方法,了解血清谷丙转氨酶活性测定的临床意义。

二、实验原理

在 37 ℃,pH 7.4 的条件下,丙氨酸与 α- 酮戊二酸在谷丙转氨酶的催化下,生成谷氨酸和丙酮酸。丙酮酸可与 2,4- 二硝基苯肼作用,在碱性条件下生成棕红色丙酮酸 2,4- 二硝基苯腙,其颜色深浅与 ALT 活性的高低成正比。可利用比色分析原理将样品显色与丙酮酸标准液比较,求出样品中 ALT 的活性。

$$\text{L- 丙氨酸} + \alpha\text{- 酮戊二酸} \xrightarrow{\text{ALT}} \alpha\text{- 丙酮酸} + \text{L- 谷氨酸}$$

$$\alpha\text{- 丙酮酸} + \text{2, 4- 二硝基苯肼} \xrightarrow{\text{碱性条件下}} \text{丙酮酸 - 2, 4 - 二硝基苯腙}$$

(红棕色,λ=505 nm)

三、实验试剂与器材

1. 器材　滴管、试管、试管架、恒温水浴箱、紫外 - 可见分光光度计等。

2. 试剂

(1) 0.1 mmol/L 磷酸二氢钾溶液:称取 KH_2PO_4 13.61 g,溶解于蒸馏水中,加水至 1 000 ml,4 ℃保存。

(2) 0.1 mmol/L 磷酸氢二钠溶液:称取 Na_2HPO_4 14.22 g,溶解于蒸馏水中,并稀释至 1 000 ml,4 ℃保存。

(3) 0.1 mmol/L 磷酸盐缓冲液(pH 7.4):量取 420 ml 0.1 mol/L 磷酸氢二钠溶液和 80 ml 0.1 mol/L 磷酸氢二钾溶液,混匀,加三氯甲烷数滴,4 ℃保存。

(4) 基质缓冲液:称取 DL- 丙氨酸 1.79 g、α- 酮戊二酸 29.2 mg 于烧杯中,加 0.1 mol/L pH 7.4 磷酸盐缓冲液 80 ml,煮沸溶解后冷却,用 1 mol/L NaOH 调 pH 至 7.4,再加 0.1 mol/L 磷酸盐缓冲液至 100 ml,混匀后加三氯甲烷数滴,4 ℃保存。

(5) 2,4- 二硝基苯肼溶液:称取 2,4- 二硝基苯肼 20 mg,溶于 1.0 mol/L 盐酸 100 ml 中,置于棕色玻璃瓶中,室温保存。

(6) 0.4 mol/L NaOH 溶液:称取 NaOH 16 g 溶解于蒸馏水中,并加蒸馏水至 1 000 ml。

(7) 2.0 mmol/L 丙酮酸标准液:称取丙酮酸钠 22 mg 于 100 ml 容量瓶中,用 0.1 mol/L pH 7.4 磷酸盐缓冲液稀释至刻度,此溶液应新鲜配制,不能存放。

四、实验方法及步骤

1. 标准曲线制作

(1) 取 5 支试管,编号,按表 9-3 操作。

表 9-3 各试管加入的物质及量

项目		试管编号				
		0	1	2	3	4
加入物体积 /ml	0.1 mol/L 磷酸盐缓冲液	0.10	0.10	0.10	0.10	0.10
	2 mol/L 丙酮酸标准液	0	0.05	0.10	0.15	0.20
	基质溶液	0.50	0.45	0.40	0.35	0.30
相当于酶活性浓度 / 卡门氏酶活力单位		0	28	57	97	150

(2) 分别向各管加入 2,4- 二硝基苯肼溶液 0.5 ml,混匀后置 37 ℃水浴中 20 min,分别向各管加入 0.4 mol/L NaOH 5.0 ml,混匀,放置 10 min。

(3) 在 505 nm 波长处比色,以蒸馏水调零,读取各管光密度。以各管光密度值分别减去 0 号管光密度值,以所得差值为横坐标,以相应的卡门氏酶活力单位为纵坐标作图,即得标准曲线。

2. 血清 ALT 的测定 在测定前将底物溶液在 37 ℃水浴中预温 5 min,按表 9-4 操作。

表 9-4 血清 ALT 测定操作表 单位:ml

加入物	测定管	对照管
血清	0.1	0.1
基质溶液	0.5	—
混匀,37 ℃水浴,30 min		
2,4- 二硝基苯肼溶液	0.5	0.5
基质溶液	—	0.5
混匀,37 ℃水浴,20 min		
0.4 mol/L NaOH 溶液	5.0	5.0

室温放置 10 min 后,在 505 nm 波长处,以蒸馏水调零,读取各管光密度值。

五、结果分析

测定管光密度值减去对照管光密度值后,从标准曲线查出酶活性浓度。

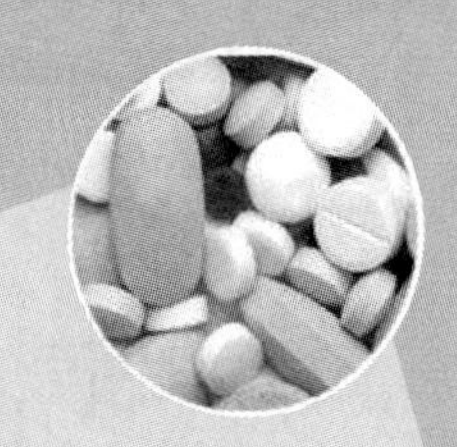

第十章
核苷酸代谢

学习目标

知识目标

1. 掌握:从头合成和补救合成的概念,嘌呤核苷酸、嘧啶核苷酸的分解代谢产物。
2. 熟悉:嘌呤核苷酸从头合成的原料、关键酶,嘧啶核苷酸从头合成的原料、关键酶。
3. 了解:核苷酸从头合成及补救合成途径,抗代谢物及其作用机制。

技能目标

1. 学会核苷酸抗代谢药物在治疗肿瘤、病毒感染中的作用机制并加以运用。
2. 具有利用核苷酸代谢的相关知识进行分析问题和解决问题的能力。

案例导入

［案例］患者，男，51岁，近3年来出现关节炎症状和尿路结石，进食肉类食物时，病情加重。查体：体温37.5 ℃，双足第一跖趾关节肿胀，左侧较明显。局部皮肤有脱屑和瘙痒现象，双侧耳郭触及绿豆大的结节数个，白细胞 9.5×10^9/L［参考值：(4~10) $\times10^9$/L］。

［讨论］

1. 该患者发生的疾病涉及的代谢途径是什么？
2. 该条代谢途径主要产生什么物质使患者病情加重？
3. 尿酸是如何产生和排泄的？
4. 抗痛风药物的作用机制是什么？

核苷酸是核酸的基本构成单位，可由生物体自身合成，因此核苷酸不属于营养物质。食物中的核酸多以核蛋白的形式存在，在胃中核蛋白被胃酸分解为核酸和蛋白质。核酸进入小肠后被核酸内切酶（endonuclease）水解为寡核苷酸（oligonucleotide），接着由磷酸二酯酶（phosphodiesterase）切割生成单核苷酸。单核苷酸进一步被核苷酸酶水解成相应的核苷和磷酸。核苷可继续被分解为戊糖和碱基或者被小肠吸收，戊糖可被吸收进入糖代谢过程，但是食物来源的碱基很少被人体利用，主要是通过小肠内的分解代谢排出体外。

核苷酸广泛分布在生物体内，多以5′－核苷酸存在于细胞中。核苷酸具有多种生物学功能：①核酸的合成原料。核糖核苷酸与脱氧核糖核苷酸分别是RNA与DNA的组成元件，这是核苷酸的最重要功能。②生物体内高能化合物形式。ATP是生物体内主要的能量形式。③参与代谢调节。cAMP作为核苷酸的衍生物，是多种激素的第二信使，cGMP也参与代谢调节过程。④组成辅酶。腺苷酸是多种辅酶的组成成分，如FAD、NAD、CoA等。⑤活化代谢物。核苷酸可作为活化代谢物的载体，如UDPG活性葡糖基的供体，CDP二酰甘油是合成磷脂的原料。ATP可为蛋白质的磷酸化提供磷酸基团。

生物体可利用一碳单位、氨基酸和 CO_2 等物质从头合成核苷酸，也可利用核苷或碱基补救合成核苷酸。核苷酸在体内可经过一系列反应被分解为嘌呤碱基与嘧啶碱基，嘌呤碱基可被氧化为尿酸而排出体外，嘧啶碱基可被分解为 β－丙氨酸、β－氨基异丁酸、NH_3 和 CO_2。

第一节 核苷酸的合成代谢

视频：

嘌呤核苷酸的合成代谢

一、嘌呤核苷酸的合成

体内嘌呤核苷酸有两种合成途径：①从头合成（de novo synthesis）途径，是利用磷酸核糖、氨基酸、一碳单位和 CO_2 等简单物质合成嘌呤核苷酸；②补救合成（salvage synthesis）途径，即利用体内游离的嘌呤或嘌呤核苷，经过简单的反应过程合成嘌呤核苷酸。在肝中主要以从头合成途径合成核苷酸,这是核酸的主要合成方式。在脑、骨髓中则以补救合成途径合成核苷酸。

(一) 嘌呤核苷酸的从头合成

除某些细菌外,几乎所有生物体都能从头合成嘌呤核苷酸。科学家利用同位素示踪技术,探明了嘌呤环上各原子的来源,如图 10-1。天冬氨酸为腺嘌呤环提供了第 1 位氮原子,一碳单位提供第 2 位和第 8 位碳原子。谷氨酰胺侧链的酰胺基提供第 3 位与第 9 位氮原子,甘氨酸提供第 4、5 位碳原子和第 7 位氮原子,CO_2 提供第 6 位碳原子。

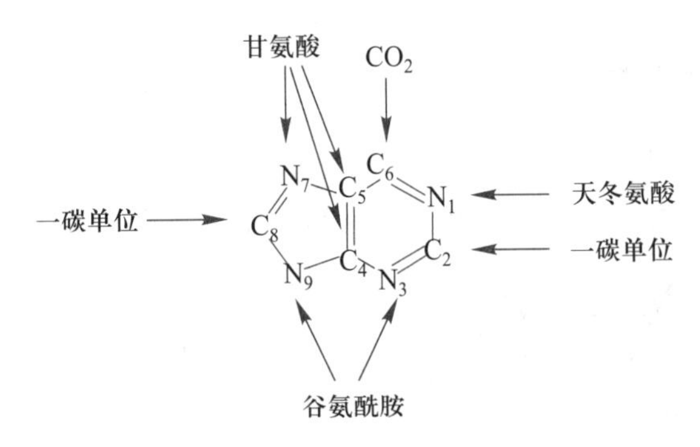

图 10-1 嘌呤环的原子来源

嘌呤核苷酸从头合成过程比较复杂,反应在细胞质中进行。首先是肌苷一磷酸(inosine monophosphate,IMP)的合成,然后 IMP 再转变成腺苷一磷酸(adenosine monophosphate,AMP)和鸟苷一磷酸(guanosine monophosphate,GMP)。最后 AMP 和 GMP 转变为 ADP 与 GDP,并进一步转化成 ATP 和 GTP。

考点提示
嘌呤核苷酸从头合成的部位、原料、关键酶和生理意义。

1. IMP 的合成 IMP 的合成共有 11 步反应,如图 10-2。

(1) 核糖-5-磷酸经磷酸核糖焦磷酸合成酶催化,将 ATP 上的焦磷酸基团转移到核糖-5-磷酸的 C-1 位上,生成磷酸核糖基焦磷酸(phosphoribosyl pyrophosphate,PRPP)。

(2) 由磷酸核糖酰胺转移酶催化谷氨酰胺的酰胺基取代 PRPP 上的焦磷酸,形成 5-磷酸核糖胺(PRA)。

(3) 经 ATP 供能,甘氨酸分子加合到 PRA 上,生成甘氨酰胺核糖核苷酸(glycinamide ribonucleotide,GAR)。

(4) 由 N^5,N^{10}-甲炔四氢叶酸提供甲酰基,使 GAR 上的甘氨酸残基甲酰化,生成甲酰甘氨酰胺核苷酸(formyl-GAR,FGAR)。

(5) 由 ATP 供能,谷氨酰胺提供酰胺氮取代 FGAR 的氧生成甲酰甘氨脒核苷酸(formylglyeinamidine ribotide,FGAM)。

(6) FGAM 脱水环化形成 5-氨基咪唑核苷酸(aminoimidazole ribonucleotide,AIR),该反应由氨基咪唑核苷酸合成酶催化,ATP 参与供能。至此,合成完嘌呤环中的咪唑环部分。

(7) 1 分子 CO_2 在羧化酶催化作用下连接到 AIR 的咪唑环上,生成 5-氨基咪唑-4-羧酸核苷酸(CAIR)。

(8) 该步反应由 ATP 供能,天冬氨酸通过氨基与 CAIR 上的羧基缩合生成 5-氨基

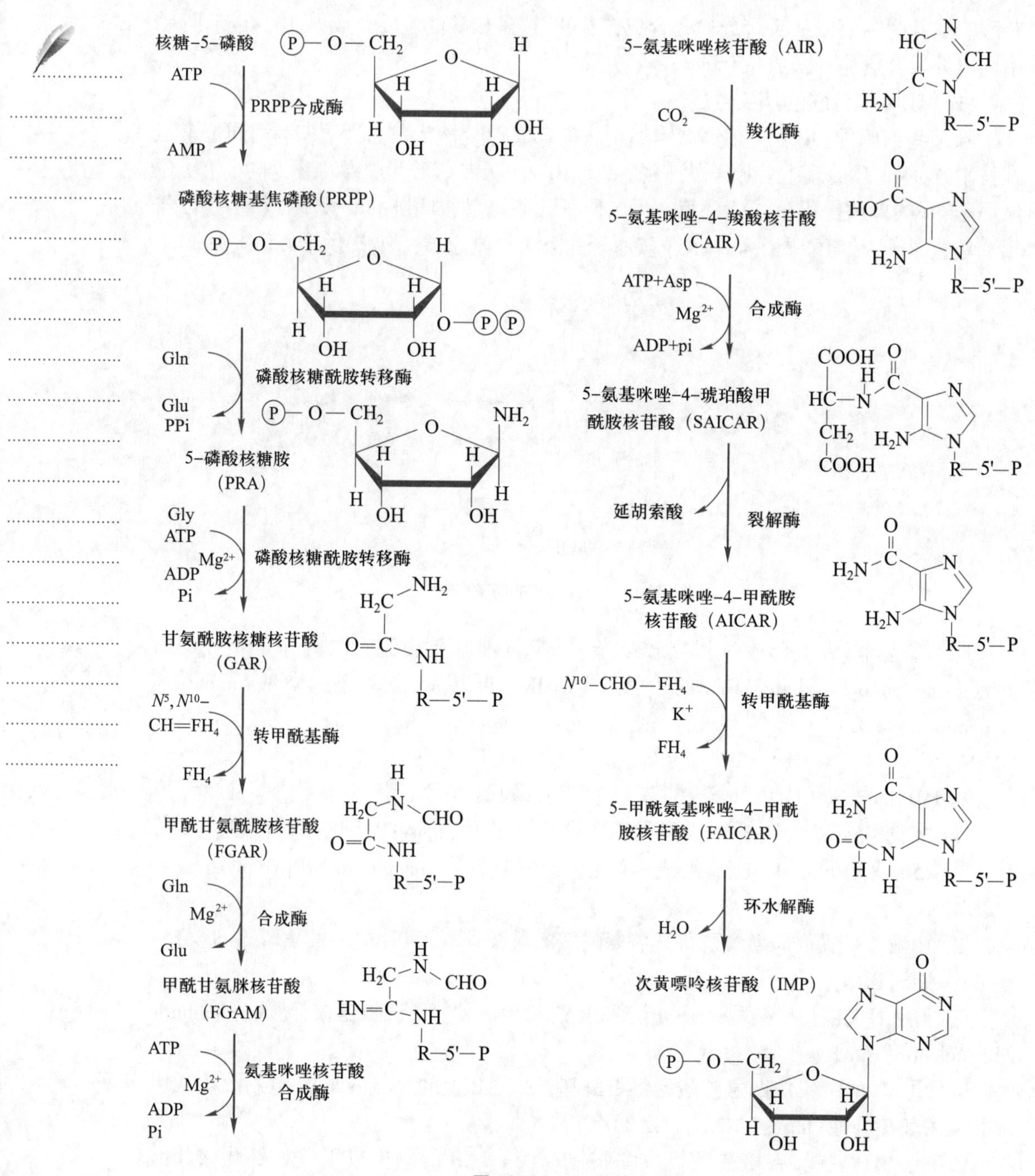

图 10-2 IMP 的从头合成

咪唑 -4- 琥珀酸甲酰胺核苷酸(SAICAR)。

(9) SAICAR 脱去 1 分子延胡索酸裂解成 5- 氨基咪唑 -4- 甲酰胺核苷酸(AICAR)。

(10) 由 N^{10}- 甲酰四氢叶酸提供甲酰基，使 AICAR 甲酰化，生成 5- 甲酰氨基咪唑 -4- 甲酰胺核苷酸(FAICAR)。

(11) FAICAR 脱水环化，生成 IMP。

2. AMP 与 GMP 的合成　IMP 是嘌呤核苷酸合成的重要中间产物，可分别转变成 AMP 和 GMP，如图 10-3。

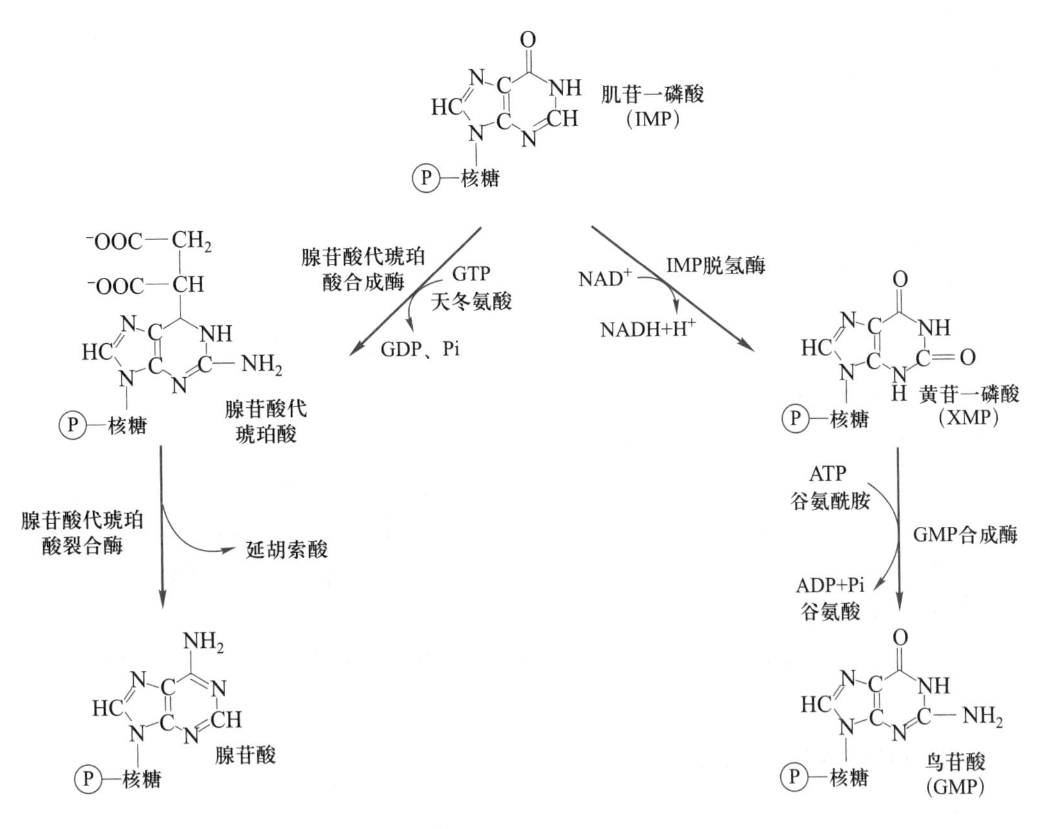

图 10-3　IMP 分支合成 AMP 与 GMP

(1) 由腺苷酸代琥珀酸合成酶(adenylosuccinate synthetase)催化，GTP 供能，使天冬氨酸与 IMP 加合生成腺苷酸代琥珀酸，接着由腺苷酸代琥珀酸裂合酶(adenylosuccinate lyase)催化腺苷酸代琥珀酸裂解出延胡索酸和腺苷酸。

(2) IMP 脱氢酶催化 IMP 脱氢生成黄苷一磷酸(xanthosine monophosphate，XMP)，NAD^+ 为受氢体。然后由鸟苷酸合成酶催化谷氨酰胺的酰胺基取代 XMP 中第 2 位的羰基氧生成 GMP。

3. ATP 与 GTP 的合成　经鸟苷酸激酶催化，ATP 上的磷酸基团转移至 GMP 而生成 GDP，GDP 在核苷二磷酸激酶(nucleoside diphosphate)催化下，同时消耗 1 分子 ATP 生成 GTP。AMP 可被腺苷酸激酶催化生成 ADP，由于反应可逆，2 分子 ADP 还可反向生成 ATP，如图 10-4。体内的 ADP 向 ATP 转化主要是通过氧化磷酸化过程完成的，也可通过底物水平磷酸化生成 ATP。

$$GMP \xrightarrow[\text{GMP激酶}]{ATP \to ADP} GDP$$

$$GDP \xrightarrow[\text{核苷二磷酸激酶}]{ATP \to ADP} GTP$$

$$AMP + ATP \underset{}{\overset{\text{AMP激酶}}{\rightleftharpoons}} 2ADP$$

图 10-4　鸟苷二磷酸、鸟苷三磷酸与腺苷二磷酸的合成

嘌呤核苷酸的从头合成是在磷酸核糖分子上逐步合成嘌呤环的，而不是先合成嘌呤碱再与磷酸核糖结合，这与嘧啶核苷酸的合成过程不同。

考点提示

嘌呤核苷酸补救合成的部位、原料、关键酶和生理意义。

(二) 嘌呤核苷酸的补救合成

嘌呤核苷酸的补救合成是指细胞可以利用现有的嘌呤碱或嘌呤核苷合成嘌呤核苷酸的过程。相对于从头合成，补救合成的过程比较简单，能量的消耗也比较少。有两种酶参与补救合成：腺嘌呤磷酸核糖转移酶（adenine phosphoribosyl transferase，APRT）和次黄嘌呤－鸟嘌呤磷酸核糖转移酶（hypoxanthine-guanine phosphoribosyl transferase，HGPRT）。由 PRPP 为补救合成提供磷酸核糖，分别在相应酶的催化下合成 AMP、IMP 和 GMP。而人体内腺嘌呤核苷可在腺苷激酶催化下生成腺嘌呤核苷酸，如图 10-5。

腺嘌呤 + PRPP —APRT→ AMP + PPi

次黄嘌呤 + PRPP —HGRT→ IMP + PPi

鸟嘌呤 + PRPP —HGRT→ GMP + PPi

腺苷 + ATP —腺苷激酶→ AMP + ADP

图 10-5 嘌呤核苷酸的补救合成

APRT 受到 AMP 的反馈抑制，HGPRT 受到 IMP 与 GMP 的反馈抑制。

嘌呤核苷酸补救合成的生理意义在于可以节省一些氨基酸及能量的消耗；另一方面，由于体内一些组织器官缺乏嘌呤核苷酸从头合成的酶系，如脑、骨髓。它们只能通过补救合成途径合成腺嘌呤核苷酸。临床上，Lesch-Nyhan 综合征或称自毁性综合征的发病机制是由于基因缺陷而导致的 HGPRT 完全缺失，属于一种遗传疾病。

(三) 嘌呤核苷酸的互变

前已述及体内 IMP 可转变成 XMP、AMP 及 GMP，而 AMP、GMP 也可转变成 IMP。AMP 和 GMP 之间也是可以相互转变的。

二、嘧啶核苷酸的合成

视频：

嘧啶核苷酸的合成代谢

嘧啶核苷酸的合成也有从头合成途径和补救合成途径。

(一) 嘧啶核苷酸的从头合成

嘧啶核苷酸中嘧啶碱的合成原料来自天冬氨酸、谷氨酰胺和 CO_2，后两者结合生成氨基甲酰磷酸，与天冬氨酸共同构成嘧啶环的前体，如图 10-6。

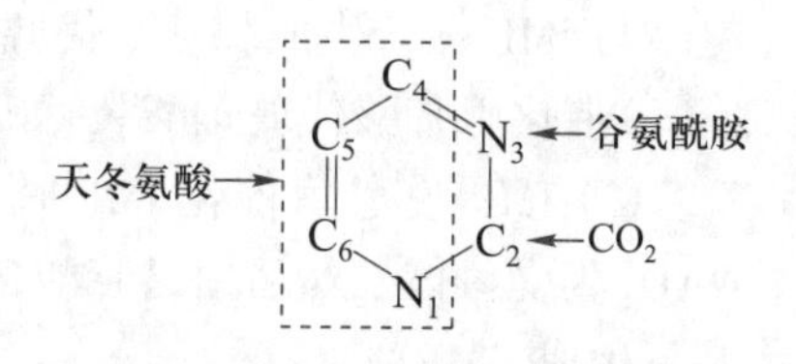

图 10-6 嘧啶环的原子来源

考点提示

嘧啶核苷酸从头合成的部位、原料、关键酶和生理意义。

与嘌呤核苷酸从头合成过程不同，嘧啶核苷酸的合成是先合成嘧啶环再与磷酸核糖连接。而且嘧啶核苷酸的合成途径不分支，经过一系列反应直接生成尿苷三磷酸和胞苷三磷酸，如图 10-7。

1. 嘧啶环的合成

(1) 在细胞质内，谷氨酰胺与 CO_2 在氨甲酰磷酸合成酶Ⅱ（carbamoyl phosphate synthetase Ⅱ，CPS Ⅱ）的催化作用下合成氨甲酰磷酸。

(2) 天冬氨酸与氨甲酰磷酸由天冬氨酸转氨甲酰酶（aspartate transcarbamylase，ATCase）催化生成氨甲酰天冬氨酸。

(3) 氨甲酰天冬氨酸在二氢乳清酸酶（dihydroorotase，DHO）催化作用下脱水环化生成二氢乳清酸（dihydroorotic acid），形成了嘧啶环。

(4) 二氢乳清酸进一步被二氢乳清酸脱氢酶催化生成乳清酸（orotic acid）。

2. 嘧啶核苷酸的合成　乳清酸与磷酸核糖基焦磷酸在乳清酸磷酸核糖转移酶

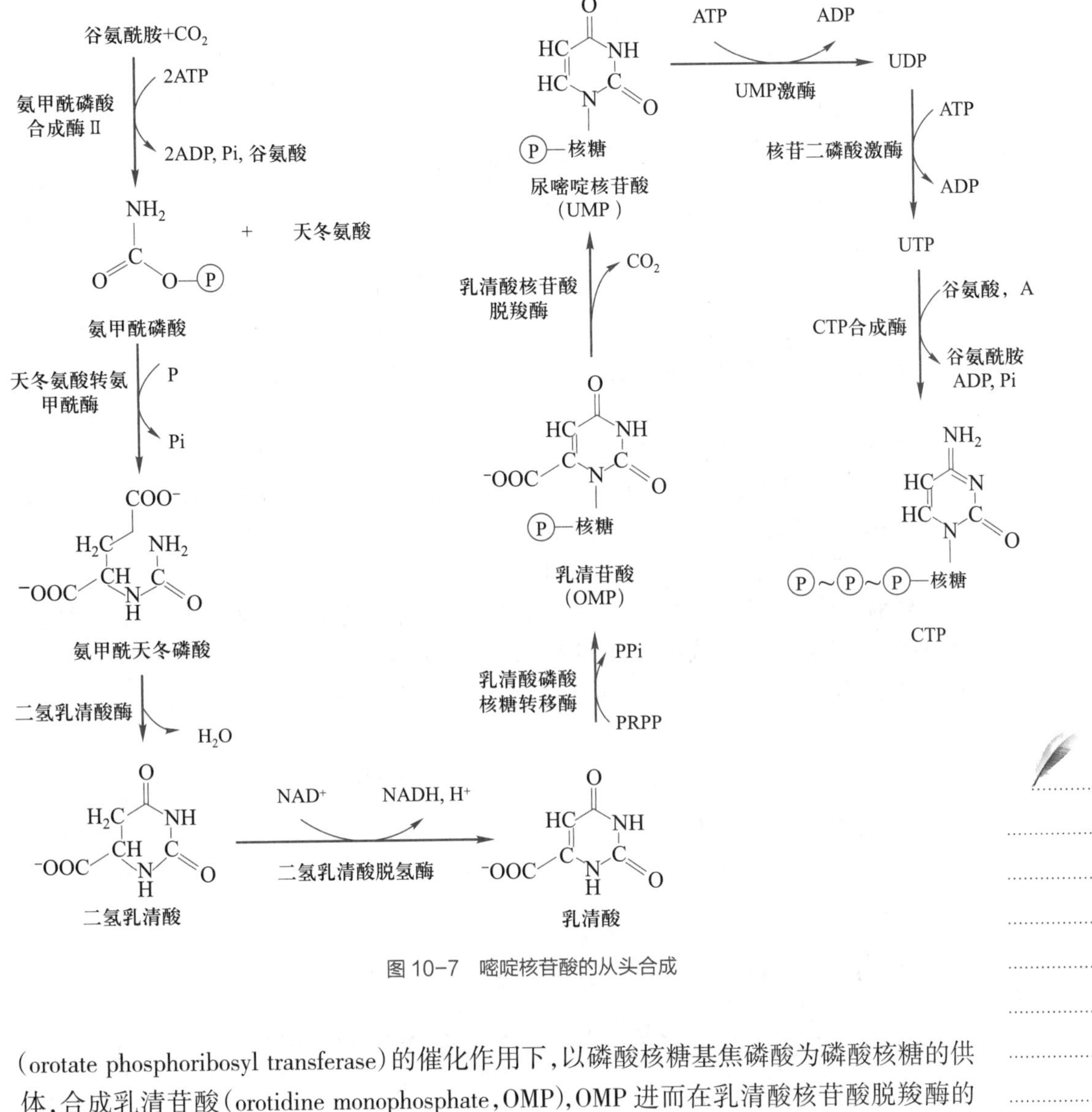

图 10-7　嘧啶核苷酸的从头合成

(orotate phosphoribosyl transferase)的催化作用下，以磷酸核糖基焦磷酸为磷酸核糖的供体，合成乳清苷酸(orotidine monophosphate，OMP)，OMP 进而在乳清酸核苷酸脱羧酶的催化作用下脱掉羧基形成尿嘧啶核苷酸(UMP)。

3. 尿苷三磷酸(UTP)的合成　与嘌呤核苷酸的转化方式类似，UMP 向 UDP 与 UTP 的转化是在特异性尿嘧啶核苷酸激酶与非特异性核苷二磷酸激酶的催化下完成的。

4. 胞苷三磷酸(CTP)的合成　在哺乳动物中，UTP 在 CTP 合成酶的催化作用下，以谷氨酰胺为氨基供体，并且消耗 1 分子 ATP，合成胞苷三磷酸(CTP)。而大肠埃希菌则以 NH_4^+ 为氨基来源。

在真核生物细胞中，合成嘧啶核苷酸的前 3 个酶，即氨甲酰磷酸合成酶Ⅱ、天冬氨酸转氨甲酰酶、二氢乳清酸酶，位于同一条多肽链上，分子量约为 200 000，因此是一个多功能酶。乳清酸磷酸核糖转移酶与乳清酸核苷酸脱羧酶也是位于同一条多肽链上的多功能酶。这种多功能酶的存在保证了各种酶之间供能的协调，使得副反应降到最小，有利于以均匀的速率合成嘧啶核苷酸。

知识链接

多功能酶的发现

研究人员在培养哺乳动物细胞时使用了天冬氨酸转氨甲酰酶(ATCase)的抑制剂——N-phosphonacetyl-L-aspartate(PALA)。PALA 能与 ATCase 紧密结合。在使用抑制剂后，存活的细胞能合成比正常细胞多 100 倍的 ATCase，以此对抗 PALA 的抑制作用。同时，学者发现 ATCase 与二氢乳清酸的水平也同时增加了 100 倍，催化下游反应的酶却没有受到 PALA 的影响，由此学者推断有多功能酶的存在。

(二) 嘧啶核苷酸从头合成的调节

在细菌中，主要调节酶是天冬氨酸转氨甲酰酶，ATP 是此酶的激活剂，CTP 是此酶的抑制剂。在哺乳动物中，主要调节酶是氨甲酰磷酸合成酶Ⅱ，PRPP 可提高此酶的活性，UTP 和嘌呤核苷酸可通过负反馈调节抑制此酶的活性。

磷酸核糖焦磷酸合成酶是嘌呤与嘧啶核苷酸合成过程中共同需要的酶，它可同时受到嘌呤核苷酸与嘧啶核苷酸的反馈抑制，形成协同调节。此外，多功能酶的协同表达也是调节嘧啶核苷酸从头合成的重要方式，嘧啶核苷酸的调节部位如图 10-8。

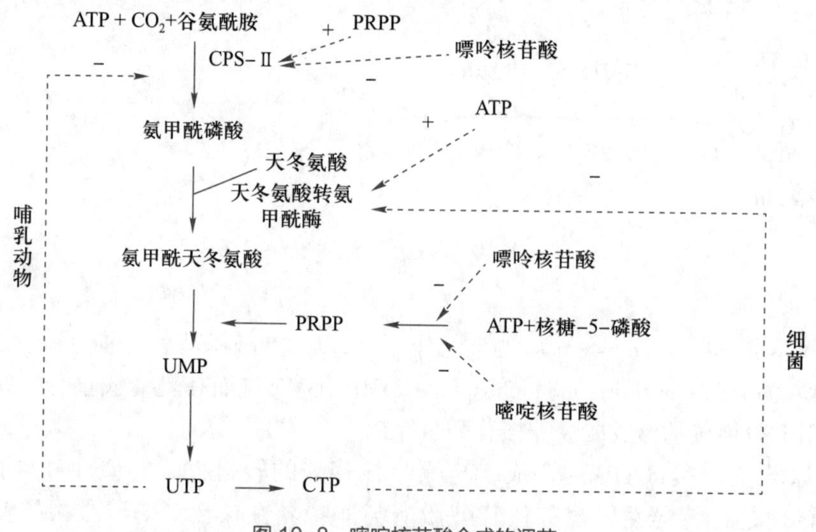

图 10-8　嘧啶核苷酸合成的调节

(三) 嘧啶核苷酸的补救合成

> 考点提示
> 嘧啶核苷酸补救合成的部位、原料、关键酶和生理意义。

嘧啶核苷酸的补救合成过程与嘌呤核苷酸的补救合成类似，嘧啶磷酸核糖转移酶是嘧啶核苷酸补救合成的主要酶，反应式如下：

$$\text{PRPP + 嘧啶} \longrightarrow \text{磷酸嘧啶核苷 + PPi}$$

此酶能以胸腺嘧啶、尿嘧啶及乳清酸为底物分别合成胸腺嘧啶核苷酸、尿嘧啶核苷酸和乳清苷酸，但对胞嘧啶不起作用。尿苷及脱氧胸苷可分别在尿苷激酶和胸苷激酶的催化作用下，合成出尿苷酸及脱氧胸苷酸。但是胸苷激酶在肝细胞中活性很低，在再生肝细胞中活性相对升高，恶性肿瘤细胞中该酶活性明显升高，而且与恶性程度相关。脱氧胞苷激酶（deoxycytidine kinase）可以催化脱氧胞苷的磷酸化反应，同时还可催化脱氧腺苷与脱氧鸟苷的磷酸化反应。

三、脱氧核苷酸的合成

1. 脱氧核糖核苷酸的合成　脱氧核糖核苷酸的合成是在核苷二磷酸（NDP）的水平上完成的，4 种核糖核苷二磷酸（ADP、CDP、GDP、UDP）由核糖核苷酸还原酶催化，转变成相应的脱氧核糖核苷二磷酸（dADP、dCDP、dGDP、dUDP）。4 种脱氧核糖核苷二磷酸在激酶的催化作用下被磷酸化，进一步合成脱氧核糖核苷三磷酸。

2. 脱氧胸腺嘧啶核苷酸的合成　dUTP 经水解生成 dUMP，dCMP 也可经脱氨基作用生成 dUMP，然后在胸苷酸合酶（thymidylate synthase）的催化作用下 dUMP 被甲基化形成 dTMP，dTMP 进而在激酶的催化生成 dTTP。该反应过程由 N^5，N^{10}－亚甲基四氢叶酸提供甲基。

第二节　核苷酸的分解代谢

一、嘌呤核苷酸的分解代谢

（一）嘌呤核苷酸的分解代谢过程

体内嘌呤核苷酸的分解代谢类似于食物中核苷酸的消化过程，终产物是尿酸，分 5 步完成，如图 10-9。

视频：

嘌呤核苷酸的分解代谢

（1）AMP、GMP、IMP 经 5′－核苷酸酶催化脱掉磷酸，分别形成腺苷、鸟苷和肌苷。

（2）腺苷可被腺苷脱氨酶催化脱氨，生成肌酐。

（3）上述分解得到的核苷经嘌呤核苷磷酸化酶（purine nucleoside phosphorylase，

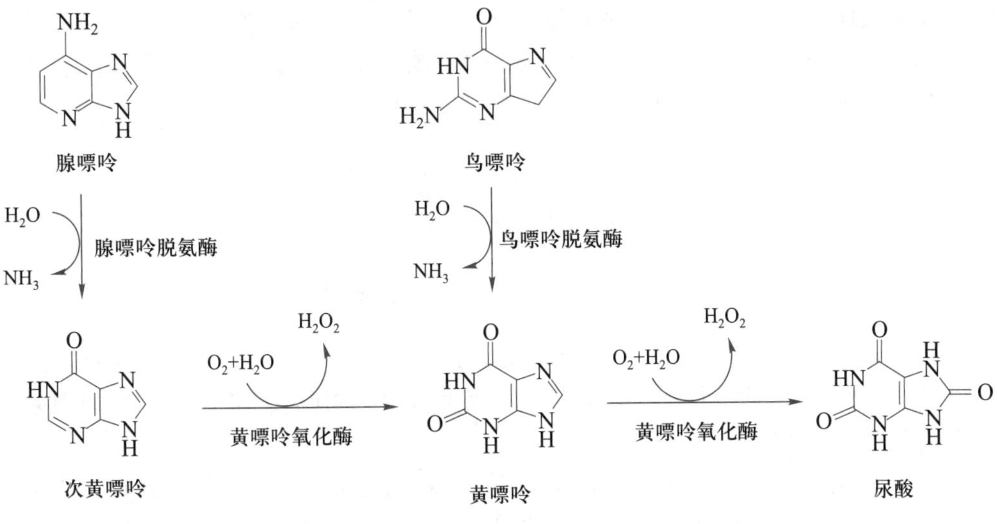

图 10-9　嘌呤核苷酸的分解代谢

PNP)催化,分别磷酸解成核糖-1-磷酸和碱基(腺嘌呤、次黄嘌呤、鸟嘌呤)。其中核糖-1-磷酸可由磷酸核糖变位酶催化,异构为核糖-5-磷酸,再用于合成PRPP进而重新参与从头合成与补救合成途径。

(4) 鸟嘌呤由鸟嘌呤脱氨酶(guanine deaminase)催化脱氨生成黄嘌呤(xanthine)。

(5) 次黄嘌呤在黄嘌呤氧化酶(xanthin oxidase)催化作用下氧化为黄嘌呤,并进一步氧化成尿酸。

考点提示

嘌呤核苷酸分解的终产物。

在人体内,嘌呤核苷酸的分解代谢主要在肝、小肠及肾中进行,终产物为尿酸,并随尿液排出体外。尿酸在生理条件下以尿酸盐的形式存在,而且是一类有效的抗氧化剂,具有保护细胞、抗氧化的作用。人类与其他灵长类动物相比,体内嘌呤核苷酸尿酸盐水平较高,这可能对减小癌症发生率、延长人类寿命发挥一定的作用。如果体内尿酸水平超出正常范围将会导致疾病。

(二) 嘌呤代谢障碍疾病

1. 痛风(gout) 痛风患者血中尿酸含量较高,尿酸会以结晶盐形式析出,并且沉积于关节、软组织及肾等处,最终导致痛风性关节炎、肾疾病及尿路结石。痛风多见于男性,主要症状为午夜后剧烈疼痛,疼痛部位主要在足趾、踝关节和足背等部位。其病因尚不完全清楚,可能与嘌呤核苷酸合成过程中一些酶的缺失有关。此外,当进食高嘌呤饮食、肾疾病或体内核酸大量分解(恶性肿瘤)而尿酸排泄障碍时均可导致血中尿酸含量升高。

考点提示

痛风的发病机制及治疗原则。

次黄嘌呤-鸟嘌呤磷酸核糖转移酶(HGPRT)活性降低是导致痛风的主要原因之一。HGPRT活性降低限制了GMP与IMP的补救合成,同时PRPP的浓度明显升高,进而加速磷酸核糖胺的合成。最终导致嘌呤核苷酸的过度合成,故其降解生成的尿酸含量也随之增加。此外,编码磷酸核糖焦磷酸合成酶的基因突变也可导致痛风。

临床上常应用别嘌呤醇(allopurinol)治疗痛风。别嘌呤醇与次黄嘌呤结构相似,只是在分子中N_7与C_8原子处互换了位置,从而抑制尿酸的生成。黄嘌呤、次黄嘌呤的水溶性较尿酸强,因此不会形成结晶。PRPP与别嘌呤反应生成别嘌呤核苷酸,这样既可消耗PRPP,又因别嘌呤核苷酸与IMP结构相似,能够反馈抑制嘌呤核苷酸从头合成过程中的酶。通过这两方面的作用均可使嘌呤核苷酸的合成量减少。

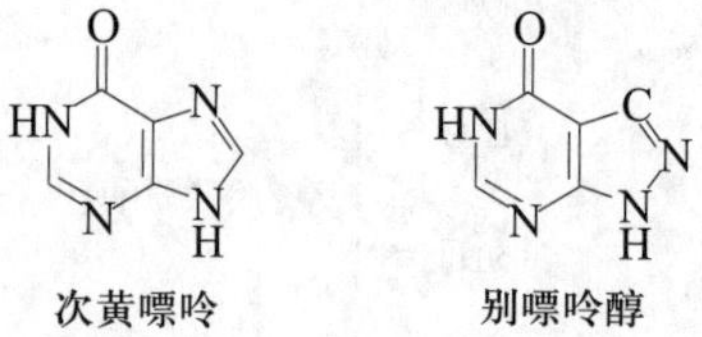

O HN N N N H　　O HN C N N N H

次黄嘌呤　　别嘌呤醇

考点提示

Lesch-Nyhan综合征的病因。

2. Lesch-Nyhan综合征 Lesch-Nyhan综合征是由HGPRT完全缺乏导致的,患者有强迫性自毁行为,对他人有攻击性,智力发育障碍,同时伴有高尿酸血症,可以引起早期肾结石,进而出现痛风症状。

HGPRT的编码基因突变导致HGPRT完全缺乏,这样嘌呤核苷酸的补救合成不能进行而引起大脑发育障碍。同时由于GMP与IMP合成量下降,磷酸核糖基焦磷酸含量增加,使嘌呤核苷酸从头合成速率提高,尿酸过度生成。

知识拓展

复合性免疫缺陷综合征

复合性免疫缺陷综合征是由腺苷脱氨酶（ADA）或嘌呤核苷酸磷酸化酶（PNP）遗传缺陷引起的。患者的淋巴细胞生成减少，不能产生特异性免疫应答而导致严重感染。

ADA 的缺陷会使 dATP 与 dGTP 在细胞内积累，由于 dATP 与 dGTP 是核糖核苷酸还原酶的抑制剂，最终导致脱氧核糖核苷酸的生成减少。淋巴细胞增殖所需的脱氧核苷酸的供应减少了，阻碍其 DNA 的生物合成，使得免疫细胞生成减少。

由 ADA 缺陷引起的免疫缺陷综合征，患者的 T 细胞与 B 细胞都会减少，同时伴有淋巴细胞功能异常。而由 PNP 缺陷引起的免疫缺陷综合征，患者的 T 细胞生成不足，而 B 细胞功能异常。

二、嘧啶核苷酸的分解代谢

嘧啶核苷酸的分解产物为 CO_2、NH_3、β- 氨基异丁酸及 β- 丙氨酸，这些代谢产物主要通过尿液排出或被进一步分解。

视频：

嘧啶核苷酸的分解代谢

核苷酸酶催化嘧啶核苷酸（dTMP、UMP、CMP）脱去磷酸生成嘧啶核苷。核苷磷酸化酶催化嘧啶核苷的糖苷键发生磷酸解反应，释放出嘧啶碱基与磷酸核糖。胞嘧啶脱掉氨基形成尿嘧啶，进一步被还原成二氢尿嘧啶，水解开环后分解为 CO_2、β- 丙氨酸及 NH_3。胸腺嘧啶最终被降解为 CO_2、NH_3、β- 氨基异丁酸。

嘧啶核苷酸的某些代谢产物在体内还可被进一步代谢，如 β- 氨基异丁酸可经转氨基作用转变为甲基丙二酸半醛，进一步形成琥珀酰 CoA；NH_3 可与谷氨酸结合生成谷氨酰胺，通过无毒的形式运输到肝合成尿素。

第三节　核苷酸的抗代谢物

一、与嘌呤相似的核苷酸抗代谢物

嘌呤核苷酸的抗代谢物

嘌呤核苷酸的抗代谢药物以竞争性抑制的方式阻断或干扰嘌呤核苷酸的合成，进而影响核酸与蛋白质的合成。嘌呤核苷酸的抗代谢物主要有以下 3 类：①嘌呤类似物；②叶酸类似物；③谷氨酰胺类似物。这几类类似物分别在嘌呤核苷酸从头合成的不同部位阻断嘌呤核苷酸的合成，由此抑制核酸的合成，达到抗肿瘤的目的。

（一）嘌呤类似物

嘌呤类似物有 8- 氮杂鸟嘌呤、6- 巯基嘌呤、6- 硫鸟嘌呤等，其中临床应用 6- 巯基嘌呤较多。6- 巯基嘌呤与次黄嘌呤结构类似，故可通过竞争性抑制的方式干扰嘌呤核苷酸的合成。6- 巯基嘌呤经磷酸化后转变为 6- 巯基嘌呤核苷酸，后者竞争性抑制 IMP 向 AMP 与 GMP 的转化，或者 6- 巯基嘌呤通过反馈抑制磷酸核糖酰胺转移酶的活性干扰嘌呤核苷酸的从头合成。6- 巯基嘌呤也可抑制嘌呤核苷酸补救合成途径中次黄嘌呤 - 鸟嘌呤磷酸核糖转移酶的活性，干扰 IMP 与 GMP 的合成。

考点提示

嘌呤核苷酸的抗代谢物。

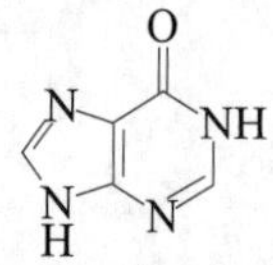

次黄嘌呤 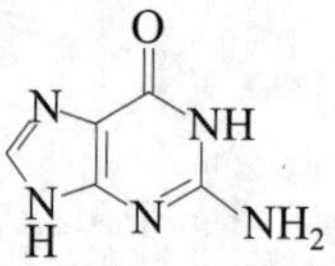　8-氮杂鸟嘌呤 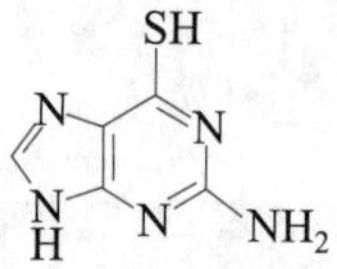　6-巯基鸟嘌呤 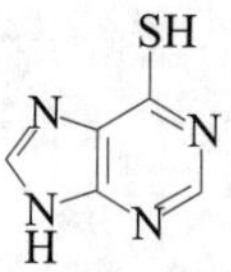　6-巯基嘌呤

（二）叶酸类似物

临床常用的叶酸类似物有氨蝶呤（aminopterin）、甲氨蝶呤（methotrexate，MTX）和甲氧苄啶（trimethoprim），该类药物竞争性抑制二氢叶酸还原酶的活性，阻断甲基供体四氢叶酸的合成，最终干扰嘌呤核苷酸的合成。氨蝶呤与甲氨蝶呤被临床用于肿瘤的治疗。甲氧苄啶与原核生物二氢叶酸还原酶的亲和力较高，被广泛用于抗细菌的治疗。

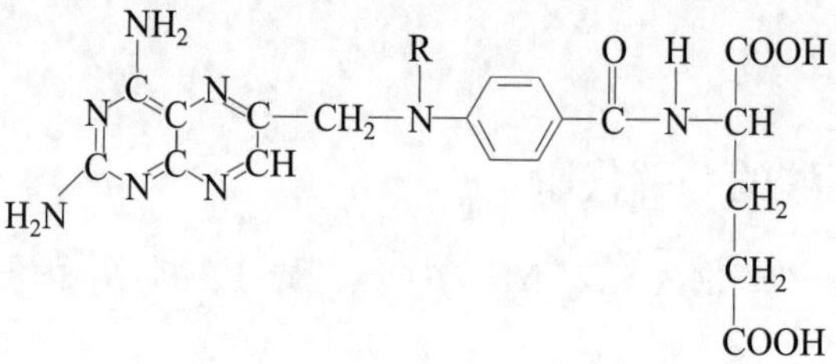

R=H：氨蝶呤；R=CH_3：甲氨蝶呤

（三）谷氨酰胺类似物

在嘌呤核苷酸从头合成过程的第 2 步和第 5 步反应中，谷氨酰胺作为氮的供体为反应提供酰胺氮。氮杂丝氨酸与 6- 重氮 -5- 氧正亮氨酸和谷氨酰胺结构类似，二者以竞争性抑制的方式干扰嘌呤核苷酸的从头合成过程。

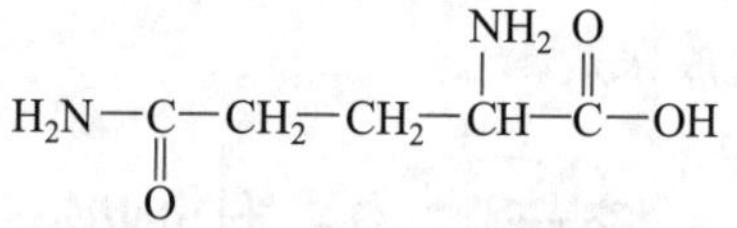

$H_2N-C(=O)-CH_2-CH_2-CH(NH_2)-C(=O)-OH$　谷氨酰胺

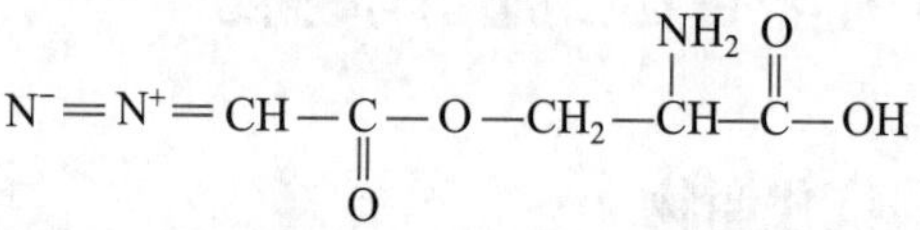

$N^-=N^+=CH-C(=O)-O-CH_2-CH(NH_2)-C(=O)-OH$　氮杂丝氨酸

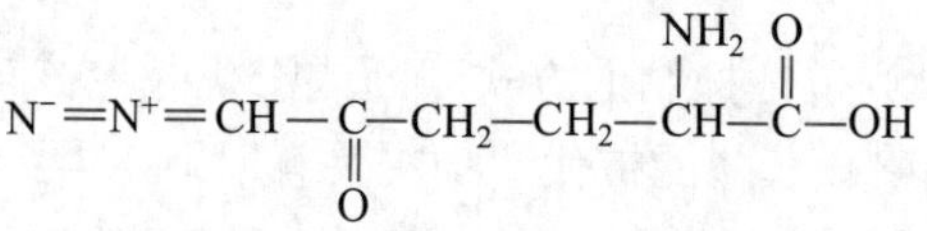

$N^-=N^+=CH-C(=O)-CH_2-CH_2-CH(NH_2)-C(=O)-OH$　6-重氮-5-氧正亮氨酸

需要注意的是，上述药物对肿瘤细胞的特异性不强，所以对人体内正常增殖的细胞也有杀伤性，有较大的副作用。

视频：嘧啶核苷酸的抗代谢物

二、与嘧啶相似的核苷酸抗代谢物

嘧啶核苷酸的抗代谢物与嘌呤核苷酸的抗代谢物类似，主要有以下 3 类：①嘧啶类似物；②氨基酸与叶酸类似物；③核苷类似物。这几类类似物对代谢的作用机制与嘌呤核苷酸类似，目前已经成为抗肿瘤药物的研究重点之一。

(一) 嘧啶类似物

嘧啶类似物主要有5-氟尿嘧啶(5-fluorouracil,5-FU),是胸苷酸合酶的抑制剂。5-FU作为假底物在乳清酸磷酸核糖转移酶的催化作用下,形成氟尿嘧啶核苷一磷酸,进而转变成dUMP类似物脱氧核糖氟尿嘧啶核苷一磷酸(FdUMP)及氟尿嘧啶核苷三磷酸(FUTP)。FdUMP和FUTP结构相似,是胸苷酸合酶的抑制剂,使dTMP合成受阻。FUTP还可以以FUMP的形式掺入RNA分子,进而破坏RNA的结构使其丧失供能。目前,氟尿嘧啶是临床常用的抗癌药物。

考点提示

嘧啶核苷酸的抗代谢物。

(二) 氨基酸与叶酸类似物

氨基酸类似物、叶酸类似物在嘌呤抗代谢物中已经介绍。氮杂丝氨酸结构类似于谷氨酰胺,可以抑制CTP的合成;氨蝶呤与甲氨蝶呤是二氢叶酸还原酶的抑制剂,干扰叶酸的代谢,使dUMP不能利用一碳单位生成dTMP,进而影响DNA的生物合成。

(三) 核苷类似物

通过改变核糖的结构可以得到一类重要的抗癌药物——阿糖胞苷(cytosine arabinoside)。阿糖胞苷在细胞内相应激酶的催化作用下被磷酸化为三磷酸衍生物,这种三磷酸衍生物能选择性抑制DNA聚合酶的活性,从而干扰DNA的复制。此外,阿糖胞苷还能抑制CDP向dCDP的转化。

阿糖胞苷　　3′-叠氮-2′,3′-双脱氧胸苷

早期,临床上利用3′-叠氮-2′,3′-双脱氧胸苷(azidothymidine,AZT)治疗获得性免疫缺陷综合征,AZT也是改变了核糖结构的核苷类似物。AZT通过转变为5′-三磷酸衍生物抑制病毒的逆转录酶活性。2′,3′-双脱氧胸苷和3′-双脱氧肌苷同样也是核苷类似物,它们在细胞内转变为相应的三磷酸衍生物后,加入DNA分子中,进而干扰病毒DNA的复制。

知识链接

抗肿瘤药物分类

根据抗肿瘤药物的来源及药物的作用机制将抗肿瘤药物分为烷化剂、抗代谢类、抗肿瘤抗生素、植物类、杂类、激素平衡类6大类。根据抗肿瘤药物对细胞增殖周期中DNA合成前期(G1期)、DNA合成期(S期)、DNA合成后期(G2期)、有丝分裂期(M期)各时相的作用靶点不同,又分为细胞周期特异性药物和细胞周期非特异性药物两大类。

细胞周期特异性药物的作用特点只限于细胞增殖周期的某一个时相，在一定的时间内发挥其杀伤作用。使用时缓慢或持续静脉注射、肌内注射、口服等会发挥更大作用。细胞周期特异性药物主要包括抗代谢类及植物类药物，如作用于G1期的药物门冬酰胺酶等；作用于S期的药物氟尿嘧啶、甲氨蝶呤等；作用于G2期的药物平阳霉素、亚硝脲类等；作用于M期的药物长春碱类、紫杉类、喜树碱类等。

细胞周期非特异性药物，无选择地直接作用于细胞增殖周期的各个时相，作用较强，可迅速杀伤肿瘤细胞，其剂量与疗效呈正相关，以一次静脉注射为宜。此类药物包括烷化剂、铂类及抗肿瘤抗生素类等，如氮芥、环磷酰胺、美法仑、顺铂、卡铂、奥沙利铂、多柔比星、放线菌素D、卡莫司汀等。

思考题

在线测试

1. 嘌呤核苷酸与嘧啶核苷酸从头合成的原料有何不同？
2. 嘌呤核苷酸与嘧啶核苷酸从头合成各有什么特点？
3. 解释痛风产生的生化机制及治疗原则。

本章小结

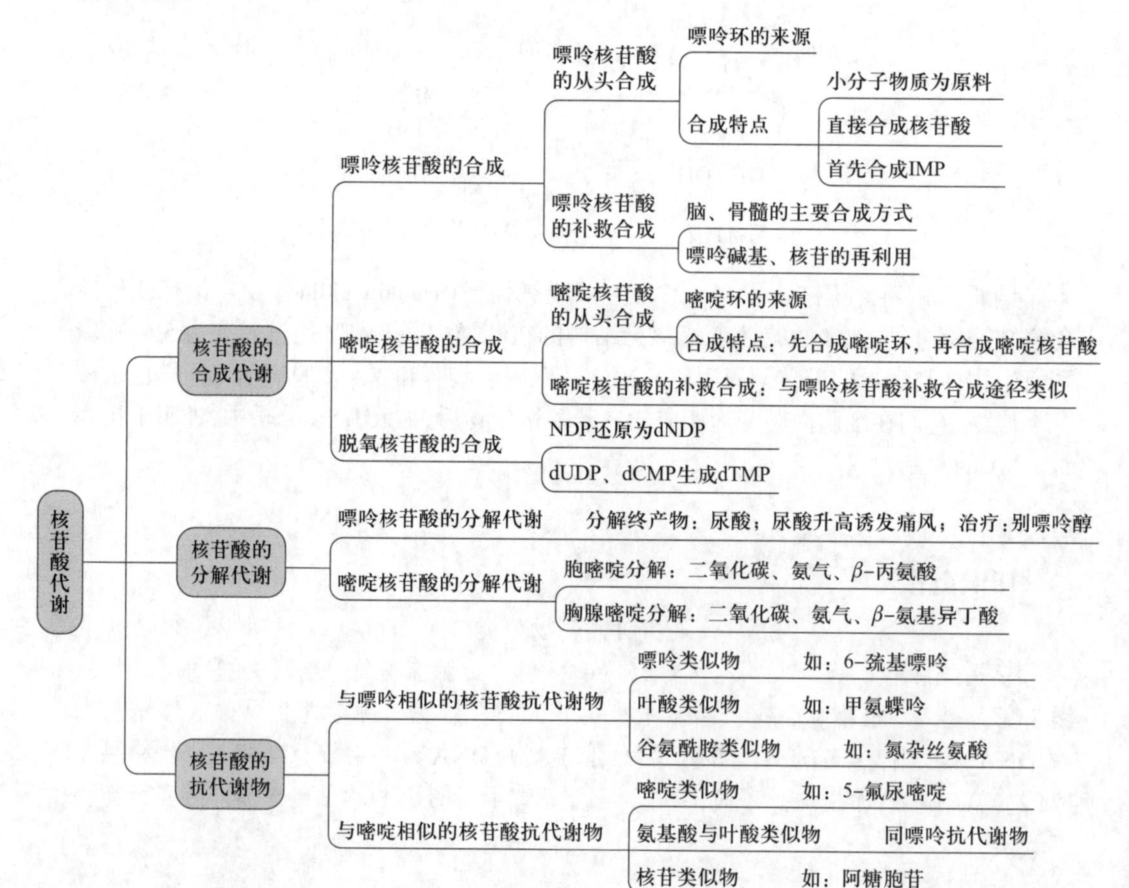

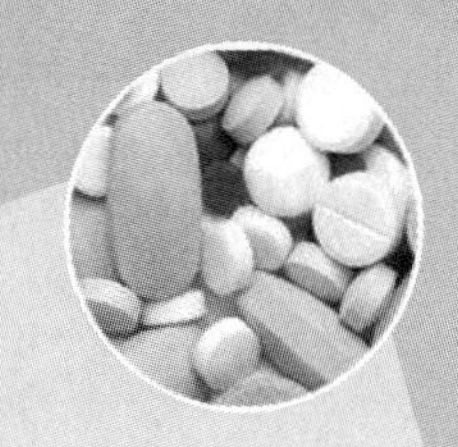

第十一章

基因信息的传递与表达

学习目标

知识目标

1. 掌握:遗传信息传递的中心法则,DNA 复制概念、方式及主要酶,逆转录的概念。
2. 熟悉:DNA 复制特点及过程,DNA 损伤的概念、类型及修复方式,逆转录过程。
3. 了解:DNA 损伤的影响,逆转录意义。

技能目标

1. 熟练掌握遗传信息传递的中心法则,DNA 复制的概念。
2. 具有科学的生命观,勇于探索生命现象本质的职业素养。

第一节 DNA 生物合成方式

DNA 是遗传的物质基础，其分子中含有大量的遗传信息，这些遗传信息经过传递，最终以蛋白质的形式表现出来。在遗传信息传递的过程中，以亲代 DNA 为模板合成子代 DNA 的过程，称为 DNA 复制(replication)。通过 DNA 复制，亲代的遗传信息准确地传递给子代。以 DNA 为模板合成 RNA 的过程，称为转录(transcription)。翻译是遗传信息传递的最终阶段。遗传信息经 DNA 复制、转录及翻译的传递规律，被称为遗传信息传递的中心法则。这一法则代表了大多数生物遗传信息储存、传递和表达的规律，是研究生物遗传、繁殖、进化、生长发育、生命起源、健康与疾病等生命科学重大问题的理论基础。

考点提示

遗传信息传递的中心法则包括的内容。

此外，某些病毒 RNA 还可进行自我复制。逆转录和 RNA 自我复制的发现使传统的中心法则进一步得以完善和补充(图 11-1)。

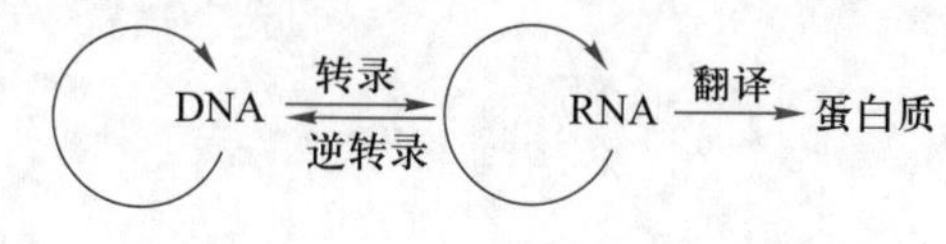

图 11-1 遗传信息传递的中心法则

一、DNA 的复制

视频：

DNA 的复制

DNA 生物合成方式包括 DNA 复制(DNA replication)、逆转录及 DNA 的损伤修复。其中，DNA 复制是 DNA 生物合成的主要方式。

(一) DNA 复制的特点

考点提示

DNA 复制的特点。

1. 半保留复制　DNA 复制最重要的特征是半保留复制(semiconservative replication)时，亲代 DNA 双链解开成两条单链，各自作为模板按照碱基互补配对规律合成与其互补的子链，复制出两个与亲代完全相同的子代 DNA。在新合成的每一个子代 DNA 分子中，保留了一条来自亲代 DNA 的链，而另一条链是新合成的，这种复制方式称为半保留复制。半保留复制是 DNA 复制的基本方式(图 11-2)，其意义是将 DNA 中储存的遗传信息准确无误地传递给子代，体现了遗传的保守性，是物种稳定的分子基础。

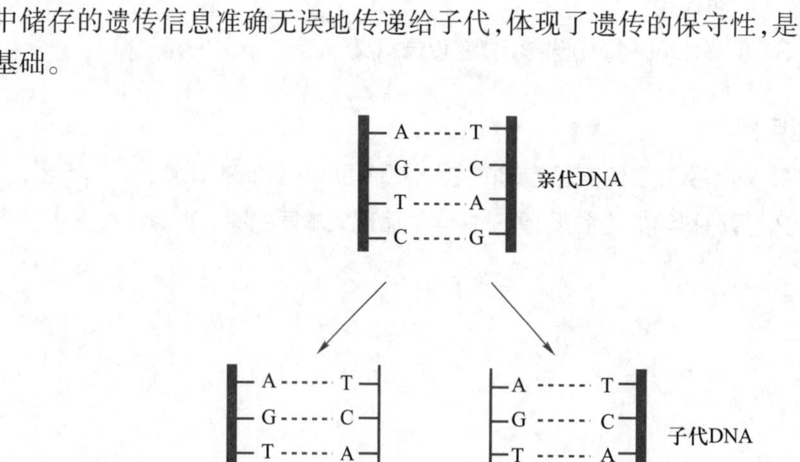

图 11-2 DNA 半保留复制

知识拓展

DNA半保留复制证明实验

1958年Messelson和Stahl利用氮标记技术在大肠埃希菌中首次证实了DNA的半保留复制，他们将大肠埃希菌放在含有^{15}N标记的NH_4Cl培养基中培养了数代，使所有大肠埃希菌的DNA被^{15}N所标记，可以得到^{15}N-DNA。然后将细菌转移到含有^{14}N标记的NH_4Cl培养基中进行培养，在培养不同代数时，收集细菌，裂解细胞，用氯化铯（CsCl）密度梯度离心法（density gradient centrifugation）观察DNA所处的位置。由于^{15}N-DNA的密度比普通DNA（^{14}N-DNA）的密度大，在氯化铯密度梯度离心时，两种密度不同的DNA分布在不同的区带。继续培养时子代杂合DNA的含量逐渐呈几何级数减少。当把^{14}N-^{15}N杂合DNA加热时，它们分开成^{15}N-DNA单链和^{14}N-DNA单链。实验结果证实了DNA的半保留复制（图11-3）。

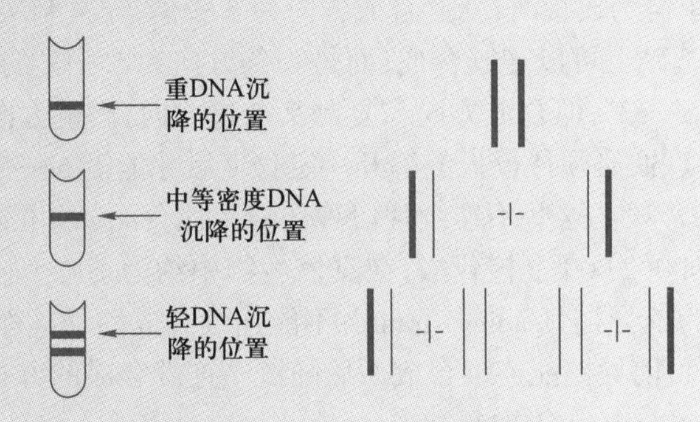

图11-3 DNA半保留复制证明实验

2. 双向复制 DNA复制是从一段特殊的DNA序列开始，这段特殊DNA序列的部位称为复制起始点（replication origin）。DNA复制时，在复制的起始点处局部双链解开形成一个称为复制泡（replication bubble）的结构。每个解链方向上解开的单链与未解开的双链连在一起，形成的“Y”字形结构，称为复制叉（replication fork）。复制时，DNA从起始点向两个方向解链，形成两个延伸方向相反的复制叉，称为双向复制（bidirectional replication）（图11-4）。

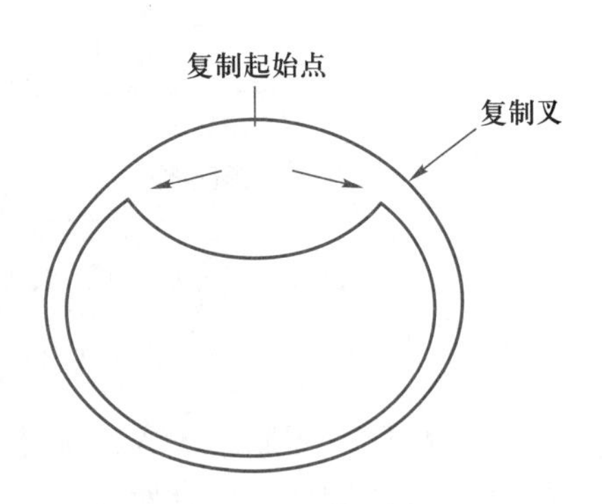

图11-4 原核生物双向复制

解开的单链DNA作为模板，按照碱基互补配对原则指导相应互补链合成。模板DNA的阅读方向是3′→5′，新链延伸方向是5′→3′，得到的子代DNA分子仍能保持反向互补状态。真核生物染色体线状DNA分子巨大，含有多个复制起始点。DNA复制时从各复制起始点起始后产生两个复制叉与相邻复制起始点起始产生的复制叉相遇时完成复制，形成两条双链DNA分子。从一个DNA复制起始点到终止点的复制区域称为复制子（图11-5）。复制子是一个独立复制单位，原核生物DNA复制是单复制子的复制，而真核生物DNA复制是多复制子的复制。

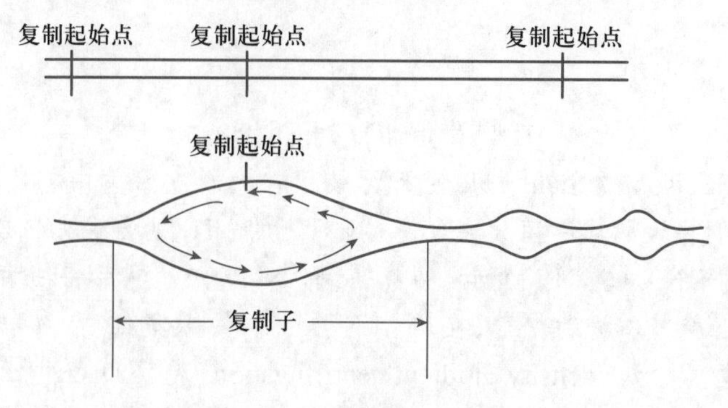

图 11-5　真核生物 DNA 的复制叉

3. 半不连续复制　亲代 DNA 分子的两条单链反向平行，这两条链各自为模板，同时合成两条新的互补链。由于子代 DNA 新链的合成方向只能是 5′→3′。所以复制中，以方向为 3′→5′ 的单链为模板时，新链合成方向为 5′→3′，与复制叉前进方向(解链方向)一致，在引物的基础上可以连续合成；而另一条方向为 5′→3′ 的模板链，在指导新链合成时方向也为 5′→3′，但合成方向与复制叉前进方向(解链方向)相反，因此这条子链的合成是不连续的，必须待模板链解开一定长度后才能沿 5′→3′ 方向合成引物并延长，合成不连续的片段。这些不连续片段称冈崎片段(Okazaki fragment)。在原核生物中冈崎片段为 1 000~2 000 个核苷酸，在真核生物中约为 100 个核苷酸。通常将能连续合成的子链称为前导链(leading strand)；不能连续合成的子链称为后随链(lagging strand)。DNA 复制时，前导链能连续合成而后随链不连续合成的方式称半不连续复制(semidiscontinuous replication)(图 11-6)。

考点提示

后随链的概念。

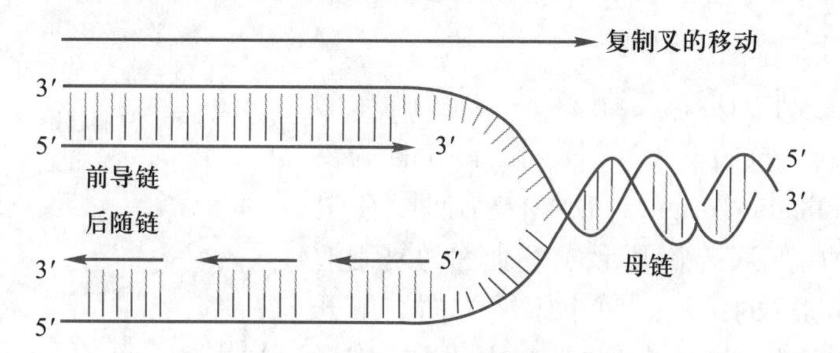

图 11-6　DNA 复制的半不连续性

4. 高保真复制　DNA 复制生成的子代 DNA 与亲代 DNA 的碱基序列的一致性称为 DNA 复制的高保真性。DNA 复制的高保真性依赖于下列 3 种机制的正常发挥：①新链延伸过程严格遵守碱基互补配对规律，即 A═T、G≡C 使之与模板核苷酸配对；②DNA 聚合酶对碱基的选择能力，能选择与亲代模板链正确配对的碱基进入子链相应的位置；③即时校读功能，即复制出错时切除错配的核苷酸，同时补回正确的核苷酸。复制中的即时校读功能是影响复制高保真性的重要因素。通过以上机制，保证了 DNA 复制有序而精确地进行。

(二) DNA 复制体系

生物体内 DNA 的复制过程是核苷酸聚合的复杂酶促反应过程，需要原料、模板、引物、酶及蛋白质等多种物质共同参与，并由 ATP 和 GTP 提供能量。

1. 原料 DNA 合成的主要原料(底物)是 4 种脱氧核苷三磷酸(dNTP),即 dATP、dTTP、dCTP、dGTP。DNA 的基本构成单位为脱氧核苷一磷酸(dNMP),故每个 dNTP 聚合时需水解掉 1 分子的焦磷酸,形成 dNMP 而参与 DNA 构成。

2. 模板 DNA 复制时,需以亲代双链 DNA 解开的两条 DNA 单链为模板,严格按照碱基配对规律指导 dNTP 逐一加入,合成新的子链 DNA。

3. 引物 DNA 聚合酶不能催化两个游离的 dNTP 直接进行聚合,新链的合成只能从已有的寡核苷酸链的 3′-OH 端作为新链延伸的起点,这段寡核苷酸链称为引物(primer),通常作为引物的寡核苷酸为一段小分子的 RNA。

4. 主要酶及蛋白质

(1) DNA 聚合酶:是催化底物 dNTP 脱去焦磷酸,以 dNMP 通过 3′,5′-磷酸二酯键的方式聚合成新生 DNA 链的酶。该酶发挥作用时需要以 DNA 作为模板,故又称 DNA 依赖的 DNA 聚合酶(DNA-dependent DNA polymerase,DDDP 或 DNA-pol)。DNA 聚合酶只能在模板 DNA 的指导下,以 dNTP 为底物,在引物的 3′-OH 上催化底物沿着 5′→3′ 方向聚合,即新链 3′ 端上的脱氧核苷酸以 3′-OH 与下一个脱氧核苷酸的 5′-磷酸基共价结合,形成 3′,5′-磷酸二酯键。因此 DNA 复制子链 DNA 的延长方向只能是 5′→3′。另外,DNA 聚合酶还具有 3′→5′ 方向或 5′→3′ 方向的外切酶的活性,即能在 5′ 端或 3′ 端把脱氧核苷酸从核苷酸链上水解下来。目前已发现原核生物有 3 种 DNA 聚合酶,真核生物至少有 5 种 DNA 聚合酶。

考点提示

DNA 聚合酶的功能。

原核生物大肠埃希菌(*E.coli*)的 DNA 聚合酶有 Ⅰ、Ⅱ、Ⅲ 3 种。DNA 聚合酶 Ⅰ 的含量最多,由一条多肽链组成,二级结构以 α 螺旋为主,其分子量为 1.09×10^5,具有 3 种酶的活性:①5′→3′ 聚合酶活性,能催化 DNA 沿 5′→3′ 方向延长,用于填补 DNA 片段的间隙;②3′→5′ 外切酶活性,能识别和切除新生链中错配的核苷酸,起校读作用;③5′→3′ 外切酶活性,用于切除引物和突变的 DNA 片段,在 DNA 损伤修复中起重要作用。

DNA 聚合酶 Ⅱ 在 DNA 损伤时被激活,该酶兼有 3′→5′ 外切酶和 5′→3′ 聚合酶的活性,因此可能主要参与 DNA 的损伤及修复。

DNA 聚合酶 Ⅲ 的活性最大,是在复制延长中起主要作用的酶。DNA 聚合酶 Ⅲ 的分子量为 2.50×10^5,是由 10 种亚基组成不对称的二聚体(图 11-7),其中 α、ε、θ 3 种亚基

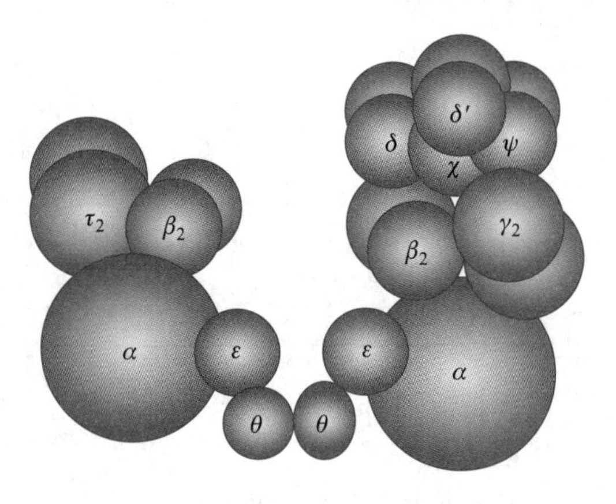

图 11-7 大肠埃希菌 DNA 聚合酶 Ⅲ 结构示意图

构成核心酶。它具有 5′→3′ 方向聚合酶的活性，可以催化 DNA 子链沿 5′→3′ 方向延长，并具有 3′→5′ 方向外切酶活性，切除错配的核苷酸，从而起校读作用。大肠埃希菌 3 种聚合酶特性见表 11-1。

表 11-1　大肠埃希菌 3 种 DNA 聚合酶

区别点	DNA 聚合酶Ⅰ	DNA 聚合酶Ⅱ	DNA 聚合酶Ⅲ
分子量	109 000	120 000	250 000
组成	单体	单体	多亚基不对称二聚体
5′→3′ 聚合酶活性	有	有	有
5′→3′ 外切酶活性	有	无	无
3′→5′ 外切酶活性	有	有	有
基因突变后的致死性	可能	不可能	可能
功能	切除引物、修复、填补空隙	修复	复制、校读

真核生物 DNA 聚合酶主要有 α、β、γ、δ、ε 5 种（表 11-2）。DNA 聚合酶 α 能引发复制的起始，具有引物酶活性，能催化引物 RNA 和 DNA 的合成。DNA 聚合酶 β 主要参与校读及 DNA 损伤修复。DNA 聚合酶 γ 负责线粒体中 DNA 的复制。DNA 聚合酶 δ 是真核生物的最主要复制酶，主要负责催化子链前导链的延长，相当于原核生物 DNA 聚合酶Ⅲ，并具有解螺旋酶的活性。DNA 聚合酶 ε 主要作用于复制过程中的校读、修复和填补缺口。

表 11-2　真核生物 DNA 聚合酶

区别点	DNA 聚合酶 α	DNA 聚合酶 β	DNA 聚合酶 γ	DNA 聚合酶 δ	DNA 聚合酶 ε
分子量	16 500	4 000	14 000	12 500	25 500
细胞内定位	核	核	线粒体	核	核
5′→3′ 聚合酶活性	有	有	有	有	有
3′→5′ 外切酶活性	无	有	有	有	有
功能	具有引物酶活性，催化引物合成	具有外切酶活性，参与 DNA 损伤修复	参与线粒体 DNA 复制	催化子链前导链延长、具有解旋酶活性	填补引物空隙、修复填补缺口

(2) DNA 解螺旋酶：简称解旋酶（helicase），其作用是利用 ATP 提供能量，使 DNA 双链间的氢键断开而形成两条单链。

(3) DNA 拓扑异构酶：DNA 拓扑异构酶（DNA topoisomerase）简称拓扑异构酶。由于 DNA 分子具有高度螺旋化而卷曲压缩的结构，DNA 复制时，在解螺旋过程中，因旋转速度过快，出现 DNA 分子打结、缠绕的现象，影响复制进程。拓扑异构酶的作用是改变 DNA 分子的超螺旋状态，理顺 DNA 链，便于 DNA 复制。常见的拓扑异构酶有 Ⅰ 型和 Ⅱ 型。它们对 DNA 分子的作用是既能水解磷酸二酯键，又能形成磷酸二酯键。拓扑酶异构 Ⅰ 在不消耗 ATP 的情况下，切断 DNA 双链中的一股链，使 DNA 解链旋转中不致打结，适当时又把切口封闭，使 DNA 变为负超螺旋。拓扑异构酶 Ⅱ 能切断 DNA 双链，并使 DNA 分子中其余部分通过缺口，然后利用 ATP 提供的能量封闭双链缺口。

(4) 单链 DNA 结合蛋白：单链 DNA 结合蛋白（singe strand DNA binding protein，SSB）的作用是与解开的 DNA 单链结合，维持模板处于稳定的单链状态，同时保护 DNA 单链免遭核酸酶水解。

(5) 引物酶：引物酶（primase）是一种特殊的 DNA 指导的 RNA 聚合酶，它在模板的复制起始部位催化游离的核苷三磷酸（NTP）聚合，形成短片段的 RNA 或 DNA，提供 3′-OH 端供 dNTP 加入和延伸。在复制的起始过程中，引物酶还需与其他的蛋白质因子形成复合物，才能完成引物的合成。

(6) DNA 连接酶：DNA 连接酶（DNA ligase）的作用是催化 DNA 分子中两段相邻单链片段的连接，即可催化一个 DNA 片段的 3′-OH 端和另一个 DNA 片段的 5′-P 端脱水形成磷酸二酯键，从而使两个 DNA 片段连接起来。此过程是耗能反应，在真核生物需要利用 ATP 供能，原核生物则需要 NAD^+。实验证明，DNA 连接酶只能连接双链中具有碱基互补的单链缺口，而对单独存在的 DNA 单链或 RNA 单链没有连接作用。DNA 连接酶不仅在 DNA 复制中起作用，也在 DNA 修复、重组、剪接中起重要作用，是基因工程中常用工具酶之一。

DNA 复制相关的酶和蛋白质见表 11-3。

表 11-3 DNA 复制相关的酶和蛋白质

名称	功能
解旋酶	解开 DNA 双链
拓扑异构酶	松解 DNA 超螺旋
SSB	稳定 DNA 单链
引物酶	合成引物
DNA 聚合酶 Ⅲ	合成 DNA
DNA 聚合酶 Ⅰ	切除引物、填补空隙
DNA 连接酶	连接 DNA 片段

（三）DNA 复制的过程

生物体在细胞分裂之前需完成 DNA 的复制。DNA 复制是一个连续酶促反应的复杂过程。真核生物与原核生物的 DNA 复制过程都分为起始、延长和终止 3 个阶段，但是各个阶段都有一定的差别。在此主要介绍原核生物的 DNA 复制过程。

1. 复制的起始 复制时，DNA 拓扑异构酶、解旋酶、DnaC 蛋白（运送和协同解旋酶）

与 DNA 的复制起始部位结合,使该部位解旋、解链,SSB 与模板单链结合。引物酶进入并结合在模板起始处,形成引发体,即包括解旋酶、DanC 蛋白、引物酶和 DNA 起始区域的复合结构。在引发体中,引物酶依据模板的碱基序列,从 5′→3′方向催化 NTP 聚合成短链 RNA 引物。随着 RNA 引物的合成和 DNA 聚合酶Ⅲ的加入,在复制起始部位两侧形成复制叉,完成 DNA 复制的起始阶段。

2. 复制的延长　在复制叉,DNA 聚合酶Ⅲ根据模板碱基要求,按照碱基配对规律催化 dNTP 以 dNMP 方式逐个加入引物或延长子链的 3′-OH 上。由于模板 DNA 双链方向相反,而 DNA 聚合酶Ⅲ只能按 5′→3′方向合成子链 DNA,所以新合成的两条子链走向相反。一条与解链方向相同、连续合成的子链是前导链。另一条走向与解链方向相反,等待模板链解开足够长度,才能按 5′→3′方向合成引物及延长的不连续合成的子链是后随链。后随链可产生多个 DNA 片段,当后一个冈崎片段合成到前一个冈崎片段的引物 RNA 处时,由 DNA 聚合酶Ⅰ置换 DNA 聚合酶Ⅲ,发挥 5′→3′外切酶活性,切除 RNA 引物,按 5′→3′方向延长 DNA,相邻的冈崎片段之间的缺口由 DNA 连接酶连接(图 11-8)。

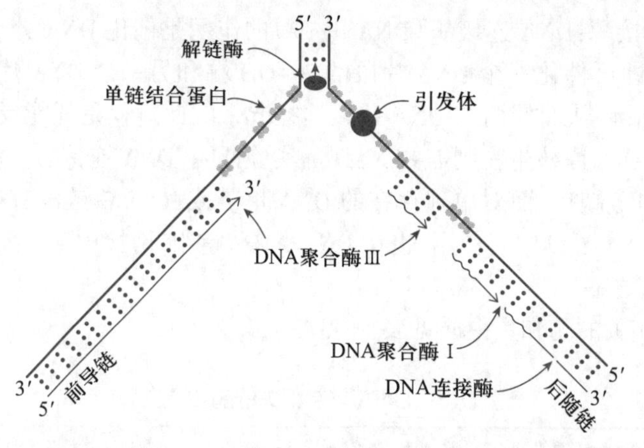

图 11-8　DNA 复制延长过程示意图

3. 复制的终止　当复制延长到具有特定碱基序列的复制终止区时,在 DNA 聚合酶Ⅰ作用下,切除前导链和后随链的最后一个 RNA 引物,按 5′→3′方向延长 DNA,以填补引物水解留下的空隙,再由 DNA 连接酶连接缺口,生成完整的 DNA 子链。

(四) 端粒及端粒酶

真核生物染色体 DNA 是线状的,复制完成后 5′端的引物被切除,形成的缺口无法修补,需形成端粒结构来维持末端结构的完整性。端粒是由特殊 DNA 即短的 GC 丰富区重复序列及蛋白质组成,覆盖在染色体两个末端的特殊结构。端粒对维持染色体 DNA 的稳定,防止 DNA 链的缩短有重要意义。真核生物 DNA 复制的终止还需端粒酶的参与,该酶由 RNA 及酶蛋白组成,催化染色体末端的端粒以 RNA 为模板,经逆转录延伸末端 DNA 而不致缩短。

二、RNA 的逆转录

高等生物的遗传物质大多数是 DNA。随着分子生物学的深入研究,1970 年 Temin

和 Baltimore 同时从鸡肉瘤病毒颗粒中发现以 RNA 为模板合成 DNA 的逆转录酶，从而发现遗传信息也可以从 RNA 传递至 DNA，进一步补充和完善了遗传信息的中心法则。人们逐渐认识到某些病毒的遗传物质是 RNA，这些病毒 RNA 也可作为模板利用体内逆转录酶合成 DNA，将遗传信息以逆向转录的方式传递给 DNA。

(一) 逆转录的概念及过程

逆转录(reverse transcription)是以 RNA 为模板，以 4 种 dNTP 为原料，在逆转录酶的催化下，合成 DNA 的过程，也称为反转录。催化这一过程的逆转录酶(reverse transcriptase)，全称是依赖 RNA 的 DNA 聚合酶(RNA dependent DNA polymerase，RDDP)。

视频：

逆转录

逆转录酶是一种多功能酶，包括：①依赖于 RNA 的 DNA 聚合酶活性，生成 RNA-DNA 杂化双链；②核糖核酸酶 H(RNase H)活性，水解 RNA-DNA 杂化双链中的 RNA 分子；③DNA 指导的 DNA 聚合酶活性，合成双链 DNA 分子。由于逆转录酶不具有 3′→5′外切酶活性，没有校读功能，所以合成的 DNA 出错率较高，这可能是致病病毒较快出现新毒株的原因之一。

逆转录是在 RNA 病毒感染宿主细胞后，以病毒 RNA 为模板，逆转录酶催化，按 5′→3′ 方向合成 RNA-DNA 杂化双链，然后模板 RNA 被水解，保留新合成的 DNA 链，称互补 DNA 链(complementary DNA，cDNA)。再以 cDNA 单链为模板，合成另一条与其互补的 DNA 链，形成双链 cDNA 分子。新合成的 cDNA 分子携带 RNA 病毒的遗传信息，能整合到宿主细胞 DNA 中，再转录出病毒的 RNA，进而合成 RNA 病毒，实现病毒的复制扩增及表达(图 11-9)。

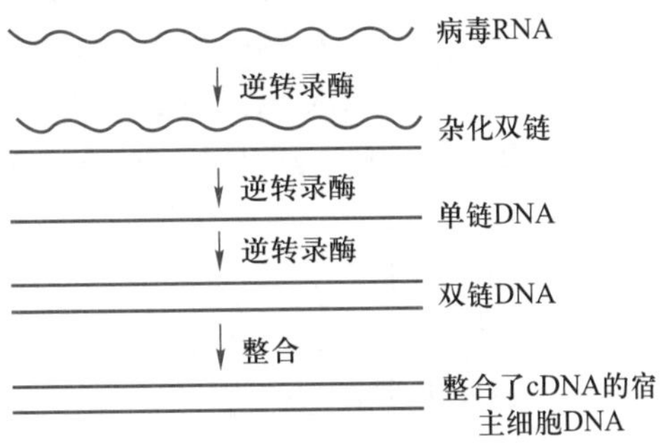

图 11-9　逆转录示意图

(二) 逆转录的意义

逆转录的发现及研究，使科学界进一步认识到 RNA 在生命活动中的重要作用，RNA 不仅有表达基因的功能，还兼有遗传信息传代功能。对 RNA 病毒逆转录的研究，拓宽了 RNA 病毒致癌的理论。逆转录酶被应用于分子生物学的研究，是基因工程获取目的基因的重要方法之一，也应用于疾病的诊断、治疗及药物生产等诸多领域。

知识拓展

逆转录病毒

大多数逆转录病毒有致癌作用，因而将其称之为 RNA 肿瘤病毒，在自然界分布普遍，对动物的致癌作用非常广泛，如爬虫类(蛇)、禽类、哺乳类和灵长类动物，可诱发白血病、肉瘤、淋巴瘤及乳腺瘤等。能够引起艾滋病的人类免疫缺陷病毒(HIV)、引起淋巴瘤及白血病的小鼠白血病病毒(MuLV)等均属逆转录病毒。

知识拓展

HIV与逆转录

艾滋病的病原体是人类免疫缺陷病毒(HIV)。HIV分为两型,即Ⅰ型和Ⅱ型,每一型又分为很多亚型。HIV含4种重要酶:逆转录酶、核糖核酸酶H、整合酶和蛋白酶,这4种酶在病毒繁殖及感染中发挥不同作用。其中,逆转录酶能以病毒RNA为模板逆转录合成一条与模板RNA互补的DNA(cDNA),并能以cDNA为模板合成另一条与其互补的DNA单链并形成双链DNA分子;核糖核酸酶H能从RNA-DNA杂交体中分割出DNA单链;整合酶能将病毒DNA整合入宿主细胞基因;蛋白酶则促进HIV病毒颗粒在宿主细胞内成熟。

三、DNA的损伤与修复

DNA的损伤与修复

DNA分子中碱基序列的改变称DNA损伤(damage)或DNA突变(mutation)。突变是生物界普遍存在的一种现象,理化因素和外源DNA整合导致突变为诱发突变(induced mutation),DNA复制过程中发生的突变为自发突变(spontaneous mutation),其发生频率约为10^{-9}。纠正突变恢复DNA正常碱基序列的过程称为DNA修复(DNA repairing)。

(一) DNA损伤

1. 引发DNA损伤的因素

(1) 诱发因素

1) 物理因素:常见有紫外线和电离辐射。紫外线照射DNA后,DNA的多核苷酸链相邻的两个嘧啶碱基发生共价交联形成嘧啶二聚体,如胸腺嘧啶二聚体、胞嘧啶二聚体、胞嘧啶-胸腺嘧啶二聚体。

2) 化学因素:化学物质也是引起DNA结构异常,导致基因突变的一个重要因素,通常为化学诱导剂或致癌剂。如烷化剂氮芥,脱氨基如亚硝酸盐、亚硝胺等,碱基类似物如5-FU、6-MP等,DNA加合剂如苯并芘,吖啶剂如溴乙啶,抗生素类如放线菌素D、阿霉素等。

3) 生物因素:主要是致癌病毒,如逆转录病毒感染后产生的双链cDNA可整合到宿主细胞染色体DNA中,导致DNA碱基序列的改变,最终引起基因突变及表达失常,即原癌基因的活化或抑癌基因的失活,从而影响细胞增殖及凋亡的平衡,细胞生长失控导致肿瘤。

(2) 自发因素

1) DNA复制错误:由于DNA复制的半保留性和高保真性,确保了遗传的稳定性,但由于DNA复制速率非常快,在复制中可能发生碱基的错配而导致突变,其突变率约为10^{-16}。遗传的稳定性和变异性是对立统一的。没有变异就不会有生物进化。

2) 不明原因的碱基损伤:如碱基发生自身水解脱落、脱氨基等。

2. DNA损伤的类型

(1) 点突变(point mutation):DNA分子中单个碱基的改变。

(2) 缺失突变(deletion mutation):DNA 分子中一个碱基或一段核苷酸链的丢失。

(3) 插入突变(insertion mutation):DNA 分子中增加一个原来没有的碱基或一段核苷酸链。

(4) 框移突变(frameshift mutation):缺失或插入的核苷酸数目如果不是 3 的倍数,可导致三联体密码阅读移位,从而导致缺失或插入后的 DNA 序列遗传信息的改变,这种突变称为框移突变。

(5) 重排突变(rearrangement mutation):指 DNA 分子内部发生的 DNA 片段交换。

3. DNA 损伤后果

(1) 生物进化:遗传的稳定性和变异性是对立统一的。没有变异就不会有生物进化。DNA 突变引起蛋白质结构和功能的改变,这种改变可能使生物个体性能更加优越,生物种属得到改良。可以看出,突变是生物进化的分子基础。

(2) 基因多态性:只有基因型改变而表型没有改变的突变导致个体之间基因型的差异,称为基因多态性(polymorphism)。基因多态性是个体识别、亲子鉴定及器官移植配型的分子基础。

(3) 致病:DNA 突变引起蛋白质结构和功能的改变,这种改变也可导致生物体某些功能的改变或缺失而产生疾病,如遗传病和肿瘤,这是基因病发生的分子基础。

(4) 死亡:与生命息息相关的重要基因发生突变,可导致细胞或生物个体的死亡,这是人类消灭病原生物的分子基础。

(二) DNA 损伤后的修复

DNA 损伤既可促进生物进化也可导致遗传信息稳定性的下降,甚至引起疾病和生物细胞或个体的死亡,通过 DNA 修复可提高遗传信息的稳定性,减少突变对生物细胞或个体带来的不利影响。DNA 修复指对已发生缺陷的 DNA 进行的修补纠正。其修复方式主要有光修复、切除修复(excision repair)、重组修复(recombination repair)和 SOS 修复等。

1. 光修复　是一种在光修复酶的作用下,完成损伤修复的过程。DNA 链在紫外线作用下,相邻两个嘧啶核苷酸碱基发生共价结合,生成嘧啶二聚体,导致 DNA 损伤。生物细胞内存在着光修复酶,该酶在细胞内被 400 nm 的可见光照射激活后能催化嘧啶二聚体分解为非聚合状态,使 DNA 链恢复正常。DNA 链嘧啶二聚体的形成与解聚见图 11-10。

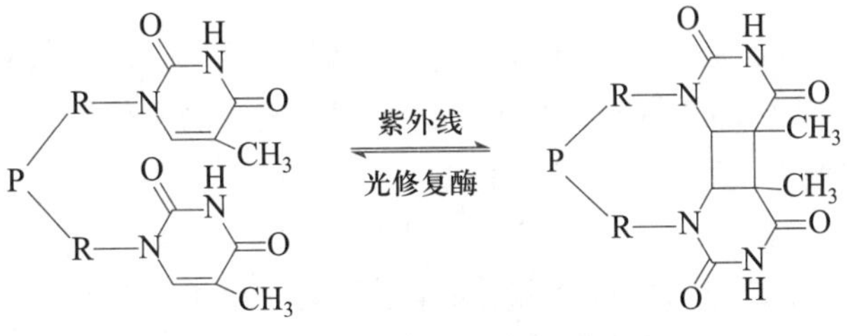

紫外线

光修复酶

图 11-10　DNA 链嘧啶二聚体的形成与解聚

2. 切除修复　切除修复是细胞内最重要和有效的修复机制,其过程包括切除损伤的 DNA 片段、填补空隙和连接。修复过程需要核酸内切酶、DNA 聚合酶 I 和 DNA

连接酶发挥作用。修复方式主要包括碱基切除修复、核苷酸切除修复、碱基错配修复3种。

(1) 碱基切除修复:用于修复单个碱基的突变。首先由糖苷酶识别并切除发生改变的碱基,然后由核苷酸内切酶在5′端切断DNA链,再由DNA聚合酶Ⅰ填补正确的碱基,最后由DNA连接酶连接切口。

(2) 核苷酸切除修复:如果DNA损伤造成DNA螺旋结构发生较大改变,则需要以核苷酸切除修复方式进行修复。如在大肠埃希菌中,UvrA和UvrB蛋白复合物能辨认损伤部位的DNA并与之结合,并利用ATP供能使DNA构象改变,具有核酸内切酶活性的UvrC置换UvrA,并与DNA链结合并在损伤处两侧切断DNA单链,再由具有解螺旋酶活性的UvrD蛋白质去除切断的DNA单链,最后由DNA聚合酶Ⅰ填补空隙,并由DNA连接酶连接切口(图11-11)。

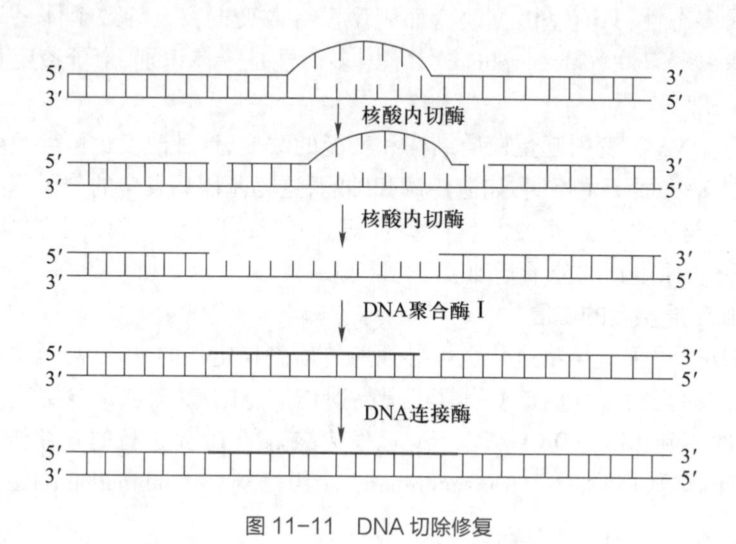

图11-11 DNA切除修复

(3) 碱基错配修复:在大肠埃希菌中,其模板链的GATC序列中的A在N^7位被甲基化,而新合成的子代链则尚未被甲基化,从而使得修复系统能够将模板和子代链区分开。发现错配碱基,核酸内切酶将有碱基错配的子代链在GATC处切开,再由核酸外切酶从酶GATC序列处开始水解直到错配碱基处,由DNA聚合酶Ⅰ填补空隙和DNA连接酶连接缺口。

3. 重组修复 重组修复是先复制后修复,其过程是损伤的DNA先进行复制然后进行同源重组。复制时,无损伤的DNA单链复制成正常的子代DNA双链,而有损伤的DNA单链的损伤部位不能进行复制,当DNA复制到达模板损伤部位时,只能越过损伤部位对未损伤部位进行复制,于是在新合成的子链上出现了缺口,这时重组蛋白RecA发挥核酸酶的活性,把另一股模板链的同源序列交换至子链缺口处,形成完整的DNA子链;DNA重组后未受损的模板链出现缺口,此缺口可由DNA聚合酶Ⅰ和DNA连接酶修补及连接(图11-12)。可见,重组修复并没有将原始的损伤去除,但随着复制的不断进行,若干代后,在后代细胞群中子代DNA中的损伤比例越来越低,损伤被稀释,实际消除了损伤的影响。

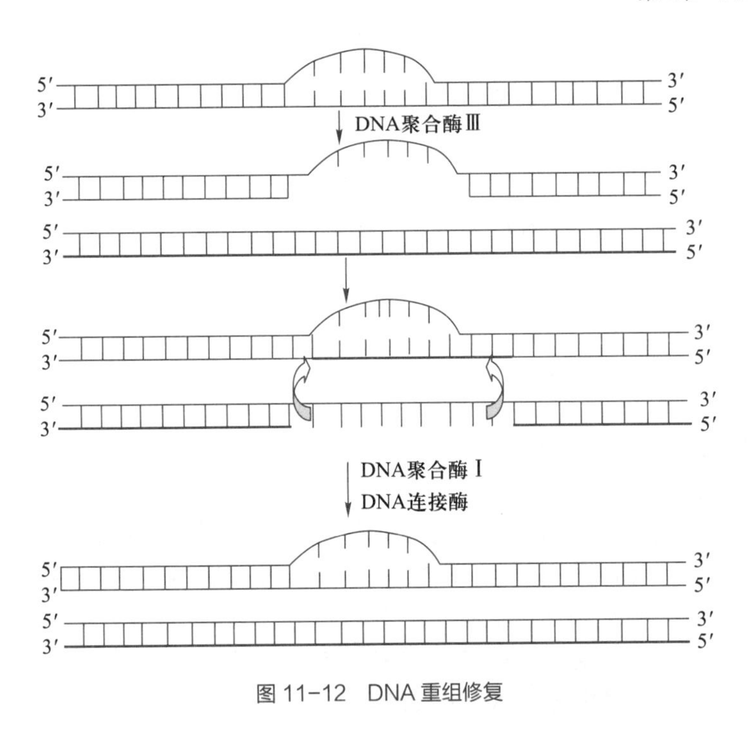

图 11-12　DNA 重组修复

4. SOS 修复　SOS 修复（SOS repair）指 DNA 损伤严重、细胞处于危急状态下产生的一种抢救性修复。当 DNA 受到广泛损伤，危及细胞生存时，许多参与修复的复制酶和蛋白质因子被诱导产生，从而启动 DNA 修复或增强修复的能力。由于这些酶对碱基的识别能力差，所以在复制时会产生较高的变异率。可见，通过 SOS 修复，细胞得以存活，但由于 DNA 保留的错误较多，会引起长期而又广泛的突变。

第二节　RNA 的生物合成

在生物界，RNA 的合成方式有转录和 RNA 的复制。转录是以 DNA 为模板合成 RNA 的过程，是生物体内 RNA 合成的主要方式，也是遗传信息从 DNA 向 RNA 传递的过程。转录产物包含 mRNA、tRNA、rRNA 等各种 RNA。RNA 的复制常见于病毒。本节主要介绍 RNA 的转录过程。

DNA 复制和 RNA 转录都是酶促的核苷酸聚合过程，有许多相似之处，如都以 DNA 为模板；都需要依赖 DNA 的聚合酶；聚合的方向都是从 5′→3′ 方向；都遵循碱基互补配对的原则；聚合反应都是核苷酸之间生成 3′，5′-磷酸二酯键。但 DNA 复制和 RNA 转录又是不同的基因信息传递过程，两者的区别见表 11-4。

表 11-4　DNA 复制和 RNA 转录的区别

区别点	DNA 复制	RNA 转录
原料	dNTP	NTP
模板	两条 DNA 链均作为模板	以 DNA 双链中的一条链为模板
酶	DNA 聚合酶	RNA 聚合酶

考点提示

DNA 复制和 RNA 转录的异同点。

续表

区别点	DNA 复制	RNA 转录
碱基配对	A–T，G–C	A–U，G–C，T–A
RNA 引物	需要	不需要
产物	子代双链 DNA	mRNA、tRNA、rRNA 等
特点	半保留复制、双向复制、半不连续复制	不对称转录

一、RNA 的转录体系

（一）原核生物转录的模板

视频：转录的体系

复制是为了保留物种的全部遗传信息，所以基因组的 DNA 全长均需复制，而转录是有选择性的，细胞在不同的生长发育阶段，根据生存条件和代谢需要的不同，选择 DNA 分子上的不同功能片段表达不同的基因，所以基因表达的只是基因组的一部分。转录时作为 RNA 合成模板的一股单链称为模板链，相对应的另一股与模板链互补的 DNA 链则称为编码链。转录产物 RNA 与编码链碱基序列一致，只是以 U 代替 T，因此编码链又称为有义链，模板链又称为无义链。

考点提示

不对称转录的模板链并不总在 DNA 的一股链上。

转录某一基因时，只能以双链 DNA 中的一股链为模板；在转录不同基因时，模板链并不总在 DNA 的一股链，在某些区域以这一条链为模板转录，另一区域可能以另一条链为模板转录，这种转录方式称为不对称转录。

（二）RNA 聚合酶

催化转录的主要酶是 RNA 聚合酶，又称依赖 DNA 的 RNA 聚合酶（DDPP），广泛存在于原核生物和真核生物中。

RNA 聚合酶催化 RNA 合成的共同特点有：①以 4 种核苷三磷酸（NTP）为底物；②以双链 DNA 的一股链作为 RNA 合成的模板；③不需要引物；④按照 5′→3′ 的聚合方向合成 RNA 链；⑤有二价金属离子如 Mg^{2+} 或 Mn^{2+} 的参与。

考点提示

核心酶和全酶的亚基组成及各亚基的作用。

原核生物中只有一种 RNA 酶，其中以大肠埃希菌的 RNA 聚合酶研究得最为透彻。大肠埃希菌的 RNA 聚合酶是由 α、β、β'、σ 等亚基组成的蛋白质，其中 $\alpha_2\beta\beta'$ 亚基组成核心酶，核心酶结合 σ 亚基成为全酶（$\alpha_2\beta\beta'\sigma$），如图 11-13。各亚基的功能见表 11-5。σ 亚基与核心酶的结合不紧密，容易从全酶中分离，它可以辨认 DNA 模板上特定的转录起始位点，并协助转录的启动，因此又称为起始因子。转录的起始需要全酶，转录延长只需要核心酶。原核生物 RNA 聚合酶的活性可以被抗结核分枝杆菌药物利福霉素和利福平所抑制，这是因为它们可以和 RNA 聚合酶的 β 亚基相结合，从而影响酶的作用。

图 11-13 大肠埃希菌 RNA 聚合酶的核心酶与全酶

真核生物的 RNA 聚合酶有 3 种，分别称为 RNA 聚合酶Ⅰ、RNA 聚合酶Ⅱ、RNA 聚合酶Ⅲ，它们都有两个大亚基和十几个小亚基组成，并含有 Zn^{2+}。这 3 种聚合酶在细胞核内的分布不同，专一地转录不同的基因，转录的产物也各不相同。其中，RNA 聚合酶Ⅱ最活跃也最重要。3 种酶对鹅膏蕈碱的特异性抑制作用的敏感性不同，这是区分 3

表 11-5　大肠埃希菌 RNA 聚合酶的组成及功能

亚基	分子量	亚基数目	功能
α	36 512	2	决定哪些基因被转录，识别并结合启动子元件
β	150 618	1	与转录全过程有关，催化聚合反应
β'	155 613	1	结合 DNA 模板，双螺旋解链
σ	70 263	1	辨认起始点，结合启动子

种酶的方法之一，见表 11-6。

表 11-6　真核生物的 RNA 聚合酶的种类及功能

种类	分布	转录产物	对鹅膏蕈碱的作用
RNA 聚合酶Ⅰ	核仁	rRNA 的前体	耐受
RNA 聚合酶Ⅱ	核质	mRNA 的前体	极敏感
RNA 聚合酶Ⅲ	核质	tRNA 的前体及 5S rRNA	中度敏感

二、RNA 的转录过程

RNA 的转录过程大致可以分为起始、延伸和终止 3 个阶段。转录的全过程都需要 RNA 聚合酶催化，原核生物转录的起始需要加上 σ 亚基即全酶参与；延长过程是核心酶催化下的核苷酸聚合；ρ 因子参与转录的终止。真核生物和原核生物的延伸过程基本相同，但在转录的起始和终止方面有较多的不同。

转录的过程

(一) 原核生物的转录过程

转录的特点

1. 转录的起始阶段　转录的起始实际上是 RNA 聚合酶识别、结合转录起始点，形成转录起始复合物的过程。转录是在 DNA 模板的特殊部位开始的，这个部位称为启动子，它位于转录起始点的上游。原核生物的启动子区存在共有序列，位于转录起始点上游，长约 40 bp，含有 –35 区和 –10 区两个保守序列，受到 RNA 聚合酶的保护。–35 区是 RNA 聚合酶的 σ 亚基对转录起始的识别序列；–10 区是 RNA 聚合酶核心酶牢固结合的位点，又称 Pribnow 盒，共有序列为 TATAAT，A–T 相对集中，DNA 双链容易解开，利于 RNA 聚合酶的进入而促进转录作用的起始。RNA 聚合酶的 σ 亚基辨认 DNA 的启动子部位，并带动 RNA 聚合酶的全酶与启动子结合，形成复合物，同时使 DNA 分子的局部构象改变，结构松弛，解开大约 17 个碱基对，暴露出 DNA 模板链。在显微镜下，能看到形成一个转录空泡结构（图 11–14）。

2. 转录的延长　在形成第一个磷酸二酯键之后，σ 亚基脱离 DNA 模板和 RNA 聚合酶，核心酶沿着 DNA 单链模板 3′→5′ 方向移动，并催化以 DNA 为模板，4 种 NTP 为原料，按照碱基互补配对的原则，沿 5′→3′ 方向合成 RNA 新链，直到转录终止。新合成的 RNA 链与 DNA 模板链暂时形成杂化双链。随着核心酶沿模板不停移动，前方的 DNA 双螺旋不断解开为单链模板，核心酶后方打开的 DNA 双链则重新缔合形成双螺旋结构。

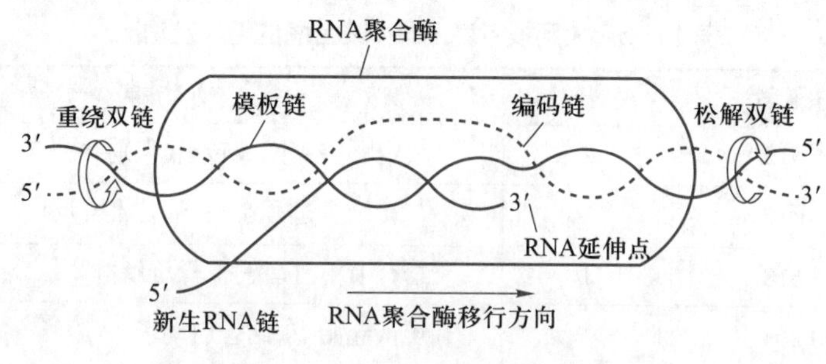

图 11-14 转录空泡结构

3. 转录的终止 当RNA聚合酶移动到DNA模板的特定部位——终止子时,聚合酶就不再继续前进,聚合过程也就此停止。原核生物转录终止机制分为依赖ρ因子的终止转录和不依赖ρ因子的终止转录。

考点提示

原核生物转录终止的两种形式。

(1) 依赖ρ因子的终止转录:ρ因子是一种由6个亚基组成的终止蛋白质,能与转录产物RNA结合,且与其3′端多聚C的结合力强,结合后,ρ因子和RNA聚合酶都发生构象改变,从而使RNA聚合酶停止。ρ因子还具有ATP酶和解螺旋酶的活性,能帮助RNA聚合酶识别终止子,并依赖ATP水解释放的能量,使已经转录完成的RNA链与模板DNA链分离。

(2) 不依赖ρ因子的终止转录:不依赖ρ因子的终止子结构中有明显的特征,常有GC富集区组成的反向重复序列,在转录生成的RNA中形成相应的发卡结构,能阻止RNA聚合酶继续向前移动,停止RNA的结合作用。发卡结构后常伴随有一连串连续的U,因为A-U配对不稳定,易水解,可促进新生成的RNA链与模板DNA分离,终止转录。

(二) 真核生物RNA的生物合成

真核生物的转录也分为起始、延长和终止3个阶段,但起始阶段和延长阶段都需要众多相关的蛋白质因子参与,其中主要是转录因子(TF)的参与。真核生物的RNA聚合酶并不能直接识别结合启动子,必须借助多种转录因子的帮助间接结合启动子并形成转录起始复合物,从而启动转录。

真核生物转录起始点上游或周围能调控自身基因转录活性的DNA的特定序列称为顺式作用元件。顺式作用元件包括启动子、上游调控元件、增强子、沉默子等组件。启动子提供转录起始信号,大部分位于转录起始点的上游。真核生物的启动子至少包括一个转录起始点以及一个以上的功能组件。常见的功能组件有OCT-1、GC盒、CAAT盒与TATA盒,其中最典型的是TATA盒,共有序列为TATAAAA,可调控转录起始的准确性及频率,是基本转录因子的结合位点。能直接或间接识别并结合启动子及其上游调节序列等顺式作用元件的蛋白质属于转录因子(TF)。真核生物中不同的RNA聚合酶需要不同的转录因子完成转录的起始和延长。相对于真核生物RNA聚合酶Ⅰ、RNA聚合酶Ⅱ、RNA聚合酶Ⅲ的基本转录因子分别称为TFⅠ、TFⅡ、TFⅢ。目前研究较多的是TFⅡ,它包括TFⅡA、TFⅡB、TFⅡD、TFⅡE、TFⅡF、TFⅡH等。

1. 转录的起始 以RNA聚合酶Ⅱ催化的转录过程为例。真核生物mRNA转录起始,也需要RNA聚合酶与模板形成复合物。首先由一系列转录因子TFⅡ与DNA模板形成聚合物，以TFⅡD与TATA盒结合为核心，再引导RNA聚合酶Ⅱ与转录起始点结合，最终逐步形成转录起始前复合物。

2. 转录的延长　真核生物的转录在细胞核内进行，而翻译在细胞质进行，由于有核膜的阻隔，转录和翻译不同步。真核生物的DNA双螺旋和组蛋白组成核小体，在转录的延长过程中可以观察到核小体移位和解聚的现象。

3. 转录的终止　真核生物RNA聚合酶Ⅱ所催化的hnRNA转录终止是与多聚A尾的形成同时发生的。真核生物DNA模板链上编码区下游常有一组共有序列AATAA，在下游有许多GT序列，是hnRNA转录终止相关信号，称为修饰点。当转录越过修饰点后，mRNA在修饰点处被切断，随即加入多聚A尾。

三、真核生物RNA转录后的加工修饰

真核生物RNA的合成要比原核生物复杂得多，转录生成的mRNA、tRNA和rRNA是初级转录产物，又称为前体RNA（hnRNA），是不成熟的RNA，没有生物学活性。这些hnRNA需经过进一步的加工修饰，才能变成具有生物学活性的、成熟的RNA分子，这一过程称为转录后加工修饰。转录后加工修饰包括剪切、拼接、添加和化学修饰等。

考点提示

真核生物mRNA的加工包括5′端加帽、3′端加尾、hnRNA的剪接、甲基化作用和RNA编辑。

（一）mRNA的加工修饰

真核生物转录后得到的是hnRNA，必须经过一定的加工修饰才能变成成熟的mRNA。

1. 5′端加帽　在细胞核内进行，通过鸟苷酸转移酶作用，在hnRNA 5′端加上一个鸟苷酸残基，然后对该残基进行甲基化修饰，使其成为m7GpppG的“帽子”结构（图11-15），它的功能与蛋白质生物合成的起始有关系。

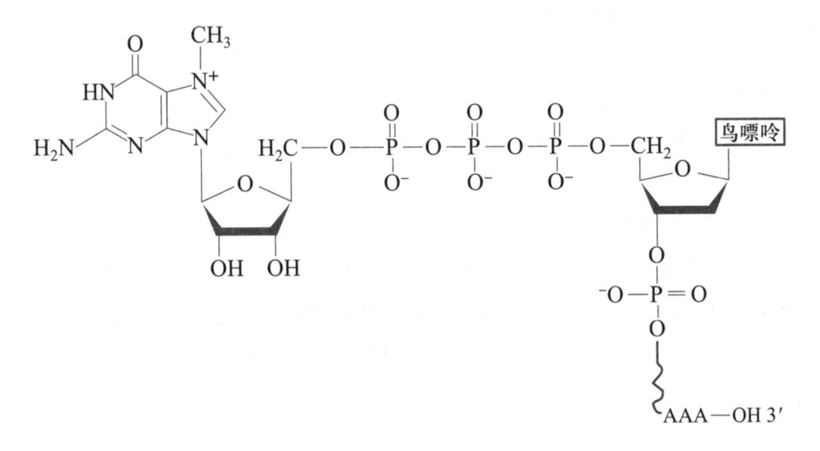

图11-15　mRNA的帽子结构

2. 3′端加尾　先由特异的核酸外切酶切去3′端的一些氨基酸，然后在多聚腺苷酸聚合酶的催化下，以ATP为底物，在3′端接上一段30~200个A的poly A的“尾巴”结构，它的功能是引导mRNA由细胞核向细胞质转移。

3. hnRNA的剪接　真核生物的基因是由外显子（能编码的序列）和内含子（非编码的序列）相间隔排列而成，称为断裂基因。真核生物转录时，外显子和内含子都被转录，生成大分子的hnRNA。在细胞核中，hnRNA进行剪接作用，首先在核酸内切酶

的作用下切掉内含子，然后在连接酶的作用下，将外显子各部分连接起来，变为成熟的mRNA（图11-16）。

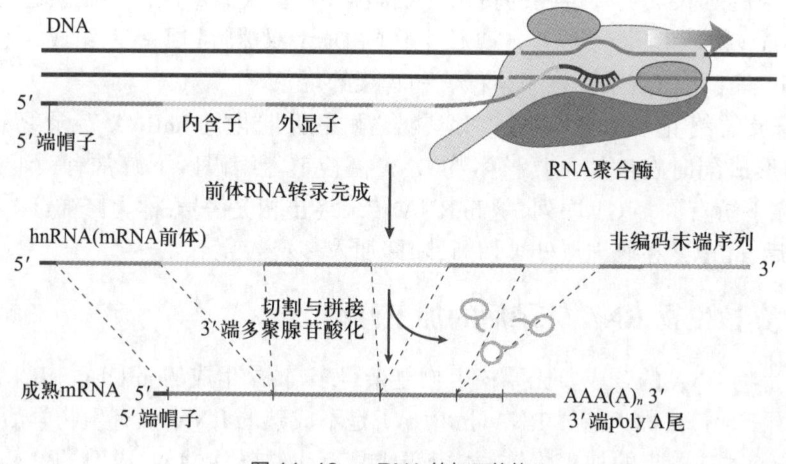

图11-16　mRNA的加工修饰

4. 甲基化作用　真核生物mRNA中有些甲基化核苷酸，是在hnRNA剪接前通过甲基化修饰生成的。

5. RNA编辑　有些mRNA的前体核苷酸需要加以改编，在转录产物中插入、删除或取代一些核苷酸，才能形成具有正确翻译功能的模板，这个过程称为RNA编辑。这种加工过程可以使遗传信息在转录水平发生改变，使某一基因可产生多种不同功能的蛋白质。

（二）tRNA前体的加工

tRNA前体的加工包括在酶的作用下从5′端及3′端处切除多余的核苷酸，去除内含子进行剪接作用，3′端加-CCA以及碱基的修饰。tRNA中含有许多稀有碱基，都是在转录后由4种常见碱基经修饰酶催化，发生脱氢、甲基化、羟基化等化学修饰而生成的。

（三）rRNA前体的加工

真核生物RNA聚合酶Ⅰ催化得到的初级转录产物是45*S* rRNA，它是3种rRNA的前身。45*S* rRNA在加工的过程中，通过自剪接和甲基化修饰，逐渐剪接为成熟的18*S*、5.8*S*、28*S*的成熟rRNA，然后在核仁上与核糖体蛋白质一起组装成核糖体，输送到胞质作为蛋白质合成的场所。

第三节　蛋白质的生物合成

蛋白质的生物合成也称为翻译（translation），是以20种编码氨基酸为原料，mRNA为模板，合成蛋白质的过程。其实质是将mRNA分子上4种核苷酸编码的遗传信息解读为蛋白质一级结构中20种氨基酸的排列顺序。

蛋白质的生物合成包含起始、延长和终止3个阶段的连续过程。蛋白质前体合成后，还需经过翻译后的加工修饰才能成为有生物学功能的天然蛋白质。

视频：

蛋白质生物合成体系

一、蛋白质生物合成体系

蛋白质生物合成体系包括：原料氨基酸，指导合成多肽链的模板 mRNA、运载各种氨基酸的 tRNA、rRNA 和多种蛋白质构成的核糖体，参与氨基酸活化、起始、延长和终止阶段的多种蛋白质因子及酶类等。

(一) 原料

20 种编码氨基酸是蛋白质生物合成的原料。在蛋白质合成前，每种氨基酸需要与其相应的载体 tRNA 结合形成活化的氨基酸，被转运到蛋白质合成的“装配机”——核糖体方能进行蛋白质合成。

(二) 3 种 RNA

蛋白质生物合成过程中，3 种 RNA 分别担当不同角色，协同作用，完成多肽链的组装。

考点提示

3 种不同的 RNA 在蛋白质生物合成中各自有什么作用？

1. mRNA　mRNA 是蛋白质生物合成的模板。从 mRNA 的起始密码子 AUG 开始，按 5′→3′ 方向，3 个相邻核苷酸构成的三联体，称遗传密码或密码子(codon)。4 种核苷酸 A、U、G、C 可组成 64 种遗传密码(表 11–7)，其中有 61 种分别对应 20 种氨基酸。密码子 AUG，当其位于 mRNA 5′ 端起始部位时，不仅代表甲硫氨酸，而且是多肽合成的起始信号，称为起始密码子(initiation codon)。另外，位于 mRNA 3′ 端的 UAA、UAG 或 UGA 这 3 个密码子不对应任何种类的氨基酸，只作为肽链合成的终止信号，称为终止密码子(termination codon)。

表 11–7　遗传密码表

第一核苷酸 (5′)	第二核苷酸				第三核苷酸 (3′)
	U	C	A	G	
U	苯丙氨酸	丝氨酸	酪氨酸	半胱氨酸	U
U	苯丙氨酸	丝氨酸	酪氨酸	半胱氨酸	C
U	亮氨酸	丝氨酸	终止信号	终止信号	A
U	亮氨酸	丝氨酸	终止信号	色氨酸	G
C	亮氨酸	脯氨酸	组氨酸	精氨酸	U
C	亮氨酸	脯氨酸	组氨酸	精氨酸	C
C	亮氨酸	脯氨酸	谷氨酰胺	精氨酸	A
C	亮氨酸	脯氨酸	谷氨酰胺	精氨酸	G
A	异亮氨酸	苏氨酸	天冬酰胺	丝氨酸	U
A	异亮氨酸	苏氨酸	天冬酰胺	丝氨酸	C
A	异亮氨酸	苏氨酸	赖氨酸	精氨酸	A
A	甲硫氨酸※	苏氨酸	赖氨酸	精氨酸	G
G	缬氨酸	丙氨酸	天冬氨酸	甘氨酸	U
G	缬氨酸	丙氨酸	天冬氨酸	甘氨酸	C
G	缬氨酸	丙氨酸	丙氨酸	甘氨酸	A
G	缬氨酸	丙氨酸	丙氨酸	甘氨酸	G

※ AUG 为起始密码子，是蛋白质合成的起始信号，又编码多肽链中的甲硫氨酸。

遗传密码具有以下的特点。

(1) 方向性：mRNA 分子从 5′→3′ 方向，每 3 个连续的核苷酸组成一个密码子，翻译时从 mRNA 5′ 端的起始密码子 AUG 开始至 3′ 端的终止密码子 UAA、UAG 或 UGA 结束，蛋白质生物合成时，核糖体就是沿 mRNA 5′→3′ 方向移动并读码的，从而决定了多肽链从 N 端到 C 端的氨基酸顺序。

(2) 连续性：指两个相邻的密码子之间没有任何特殊的符号加以间隔，翻译时必须从起始密码子 AUG 开始，连续地 1 个密码子挨着 1 个密码子"阅读"下去，直到终止密码子为止。mRNA 上碱基的插入或缺失都会造成密码子的移码，翻译出的氨基酸序列发生改变，产生"移码突变"。

(3) 简并性：同一个氨基酸具有 2 个或 2 个以上密码子的现象，称为密码的简并性。20 种编码氨基酸中，除色氨酸和甲硫氨酸各有 1 个密码子外，其余每种氨基酸都有 2~6 个密码子。简并性主要表现为密码子的前 2 个碱基相同，第 3 个碱基不同，即密码子的专一性主要由前 2 个碱基决定，第 3 个碱基的突变通常不会造成翻译时氨基酸序列的改变。遗传密码的简并性对于减少有害突变、保证遗传的稳定性具有一定的意义。

(4) 通用性：不同种属的生物中密码子都是相同的，也就是说从病毒、细菌、植物、动物到人均可用一套遗传密码，这称为密码的通用性。密码的通用性证明了各种生物拥有共同的祖先。

2. tRNA　tRNA 是转运氨基酸的工具。tRNA 氨基酸臂 3′ 端 CCA-OH 是氨基酸的结合位点。不同的氨基酸分别与其特异 tRNA 结合生成相应氨酰 tRNA 的过程称为氨基酸活化。

$$\text{氨基酸} + \text{tRNA} + \text{ATP} \xrightarrow[\text{Mg}^{2+}]{\text{氨酰 tRNA 合成酶}} \text{氨酰 tRNA} + \text{AMP} + \text{PPi}$$

此反应在细胞液中进行，由氨酰 tRNA 合成酶催化，ATP 供能，消耗 2 个高能键，最后使氨基酸的羧基被活化连接于 tRNA 3′ 端 CCA-OH 上，形成氨基酸的活化形式—氨酰 tRNA，转运到核糖体，为多肽链的合成提供原料。

氨酰 tRNA 合成酶对底物氨基酸和 tRNA 的高度特异性，保证氨基酸与相应 tRNA 的结合，这是保证遗传信息准确编码蛋白质的关键步骤之一。

tRNA 反密码子环最顶端 3 个相邻的核苷酸称为反密码子，可以识别 mRNA 上的密码子并与之反向互补配对。该反密码子与 mRNA 上的哪个密码子互补，此 tRNA 就携带该密码子编码的氨基酸。例如，反密码子为 AUC 的 tRNA，可以识别并结合 mRNA 上的密码子 GAU，GAU 编码天冬氨酸，则该 tRNA 转运天冬氨酸（图 11-17）。

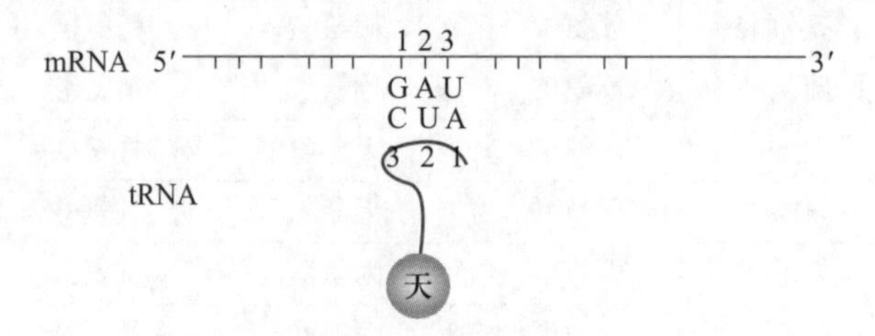

图 11-17　密码子、反密码子及氨基酸

tRNA 可以通过反密码子与 mRNA 上的密码子配对，将其所携带的氨基酸“对号入座”，按 mRNA 密码子编排的顺序合成多肽链。

一种氨基酸可以和几种不同的 tRNA 特异结合而转运，但一种 tRNA 只能转运一种氨基酸。

3. rRNA　rRNA 分子与多种蛋白质共同组成核糖体，核糖体是蛋白质合成的场所，起到多肽链合成“装配机”的作用。

核糖体由大、小两个亚基组成。原核生物核糖体为 70*S*，包括 30*S* 小亚基和 50*S* 大亚基两部分（图 11-18），真核生物中核糖体为 80*S*，分为 40*S* 小亚基和 60*S* 大亚基两部分。核糖体上含有多个与蛋白质合成有关的功能活性部位：①与肽酰 RNA 结合的部位，称为给位（P 位）；②与氨酰 tRNA 结合的部位，称为受位（A 位）；③转肽酶结合部位，作用是在肽链合成过程中催化氨基酸间形成肽键；④转位酶部位，又称 GTP 酶活性部位，能分解 GTP，将 A 位肽酰 tRNA 移到 P 位。另外，还有一个 E 位，又称出位，是空载的 tRNA 脱落的部位（图 11-18）。

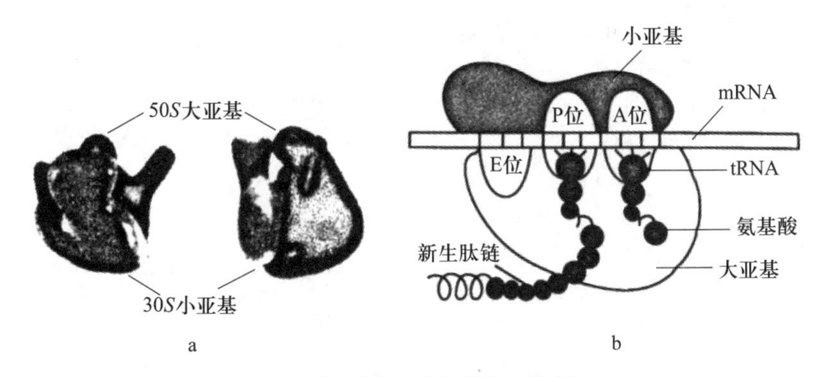

图 11-18　原核生物核糖体的模式图

a. 核糖体大亚基和小亚基间裂隙为 mRNA 和 tRNA 结合部位；b. 翻译过程中核糖体结构模式

（三）相关的酶和其他物质

1. 相关的酶　蛋白质生物合成过程中重要的酶主要有氨酰 tRNA 合酶、转肽酶和转位酶等。

（1）氨酰 tRNA 合酶：氨酰 tRNA 合酶可催化氨基酸的羧基与相应 tRNA 3′端的—OH 脱水形成氨酰 tRNA。

（2）转肽酶：转肽酶是构成大亚基的某些蛋白质所具备的催化活性，它不仅能催化核糖体 P 位上的氨酰基或肽酰基向 A 位转移，还能催化该氨酰基与 A 位上的氨基酸之间通过肽键相连。

（3）转位酶：转位酶实际上是延长因子 EF-G（延长因子的一种）所具有的活性，可结合 GTP 并由其供能，使核糖体沿 mRNA 5′→3′ 方向移动相当于一组密码子的距离。

2. 其他物质　无论原核生物还是真核生物蛋白质合成过程中均有多种蛋白质因子的参与，包括多种起始因子（initiation factor，IF）、延长因子（elongation factor，EF）和释放因子（releasing factor，RF），它们分别参与蛋白质生物合成的起始、延伸和终止等过程，有些还具有酶的活性。

另外，蛋白质生物合成还需要 Mg^{2+} 和 K^{+} 的参与，ATP 和 GTP 作为供能物质。

二、蛋白质的生物合成过程

视频：

蛋白质的生物合成过程

考点提示

蛋白质生物合成的过程包括哪几个阶段？

蛋白质的生物合成过程——翻译，是一个连续的动态过程，常被划分为 3 个阶段：①起始；②延长；③终止。通过此过程生成的是蛋白质的多肽链，需要经过一定的加工修饰后才能转变为有活性的蛋白质。现以原核生物为例介绍多肽链合成的基本过程。

（一）起始

翻译起始是指把核糖体的大、小亚基，mRNA 和带有甲酰甲硫氨酸的起始 tRNA（$fMet-tRNA^{fMet}$）聚合成为翻译起始复合物。起始过程需要起始因子（IF-1、IF-2、IF-3）以及 GTP 和 Mg^{2+} 的参与。真核生物的起始因子有 10 种之多。虽然原核和真核生物的起始因子不相同，但二者的氨酰 tRNA 和 mRNA 结合到核糖体上的步骤，大致上是一样的。起始复合物的形成可分为下列 4 个步骤（图 11-19）。

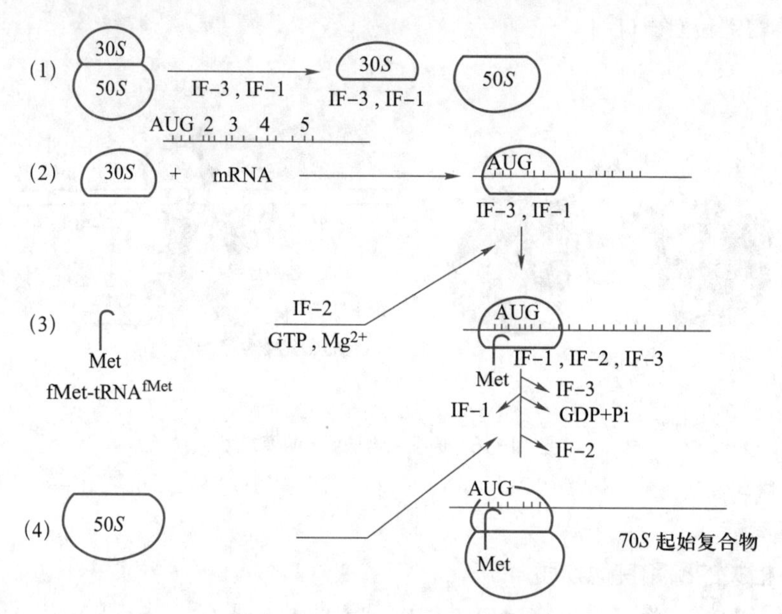

图 11-19 原核生物的翻译起始阶段

1. 核糖体大、小亚基解离　翻译延伸过程中，核糖体的大、小亚基是连接成整体的。翻译终止的最后一步，实际上也是下一轮翻译起始的第一步，即核糖体的大、小亚基必须先分开，以利于 mRNA 和 $fMet-tRNA^{fMet}$ 先结合于小亚基上。翻译起始时，IF-3 结合于核糖体，使大、小亚基解离，使单独存在的小亚基易于与 mRNA 和起始 tRNA 结合。IF-1 能协助 IF-3 的作用。

2. mRNA 与核糖体的小亚基结合　在 mRNA 起始密码子 AUG 的上游有一段以 AGGA 为核心的富含嘌呤的序列（S-D 序列），在小亚基上的 16*S* rRNA 近 3′端处，有一段富含嘧啶的短序列 UCCU 可与 S-D 序列互补结合，同时，小亚基蛋白可以辨认、结合紧接 AGGA 的小段核苷酸序列。因此 mRNA 与小亚基的结合，是靠核酸与核酸互补、核酸与蛋白质互相辨认的机制来完成的。IF-3 可以促进这种结合。

3. fMet-tRNA 与小亚基结合　它们的结合需要 IF-2 和 GTP 的参与，先形成 fMet-

$tRNA^{fMet}$-IF-2-GTP 复合物，然后进入小亚基与起始密码子相对应的位置，同时，fMet-tRNA 的反密码子与 mRNA 的起始密码子 AUG 配对结合。IF-1 能协助这种结合。

4. 核糖体大、小亚基结合 小亚基、mRNA 和 fMet-$tRNA^{fMet}$ 结合完成后，IF-3 就从小亚基上脱落下来，促进大亚基结合到小亚基上，接着 IF-1 和 IF-2 相继脱落。至此，翻译起始复合物就形成了。这时，核糖体大亚基上的 P 位（肽位）已被 fMet-$tRNA^{fMet}$ 和 mRNA 上的起始密码子 AUG 所占据，但 A 位（氨酰位）是空着的，而且 mRNA 上与 AUG 相邻的第二个三联体密码子已相应于 A 位上，与这个密码子对应的氨酰 tRNA 即可到达 A 位而进入延长阶段。

（二）肽链的延长——核糖体循环

肽链的延长是指起始复合物形成后，核糖体沿着 mRNA 分子 5′→3′ 方向移动，从 AUG 开始，将可读框编码区的信息翻译为多肽链中从 N 端→C 端氨基酸排列顺序的过程。此阶段由进位、成肽和转位 3 个连续的步骤循环进行，直至肽链合成终止，又称核糖体循环（图 11-20）。

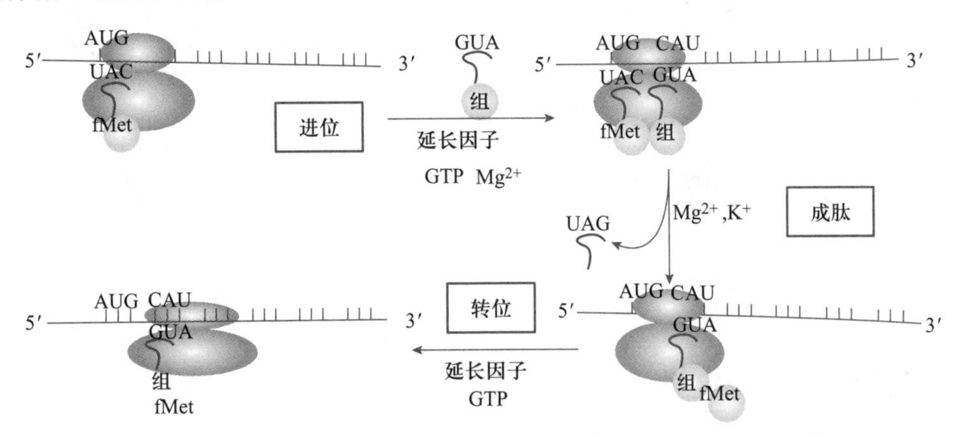

图 11-20 肽链的延长

1. 进位 也称为注册。氨酰 tRNA 结合于 A 位上，该 tRNA 的反密码子与 mRNA 分子上的密码子识别并结合。此过程需要延长因子 EF-T 参与，GTP 供能，消耗了 1 个高能磷酸键。

2. 成肽 在转肽酶的催化下，P 位上的氨基酸或肽转移到 A 位，与 A 位上氨酰 tRNA 中氨基酸的氨基通过肽键相连，形成肽酰 tRNA。此时 P 位只留下卸载的 tRNA，可直接脱落。

3. 转位 也称移位，在转位酶的催化下，核糖体沿 mRNA 5′→3′ 方向移动一个密码子的距离。此过程需 EF-G、Mg^{2+} 和 GTP 的参与，消耗 1 个高能磷酸键。转位结束，肽酰 tRNA 占据 P 位，A 位空闲，以利于新的氨酰 tRNA 进入 A 位，一次核糖体循环完成。

每循环一次，多肽链增加 1 个氨基酸残基，肽链由 N 端→C 端不断延长。

（三）肽链合成的终止

当核糖体移位至终止密码子出现时，释放因子（RF-1、RF-2、RF-3）识别终止密码子，并与核糖体结合，使 P 位上肽酰 tRNA 水解释放多肽链，再由 GTP 供能，使 mRNA、RF 和 tRNA 相继从核糖体上脱离，此轮蛋白质合成终止（图 11-21）。

无论是原核细胞还是真核细胞，多肽链合成时常是多个（10~100 个）核糖体，先后与 mRNA 结合，并从起始密码子开始沿 5′→3′ 方向读码移动，依次合成多条相同的多肽链，形成一条 mRNA 同时结合多个（10~100 个）核糖体构成的聚合物，称为多聚核糖体。多聚核糖体的形成大大提高了蛋白质生物合成的效率（图 11-22）。

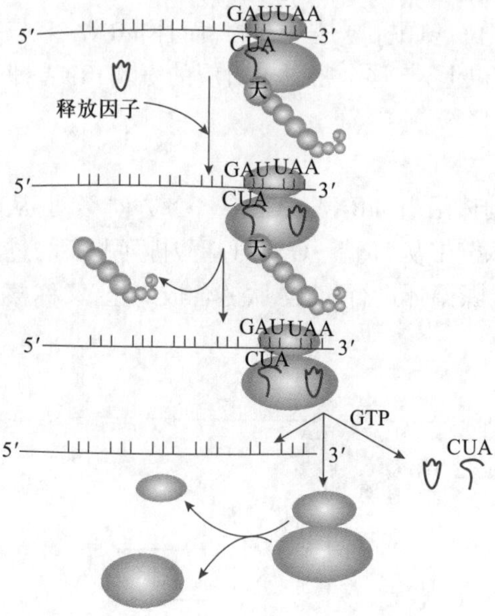

图 11-21 肽链合成的终止

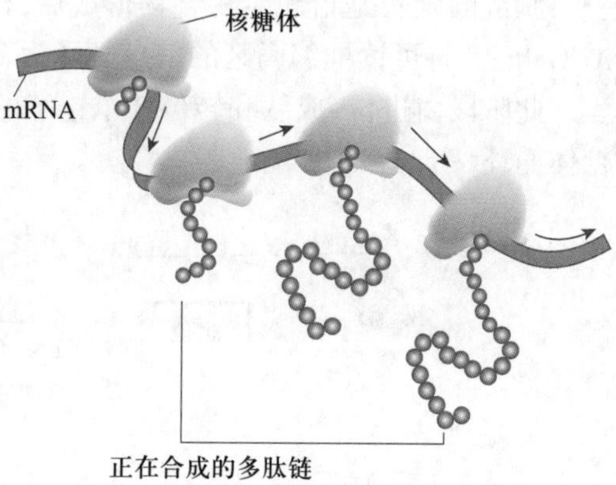

图 11-22 多聚核糖体

三、翻译后的加工修饰

新生多肽链必须经过加工修饰才具有生物活性，包括对多肽链一级结构和空间结构的加工和修饰。

（一）新生多肽链的折叠

一级结构是空间构象的基础。在核糖体上肽链边生成边折叠。大多数天然蛋白质的折叠需要折叠酶和分子伴侣的参与，真核生物肽链折叠机制尚有待阐明。

（二）肽链 N 端甲硫氨酸的切除

几乎所有成熟的多肽链都要经过有限水解这种方式进行加工。真核生物新生多肽链 N 端的甲硫氨酸残基，在肽链离开核糖体后经特异的蛋白质水解酶切除。

（三）氨基酸残基的修饰

某些蛋白质的正常生物功能需要对肽链中部分氨基酸残基进行共价修饰。如丝氨酸、苏氨酸或酪氨酸羟基的磷酸化；谷氨酸的 γ- 羧基化；赖氨酸、脯氨酸的羟基化；半胱氨酸巯基转化为二硫键；某些氨基酸的甲基化或乙酰化等。

（四）部分肽段的切除

某些无活性的蛋白质前体通过酶的水解，内切或外切一个或几个氨基酸残基，使蛋白质表现出生物活性。如胰岛素原水解生成胰岛素、分泌蛋白质或跨膜蛋白 N 端信号肽的切除等。

(五) 空间结构的修饰

多肽链合成后，要成为有完整天然构象和全部生物活性的蛋白质，除了进行天然空间构象折叠外，还需要经过一定的空间结构修饰。

1. 辅基连接　结合蛋白质由蛋白质和辅基两部分组成，如糖蛋白、脂蛋白、色蛋白及各种带辅基的酶，合成后都需要结合相应辅基，成为天然功能蛋白质。

2. 亚基聚合　由两个或两个以上相同或不同的亚基通过非共价连接聚合成具有四级结构的蛋白质寡聚体。如血红蛋白分子由 α、β 亚基形成寡聚体蛋白 $\alpha_2\beta_2$。

3. 疏水脂链的共价连接　包括 Ras 和 G 蛋白等在内的某些蛋白质，合成后需要在肽链特定位点共价连接一个或多个疏水性强的脂链，才能成为具有生物活性的蛋白质。

四、影响蛋白质合成的因素

蛋白质生物合成与医学的关系

许多病原微生物及肿瘤细胞蛋白质合成过程活跃，生长繁殖迅速。复制、转录和翻译等过程，在高等和低等生物中既相似又有差别。生物化学研究为药物设计提供了这些差别，使科学家设计出了一些对人体损害不大，而对病原微生物却有特效作用的药物。以下介绍烷化剂类、生物碱类和干扰素对蛋白质生物合成过程的干扰和抑制作用，作为学习药理学和药物学的生化基础。

(一) 烷化剂类

烷化剂是一类化学性质非常活泼的有机化合物，具有破坏 DNA 分子结构的作用，临床上常用于恶性肿瘤的治疗。烷化剂分子中的活泼烷基，可与 DNA 分子中鸟嘌呤的 N^7 和腺嘌呤的 N^3 发生烷基化，使 DNA 的两条互补链形成交叉连接，从而抑制 DNA 的复制和转录。烷化后还可导致 DNA 链断裂、造成 DNA 功能和结构的损害，甚至细胞死亡。常用的烷化剂有环磷酰胺、氮芥、噻替哌、白消安(马利兰)等，它们大多是人工合成的抗癌药物。烷化剂在破坏癌细胞 DNA 分子结构的同时，对正常组织细胞的 DNA 也有相同的作用，因此对机体的毒性较大，机体产生的化疗反应也较严重。除损伤 DNA 外，烷化剂也可使蛋白质和酶发生烷化而损伤。

(二) 生物碱类

一些生物碱具有抗癌作用，如秋水仙碱、长春碱、长春新碱、喜树碱、高三尖杉酯碱等，它们对细胞的 DNA、RNA 和蛋白质合成具有不同程度的抑制作用，因此可抑制肿瘤细胞的生长繁殖。

(三) 干扰素

干扰素是真核细胞被病毒感染后分泌的一类具有抗病毒作用的蛋白质。它能从两个方面抑制病毒蛋白质的合成过程。一方面，干扰素能通过一系列酶促反应使真核宿主细胞内蛋白质合成过程中所需的起始因子(eIF-Ⅱ)失活，从而抑制病毒蛋白质的合成；另一方面，干扰素能间接活化核酸内切酶 RNase L，RNase L 可水解病毒 mRNA，从而阻断病毒蛋白质合成。除此之外，干扰素还具有调节细胞生长分化、激活免疫系统等作用。基于以上原因，干扰素也是继胰岛素之后较早获批在临床上广泛使用的基因工程药物。

第四节 药物对核酸代谢和蛋白质合成的影响

一、影响核酸合成的药物

影响核酸合成的药物又称抗代谢药。它们的化学结构和核酸代谢的必需物质如叶酸、嘌呤、嘧啶等相似，可以通过特异性干扰核酸的代谢，阻止细胞的分裂和增殖。主要品种有氟尿嘧啶、巯基嘌呤、甲氨蝶呤等。它们是细胞周期特异性药物，主要作用于S期。

（一）5-氟尿嘧啶

5-氟尿嘧啶（5-fluorouracil，5-FU）是尿嘧啶5位的氢被氟取代的衍生物，是抗嘧啶药物。

1. 药理活性　在细胞内转变为5-氟尿嘧啶脱氧核苷酸（5F-dUMP）而抑制脱氧胸苷酸合成酶，阻止脱氧尿苷酸（dUMP）甲基化为脱氧胸苷酸（dTMP），从而影响DNA的合成。另外，5-FU在体内转化为5-氟尿嘧啶核苷（5-FUR）后，也能掺入RNA中干扰蛋白质合成，故对其他各期细胞也有作用。

2. 体内过程　口服吸收不规则，常静脉给药。5-FU分布于全身体液，肿瘤组织中的浓度较高，易进入脑脊液内。由肝代谢灭活，转变为CO_2和尿素分别由肺和尿排出。

3. 不良反应　主要为胃肠道反应，严重者血性下泻而亡。此外，还有骨髓抑制、脱发、共济失调等。因刺激性可致静脉炎或动脉内膜炎。偶见肝、肾功能损害。

4. 临床应用　对多种肿瘤有效，特别是对消化道癌症和乳腺癌疗效较好；对卵巢癌、宫颈癌、绒毛膜上皮癌、膀胱癌等也有效。

（二）6-巯基嘌呤

6-巯基嘌呤（6-mercaptopurine，6-MP）是腺嘌呤6位上的—NH_2被—SH所取代的衍生物，为抗嘌呤药。

1. 药理作用　在体内先经酶催化变成硫代肌苷酸，它阻止肌苷酸转变为腺苷酸和鸟苷酸，干扰嘌呤代谢，阻碍核酸合成，对S期细胞及其他期细胞有效。肿瘤细胞对6-MP可产生耐药性，因耐药性细胞中6-MP不易转变成硫代肌苷酸或产生后迅速降解之故。

2. 体内过程　口服吸收良好，分布到各组织，部分在肝内经黄嘌呤氧化酶催化为无效的硫尿酸（6-thiouric acid）与原形物一起由尿排泄。静脉注射的半衰期约为90 min。抗痛风药别嘌醇可干扰6-MP变为硫尿酸，故能增强6-MP的抗肿瘤作用及毒性，合用时应注意减量。

3. 不良反应　常见胃肠道反应和骨髓抑制；少数患者可出现黄疸和肝功能障碍。偶见高尿酸血症。

4. 临床应用　对儿童急性淋巴性白血病疗效好，因起效慢，多作维持药用。大剂量用于治疗绒毛膜上皮癌有一定疗效。

（三）甲氨蝶呤

甲氨蝶呤（methotrexate，MTX）又名氨甲蝶呤，化学结构与叶酸相似，是抗叶酸药。

1. 药理作用　甲氨蝶呤对二氢叶酸还原酶有强大而持久的抑制作用，使 5，10-甲基四氢叶酸不足，脱氧胸苷酸（dTMP）合成受阻，影响 DNA 合成；MTX 也可阻止嘌呤核苷酸的合成，因为嘌呤环上的第 2 和第 8 碳原子是由 FH_4 携带的一碳基团（如—CHO—，═C—）所供给，故能干扰 RNA 和蛋白质的合成。

2. 体内过程　口服吸收良好。1 h 内血中浓度达峰值，3~7 h 后已不能测到。与血浆蛋白质结合率为 50%；半衰期约为 2 h。由尿中排出的原形约为 50%；少量通过胆道从粪便排出。MTX 不易透过血脑屏障。

3. 不良反应　较多。可致口腔及胃肠道黏膜损害，如口腔炎、胃炎、腹泻、便血甚至死亡。骨髓抑制可致白细胞、血小板减少以致全血细胞下降。也有脱发、皮炎等。妊娠期妇女可致畸胎、死胎。大剂量长期用药可致肝、肾损害。

4. 临床应用　用于儿童急性白血病和绒毛膜上皮癌。甲酰四氢叶酸能拮抗 MTX 治疗中的毒性反应，现主张先用很大剂量 MTX（3~25 g/m^2），以后再用甲酰四氢叶酸作为救援剂，以保护骨髓正常细胞，对成骨肉瘤等有一定疗效。

近年发现癌细胞可对 MTX 产生耐药性，主要是基因扩增产生更多二氢叶酸还原酶所致，也与 MTX 进入细胞减少等有关。

（四）阿糖胞苷

1. 药理作用　阿糖胞苷（cytarabine，AraC）在体内经脱氧胞苷激酶催化成胞苷二磷酸或胞苷三磷酸，进而抑制 DNA 多聚酶的活性而影响 DNA 合成；也可掺入 DNA 中干扰其复制，使细胞死亡。S 期细胞对之最敏感，属周期特异性药物。

2. 体内过程　因不稳定，口服易被破坏。静脉注射（5~10 mg/kg）20 min 后多数患者血中已测不到，主要在肝中被胞苷酸脱氨酶催化为无活性的阿糖尿苷，迅速由尿排出。

3. 不良反应　对骨髓的抑制可引起白细胞及血小板减少。久用后胃肠道反应明显。对肝功能有一定影响，出现转氨酶升高。

4. 临床应用　是治疗成年人急性粒细胞或单核细胞白血病的有效药物。对实体瘤单独应用疗效不满意。

（五）羟基脲（$H_2N—CO—NHOH$）

1. 药理作用　羟基脲（hydroxycarbamide，hydroxyurea，HU）能抑制核苷酸还原酶，阻止胞苷酸转变为脱氧胞苷酸，从而抑制 DNA 的合成。它能选择性地作用于 S 期细胞。

2. 体内过程　口服吸收很快，1 h 血药浓度达峰值，6 h 消失。能透过红细胞膜和血脑屏障。主要由肾排泄。

3. 不良反应　主要为抑制骨髓，也可有胃肠道反应。可致畸胎，妊娠期妇女忌用，肾功能不全者慎用。

4. 临床应用　对慢性粒细胞白血病有确切疗效，也可用于急性病变者。对转移性黑色素瘤也有暂时缓解作用。用药后可使瘤细胞集中于 G1 期，故常作为同步化药物以提高肿瘤对化疗或放疗的敏感性。

（六）磺胺类药物

1. 药理作用　竞争二氢叶酸合成酶，阻止细菌二氢叶酸的合成。

2. 体内过程　不能进入细胞内液，可通过血脑屏障。抗菌作用为广谱性，对革兰氏阴性菌、革兰氏阳性菌均有抗菌作用，耐药普遍。

3. 不良反应 可导致粒细胞减少，血细胞减少；导致肝、肾功能损害。

（七）利福霉素类

利福霉素类包括利福平、利福霉素、利福喷汀、利福布汀等。

1. 药理作用 抑制细菌 RNA 合成。抗菌谱性：分枝杆菌属、革兰氏阴性菌、革兰氏阳性菌、不典型病原菌。

2. 体内过程 分布广，蛋白结合率高，主要经胆和肠道排泄。

3. 临床应用 是治疗结核病和麻风的有效药物，对某些革兰氏阴性菌也有效。

二、影响蛋白质生物合成的药物

蛋白质生物合成是很多抗生素和某些毒素的作用靶点，它们通过阻断蛋白质生物合成过程中某组分的功能，干扰和抑制蛋白质的合成。

（一）抗生素对蛋白质生物合成的影响

影响蛋白质合成的抗生素有多种，它们可分别抑制蛋白质合成的起始、进位、转肽等各个环节，干扰细菌或肿瘤细胞的蛋白质合成，从而发挥药理作用（表 11-8）。

表 11-8 几种抗生素抑制蛋白质合成的机制

抗生素	作用位点	作用原理	应用
放线菌素	真核核糖体大亚基	抑制转肽酶，抑制肽链延长	医学科研
伊短菌素	原核、真核核糖体小亚基	阻碍翻译起始复合物的形成	抗病毒药、抗肿瘤药
嘌呤霉素	原核、真核核糖体	使肽酰基转移到它的氨基上脱落	抗肿瘤药
四环素、土霉素	原核核糖体小亚基	抑制氨酰 tRNA 与小亚基结合	抗菌药
链霉素、新霉素、巴龙霉素	原核核糖体小亚基	改变构象引起读码错误、抑制起始	抗菌药
红霉素、氯霉素、林可霉素	原核核糖体大亚基	抑制转肽酶、阻断肽链延长	抗菌药
大观霉素	原核核糖体小亚基	阻止转位	抗菌药

1. 抑制 DNA 模板功能的抗生素 有博来霉素、放线菌素、丝裂霉素等。如丝裂霉素 C 选择性地与细菌或癌细胞的 DNA 中鸟嘌呤结合而妨碍 DNA 双链打开，抑制 DNA 复制，实现抗菌和抗肿瘤作用。

2. 抑制 RNA 合成的抗生素 有利福霉素、利福平等。它们可与原核生物 RNA 聚合酶的 β 亚基结合，从而抑制 RNA 聚合酶活性，阻断了转录的起始或延长。但对真核生物 RNA 聚合酶的抑制作用较弱，常作为临床抗结核病的治疗药物。

3. 抑制翻译的抗生素 有四环素族、氯霉素、链霉素、卡那霉素等。其中四环素族能抑制氨酰 tRNA 与原核细胞的核糖体结合；氯霉素与核糖体大亚基结合，抑制转肽酶活性，阻断翻译延长阶段。值得注意的是，高浓度的氯霉素对真核生物线粒体蛋白质合成也有阻断作用；链霉素和卡那霉素能与原核生物核糖体小亚基结合，使其构象改变，导致读码错误。它们分别通过抑制氨酰 tRNA 的进位，抑制肽链合成的起始、延长和终止来影响蛋白质的生物合成。常作为临床抗感染的治疗药物。

(二) 一些活性物质对蛋白质生物合成的影响

某些毒素在肽链延长阶段阻断蛋白质合成引起毒性。例如,白喉毒素(diphtheria toxin)是由白喉棒状杆菌产生的一种真核细胞蛋白质合成抑制剂。白喉毒素可抑制人、哺乳动物肽链延长因子 2 的活性,强烈抑制蛋白质的生物合成。

真核细胞感染病毒后能分泌一类有抗病毒作用的干扰素(interferon,IFN)。干扰素是一组小分子糖蛋白,它能作用于其邻近细胞,使之具有抗病毒能力。其机制是干扰素和病毒复制时产生的双链 RNA 能激活蛋白激酶,使真核生物起始因子 eIF-2 磷酸化失活,从而抑制病毒蛋白质合成;或者通过使病毒 mRNA 降解来阻断病毒蛋白质合成。干扰素除抗病毒作用外,还有调节细胞生长、激活免疫系统的作用。我国现在已采用基因工程技术生产干扰素,并将其用于临床。

思考题 》》》》

1. 简述原核生物 DNA 生物合成过程。
2. 简述转录与复制的异同点。
3. 简述原核生物 mRNA 转录的过程。
4. 简述 RNA 转录体系及它们在转录中的作用。
5. 简述 DNA 复制和 RNA 转录的异同点。
6. 简述真核生物 mRNA 转录后加工修饰的要点。

在线测试

本章小结

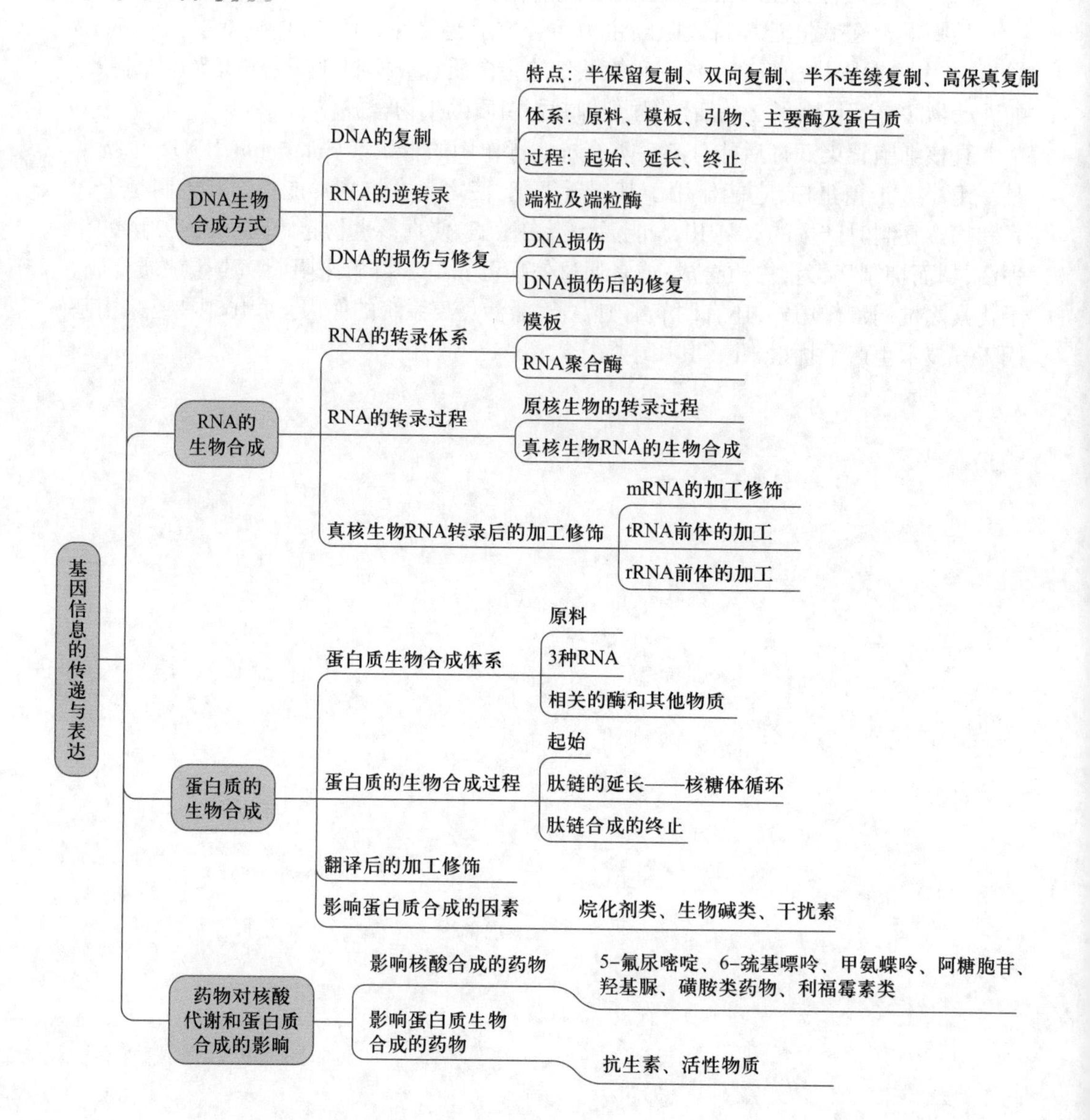

基因信息的传递与表达
DNA生物合成方式
DNA的复制
特点：半保留复制、双向复制、半不连续复制、高保真复制
体系：原料、模板、引物、主要酶及蛋白质
过程：起始、延长、终止
端粒及端粒酶
RNA的逆转录
DNA的损伤与修复
DNA损伤
DNA损伤后的修复
RNA的生物合成
RNA的转录体系
模板
RNA聚合酶
RNA的转录过程
原核生物的转录过程
真核生物RNA的生物合成
真核生物RNA转录后的加工修饰
mRNA的加工修饰
tRNA前体的加工
rRNA前体的加工
蛋白质的生物合成
蛋白质生物合成体系
原料
3种RNA
相关的酶和其他物质
蛋白质的生物合成过程
起始
肽链的延长——核糖体循环
肽链合成的终止
翻译后的加工修饰
影响蛋白质合成的因素
烷化剂类、生物碱类、干扰素
药物对核酸代谢和蛋白质合成的影响
影响核酸合成的药物
5-氟尿嘧啶、6-巯基嘌呤、甲氨蝶呤、阿糖胞苷、羟基脲、磺胺类药物、利福霉素类
影响蛋白质生物合成的药物
抗生素、活性物质

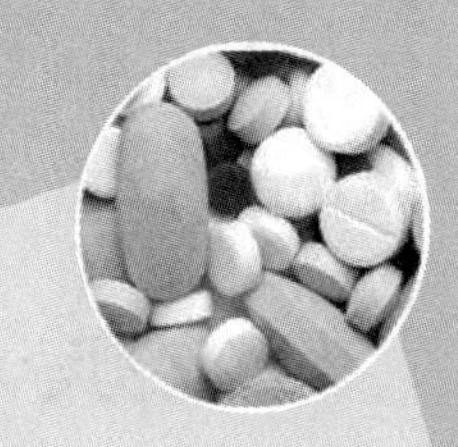

第十二章 物质代谢的调控

学习目标

知识目标

1. 掌握：变构调节、化学修饰调节、酶蛋白合成的诱导与阻遏及其生理意义，三大物质(糖类、脂肪、氨基酸)代谢的相互联系。
2. 熟悉：对关键酶含量的调节及其生理意义。
3. 了解：激素水平和整体水平对代谢的调节，饥饿与应激状态下机体整体代谢的调节作用。

技能目标

1. 运用酶的变构调节和化学修饰调节的概念解释生物的代谢适应性。
2. 分析饥饿与应激状态下的整体代谢调节。

案例导入

［案例］近年来，我国人群肥胖的发生率持续增长，已经成为严重影响人类健康、生活的问题。肥胖是一种由于食欲和能量代谢调节紊乱而引起的疾病，与遗传、环境、膳食和体力活动情况等多种因素有关，可以继发多种疾病。

［讨论］

1. 肥胖者通常表现出哪些代谢紊乱和激素分泌异常？
2. 高糖饮食为什么容易引发肥胖？

物质代谢是生命体的基本特征之一，是生命活动的物质基础。生物体内糖类、脂类、蛋白质、核酸等物质的代谢过程并不是彼此孤立、互不影响的，而是互相联系、互相制约、相互依存的。例如，机体内糖类、脂类的氧化分解产生的能量可以保证蛋白质和核酸等物质合成的需要，而各种酶则作为生物催化剂保证体内物质代谢迅速进行。

第一节　物质代谢的相互联系

一、物质代谢与能量代谢的联系

糖类、脂类及蛋白质都是能源物质，均可以在体内氧化供能。尽管三大营养物质在体内氧化分解的代谢途径各不相同，但乙酰 CoA 是它们共同的代谢中间产物，三羧酸循环和氧化磷酸化是它们代谢的共同途径，而且都能生成可利用的化学能 ATP。从能量供给的角度来看，三大营养物质的利用可相互替代。一般情况下，机体利用能源物质的次序是糖类（或糖原）、脂肪和蛋白质（主要为肌肉蛋白）。糖类是机体主要供能物质（占总热量的 50%~70%），脂肪是机体储能的主要形式（约为体重的 20%，肥胖者更多）。人体供能以糖类和脂肪为主，尽量节约蛋白质的消耗，这是因为蛋白质是组织细胞的重要结构成分，通常没有多余的储存。由于糖类、脂肪、蛋白质分解代谢有共同的代谢途径，这也限制了进入该代谢途径的代谢物的总量，因而各营养物质的氧化分解又相互制约，并根据机体的不同状态来调整各营养物质氧化分解的代谢速率以适应机体的需要。若任一种供能物质的分解代谢增强，通常能调节抑制和节约其他供能物质的降解，如在正常情况下，机体主要依赖葡萄糖氧化供能，而脂肪动员及蛋白质分解往往受到抑制；在饥饿状态时，由于糖类供应不足，则需动员脂肪或动用蛋白质而获得能量。

二、糖类、脂类、蛋白质及核酸代谢的联系

机体内糖类、脂类、蛋白质及核酸的代谢过程是相互关联的，其中三羧酸循环不仅是三大营养物质代谢的共同途径，也是三大营养物质相互联系、相互转变的枢纽。同时，一种物质代谢途径的改变必然影响其他物质代谢途径发生相应改变。例如，患糖尿病时，机体糖代谢失调可以引起蛋白质代谢和脂类代谢失调。

（一）糖代谢与脂类代谢的相互联系

糖类和脂类都是以碳、氢元素为主的化合物，它们在代谢关系上十分密切，它们之

间可以相互转变。一般来说，机体摄入糖类增多而超过体内能量的消耗时，除合成糖原储存在肝和肌外，还可大量转变为脂肪储存起来。糖类转变为脂肪的大致步骤如下：糖类先经过酵解，产生磷酸二羟丙酮和甘油醛-3-磷酸，其中磷酸二羟丙酮可以还原为甘油；而甘油醛-3-磷酸能继续通过糖酵解途径形成丙酮酸，丙酮酸氧化脱羧后转变成乙酰CoA，乙酰CoA可用来合成脂肪酸，最后由甘油和脂肪酸合成脂肪。此外，糖类的分解代谢增强不仅为脂肪合成提供了大量的原料，而且其生成的ATP及柠檬酸是乙酰CoA羧化酶的变构激活剂，促使大量的乙酰CoA羧化为丙二酸单酰CoA，进而合成脂肪酸及脂肪在脂肪组织储存。脂肪分解成甘油和脂肪酸，其中甘油可经磷酸化生成α-磷酸甘油，再转变为磷酸二羟丙酮，然后经糖异生途径可变为葡萄糖；而脂肪酸部分在动物体内不能转变为糖类。相比而言，甘油占脂肪的量很少，其生成的糖类量相当有限。因此，脂肪绝大部分不能在体内转变为糖类。

脂肪分解代谢的强度及代谢过程能否顺利进行与糖代谢密切相关。三羧酸循环的正常运转有赖于糖代谢产生的中间产物草酰乙酸来维持，当饥饿或糖类供给不足或糖尿病糖代谢障碍时，引起脂肪动员加快，脂肪酸在肝内经β氧化生成酮体的量增多，其原因是糖代谢障碍致草酰乙酸相对不足，生成的酮体不能及时通过三羧酸循环氧化，从而造成血酮体升高。

（二）糖代谢与氨基酸代谢的相互联系

糖类是生物体内的重要碳源和能源。糖类经糖酵解途径产生的磷酸烯醇式丙酮酸和丙酮酸，丙酮酸羧化生成的草酰乙酸，及其脱羧后经三羧酸循环形成的α-酮戊二酸，它们都可以作为氨基酸的碳架。通过氨基化或转氨基作用形成相应的氨基酸。但是必需氨基酸，包括赖氨酸、色氨酸、甲硫氨酸、苯丙氨酸、亮氨酸、苏氨酸、异亮氨酸、缬氨酸共8种，则必须由食物提供。组成蛋白质的20种氨基酸，除亮氨酸和赖氨酸（生酮氨基酸）外，均可通过脱氨基作用生成相应的α-酮酸，而这些α-酮酸均可为或转化为糖代谢的中间产物，可通过三羧酸循环部分途径及糖异生作用转变为糖类。由此可见，20种氨基酸除亮氨酸和赖氨酸外均可转变为糖类，而糖代谢的中间物质在体内仅能转变为12种非必需氨基酸，其余8种必需氨基酸必须由食物供给，故食物中的糖类不能替代蛋白质。

（三）脂类代谢与氨基酸代谢的相互联系

脂肪分解产生甘油和脂肪酸，甘油可转变为丙酮酸、草酰乙酸及α-酮戊二酸，分别接受氨基而转变为丙氨酸、天冬氨酸及谷氨酸。脂肪酸可以通过β氧化生成乙酰CoA，乙酰CoA与草酰乙酸缩合进入三羧酸循环，可产生α-酮戊二酸和草酰乙酸，进而通过转氨基作用生成相应的谷氨酸和天冬氨酸，但必须消耗三羧酸循环的中间产物，因而受限制，如无其他来源补充，反应将不能进行下去。因此脂肪酸不易转变为氨基酸。生糖氨基酸可通过丙酮酸转变为磷酸甘油；而生糖氨基酸、生酮氨基酸及生糖兼生酮氨基酸均可转变为乙酰CoA，后者可作为脂肪酸合成的原料，最后合成脂肪。因而蛋白质可转变为脂肪。此外，乙酰CoA还是合成胆固醇的原料。丝氨酸脱羧生成乙醇胺，经甲基化形成胆碱，而丝氨酸、乙醇胺和胆碱分别是合成磷脂酰丝氨酸、脑磷脂及卵磷脂的原料。

（四）核酸与氨基酸代谢及糖代谢的相互联系

核酸是遗传物质，在机体的遗传、变异及蛋白质合成中，起着决定性的作用。许多游离核苷酸在代谢中起着重要的作用。如 ATP 是能量生成、利用和储存的中心物质，UTP 参与糖原的合成，CTP 参与卵磷脂的合成，GTP 供给蛋白质肽链合成时所需的部分能量。此外，许多重要辅酶也是核苷酸的衍生物，如 CoA 、NAD^+、$NADP^+$、FAD 等。另一方面，核酸或核苷酸本身的合成，又受到其他物质特别是蛋白质的影响。如甘氨酸、天冬氨酸、谷氨酰胺及一碳单位（由部分氨基酸代谢产生）是核苷酸合成的原料，参与嘌呤和嘧啶环的合成；核苷酸合成需要酶和多种蛋白因子的参与；合成核苷酸所需的磷酸核糖来自糖代谢中的戊糖磷酸途径等。

考点提示

糖类、脂肪、氨基酸代谢途径间的相互关系。

糖类、脂肪、氨基酸代谢途径间的相互关系见图 12–1。

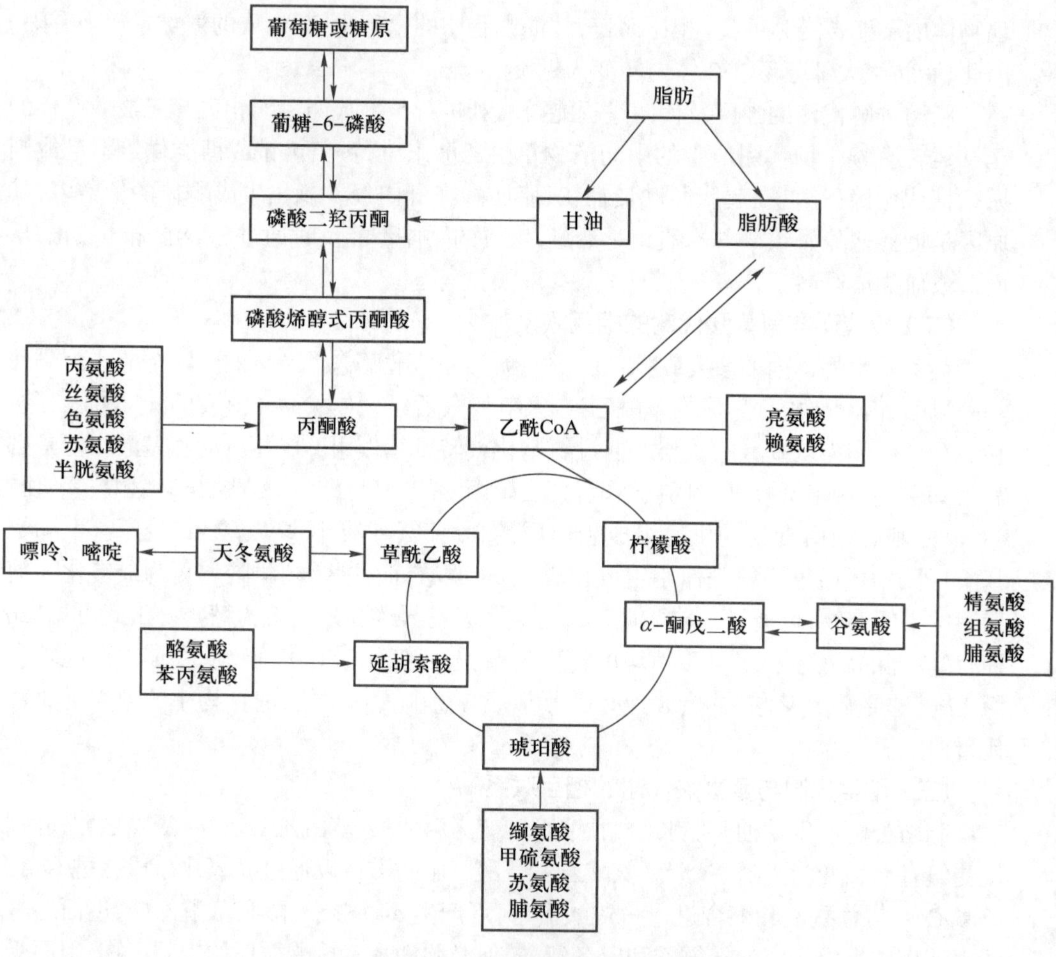

图 12–1　糖类、脂肪、氨基酸代谢途径间的相互联系

第二节　物质代谢的调节

代谢调节（metabolic regulation）是生物在长期进化过程中，为适应环境需要而形成的一种生理功能，进化程度越高的生物其调节方式就越复杂。在单细胞的微生物中只能通过细胞内代谢物浓度的改变来调节酶的活性及含量，从而影响某些酶促反应速率，

这种调节称为细胞水平的代谢调节。这也是最原始的调节方式。当低等的单细胞生物进化到多细胞生物时出现了激素调节，激素能改变靶细胞的某些酶的催化活性或含量，通过改变细胞内代谢物的浓度而实现对代谢途径的调节。高等生物和人类则有了功能更复杂的神经系统，在神经系统的控制下，机体通过神经递质对效应器发生影响，或者改变某些激素的分泌，再通过各种激素相互协调，对整体代谢进行综合调节。总之，就整个生物界来说，代谢的调节是在细胞（酶）、激素和神经这 3 个不同水平上进行的。由于这些调节作用点最终均在生命活动的最基本单位细胞中，所以细胞水平的调节是最基本的调节方式，是激素和神经调节方式的基础。

一、细胞水平的代谢调节

细胞水平的代谢调节是通过细胞内酶的调节，主要包括酶的分布、活性和酶的含量等调节。

（一）细胞内酶的区域隔离分布

细胞是生物体结构和功能的基本单位。细胞内存在由膜系统分开的区域，使各类反应在细胞中有各自的空间分布，称为区域化（compartmentation）。尤其是真核生物细胞呈更高度的区域化，由膜包围的多种细胞器分布在细胞质内，如细胞核、线粒体、溶酶体、高尔基体等。代谢上相关的酶常组成一个多酶体系（multienzyme system），分布在细胞的某一特定区域，执行着特定的代谢功能。例如，糖酵解、戊糖磷酸途径和脂肪酸合成的酶系存在于细胞液中；三羧酸循环、脂肪酸 β 氧化和氧化磷酸化的酶系存在于线粒体中；DNA 及 RNA 合成的酶系大部分在细胞核中；水解酶系在溶酶体中（表 12-1）。

表 12-1　主要代谢途径多酶体系在细胞内的区域分布

多酶体系	分布	多酶体系	分布
糖酵解	细胞液	脂肪酸合成	细胞液
戊糖磷酸途径	细胞液	糖原合成	细胞液
糖异生	细胞液	胆固醇合成	内质网、细胞液
三羧酸循环	线粒体	磷脂合成	内质网
脂肪酸 β 氧化	线粒体	DNA 及 RNA 合成	细胞核
氧化磷酸化	线粒体	尿素合成	细胞液、线粒体
多种水解酶	溶酶体	蛋白质合成	细胞液、内质网

细胞内酶的区域隔离分布使得在同一代谢途径中的酶互相联系、密切配合，同时将酶、辅酶和底物高度浓缩，使同一代谢途径一系列酶促反应连续进行，提高反应速率。不同代谢途径隔离分布，各自行使不同功能，互不干扰，使整个细胞的代谢能够得以顺利进行；某一代谢途径产生的代谢产物在不同细胞器呈区域化分布，形成局部代谢物浓度高的现象，这也有利于其对相关代谢途径的特异调节。此外，一些代谢中间产物在亚细胞结构之间还存在着穿梭，从而组成生物体内复杂的代谢与调节网络。因此，酶在细胞内的区域化分布也是物质代谢调节的一种重要方式。

(二) 代谢调节作用点——关键酶、限速酶

代谢途径包含一系列催化化学反应的酶，其中有一种或几种酶能影响整个代谢途径的反应速率和方向，这些具有调节代谢功能的酶称为关键酶(key enzyme)或调节酶(regulatory enzyme)。在代谢途径的酶系中，关键酶一般具有以下的特点：①常催化不可逆的非平衡反应，因此能决定整个代谢途径的方向。②酶的活性较低，其所催化的化学反应速率慢，故又称限速酶(rate-limiting enzyme)，因此它的活性能决定整个代谢途径的总速率。③酶活性受底物、多种代谢产物及效应剂的调节，因此它是细胞水平的代谢调节的作用点。例如，己糖激酶、磷酸果糖激酶-1和丙酮酸激酶均为糖酵解途径的关键酶，它们分别控制着糖酵解途径的速率，其中磷酸果糖激酶-1的催化活性最低，通过催化果糖-6-磷酸转变为果糖-1,6-二磷酸控制糖酵解途径的速率。而果糖二磷酸酶-1则通过催化果糖-1,6-二磷酸转变为果糖-6-磷酸作为糖异生途径的关键酶之一。因此，这些关键酶的活性决定体内糖类的分解或糖异生。当细胞内能量不足时，AMP含量升高，可激活磷酸果糖激酶-1而抑制果糖二磷酸酶-1，使葡萄糖分解代谢途径增强而产生能量。相反，当细胞内能量充足，ATP含量升高时，抑制磷酸果糖激酶-1，则糖异生途径增强。调节某些关键酶的活性是细胞代谢调节的一种重要方式，表12-2列出了一些代谢途径的关键酶。

表12-2 一些重要代谢途径的关键酶

代谢途径	关键酶
糖原分解	磷酸化酶
糖原合成	糖原合酶
糖酵解	己糖激酶
	磷酸果糖激酶-1
	丙酮酸激酶
三羧酸循环	柠檬酸合成酶 异柠檬酸合成酶 α-酮戊二酸脱氢酶复合体
胆固醇合成	HMG-CoA还原酶

细胞水平的代谢调节主要是通过对关键酶活性的调节实现的，而酶活性的调节主要是通过改变现有酶的结构与含量。故关键酶的调节方式可分两类：一类是通过改变酶的分子结构而改变细胞现有酶的活性来调节酶促反应的速率，如酶的“变构调节”与“化学修饰调节”。这种调节一般在数秒或数分钟内即可完成，是一种快速调节。另一类是改变酶的含量，即调节酶蛋白的合成或降解来改变细胞内酶的含量，从而调节酶促反应速率。这种调节一般需要数小时才能完成，因此是一种迟缓调节。

(三) 酶的变构调节

考点提示
变构调节和变构效应剂的概念。

1. 变构调节　酶分子活性中心以外的某一部位与某些小分子化合物非共价可逆结合，可以引起酶蛋白分子的构象发生改变，从而改变酶的催化活性，这种调节称为变构调节(allosteric regulation)或别构调节。受变构调节的酶称为变构酶(allosteric

enzyme)或别构酶。这种现象称为变构效应。能使变构酶发生变构效应的一些小分子化合物称为变构效应剂(allosteric effector),其中能使酶活性增高的称为变构激活剂(allosteric activator),而使酶活性降低的称为变构抑制剂(allosteric inhibitor)。变构调节在生物界普遍存在,代谢途径中的关键酶大多数是变构酶。一些糖代谢、脂类代谢中某些变构酶及变构效应剂列举见表 12-3。

表 12-3　一些代谢途径中变构酶与变构效应剂

代谢途径	变构酶	变构激活剂	变构抑制剂
糖酵解	己糖激酶	AMP	G-6-P
	磷酸果糖激酶 -1	AMP、ADP、FBP、Pi	ATP、柠檬酸
	丙酮酸激酶	FBP	ATP、乙酰 CoA
三羧酸循环	柠檬酸合成酶	AMP	ATP、长链脂酰 CoA
	异柠檬酸合成酶	AMP、ADP	ATP
糖异生	丙酮酸羧化酶	乙酰 CoA、ATP	AMP
糖原分解	磷酸化酶 b	AMP、G-1-P	ATP、G-6-P
脂肪酸合成	乙酰 CoA 羧化酶	柠檬酸、异柠檬酸	长链脂酰 CoA
氨基酸合成	谷氨酸脱氢酶	ADP、亮氨酸、甲硫氨酸	GTP、ATP、NADH
核酸合成	脱氧胸苷激酶	dCTP、dGTP	dTTP

2. 变构酶的特点及作用机制　变构酶多为具有四级结构的聚合体,是由多个亚基组成的酶蛋白。在变构酶分子中有能与底物成分相结合并催化底物转变为产物的催化亚基;也有能与变构效应剂相结合使酶分子的构象发生改变而影响酶的活性的调节亚基,与变构效应剂结合的部位称为别位或调节部位。也有的酶分子的催化部位与调节部位在同一亚基内的不同部位。

变构效应剂一般为小分子化合物,主要包括酶的底物、产物或其他小分子中间代谢物。它们在细胞内浓度的改变能灵敏地表现代谢途径的强度及能量供求的关系,并通过变构效应改变某些酶的活性,进而调节代谢的强度、方向以及细胞内能量的供需平衡。如 ATP 是糖酵解途径关键酶磷酸果糖激酶 -1 的变构抑制剂,可抑制糖酵解;而 ADP、AMP 为该酶的变构激活剂,它们的量增多可以促进糖酵解过程,使 ATP 产生增加。

考点提示

变构调节的意义。

3. 变构调节的意义　在一个合成代谢体系中,其终产物常可使该途径中催化起始反应的限速酶反馈变构抑制,可以防止产物过多堆积而浪费。例如,体内高浓度胆固醇作为变构抑制剂,抑制肝中胆固醇合成的限速酶 HMG-CoA 还原酶活性,而使胆固醇合成减少。此外,变构调节可直接影响关键酶的活性来调节体内产能与储能代谢反应,使能量得以有效利用,不致浪费。AMP 是糖分解代谢途径中许多关键酶的变构激活剂,如细胞内能量不足,AMP 含量增多时,则可通过激活相应关键酶的活性而使糖分解代谢增强;相反,ATP 是这些关键酶的变构抑制剂,如机体能量充足,ATP 含量增多时,则可通过抑制这些酶的活性而减慢产能的代谢反应。

考点提示

酶的化学修饰。

(四) 酶的化学修饰调节

1. 化学修饰调节的概念　酶蛋白肽链上的某些基团可在另一种酶的催化下,与某些化学基团发生可逆地共价结合从而引起酶的活性改变，这种调节称为酶的化学修饰(chemical modification)或共价修饰(covalent modification)。酶的可逆化学修饰主要有磷酸化(phosphorylation)和脱磷酸化(dephosphorylation)、甲基化(methylation)和脱甲基化(demethylation)、腺苷化(adenylation)和脱腺苷化(deadenylation)及—SH和—S—S—互变等，其中以磷酸化和脱磷酸化最为多见(表12-4)。

表12-4 酶的化学修饰对酶活性的调节

酶	化学修饰类型	酶活性改变
糖原磷酸化酶	磷酸化/脱磷酸化	激活/抑制
磷酸化酶b激酶	磷酸化/脱磷酸化	激活/抑制
糖原合酶	磷酸化/脱磷酸化	抑制/激活
丙酮酸脱羧酶	磷酸化/脱磷酸化	抑制/激活
磷酸果糖激酶	磷酸化/脱磷酸化	抑制/激活
丙酮酸脱氢酶	磷酸化/脱磷酸化	抑制/激活
HMG-CoA还原酶	磷酸化/脱磷酸化	抑制/激活
HMG-CoA还原酶激酶	磷酸化/脱磷酸化	激活/抑制
乙酰CoA羧化酶	磷酸化/脱磷酸化	抑制/激活
三酰甘油脂肪酶	磷酸化/脱磷酸化	激活/抑制
黄嘌呤氧化酶脱氢酶	—SH/—S—S—	脱氢酶/氧化酶

考点提示

化学修饰调节的作用机制。

2. 化学修饰调节的作用机制 由特异酶催化的化学修饰是体内快速调节酶活性的重要方式之一，磷酸化是细胞内最常见的修饰方式。酶蛋白多肽链中的丝氨酸、苏氨酸和酪氨酸的羟基往往是磷酸化的位点。细胞内存在着多种蛋白激酶，可催化酶蛋白的磷酸化，将ATP分子中的γ-磷酸基团转移至特定的酶蛋白分子的羟基上，从而改变酶蛋白的活性；与此相对应的，细胞内亦存在着多种磷蛋白磷酸酶，它们可将相应的磷酸基团移去，可逆地改变酶的催化活性。因此，磷酸化与脱磷酸化这对相反过程，分别由蛋白激酶和磷蛋白磷酸酶催化完成。糖原磷酸化酶是酶的化学修饰的典型例子。此酶有两种形式：即有活性的磷酸化酶a和无活性的磷酸化酶b，二者可以互相转变。磷酸化酶b在磷酸化酶b激酶催化下，接受ATP上的磷酸基团转变为磷酸化酶a而活化；磷酸化酶a也可在磷酸化酶a磷酸酶催化下转变为磷酸化酶b而失活。该酶被修饰的基团是丝氨酸的羟基(图12-2)。

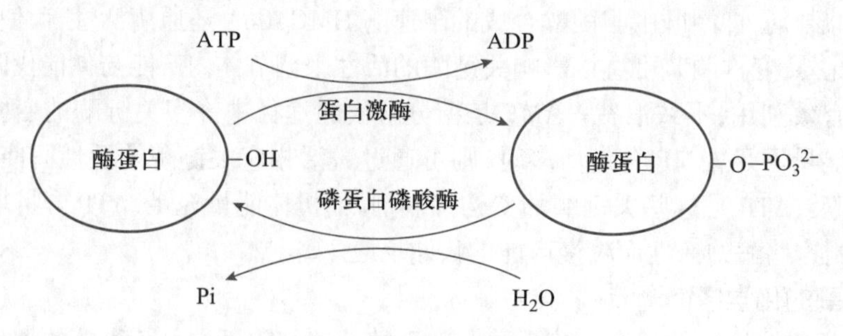

图12-2 酶的磷酸化与脱磷酸化

3. 化学修饰调节的特点

(1) 大多数化学修饰的酶都存在有活性(或高活性)与无活性(或低活性)两种形式，且两种形式之间通过两种不同酶的催化可以相互转变。对于磷酸化与脱磷酸化而言，有些酶脱磷酸化状态有活性，而另一些酶磷酸化状态有活性。

(2) 由于化学修饰调节本身是酶促反应，且参与酶促修饰的酶又常常受其他酶或激素的影响，故化学修饰具有瀑布式级联放大效应。少量的调节因素可引起大量酶分子的化学修饰。因此，这类反应的催化效率往往较变构调节高。

(3) 磷酸化和脱磷酸化是最常见的酶促化学修饰反应，其消耗的能量由 ATP 提供，这与合成酶蛋白所消耗的 ATP 相比要少得多。因此，化学修饰是一种经济、快速而有效的调节方式。

变构调节和化学修饰调节是调节酶活性的两种不同方式，对某一种酶来说，它可以同时接受这两种方式的调节，二者相互补充，使相应代谢途径调节更为精细、有效。例如，二聚体糖原磷酸化酶存在磷酸化位点，且每个亚基都有催化部位和调节部位，因此，在受化学修饰的同时也可由 ATP 变构抑制，并受 AMP 变构激活。细胞中同一种酶受变构和化学修饰双重调节的意义可能在于：变构调节是细胞的一种基本调节机制，对维持代谢物和能量平衡具有重要作用，但当效应剂浓度过低，不足以与全部酶蛋白分子的调节部位结合时，就不能动员所有的酶发挥作用，难以发挥应急效应。应激状态下，肾上腺素释放，通过 cAMP 启动一系列的级联酶促化学修饰反应，能够迅速有效地满足机体的急需。

(五) 酶含量的调节

除了通过直接改变酶活性来调节物质代谢速率以外，另外一个调节机制是通过改变细胞内酶的绝对含量来调节物质代谢速率。酶含量的调节主要是通过影响酶的合成与降解来实现。酶的合成或降解需要的时间相对较长，因此这种调节方式为迟缓调节。

1. 酶蛋白合成的诱导与阻遏　酶蛋白含量的调节是通过诱导和阻遏酶蛋白的基因表达实现的。一般将增加酶蛋白合成的化合物称为诱导剂(inducer)，减少酶蛋白合成的化合物称为阻遏剂(repressor)。诱导剂或阻遏剂可在转录水平和翻译水平影响酶蛋白的合成，但以转录水平较常见。

底物对酶合成的诱导与阻遏是普遍存在的。例如，饮食中蛋白质增加，可以诱导合成尿素循环的酶。鼠饲料中蛋白质含量增加时，鼠肝精氨酶活性明显增加，这种诱导作用对于维持体内代谢的平衡具有一定的生理意义。

代谢产物不仅可变构抑制或反馈抑制关键酶的活性，还可阻遏这些酶的合成。例如，HMG-CoA 还原酶是合成胆固醇的关键酶，高浓度产物胆固醇除了作为变构抑制剂反馈抑制肝中胆固醇合成的限速酶 HMG-CoA 还原酶的活性外，还可阻遏肝中该酶的合成。

激素诱导酶基因表达是常见方式，例如，糖皮质激素能诱导一些氨基酸分解酶和糖异生关键酶的合成，而胰岛素则能诱导糖酵解和脂肪酸合成途径中关键酶的合成。许多药物和毒物可促进肝细胞微粒体中单加氧酶或其他一些与药物代谢有关酶的诱导合成，从而使药物容易失活，具有解毒作用。但是，这也可以使细胞产生耐药性。

2. 酶分子降解的调节 改变酶分子的降解速率也能调节细胞内酶的含量，从而调节酶的总活性。目前发现细胞内蛋白质的降解有两条途径：其一，溶酶体中蛋白水解酶非特异降解酶蛋白；其二，泛素－蛋白酶体对细胞内酶蛋白的特异降解，需消耗ATP。若某些因素能改变或影响这两种蛋白质降解体系，即可间接影响酶蛋白的降解速率，调节代谢。

二、激素水平的代谢调节

高等动物通过激素的代谢信号来调控体内物质代谢，称为激素水平的代谢调节。激素作用于特定的靶组织或靶细胞（target cell），引起细胞物质代谢沿着一定的方向进行而产生特定生物学效应。激素作用的一个重要特点是不同激素作用于不同的组织或细胞产生不同的生物学效应（也可产生部分相同的生物学效应），表现出较高组织特异性和效应特异性。激素之所以能对特定的组织或细胞发挥作用，是由于该组织或细胞具有能特异识别和结合相应激素的受体（receptor）。按激素受体在细胞的部位不同，可将激素分为细胞膜受体激素和细胞内受体激素。它们都可以介导信号转导途径。

（一）细胞膜受体介导的信号转导途径

细胞膜受体激素信号是通过跨膜受体传递调节细胞代谢。膜受体是细胞表面质膜上的跨膜糖蛋白。膜受体激素包括胰岛素、促性腺激素、生长激素、促甲状腺素和甲状旁腺素等蛋白质类激素，还有生长因子等肽类及肾上腺素等儿茶酚胺类激素。这些亲水性激素分子不直接透过脂双层的细胞表面质膜传递信号，而是作为第一信使分子与相应的靶细胞膜受体结合后，由受体将激素的调节信号跨膜传递到细胞内。然后通过第二信使（如cAMP）及信号蛋白的级联放大，产生显著的细胞代谢效应。

知识链接

第二信使学说的发现与提出

1965年，E. W. Sutherland首先提出第二信使学说。他提出人体内各种含氮激素都是通过细胞内的环磷酸腺苷（cAMP）而发挥作用的。首次把cAMP叫作第二信使，激素等为第一信使。第二信使是指在细胞内产生的非蛋白质类小分子，通过其浓度变化（增加或者减少）应答细胞外信号与细胞表面受体的结合，调节细胞内酶的活性和非酶蛋白的活性，从而在细胞信号转导途径中行使携带和放大信号的功能。E. W. Sutherland由于发现激素的作用机制而获得1971年的诺贝尔生理学或医学奖。

（二）激素－细胞内受体介导的信号转导途径

视频：胞内受体介导的信号转导途径

脂溶性激素（如类固醇激素、甲状腺素等）可以透过细胞膜，与细胞内的受体相结合。例如，糖皮质激素在没有激素作用时，受体与热休克蛋白（heat shock protein，HSP）形成无活性的复合体；当激素与受体结合后，受体构象发生变化，然后激素受体复合物形成二聚体，再与DNA的特定序列结合，促进（或抑制）相应的基因转录，进而促进（或抑制）酶蛋白的合成，调节细胞内酶的含量，对细胞的代谢进行调节。

三、神经体液的调节

人体为了适应外界环境的变化,可通过神经－体液途径对其物质代谢进行整体调节,使不同组织、器官中的物质代谢途径相互协调和整合,以满足机体的能量需求并维持机体内环境的相对稳定。例如,应激及饥饿时,机体通过调节物质代谢以适应紧急状况。

(一) 饥饿状态下的代谢调节

1. 短期饥饿　在饥饿1~3天后,肝糖原显著减少,血糖浓度降低,引起胰岛素分泌减少和胰高血糖素分泌增加,同时也引起糖皮质激素分泌增加,这些激素的改变可引起一系列的代谢变化。

(1) 肌蛋白分解增加:肌肉蛋白质分解释放出的氨基酸大部分可转变为丙氨酸和谷氨酰胺,经血液转运到肝成为糖异生的原料,蛋白质的降解增多可导致负氮平衡。

(2) 糖异生作用增强:在饥饿2天后,肝糖异生作用明显增强(占80%),此外肾也有糖异生作用(约占20%),氨基酸为糖异生的主要原料,通过糖异生作用维持血糖浓度的相对恒定,以维持某些依赖葡萄糖供能组织(如脑组织及红细胞)的正常功能。

(3) 脂肪动员加强,酮体生成增多:由于脂解激素分泌增加,脂肪动员增强,血液中甘油和游离脂肪酸含量升高,许多组织以摄取利用脂肪酸为主,此外脂肪酸β氧化为肝酮体生成提供了大量的原料。而肝合成的酮体既为肝外其他组织提供了能量来源,也可成为脑组织的重要能源物质。这使许多组织减少了对葡萄糖的摄取和利用。饥饿时脑组织对葡萄糖利用也有所减少,但饥饿初期的大脑仍主要由葡萄糖供能。

2. 长期饥饿　在较长时间的饥饿状态下,体内的能量代谢进一步发生变化,此时代谢的变化与短期饥饿的不同之处在于:脂肪动员进一步加速,酮体在肝及肾细胞中大量生成,其中肾糖异生的作用明显增强,生成葡萄糖约40 g/d。脑组织利用酮体增加,甚至超过葡萄糖,可占总耗氧的60%,这对减少糖的利用、维持血糖以及减少组织蛋白质的消耗有一定意义。肌肉优先利用脂肪酸作为能源,以保证脑组织的酮体供应。血中酮体增高直接作用于肌肉,减少肌肉蛋白质的分解,此时肌肉释放氨基酸减少,而乳酸和丙酮酸成为肝中糖异生的主要物质。肌肉蛋白质分解减少,负氮平衡有所改善,此时尿液中排出尿素减少而氨增加。其原因在于肾小管上皮细胞中谷氨酰胺脱下的酰胺氮,可以以氨的形式排入管腔,有利于促进体内H^+的排出,从而改善酮症引起的酸中毒。

(二) 应激状态下的代谢调节

应激是机体在一些特殊情况下,如感染、创伤、寒冷、中毒、剧烈的情绪变化等所作出的应答性反应。在应激状态下,交感神经兴奋,肾上腺皮质及髓质激素分泌增多,血浆胰高血糖素及生长激素水平也增高,而胰岛素水平降低,引起糖代谢、脂代谢及蛋白质代谢发生相应的改变。

1. 血糖升高　应激时,糖代谢的变化主要表现为血糖浓度升高。由于交感神经兴奋引起许多激素分泌增加。肾上腺素及胰高血糖素均可激活磷酸化酶而促进肝糖原分解;糖皮质激素和胰高血糖素可诱导磷酸烯醇式丙酮酸羧激酶的表达而促使糖的异生;肾上腺皮质激素生长激素可抑制周围组织对血糖的利用。血糖浓度升高对保证红细胞及脑组织的供能有重要意义。应激时血糖浓度明显升高，如超过肾糖阈 8.89~10 mmol/L 时，部分葡萄糖可随尿液排出而导致应激性糖尿。

2. 脂肪动员增强 应激时，脂代谢的变化主要表现为脂肪动员增加。由于肾上腺素、胰高血糖素、去甲肾上腺素等脂解激素分泌增多，通过提高三酰甘油脂肪酶的活性而促进脂肪分解。血中游离脂肪酸增多，成为心肌、骨骼肌和肾等组织的主要能量来源，从而减少对血液中葡萄糖的消耗，进一步保证了脑组织及红细胞的葡萄糖供应。

3. 蛋白质分解加强 应激时，蛋白质代谢的变化主要表现为肌肉组织蛋白质分解增加而合成受到抑制，生糖氨基酸及生糖兼生酮氨基酸增多，为肝细胞的糖异生作用提供了原料。

总之，应激时体内糖类、脂肪、蛋白质代谢变化的主要特点是分解代谢增强，合成代谢受到抑制，最终使血中葡萄糖、脂肪酸、酮体、氨基酸等浓度相应升高，为机体提供足够的能量物质，以帮助机体应付“紧急状态”。若应激状态持续时间较长，可导致机体因消耗过多出现衰竭而危及生命。

在线测试

思考题

1. 简述乙酰 CoA 在物质代谢过程中的来源与去路。
2. 比较酶的变构调节与化学修饰调节的异同点。

本章小结

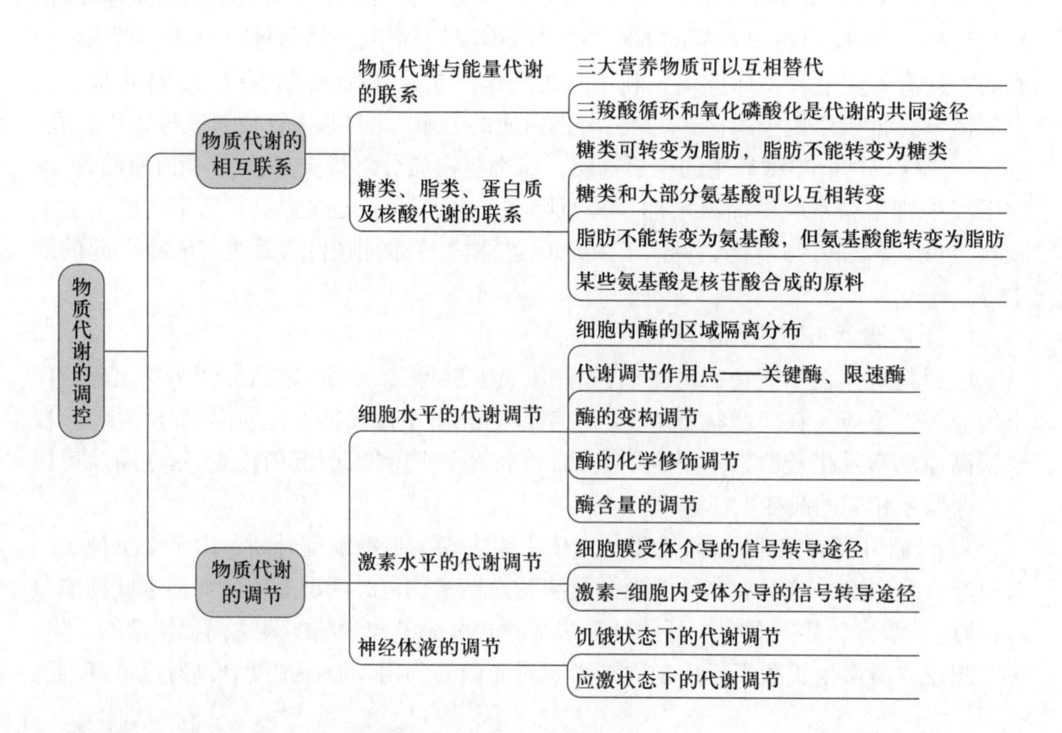

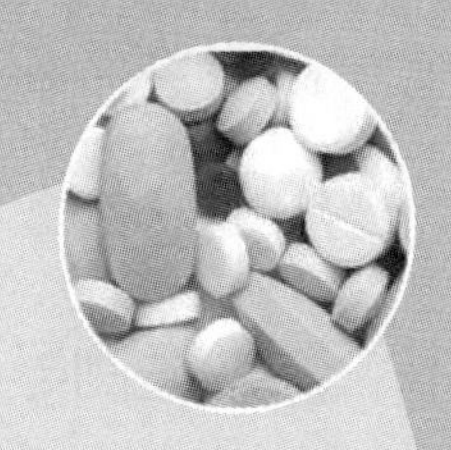

第十三章
肝的生物化学

学习目标

知识目标

1. 掌握：生物转化作用的概念及意义，胆汁酸的肠肝循环及生理功能，胆红素的两种类型。
2. 熟悉：非营养物质的来源，生物转化的反应类型及特点。
3. 了解：胆红素的生成、运输及转化，黄疸。

技能目标

1. 学会运用相关知识分析肝药物代谢的转化结果。
2. 具有根据血、尿、粪便的变化判断黄疸类型的能力。

案例导入

［案例］先天性胆道闭锁占新生儿长期阻塞性黄疸病例的半数，在存活出生婴儿中其发病率为 1∶(8 000~14 000)，但不同地区和种族有较大差异。以亚洲报道的病例为多，东方民族的发病率比西方高 4~5 倍，男女之比为 1∶2。先天性胆道闭锁是一种肝内外胆管出现阻塞，并可导致淤胆性肝硬化而最终发生肝衰竭的疾病，是小儿外科领域中最重要的消化外科疾病之一，也是小儿肝移植中最常见的适应证。

［讨论］

1. 什么是阻塞性黄疸？
2. 先天性胆道闭锁可以治愈吗？

肝是人体内最大的实质性器官，也是人体内最大的消化腺，具有多种代谢功能，约占正常成年人体体重的 2.5%，在人体生命活动中具有非常重要的作用。在人体中，它不仅在糖类、脂类、蛋白质、维生素、激素等物质的代谢中居中心地位，而且具有分泌、排泄、生物转化（biotransformation）等功能，也是人体中多种物质的转化和代谢相互关联的场所。肝具有的这些功能与其组织结构和化学组成特点紧密相关。

在组织结构上：①肝具有肝动脉和门静脉双重血液供应。肝通过肝动脉获取充足的氧和代谢物，通过门静脉获取消化道吸收的大量的各类营养物质，为肝中各种生化反应的正常进行奠定了物质基础。②肝具有肝静脉和胆道两条输出通道。肝通过肝静脉和胆道系统分别与体循环和肠道相连，既有利于将肝内的部分中间产物或代谢终产物运送给其他的机体组织利用或排出，又能将代谢产物（如胆色素、胆汁酸盐、胆固醇等）和生物转化的活性物质和部分代谢废物随胆汁排入肠道，有利于非营养物质的代谢和排泄。③肝具有丰富的血窦。肝动脉进入肝后与门静脉分支伴行，其中一部分分支末端通入肝血窦。肝血窦的窦壁由内皮细胞构成，通透性较大。而肝血窦使得肝内血流速度缓慢，血液停留时间长，有利于进行物质交换，营养物质进入肝被充分利用，有害物质则被转化并排泄。

在亚细胞结构上：肝细胞含有丰富的细胞器，如内质网、线粒体、高尔基体、溶酶体、微粒体等，保证肝内各种物质代谢区域化，使不同的代谢途径互不干扰，有利于酶对各种代谢途径进行调节。

在化学组成上：肝含有丰富的酶体系，一些肝细胞特有的酶使肝细胞除了具有一般细胞所具有的代谢途径外，还具有一些特殊的代谢途径，如酮体合成酶系、尿素等。

视频：

生物转化概念和意义

第一节 肝的生物转化作用

一、生物转化作用的概念

考点提示

生物转化作用的概念。

在物质代谢的过程中，人体内产生的或者从外界摄入的某些物质既不能作为构成组织细胞的原料，又不能氧化供能，这些物质被称为非营养物质。部分非营养物质还具有潜在的毒性作用或生物学效应。机体将这些非营养物质进行代谢转变，增加其极性或水溶性，使其容易随胆汁或尿液排出体外，这一过程称为生物转化。

体内非营养物质可分为两类：第一类是内源性非营养物质，包括机体代谢产生的有毒的代谢产物和中间代谢物，如胆红素、氨、激素、神经递质等；第二类是外源性非营养物质，包括外界进入体内的各种异物，如药品、食品添加剂、色素、防腐剂、环境污染物、有机农药及其他化学物质、毒物及从肠道吸收来的腐败产物等一万余种，统称为异源物。

肝是生物转化作用的主要器官之一，在肝细胞的细胞液、微粒体、线粒体、溶酶体等细胞器上均存在有关生物转化的酶体系。人体的其他组织，如肾、胃肠道、肺、皮肤及胎盘等也可进行一定的生物转化，但以肝最为重要，其生物转化的功能最强。

二、生物转化的意义

人体内的非营养物质多数是有机化合物，水溶性较差，难以排泄，尤其是一些具有生物效应或潜在毒性的物质，它们会对机体造成危害。生物转化的生理意义如下。

1. 通过对非营养物质进行生物转化作用，灭活人体内的活性物质　如神经递质、激素等在人体内发挥生理功能后需经生物转化作用而灭活，便于维持机体的正常代谢功能。

2. 通过对非营养物质进行生物转化作用，改变药物的活性或毒性　大多数药物经过肝的生物转化作用后，活性或毒性降低或消失，如磺胺类药物、阿司匹林类药物等。但是，有些药物必须经过生物转化才能转变为活性形式，如大黄、水合氯醛、环磷酰胺等。

3. 通过对非营养物质进行生物转化作用，清除外来物质　通过呼吸、肠道、皮肤等进入人体的环境污染物，农药、色素、防腐剂、添加剂等外来物质，经血液运输至肝、肾、肠、皮肤等部位，进行生物转化后排出体外。

4. 通过对非营养物质的生物转化作用研究，指导临床合理用药　新生儿肝的蛋白质合成功能不够完善，微粒体酶系活性较成年人低，对非营养物质代谢的能力较差，对某些药物敏感，易发生药物中毒。老年人多数器官衰老，肝的生物转化能力下降，临床用药的药效增强，副作用增大，用药时需谨慎。

多数非营养物质经生物转化作用后极性增强，溶解度增大，易于随胆汁和尿液排出体外，使其生物活性降低或丧失，或使有毒物质的毒性减弱或消失。但是，少部分非营养物质经肝的生物转化作用后其毒性反而增强或溶解度反而降低，不易排出体外。因此，生物转化作用具有“解毒和致毒的双重性”特点，不能将肝的生物转化作用简单看作是“解毒作用”。

知识拓展

你经常饮酒吗？

报道显示，青少年饮酒率逐年上升，饮酒年龄亦出现低龄化的趋势。青少年饮酒不但严重损害其身心健康，而且已成为严重的社会问题。有调查发现，大学生对过量饮酒危害认知水平除“可导致酒精性肝炎及肝硬化”外，对于一些诸如对皮肤损害、导致体内营养缺乏及对心脏不利等的危害知晓率较低。这除了可能与有人认为酒是粮食的精华、营养丰富有关外，还可能与饮酒导致的此类危害比酒精性肝病少有关，也可能与饮酒卫生宣传较少有关；加之很多家长、教师对饮酒持纵容态度，这些都会影响青少年对过量饮酒危害的正确认识。

酒精（乙醇）是慢性非传染性疾病的独立危险因子，提倡饮酒限量及安全的饮酒方式是减少酒精相关性疾病发生的有效途径。

三、生物转化反应的主要类型

生物转化的类型

生物转化反应包括多种化学反应类型，肝内的生物转化主要分为两相，第一相反应包括氧化、还原、水解反应，第二相反应为结合反应。有些物质经过第一相反应使分子极性增强，水溶性增加即可排出体外；有些物质（如药物、毒物等）经过第一相反应后，极性变化不大，必须经第二相反应才能排出体外；有些物质则不经过第一相反应，直接进行第二相反应。

（一）第一相反应——氧化、还原、水解反应

考点提示

生物转化反应的类型及常见相关药物。

多数药物、毒物进入人体后，经肝细胞生物转化的第一相反应将其非极性基团转化为极性基团，水溶性增强后，排出体外。

1. 氧化反应　氧化反应是第一相反应中最常见的生物转化反应，参与反应的酶主要有加单氧酶系、单胺氧化酶系和脱氢酶系。

（1）加单氧酶系：加单氧酶系又称为羟化酶或混合功能氧化酶，存在于肝细胞的微粒体中，是氧化异源物最重要的酶类，由血红素蛋白（细胞色素 P450）和黄酶（NADPH-细胞色素 P450 还原酶）组成，可催化多种化合物羟化。以 FAD 和 FMN 为辅基，黄酶可激活分子氧，使其中一个氧原子被 NADPH 还原成水，另一个氧原子加在脂溶性底物分子上形成羟基化合物或环氧化合物，其反应通式如下：

$$\underset{\text{底物}}{RH} + O_2 + NADPH + H^+ \xrightarrow{\text{加单氧酶}} \underset{\text{氧化产物}}{ROH} + NADP^+ + H_2O$$

加单氧酶系的氧化反应不仅是许多代谢过程中不可缺少的步骤，而且可增加多数药物或毒物的极性，使其水溶性增加，有利于排泄，如类固醇激素及胆汁酸合成中的羟化作用、维生素 D_3 羟化为其活性形式等均需要羟化反应，而有些本来无活性的物质经氧化后却生成有毒或致癌物质，需要进一步生物转化。例如，发霉的玉米含有的黄曲霉素 B_1 经加单氧酶系作用，生成黄曲霉素 2,3- 环氧化物，成为导致原发性肝癌发生的重要危险因素。

（2）单胺氧化酶系：单胺氧化酶属于黄素酶类，存在于肝细胞线粒体中，可将胺类物质氧化脱氨基生成醛和氨。肠道腐败产物（如组胺、尸胺、酪胺、精胺、腐胺等）、部分肾上腺素、药物（如 5- 羟色胺、儿茶酚胺类等）均可在此酶作用下氧化生成相应的醛和氨，其反应通式如下：

$$RCH_2NH_2 + O_2 + H_2O \xrightarrow{\text{单胺氧化酶}} RCHO + NH_3 + H_2O_2$$

胺　　　　　　　　　　　　醛

(3) 脱氢酶系：肝细胞的细胞液、线粒体、微粒体中分别存在以 NAD^+ 为辅酶的醇脱氢酶和醛脱氢酶，分别催化醇或醛脱氢，氧化生成相应的醛或酸，其反应通式如下。饮酒后，乙醇在人体内通过这种氧化反应被分解和排泄。

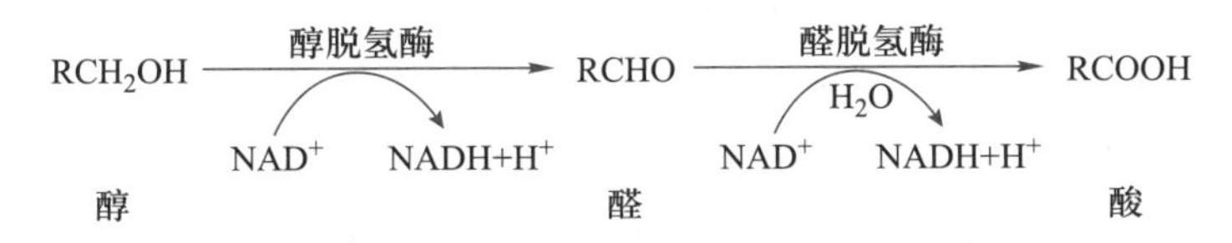

2. 还原反应　肝细胞微粒体中存在的还原酶系主要是偶氮还原酶和硝基还原酶，这些酶催化偶氮化合物（化妆品、食品色素、纺织品等）和硝基化合物（工业试剂、食品防腐剂等）还原为相应的胺类，这些胺类在单胺氧化酶的作用下进一步生成相应的酸。反应需要 NADH 或 NADPH 供氢。例如，甲基红（偶氮染料）在偶氮还原酶的作用下，生成邻氨基苯甲酸和 *N*- 二甲基氨基苯胺；药物氯霉素经硝基还原酶的还原作用而失效。

3. 水解反应　肝细胞的内质网，细胞液，微粒体等含有糖苷酶、酯酶、酰胺酶等丰富的水解酶，分别水解糖苷键、酯键、酰胺键，可催化简单的脂肪族酯类、利多卡因、普鲁卡因水解。例如，乙酰水杨酸（阿司匹林）可被酯酶水解，异烟肼经酰胺酶水解生成异烟酸、游离肼后失去作用。

（二）第二相反应——结合反应

第二相结合反应是人体内最重要的生物转化方式。在肝内，凡含有羟基、羧基或氨基等官能团的非营养物质，均可与极性较强的物质（如葡糖醛酸、硫酸、谷胱甘肽、甘氨酸等）发生结合反应，或酰基化反应，或甲基化反应，有利于灭活或排泄。

1. 葡糖醛酸结合反应　葡糖醛酸结合反应是最普遍、最重要的结合反应。肝细胞微粒体中含有葡糖醛酸转移酶，此酶以尿苷二磷酸葡糖醛酸（UDPGA）为葡糖醛酸的活性供体，催化葡糖醛酸基转移到毒物或其他活性物质的羟基（—OH）、氨基（$—NH_2$）、羧基（—COOH）上，形成葡糖醛酸苷，结合后的产物毒性降低，并且易于排出体外。胆红素、类固醇激素、苯甲酸、吗啡、苯巴比妥类药物等亲脂非营养性物质均可在肝内与葡糖醛酸结合进行转化并排泄。临床上，应用肝泰乐（葡醛内酯）治疗肝病，其治疗原理即增强肝的生物转化功能。

2. 硫酸结合反应　肝细胞的细胞液中含有硫酸基转移酶，该酶以 3′－磷酸腺苷 -5′－磷酸硫酸（PAPS）作为活性硫酸供体，能将 PAPS 中的硫酸根转移到类固醇、酚类或芳香胺类的分子上，生成硫酸酯类化合物，如雌激素（雌酮）在肝内与硫酸结合成雌酮硫酸酯而失活。

3. 乙酰基结合反应　肝细胞的细胞液中，乙酰基转移酶催化乙酰 CoA（乙酰基供体）与抗结核药物异烟肼、大部分磺胺类药物、苯胺等芳香胺类化合物结合生成相应的乙酰化合物而失活。

但应该注意的是，磺胺类药物经乙酰化反应后，其溶解度不升反降，在酸性尿中容易形成结晶析出，故在服用磺胺类药物时应同时服用适量碳酸氢钠，以提高其溶解度，利于随尿排出，或者增加饮水量，使其易于随尿排出。

4. 甲基结合反应 肝细胞的细胞液、微粒体中含有甲基转移酶，可与含有羟基、巯基或氨基的化合物进行甲基化反应，甲基供体是 *S*-腺苷基甲硫氨酸（SAM）。例如，儿茶酚胺、5-羟色胺、烟酰胺及组胺等可进行甲基结合反应而灭活。

四、生物转化的特点

肝中的非营养物质种类繁多，其生物转化过程具有以下特点。

1. 反应类型的多样性 生物转化反应不是单一类型，有些非营养物质（同一种或同一类物质）在体内可进行不同类型的生物转化反应，产生多种不同的产物。例如，解热镇痛药对乙酰氨基苯乙醚（非那西丁）吸收后大部分在肝内脱去乙基生成对乙酰氨基酚（扑热息痛），其后主要与葡糖醛酸或硫酸进行结合反应，小部分经去乙酰基生成对氨基苯乙醚，对氨基苯乙醚又使血红蛋白变为高铁血红蛋白，因而表现为非那西丁的发绀毒性反应；对乙酰氨基苯乙醚（非那西丁）还可经羟化反应转化为对肝有毒性的代谢产物。又如，乙酰水杨酸（阿司匹林）既可经水解反应生成水杨酸，又可与葡糖醛酸或甘氨酸发生结合反应，故服用乙酰水杨酸的患者尿中可出现多种生物转化的产物。

2. 转化反应的连续性 人体内有些物质经过一步反应就能排出体外，但大多数非营养物质需要几步连续的转化反应，才能转变为易于排出体外的形式，如乙酰水杨酸（阿司匹林）需先被水解为水杨酸，再进行羟化反应，生成羟基水杨酸，最后进行结合反应由肾排出体外。

3. 解毒与致毒的双重性 一些非营养物质经过一定形式的生物转化后，其毒性减弱或消失（解毒），如游离胆红素经结合反应转化为结合胆红素，毒性降低（解毒）；但也有部分非营养物质经过一定的生物转化后，反而具有毒性或毒性增强（致毒）。例如，黄曲霉素 B_1 本无致癌作用，但在肝中被单加氧酶作用氧化为黄曲霉素 2,3-环氧化物，引起 DNA 突变，成为诱发原发性肝癌的危险因素。又如，香烟中所含的 3,4-苯并芘无致癌作用，但经过生物转化后生成的 7,8-二氢二醇-9,10-环氧化物则有很强的致癌作用。所以，生物转化的结果具有解毒与致毒双重性。

有些药物（如环磷酰胺、大黄、水合氯醛）经过生物转化后才具有药理活性，可见生物转化结果的复杂性。

五、影响生物转化作用的因素

肝的生物转化常受年龄、性别、诱导物和抑制物、肝疾病、营养状况、遗传等诸多因素的影响。

1. 年龄 新生儿的肝发育尚不完善，生物转化酶系发育不全，对药物、毒物等的转化能力较弱，易发生药物及毒物中毒。例如，新生儿易发生氯霉素中毒导致“灰婴综合征”。老年人因器官衰退，肝的质量和肝细胞的数量明显减少，肝血流量及肾的清除速率下降，导致血浆药物的清除率降低，药物的半衰期延长，常规剂量用药时可发生药物积蓄中毒。故老年人对保泰松、氨基比林等的药物转化能力减弱，用药后药效较强，副作用较大。因此，临床上对新生儿及老年人的药物使用剂量应较成年人低，对某些药物须谨慎使用。

2. 性别　生物转化还受性别影响。例如，女性对氨基比林、乙醇的生物转化能力明显强于男性。

3. 诱导物和抑制物　某些药物或毒药可诱导转化酶的合成，使肝的生物转化能力增强，例如，长期服用催眠药苯巴比妥，可诱导肝微粒体混合功能氧化酶的合成，生物转化能力增强，加速药物代谢过程，从而产生耐药性。临床上利用苯巴比妥可诱导肝微粒UDP-葡糖醛酸转移酶的合成，用来治疗新生儿黄疸；也可用苯巴比妥治疗地高辛中毒。另一方面，由于多种物质在人体内转化代谢常由同一酶系催化，同时服用多种药物时，可出现竞争同一酶系而相互抑制其生物转化作用。例如，保泰松可抑制双香豆素的代谢，同时服用时双香豆素的抗凝作用增强，易发生出血现象，临床用药时应多加注意。

4. 肝疾病　肝实质性病变时，微粒体中加单氧酶系、UDP-葡糖醛酸转移酶活性明显降低，加之肝血流量减少，患者对许多药物、毒药等的摄取和转化发生障碍，易积蓄中毒，故对肝病患者用药应当特别慎重。

5. 营养状况　蛋白质、维生素C、核黄素、维生素A、维生素E的营养状况均可影响微粒体混合功能氧化酶的活力。动物试验中，蛋白质供给不足，微粒体酶活力降低；维生素C缺乏时，苯胺的羟化反应减弱；核黄素不足，可使偶氮类化合物还原酶活力降低，致癌物奶油黄的致癌作用增强。

6. 遗传　生物转化酶的活性也受遗传因素的影响，遗传变异可引起不同个体间生物转化酶分子结构或合成量的差异。

第二节　胆汁与胆汁酸

一、胆汁

胆汁(bile)是肝细胞分泌的有色液体，带有苦涩味，经胆道系统储存于胆囊，并在饮食刺激下周期性经胆道系统流入十二指肠，参与食物的消化和吸收。正常成年人每天分泌胆汁300~700 ml。胆汁分为肝胆汁和胆囊胆汁两种，肝胆汁(hepatic bile)由肝细胞分泌，呈橙黄色，清澈透明，有黏性和苦味；胆囊胆汁(gallbladder bile)是肝胆汁进入胆囊后，由胆囊壁分泌大量的黏液物质并对肝胆汁的水、盐进行重吸收，使肝胆汁浓缩5~10倍的暗褐色或棕绿色的黏稠液体。

胆汁的组成成分主要是水，约为80%，固体成分主要是胆汁酸盐，占总固体物质的50%以上，其次是胆固醇、胆色素、卵磷脂、脂肪酸、无机盐、蛋白质和药物、毒物、重金属盐、染料等排泄成分。肝细胞分泌的胆汁具有以下两个方面的功能：①胆汁酸盐和一些酶类(如脂肪酶、磷脂酶、淀粉酶、磷酸酶等)作为消化液促进脂类物质的消化和吸收；②进入机体的药物、毒物、重金属盐、染料等异源物，体内某些代谢产物(胆红素、胆固醇)，均可随胆汁进入肠道通过粪便排出体外。

二、胆汁酸

胆汁酸(bile acid)是胆汁的主要成分之一，是肝细胞以胆固醇为原料转化生成的二十四碳类固醇化合物，是脂类消化吸收所必需的物质，也是胆固醇通过胆汁排泄的必需形式，正常成年人每天合成和排泄的胆固醇，约有 40% 在肝内转化为胆汁酸，并随胆汁排入肠道。胆汁酸代谢包括胆汁酸合成、分泌、肠肝循环 3 个主要步骤。

（一）胆汁酸的分类

按照来源不同，胆汁酸可分为初级胆汁酸、次级胆汁酸两类。在肝细胞内，以胆固醇为原料直接合成的胆汁酸称为初级胆汁酸，包括胆酸和鹅脱氧胆酸。初级胆汁酸在肠道经细菌作用生成的胆汁酸，称为次级胆汁酸，包括脱氧胆酸和石胆酸。初级胆汁酸、次级胆汁酸均以钠盐或钾盐形式存在于胆汁中，称为胆汁酸盐，简称胆盐。

按照结构不同，胆汁酸可分为游离型胆汁酸、结合型胆汁酸两类。游离型胆汁酸包括胆酸、脱氧胆酸、鹅脱氧胆酸和少量石胆酸；游离胆汁酸与牛磺酸或甘氨酸结合的产物，称为结合型胆汁酸，主要包括甘氨胆酸、甘氨鹅脱氧胆酸、甘氨脱氧胆酸、牛磺胆酸、牛磺鹅脱氧胆酸、牛磺脱氧胆酸。

（二）胆汁酸的代谢

视频：

胆汁酸的生成

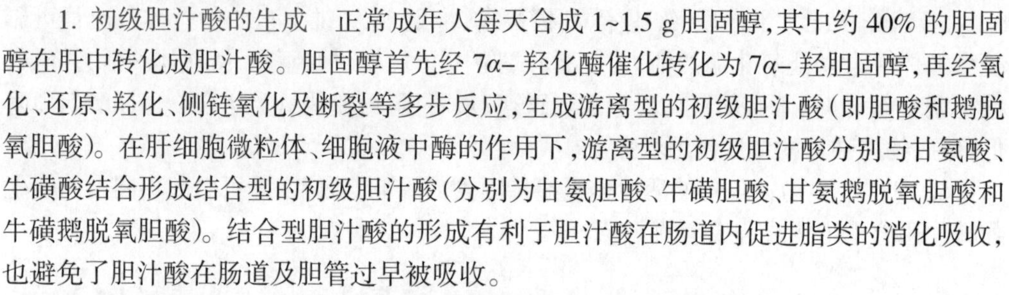

1. 初级胆汁酸的生成　正常成年人每天合成 1~1.5 g 胆固醇，其中约 40% 的胆固醇在肝中转化成胆汁酸。胆固醇首先经 7*α*- 羟化酶催化转化为 7*α*- 羟胆固醇，再经氧化、还原、羟化、侧链氧化及断裂等多步反应，生成游离型的初级胆汁酸（即胆酸和鹅脱氧胆酸）。在肝细胞微粒体、细胞液中酶的作用下，游离型的初级胆汁酸分别与甘氨酸、牛磺酸结合形成结合型的初级胆汁酸（分别为甘氨胆酸、牛磺胆酸、甘氨鹅脱氧胆酸和牛磺鹅脱氧胆酸）。结合型胆汁酸的形成有利于胆汁酸在肠道内促进脂类的消化吸收，也避免了胆汁酸在肠道及胆管过早被吸收。

7*α*- 羟化酶是胆汁酸合成的限速酶，受胆汁酸浓度的负反馈调节。临床上，口服考来烯胺或富含纤维素的食物能减少胆汁酸的重吸收，加速肝内胆固醇转化为胆汁酸，从而降低血浆胆固醇。甲状腺素能激活 7*α*- 羟化酶、侧链氧化酶系的活性，从而加速胆固醇转化为胆汁酸，故甲状腺功能亢进患者血浆胆固醇水平偏低，而甲状腺功能减退患者血浆胆固醇水平升高。此外，糖皮质激素、生长激素可提高 7*α*- 羟化酶的活性，该酶属于加单氧酶，维生素 C 对该酶的羟化反应有促进作用。

2. 次级胆汁酸的生成　初级结合型胆汁酸常以胆盐形式随胆汁进入肠道，在促进脂类物质消化吸收的同时，在肠菌酶的催化作用下，第 7 位脱羟基，使胆酸转化为脱氧胆酸，鹅脱氧胆酸转化为石胆酸，脱氧胆酸与石胆酸称为游离型的次级胆汁酸。石胆酸溶解度小，不能与甘氨酸或牛磺酸结合，而脱氧胆酸能与甘氨酸或牛磺酸结合，生成结合型的次级胆汁酸，即甘氨脱氧胆酸和牛磺脱氧胆酸，甘氨酸结合物与牛磺酸结合物的比值为（2~3）∶1。

视频：胆汁酸的肠肝循环

3. 胆汁酸的肠肝循环　进入肠道中的胆汁酸（包括初级和次级、结合型和游离型）95% 以上被肠道重吸收入血，其余的随粪便排出。结合型胆汁酸在小肠下段被主动重吸收，少量未结合胆汁酸在肠道的各段被动重吸收。由肠道重吸收的胆汁酸经门静脉进入肝，在肝细胞中游离型胆汁酸再转化为结合型胆汁酸，并与新合成的结合型胆汁酸一同再随胆汁排入肠道，这种胆汁酸在肠与肝之间不断循环的过程称为胆汁酸的肠肝循环（图 13-1）。

肝每天合成胆汁酸的量为 0.4~0.6 g，人体每天进行 6~12 次肠肝循环（每餐后 2~4 次），从肠道吸收的胆汁酸总量可达 12~32 g。胆汁酸的肠肝循环具有重要的生理意义，

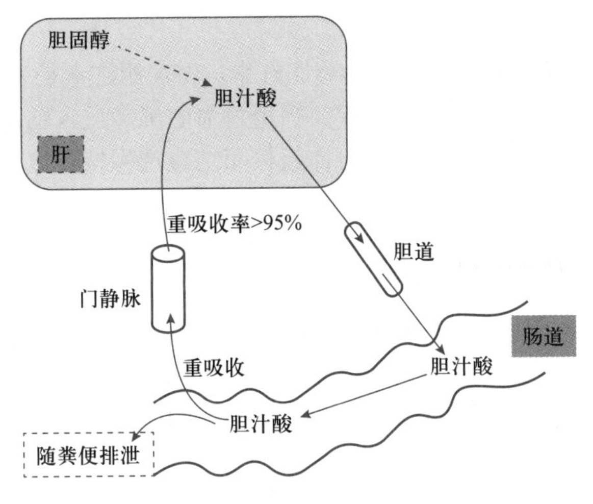

图 13-1　胆汁酸的肠肝循环

即可满足每天乳化脂类所需 16~32 g 胆汁酸的量。另外，胆汁酸的重吸收，使胆汁中的胆汁酸盐与胆固醇比例恒定，不易形成胆固醇结石。

（三）胆汁酸的生理功能

1. 促进脂类的消化与吸收　胆汁酸分子既含有亲水性的羧基、羟基、磺酸基等，又含有疏水性的烃核和甲基，使胆汁酸结构上具有亲水、疏水的两个侧面，具有较强的界面活性，能降低油水两相间的表面张力。因此，胆汁酸是较强的乳化剂，促进脂类乳化成细小微粒，增加了脂类和脂肪酶的接触面积，利于脂类的消化吸收。

视频：

胆汁酸的生理功能

2. 抑制胆固醇结石的形成　胆固醇难溶于水，在浓缩的胆囊胆汁中较易沉淀析出，形成胆固醇结石。胆固醇必须与卵磷脂和胆汁酸盐形成可溶微团，才能通过胆道运送到小肠而不致析出。若排入胆汁中的胆固醇过多（如高胆固醇血症患者）或肝合成胆汁酸的能力下降，肠肝循环中摄取胆汁酸过少或消化道丢失胆汁酸过多，均易引起胆固醇析出沉淀，产生结石。不同胆汁酸对结石形成的作用不同，鹅脱氧胆酸可使胆固醇结石溶解，而胆酸及脱氧胆酸则没有此作用。临床常用鹅脱氧胆酸、熊脱氧胆酸治疗胆固醇结石。

第三节　胆色素代谢与黄疸

胆色素（bile pigment）是含铁卟啉化合物在体内分解代谢的主要产物，包括胆红素、胆绿素、胆素原和胆素等，除胆素原无色外，其余均有颜色，主要随胆汁排泄。

一、胆红素的生成

视频：

胆红素的来源

胆红素主要来源于衰老红细胞中血红蛋白的分解，占 70%~80%，其余来自细胞色素、肌红蛋白、过氧化物酶、过氧化氢酶等。正常成年人每天生成胆红素 200~300 mg。

红细胞的平均寿命为 120 天，衰老的红细胞可被肝、脾、骨髓等单核吞噬系统细胞识别并吞噬，释放出的血红蛋白继续分解为血红素、铁、珠蛋白，后二者分别进入铁代谢、氨基酸分解代谢，血红素在微粒体加氧酶作用下转化生成胆绿素，胆绿素由细胞液中的还原酶还原生成胆红素。

肝、脾、骨髓中生成的胆红素称为游离胆红素。游离胆红素是人体中一种内源性毒素，具有疏水亲脂性质，极易透过生物膜。当透过血脑屏障进入脑组织，会抑制大脑细胞 RNA 和蛋白质的合成及糖代谢，并与神经核团结合产生核黄疸，干扰脑细胞的正常代谢及功能，引起胆红素脑病（又称核黄疸）。

二、胆红素在血液中的运输

视频：

胆红素的代谢

胆红素极易透过细胞膜进入血液，主要与血浆清蛋白结合形成胆红素－清蛋白复合体，也可与 α_1－球蛋白结合。亲水复合体的形成既增加了胆红素在血浆中的极性和水溶性，便于运输，又限制了其自由透过各种生物膜的能力，使其不致对组织细胞产生毒性作用。

胆红素与清蛋白结合后分子量变大，不能被肾小球滤过而随尿排出，故正常情况下尿中无胆红素－清蛋白。胆红素－清蛋白因未进入肝进行生物转化作用而称为间接胆红素或未结合胆红素。血浆中每 100 ml 的清蛋白就能结合 20~25 mg 胆红素，故正常情况下血浆中的清蛋白足以结合全部胆红素。当清蛋白含量降低，胆红素与清蛋白结合能力下降，或某些有机阴离子（如磺胺类、脂肪酸、胆汁酸、水杨酸、抗生素、利尿剂等）竞争性地与清蛋白结合时，可抑制胆红素与清蛋白结合，故在新生儿高胆红素血症时需慎用这类药物。因此，胆红素与清蛋白的结合只具有暂时性的解毒作用，还需入肝进行葡糖醛酸结合反应才能真正解毒。

三、胆红素在肝中的运输

血液将胆红素以胆红素－清蛋白复合体的形式运输到肝，通过肝血窦时，胆红素与血窦表面肝细胞膜上的特异性受体结合，胆红素与清蛋白立即分离，胆红素被阴离子载体摄入肝细胞内。

摄入肝细胞的胆红素与胞质中的 Y 蛋白、Z 蛋白结合形成胆红素 –Y 蛋白、胆红素 –Z 蛋白，被运送至滑面内质网进行转化。Y 蛋白是肝细胞内转运胆红素的主要配体蛋白，比 Z 蛋白对胆红素的亲和力强，且含量丰富。胆红素与 Y 蛋白、Z 蛋白结合使胆红素不能反流入血，使其不断进入肝细胞内。许多有机阴离子（如类固醇物质、某些染料、四溴酚酞磺酸钠等）能竞争性抑制 Y 蛋白与胆红素结合，影响肝细胞对胆红素的摄取。新生儿因肝细胞内 Y 蛋白、Z 蛋白含量不足，肝摄取胆红素的能力比较弱，容易导致黄疸发生。苯巴比妥可诱导新生儿 Y 蛋白的合成，临床上用其治疗新生儿生理性黄疸。

在肝细胞的滑面内质网中，在 UDP– 葡糖醛酸转移酶的催化下，由 UDPG 提供葡糖醛酸，胆红素以酯键与葡糖醛酸结合成葡糖醛酸胆红素（结合胆红素）。因胆红素分子中有两个羧基，均可与葡糖醛酸结合，故可形成两种结合物，即少量的单葡糖醛酸胆红素、双葡糖醛酸胆红素（主要结合物）。在人胆汁中，双葡糖醛酸胆红素占 70%~80%，单葡糖醛酸胆红素占 20%~30%，也有少量胆红素与甲基、乙酰基、硫酸根、甘氨酸等结合。结合胆红素的水溶性和极性大大增强，能透过肾小球滤过膜，不易透过生物膜和血脑屏障，故不易造成脑组织中毒，是胆红素解毒的重要方式。

结合胆红素（又称肝胆红素、直接胆红素）内部氢键已断裂，可直接与重氮试剂反应生成紫红色偶氮化合物。结合胆红素由肝细胞逆浓度梯度排入毛细胆管中，作为胆汁的组成部分排入小肠，正常时随胆汁从胆道排泄入肠道，故血、尿中无结合胆红素。当胆道阻塞时，毛细胆管内压过高而破裂，结合胆红素才可能进入血液，在血、尿中均出现结合胆红素。

未结合胆红素和结合胆红素的区别见表 13-1。

表 13-1 两种胆红素理化性质的比较

名称	未结合胆红素 （血胆红素、间接胆红素、游离胆红素）	结合胆红素 （肝胆红素、直接胆红素）
脂溶性	大	小
水溶性	小	大
与葡糖醛酸结合	未结合	结合
与重氮试剂反应	缓慢、间接阳性	迅速、直接阳性
透过细胞膜能力	大	小
脑细胞毒性	大	无
透过肾小球随尿排出	不能	能

考点提示

结合胆红素和未结合胆红素理化性质的比较。

四、胆红素在肠道中的转变

结合胆红素随胆汁排入肠道后，在回肠下段及结肠细菌作用下，先水解脱去葡糖醛酸转变成游离胆红素，再逐步还原成无色的胆素原（即中胆素原、粪胆素原、尿胆素原），大部分胆素原（即粪胆素原）随粪便排出体外，粪胆素原在肠道下段与空气接触，氧化为棕黄色的粪胆素，这是正常粪便颜色的主要来源。正常成年人每天从粪便排出的胆素原为 50~250 mg。当胆道完全梗阻时，结合胆红素不能排入肠道形成粪胆素原及胆素，粪便呈白陶土色或灰白色，临床上称为白陶土样便。新生儿肠道细菌少，未被细菌作用的结合胆红素可随粪便直接排出，呈橙黄色的蛋汤样粪便。

五、胆红素的肠肝循环

正常生理情况下，肠道中生成的胆素原有 10%~20% 被肠黏膜重吸收入血，经门静脉入肝，其中大部分胆素原（约 90%）再随胆汁排入肠道，此过程称为胆素原的肠肝循环。另外一小部分胆素原（约 10%）可进入体循环，再经肾小球滤过随尿排出，即为尿胆素原。尿胆素原接触空气后被氧化成黄色的尿胆素，是尿液颜色的主要来源。正常成年人每天从尿中排出尿胆素原为 0.5~4.0 mg。临床上将尿胆素原、尿胆素、尿胆红素称为尿三胆，常作为鉴别诊断黄疸类型及肝功能检查的指标之一。图 13-2 为胆色素代谢过程示意图。

六、胆红素与黄疸

正常成年人血清胆红素浓度为 3.4~17.1 μmol/L，其中 1/5 是结合胆红素，其余为

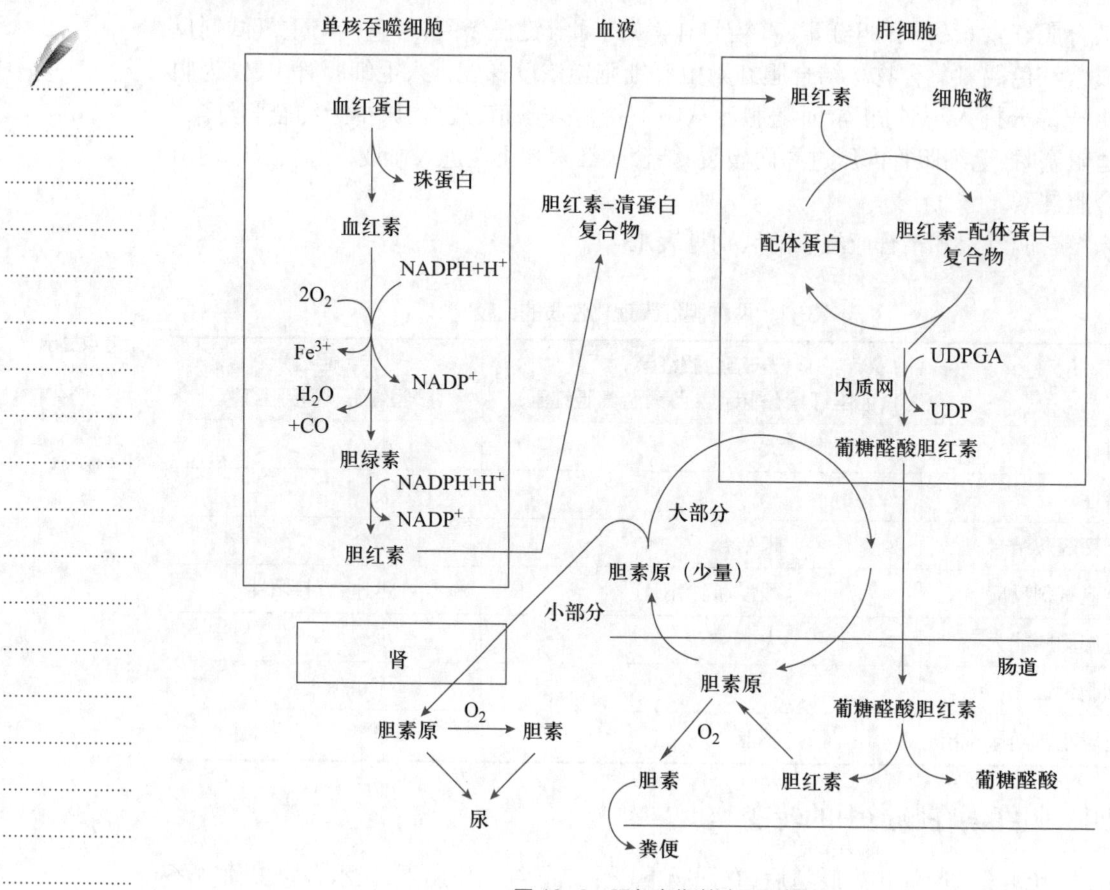

图 13-2　胆色素代谢过程示意图

未结合胆红素。凡因各种因素引起血清中胆红素生成过多，或肝细胞对胆红素的代谢转化过程发生障碍而引起血浆胆红素升高，均称为高胆红素血症。胆红素对弹性蛋白具有较强的亲和力，当血清中胆红素浓度过高时，可扩散入组织，引起皮肤、黏膜、巩膜黄染，称为黄疸(jaundice)。黄疸的程度与血清胆红素的浓度密切相关，当血清中胆红素浓度≥34.2 μmol/L 时，肉眼可见皮肤、黏膜、巩膜等组织明显黄染，称为显性黄疸；当 17.1 μmol/L< 血清中胆红素浓度 <34.2 μmol/L 时，肉眼观察不到皮肤或巩膜黄染，称为隐性黄疸。

临床上根据发病原因不同，将黄疸分为 3 种类型。

(一) 溶血性黄疸

视频：

黄疸

红细胞大量破坏导致单核吞噬细胞产生的胆红素过多，超过肝细胞的处理能力，引起血中未结合胆红素浓度异常增高，称为溶血性黄疸(又称肝前性黄疸)。其特征为血清总胆红素、未结合胆红素明显增高，结合胆红素变化不大，与重氮试剂间接反应呈阳性；未结合胆红素不能经肾小球滤过，故尿中无胆红素；胆素原的肠肝循环增多，故粪便和尿液颜色加深。某些疾病(如镰形红细胞贫血、恶性疟疾)、某些药物、输血反应、葡糖 -6- 磷酸脱氢酶缺乏等均可造成溶血性黄疸。

（二）肝细胞性黄疸

肝实质性病变引发肝细胞功能障碍，对胆红素的生物转化及排泄能力下降而引起的高胆红素血症，称为肝细胞性黄疸（又称肝原性黄疸）。因肝不能将未结合胆红素全部转化为结合胆红素，故血中未结合胆红素升高，另外，由于肝细胞肿胀压迫毛细胆管，可能造成肝内毛细胆管阻塞，使生成的结合胆红素部分反流入血，血中结合胆红素含量升高。因此，肝细胞性黄疸的主要特征是：血中未结合胆红素、结合胆红素均升高，与重氮试剂双相反应均呈阳性；尿胆红素阳性；粪便颜色变浅。某些疾病（如败血症、肝炎、肝硬化、肝肿瘤等）均可引起肝细胞性黄疸。

（三）阻塞性黄疸

胆红素排泄通道受阻，使胆小管、毛细胆管内压增高或破裂，导致胆汁中的结合胆红素反流入血，造成血清胆红素升高而引起的黄疸，称阻塞性黄疸（又称肝后性黄疸）。此时血清结合胆红素明显升高，非结合胆红素无明显改变，与重氮试剂直接反应呈阳性，因结合胆红素被肾小球滤过，故尿中出现胆红素；由于结合胆红素不易或不能排入肠道，使胆素原生成减少，故粪便颜色变浅或成白陶土色。某些疾病（如先天性胆管闭锁、胆管炎症、胆结石、肿瘤等）均可引起阻塞性黄疸。

知识拓展

先天性胆管闭锁

胆管闭锁（biliary atresia，BA）是一种肝内外胆管出现阻塞并可导致淤胆性肝硬化而最终发生肝衰竭的疾患，是小儿外科领域中最重要的消化外科疾病之一。主要有3种类型。Ⅰ型：胆总管闭锁（占总数的10%）；Ⅱ型：肝总管闭锁（占总数的2%）；Ⅲ型：肝门部闭锁（占总数的88%）。前两型被认为是可以矫正型（可吻合型），Ⅲ型被认为是不能矫正型（不可吻合型）。

症状：患儿生后1~2周内表现多无异常，往往在生理性黄疸消退后又出现巩膜、皮肤黄染。随着日龄增长黄疸持续性加深，尿色也随之加深，甚至呈浓茶色。有的患儿生后粪便即呈白陶土色，但也有不少患儿生后有正常胎便及粪便，随着全身黄疸的加深粪便颜色逐渐变淡，最终呈白陶土色。

随着黄疸加重，肝也逐渐增大、变硬，患儿腹部膨隆更加明显，同时出现脾增大。病情严重者可有腹壁静脉怒张、腹水、食管静脉曲张破裂出血等门静脉高压症表现。患儿随着年龄增加，病程进展，逐渐出现营养发育障碍。因胆道长期梗阻出现胆汁性肝硬化，肝功能受损而导致脂肪及脂溶性维生素吸收障碍，若早期不治疗，多数患儿在1岁以内因肝衰竭死亡。

3种类型黄疸血、尿、粪便的变化见表13-2。

表 13-2 3 种类型黄疸血、尿、粪便的变化

	指标	正常	溶血性黄疸	肝细胞性黄疸	阻塞性黄疸
血清胆红素	血清胆红素总量	<1 mg/dl	>1 mg/dl	>1 mg/dl	>1 mg/dl
	结合胆红素	极少	正常	↑↑	↑↑↑
	未结合胆红素	0.1~0.7 mg/dl	↑↑	↑	↑
尿三胆	尿胆红素	–	–	++	++
	尿胆素原	少量	↑	不一定	↓
	尿胆素	少量	↑	不一定	↓
粪便	粪便颜色	正常	深	变浅或正常	变浅或白陶土色
	粪胆素原	40~280 mg/24 h	↑	↓或正常	↓或 –

注：+ 表示阳性，– 表示阴性，↑表示增加，↓表示减少。

思考题

1. 简述生物转化的特点、生理意义。
2. 生物转化反应有哪些类型？
3. 简述胆汁酸的肠肝循环及意义。
4. 简述两种胆红素的区别。
5. 简述 3 种黄疸在血、尿、粪便中的异同点。

在线测试

本章小结

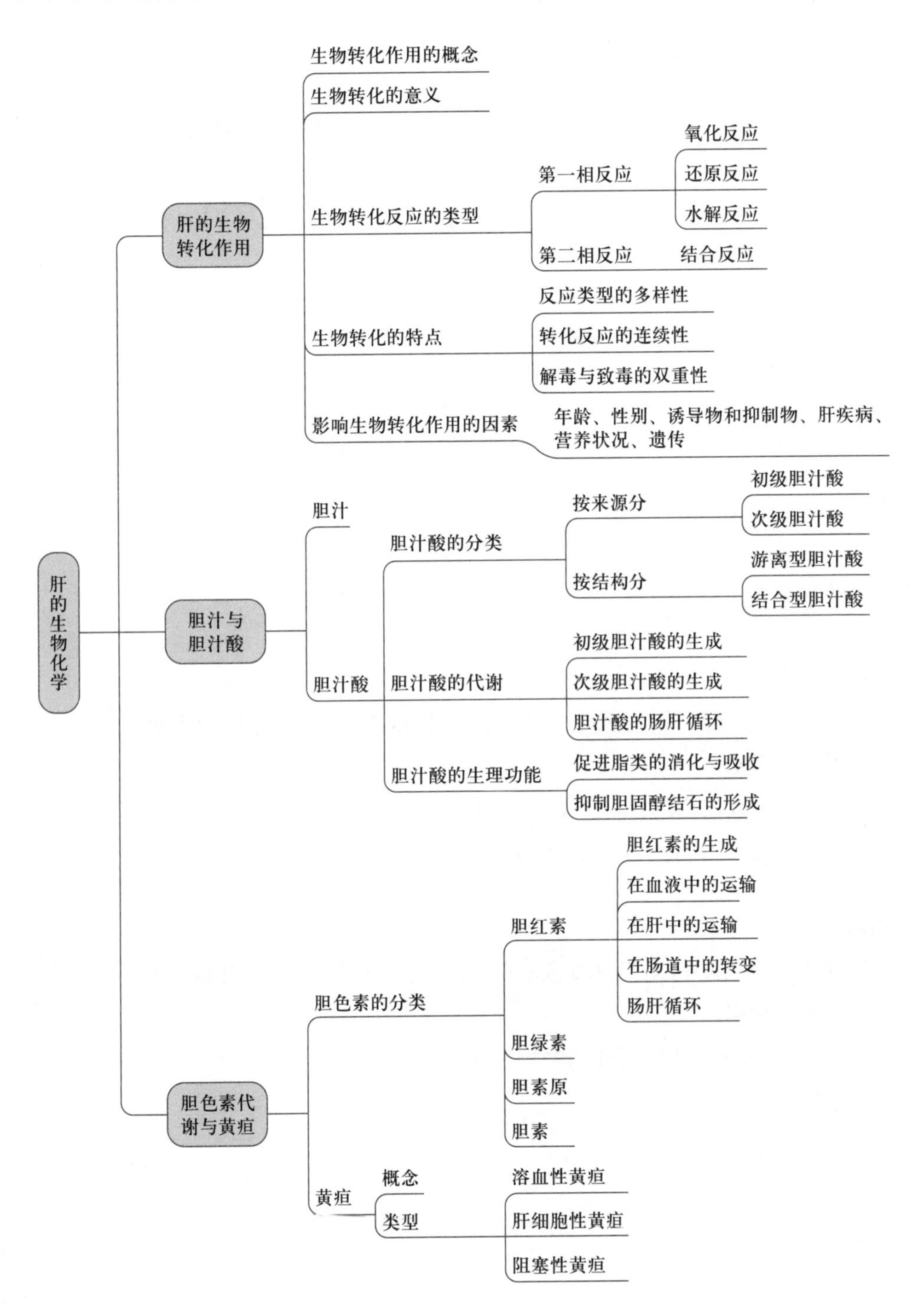

肝的生物化学
肝的生物转化作用
生物转化作用的概念
生物转化的意义
生物转化反应的类型
第一相反应
氧化反应
还原反应
水解反应
第二相反应
结合反应
生物转化的特点
反应类型的多样性
转化反应的连续性
解毒与致毒的双重性
影响生物转化作用的因素
年龄、性别、诱导物和抑制物、肝疾病、营养状况、遗传
胆汁与胆汁酸
胆汁
胆汁酸
胆汁酸的分类
按来源分
初级胆汁酸
次级胆汁酸
按结构分
游离型胆汁酸
结合型胆汁酸
胆汁酸的代谢
初级胆汁酸的生成
次级胆汁酸的生成
胆汁酸的肠肝循环
胆汁酸的生理功能
促进脂类的消化与吸收
抑制胆固醇结石的形成
胆色素代谢与黄疸
胆色素的分类
胆红素
胆红素的生成
在血液中的运输
在肝中的运输
在肠道中的转变
肠肝循环
胆绿素
胆素原
胆素
黄疸
概念
类型
溶血性黄疸
肝细胞性黄疸
阻塞性黄疸

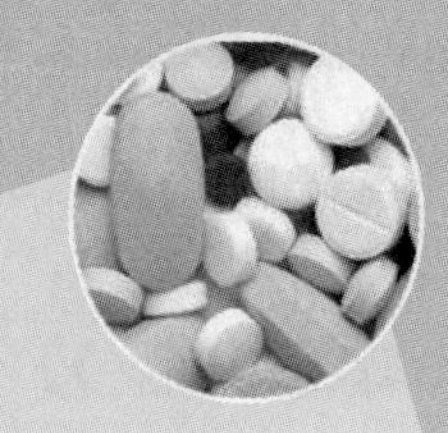

第十四章
水和电解质代谢

学习目标

知识目标

1. 掌握：水和电解质的生理功能，钙和磷的吸收、排泄及影响因素，钙、磷代谢的调节。
2. 熟悉：水的来源和去路，各种微量元素的主要生理功能及代谢。
3. 了解：水和电解质平衡的调节，钙和磷的含量、分布和主要生理功能。

技能目标

1. 能够运用人体中水、电解质的知识及理论为临床相应病例的正确诊断与治疗服务。
2. 具有利用水和电解质代谢的相关知识进行分析问题和解决问题的能力。

水和电解质是构成体液(body fluid)的主要成分。体液是人体细胞内外存在的液体,是体内水分及溶于水中无机物和有机物的总称。体液中的无机盐与部分以离子形式存在的有机物统称为电解质。保持体液的容量、分布和组成的动态平衡是维持正常生命活动的必要条件。疾病或内外环境的改变都会导致水、电解质紊乱,对机体产生不利影响,严重时会危及生命。

案例导入

[案例] 患儿,女,8岁,严重腹泻4天,表情淡漠,对问题反应支离破碎,皮肤弹性下降,眼球下陷,脉搏144次/min,血压90/60 mmHg,呼吸深,26次/min,两肺无异常,腹软、无压痛。血浆pH 7.13,$PaCO_2$ 18 mmHg,入院后静脉输注5%葡萄糖700 ml,内含10 mmol $KHCO_3$和110 mmol $NaHCO_3$,1 h后呼吸停止,脉搏消失,心前区可闻弱而快的心音,复苏未成功。

[讨论]

1. 患儿存在哪些水、电解质代谢紊乱?为什么?
2. 出现的临床表现如何解释?

知识拓展

生命健康从水开始

生命的三要素包括空气、水和阳光。水是生命不可缺少的物质,是任何有机体和细胞成活的保证。水对人类赖以生存的重要性仅次于氧气:①人失去体内全部脂肪、半数蛋白质,能勉强维持生命。②人体失去体内含水量的20%,很快就会死亡。③人体内只要损耗5%的水分而未及时补充,皮肤就会萎缩、起皱、干燥。WHO调查发现,80%的人类疾病与水有关。现代营养学家认为,饮水质量是我们生活质量的重要组成部分。

第一节 水 代 谢

一、水的生理功能

水是机体含量最多的化学物质。体内的水部分与蛋白质、多糖等结合,称为结合水;部分以自由状态存在,称为自由水。水在体内的主要生理功能如下。

考点提示

水的生理功能。

(一) 调节体温

水是良好的体温调节剂。水的比热容大,1 g水升高1 ℃,需吸收4.20 J的热量;水能吸收或释放较多的热量但本身温度无较大的改变。水的蒸发热大,1 g水从37 ℃完全蒸发需吸收2 415 J的热量,所以蒸发少量汗液就能散发大量的热量。水的流动性大,导热性强,血液循环使各组织器官代谢产生的热能在体内迅速均匀分布并通过体表散发出来。

(二) 促进并参与物质代谢

水是良好的溶剂,可以使物质溶解,促进化学反应的发生,有利于营养物质的消化、吸收、运输和代谢物的排出。水分子还直接参与体内的各种代谢反应如水解、水化、加水、脱氢等。所以水在物质代谢中起着重要的作用。

(三) 润滑作用

水是良好的润滑剂。例如,泪液可以防止眼球及结膜干燥,有利于眼球的转动;唾液可保证口腔和咽部湿润,有利于食物吞咽;关节滑液有助于关节转动;胸腔液和腹腔液有利于心肺及胃肠道的正常生理功能。

(四) 维持组织器官的形态、硬度和弹性

体液中的结合水是蛋白质、核酸和多糖等物质结合而存在的水。它与自由水不同,无流动性,因而对维持生物大分子构象,保持细胞和组织器官的形态、硬度和弹性起到一定作用。

二、水的来源和去路

(一) 水的来源

正常的成年人在一般情况下,每日摄取水的总量大约为 2 500 ml,主要来源如下。

1. 饮水　正常成年人每日饮水约 1 200 ml。

2. 食物水　正常成年人每日水摄入量约为 1 000 ml(以上两种来源因环境、气温、生活习惯、食物、劳动等因素影响会有很大的个体差异)。

3. 代谢水　正常成年人每日代谢水约为 300 ml。代谢水是糖类、脂肪和蛋白质等营养物质在体内氧化时产生的水,也称为内生水。

(二) 水的去路

正常成年人在一般情况下,每日排水量也约为 2 500 ml,主要去路如下。

1. 肾排出　肾是人体排水的主要器官,对体内水的平衡起着主要的调节作用。正常成年人每日排尿量为 1 000~2 000 ml(平均为 1 500 ml)。饮水量和其他水来源会影响尿排出量。正常成年人每日会产生至少有 35 g 的固体代谢产物,一般每克固体代谢产物需要 15 ml 的水来溶解,以保证其溶解状态并随尿排出,所以成年人每日尿量需要 500 ml,此量称为最低尿量。若每日尿量低于 500 ml,临床上称为少尿;每日低于 100 ml 称为无尿。尿量过少,就会使尿素等废物滞留,形成尿毒症。

2. 皮肤排水　正常成年人每日经皮肤排水大约 500 ml,这称为非显性汗。此汗不会受环境和个人活动的影响,只是与体表面积有关。当气温升高,强体力劳动或剧烈运动时,汗腺分泌的汗液称为显性汗。其排水量多少与环境、温度、湿度和劳动强度有关,属于水的额外丢失而并非生理丢失。显性汗属于低渗液,里面含有少量 Na^+、K^+、Cl^- 等电解质,所以大量出汗除了补水以外,还应补充电解质。

3. 肺排水　正常成年人每日经肺以水蒸气形式排水约为 350 ml。肺的排水量会随呼吸深度和频率而发生变化,由于各种疾病原因导致呼吸急促的患者呼吸排出的水量会明显增多。例如,发热等情况引起呼吸增强时,排出的水分可多达 2 000 ml 以上。

4. 消化道排水　消化道每日分泌消化液约为 8 000 ml,但其中绝大部分被肠道重吸收,而正常成年人每日通过胃肠道随粪便排出的水量仅约为 150 ml。消化液中含有大量

电解质，临床上呕吐、腹泻会使消化液大量丢失，造成体内水和电解质平衡的紊乱，对婴幼儿的危害更加严重，临床上应根据消化液中水和盐类的损失情况，及时适量补充。

正常成年人每日水的摄入量和排出量各为 2 500 ml（表 14–1），这是正常生理状态下的水平衡，故称为生理需水量。当遇到缺水或无法进水时，每日仍要从肾、皮肤、肺和消化道丢失 1 500 ml 水，这称为水的必然失水量，只有补充此量才能维持机体最基础的生理代谢。若机体不能通过饮食补充水分，每天只能通过代谢产生 300 ml 水，若无额外水丢失，应至少补充 1 200 ml 水，才能维持机体基本的生理需要。所以正常成年人每日的最低需水量为 1 200 ml。

表 14–1 正常成年人每日水的摄入量与排出量 单位：ml/d

类型	途径	水量	合计
摄入水	饮水	1 200	2 500
	食物水	1 000	
	代谢水	300	
排出水	呼吸	350	2 500
	皮肤	500	
	粪便	150	
	肾	1 500	

第二节 电解质代谢

一、电解质的生理功能

（一）维持体液渗透压和酸碱平衡

考点提示

电解质的生理功能。

Na^+、Cl^- 是维持细胞外液渗透压的主要离子；K^+、HPO_4^{2-} 是维持细胞内液渗透压的主要离子。体液的渗透压随着电解质浓度的改变而发生变化，从而影响体内水的分布。体液电解质可以组成缓冲对，如 $NaHCO_3/H_2CO_3$ 和 K_2HPO_4/KH_2PO_4 等，来调节体液的酸碱平衡。

（二）维持神经肌肉的应激性

神经肌肉的应激性与体液中各种离子的含量和比例密切相关。

$$神经肌肉应激性 \propto \frac{[Na^+]+[K^+]}{[Ca^{2+}]+[Mg^{2+}]+[H^+]}$$

当血浆中 Na^+、K^+ 浓度升高时，神经肌肉应激性增高；Ca^{2+}、Mg^{2+} 和 H^+ 浓度升高时，神经肌肉应激性降低。临床上神经肌肉周期性瘫痪就是由于患者周期性血 K^+ 浓度过低，并出现肌肉软弱无力甚至麻痹的症状。血 Ca^{2+} 或血 Mg^{2+} 浓度过低的患者，神经肌肉应激性增高，会出现手足抽搐。

心肌细胞的应激性与各种离子的关系如下：

$$心肌的应激性 \propto \frac{[Na^+]+[Ca^{2+}]+[OH^-]}{[K^+]+[Mg^{2+}]+[H^+]}$$

血浆中 K^+ 浓度过高对心肌有抑制作用，可使心搏舒张期延长，心率减慢，严重时可使心脏停搏于舒张期。血浆中 K^+ 浓度过低会出现心律失常，使心脏停搏于收缩期。Na^+ 和 Ca^{2+} 可提高心肌应激性，Mg^{2+} 和 H^+ 可降低心肌应激性，Na^+ 和 Ca^{2+} 可拮抗 K^+ 对心肌的作用，正常的血 Na^+ 和血 Ca^{2+} 浓度可维持心肌的正常应激状态。

（三）参与物质代谢

无机离子是某些酶的辅助因子激活剂或抑制剂。例如，Cl^- 是唾液淀粉酶的激活剂；Zn^{2+} 是碳酸酐酶的辅助因子；Na^+、Ca^{2+} 和 Mg^{2+} 分别是丙酮酸激酶和醛缩酶的抑制剂。在糖原、脂类、蛋白质合成中都需要 Mg^{2+} 参与；Na^+ 参与小肠对葡萄糖的吸收和血红蛋白对 CO_2 的运输。

（四）构成人体组成成分

所有的组织细胞都含有电解质，例如，钙、镁、磷是骨骼和牙齿的主要成分，含硫酸根的蛋白多糖参与软骨、皮肤和角膜等组织组成。

二、体液电解质的含量和分布特点

（一）体液电解质含量

电解质主要是指以离子形式存在的无机盐、蛋白质与有机酸等，非电解质主要是指不能解离的小分子有机化合物，如葡萄糖、尿素、胆固醇等。人体各部分体液中电解质的组成、含量、分布各不相同，见表 14–2。

考点提示

体液中电解质分布的特点。

表 14–2 体液中电解质的分布与含量 单位：mmol/L

电解质		血浆		细胞间液		细胞内液（肌肉）	
		离子（电荷）		离子（电荷）		离子（电荷）	
阳离子	Na^+	145	(145)	139	(139)	10	(10)
	K^+	4.5	(4.5)	4	(4)	158	(158)
	Ca^{2+}	2.5	(5)	2	(4)	3	(6)
	Mg^{2+}	0.8	(1.6)	0.5	(1)	15.5	(31)
	合计	152.8	(156.1)	145.5	(148)	186.5	(205)
阴离子	Cl^-	103	(103)	112	(112)	1	(1)
	HCO_3^-	27	(27)	25	(25)	10	(10)
	HPO_4^{2-}	1	(2)	1	(2)	12	(24)
	SO_4^{2-}	0.5	(1)	0.5	(1)	9.5	(19)
	蛋白质	2.25	(18)	0.25	(2)	8.1	(65)
	有机酸	5	(5)	6	(6)	16	(16)
	有机磷酸		(–)		(–)	23.3	(70)
	合计	138.75	(156)	144.75	(148)	79.9	(205)

(二) 体液中电解质分布的特点

从表 14-2 可见，体液中电解质的分布有如下特点。

1. 各部分体液的阴、阳离子平衡　以摩尔电荷浓度计算，血浆、细胞间液和细胞内液中阴离子与阳离子电荷总量相等，体液呈电中性。

2. 细胞内外液的渗透压基本相等　尽管细胞内液的电解质总量大于细胞外液，但它们的渗透压基本相等。这是因为细胞内液含二价离子和蛋白质较多，这些电解质所产生的渗透压较小。

3. 细胞内外液的电解质分布差异大　细胞外液阳离子以 Na^+ 为主、阴离子以 Cl^- 和 HCO_3^- 为主；细胞内液阳离子以 K^+ 为主、阴离子以 HPO_4^{2-} 和蛋白质负离子为主。

4. 血浆与组织间液的电解质组成及含量较接近　但血浆中蛋白质含量远远大于组织间液，此差别有利于血浆与组织间液之间水的交换。

知识拓展

体液的交换

血浆、组织间液及细胞内液之间的水、电解质和小分子物质不是固定不变的，各部分体液的成分在不断地交换着，处于动态平衡之中，各部分体液间的渗透压差是液体流动的动力。

1. 血浆与组织间液之间的交换　血浆和组织间液之间以毛细血管壁相隔，毛细血管是一种半透膜，血浆和组织间液中的水、无机盐和小分子物质可自由通过，而大分子的蛋白质不易通过。血浆蛋白的浓度远高于组织间液中蛋白质的浓度，故血浆胶体渗透压高于组织间液的胶体渗透压。血浆和组织间液之间和小分子物质的流向取决于两者之间各种压力的对比，血浆胶体渗透压和组织间液静水压促进水和小分子物质进入毛细血管，而组织间液胶体渗透压和毛细血管血压则促进这些物质进入组织间液。

2. 细胞内外液之间的交换　细胞内外液之间的交换是通过细胞膜进行的。细胞膜是结构和功能十分复杂的半透膜，除大分子物质不能自由通过外，K^+、Na^+、Ca^{2+}、Mg^{2+} 也不能自由透过细胞膜。细胞膜上存在的“钠钾泵”使 Na^+ 泵出细胞，将 K^+ 泵入细胞，使得细胞内液中 K^+ 的浓度远比细胞外液高，Na^+ 的浓度则相反。水分子随着细胞膜内外晶体渗透压和胶体渗透压的改变而转移，即由渗透压低的一侧向渗透压高的一侧移动。

三、钠和氯代谢

(一) 含量与分布

正常成年人 Na^+ 的含量为 40~50 mmol/kg（0.9~1.1 g/kg），其中约 50% 分布在细胞外液，约 40% 结合于骨骼基质，约 10% 分布在细胞内液。血浆 Na^+ 的浓度为 135~145 mmol/L。Cl^- 主要分布在细胞外液，血浆 Cl^- 的浓度为 96~107 mmol/L。

(二) 吸收与排泄

人体的 Na^+ 和 Cl^- 主要来自食盐（NaCl），正常成年人每天需要量为 4.5~9.0 g，摄入量会因个人饮食习惯不同而差别很大。Na^+ 和 Cl^- 主要经过肾随尿排出，肾对 Na^+ 的排出具有较强的调控力，即“多吃多排，少吃少排，不吃不排”。此外，汗液和粪便也可排出少量的 Na^+ 和 Cl^-，但如大量出汗和腹泻，丢失的 Na^+ 和 Cl^- 也相当可观。

四、钾代谢

（一）含量与分布

人体钾的含量为 31~57 mmol/kg（1.2~2.2 g/kg），其中约 98% 分布在组织细胞内，约 2% 存在于细胞外液。血钾浓度为 3.5~5.5 mmol/L，细胞内液钾的浓度为 150 mmol/L。钾在体内的分布与组织细胞的数量和大小有关。

（二）吸收与排泄

正常成年人每天钾的需要量为 2~3 g。体内的钾主要来自食物，蔬菜和肉类均含有丰富的钾。摄入的钾大约 90% 在肠道中段被吸收，钾主要经肾随尿排出，少量随汗和粪便排出。肾对钾的排泄特点是“多吃多排，少吃少排，不吃也排”。禁食或大量输液者常常出现缺钾现象，此时应注意适当补钾。约 10% 的钾由粪便排出，严重腹泻时粪便中钾的丢失量可达正常时的 10~20 倍之多，故应注意钾的补充。此外，汗液也可排出少量钾。

第三节 水和电解质平衡的调节

考点提示

水和电解质平衡的调节因素。

水和电解质平衡的调节主要是通过神经和体液的调节来实现的。

一、神经的调节

中枢神经系统在水和电解质平衡调节上起着很重要的作用。机体失水或食盐过多都可导致血浆和细胞间液的渗透压升高。在细胞外液渗透压升高时，下丘脑视前区的渗透压感受器受到刺激，产生兴奋并传至大脑皮质，引起渴的感觉。细胞外液渗透压升高可使细胞内的水向外移动而致细胞内失水时唾液分泌不足，也可引起口渴反射。这时神经系统通过对体液渗透压变化的感受会直接影响水的摄入。若适量饮水，则细胞外液渗透压下降，水从细胞外向细胞内移动，又可重新恢复平衡。

二、体液的调节

神经体液调节即激素调节，主要调节因素有抗利尿激素和肾上腺皮质分泌的醛固酮。

（一）抗利尿激素

抗利尿激素（antidiuretic hormone，ADH）是下丘脑视上核分泌的一种神经激素，在神经垂体储存和释放，ADH 是九肽激素。ADH 的主要作用是促进肾远曲小管和集合管对水的重吸收，降低排尿量。当血容量减少时，血渗透压增高或血压下降。若下丘脑或神经垂体发生病理改变时，ADH 分泌和释放都大为减少，导致尿量显著增加，而使机体严重失水，临床上称为尿崩症。严重的尿崩症患者每天排尿量在 20 L 以上，可用 ADH 治疗。除细胞外液的渗透压、血容量、血压等可以调节 ADH 的分泌外，手术、创伤、严重感染、某些药物、兴奋、疼痛、麻痹、发热等均可促进 ADH 的分泌，而寒冷只能抑制其分泌。ADH 的 3 种感受器均能使 ADH 的分泌增加（图 14-1）。

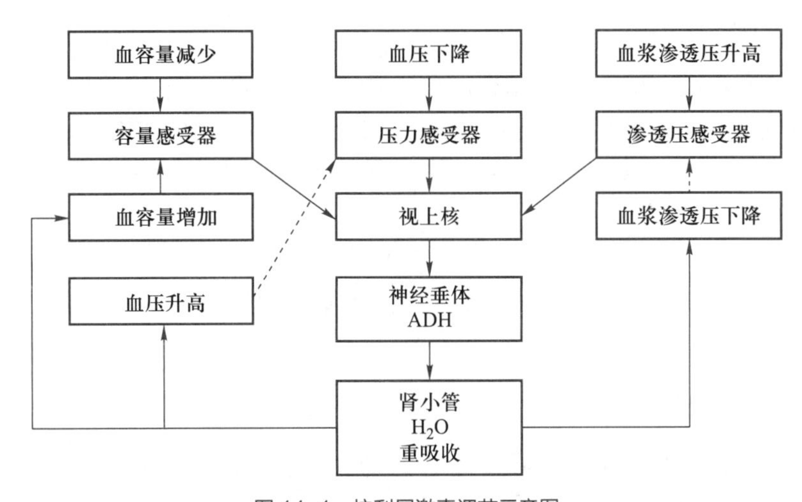

图 14-1 抗利尿激素调节示意图

（实线箭头表示促进作用，虚线箭头表示抑制作用）

（二）醛固酮

醛固酮（aldosterone）是肾上腺皮质球状带分泌的一种类固醇激素。醛固酮可促进肾小管对 Na^+ 和水的重吸收，也能促进肾远曲小管中的 Na^+–K^+ 交换及 Na^+–H^+ 交换，因而减少尿中 Na^+ 的排出，增加 K^+ 和 H^+ 的排出，起到保 Na^+、排 K^+ 的作用。影响醛固酮分泌的因素主要是肾素－血管紧张素－醛固酮系统和血 K^+、Na^+ 的浓度。当血 K^+ 浓度升高或血 Na^+ 浓度下降时，可使醛固酮分泌量增加，尿中排 Na^+ 减少；相反，当 Na^+ 浓度升高时，可使醛固酮分泌减少，尿中排 Na^+ 增多。在正常情况下，血液内醛固酮含量保持恒定在 0.03~0.08 μg/dl。在醛固酮分泌过多的情况下，除引起水肿以外，还可发生高血钠、低血钾和碱中毒的现象。而肾上腺皮质激素分泌不足（如艾迪生病）所引起的醛固酮分泌不足时，则发生低血钠、高血钾和酸中毒现象（图 14-2）。

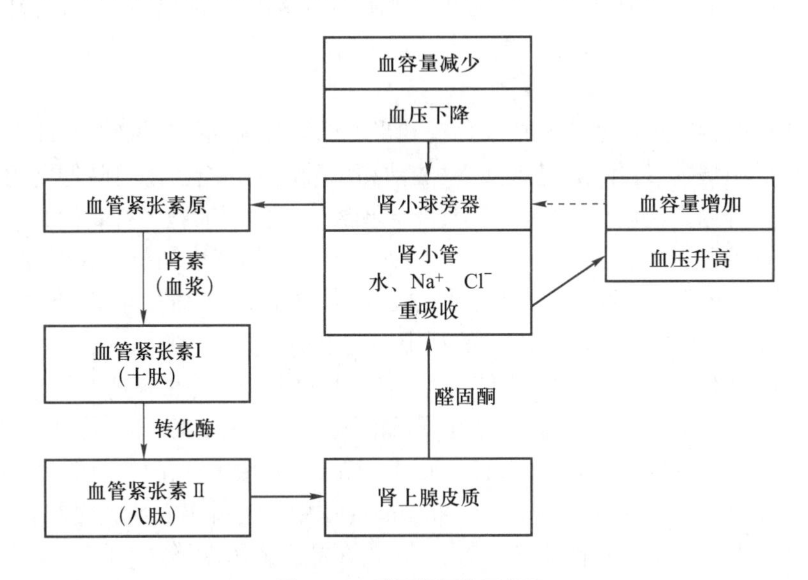

图 14-2 醛固酮调节示意图

（粗蓝箭头表示促进，虚线箭头表示抑制）

（三）心钠素

心钠素（ANP）是由心房肌细胞合成和分泌的肽类物质。心钠素能抑制肾远曲小管和集合管对水和 Na^+ 的重吸收，同时还具有增加肾小球滤过率的作用，因而有很强的利尿利 Na^+ 的作用。心钠素还有扩张血管和降低血压的作用，其基因工程产物有可能成为治疗高血压的良药。

第四节 钙、磷代谢

一、钙、磷的含量和分布

考点提示

钙、磷的主要存在形式。

钙、磷主要以无机盐形式存在于体内。成年人体内钙占体重的1.5%~2.2%，总量为700~1 400 g，99%以上的钙以骨盐形式存在于骨骼中，其余存在于软组织，细胞外液中的钙仅占总钙量的0.1%，约为1 g；成年人体内的磷占体重的0.8%~1.2%，总量为400~800 g，约85%以上的磷存在于骨盐中，其余主要以有机磷酸酯形式存在于软组织中，细胞外液中的磷仅为2 g，以磷脂和无机磷酸盐形式存在，骨盐占骨总质量的60%~65%，主要以非晶体的磷酸氢钙和晶体的羟磷灰石两种形式存在，其组成和物化性状随人体生理或病理情况而变化。骨钙与血液循环中的钙不断进行着缓慢的交换，每天可达250~1 000 mg，是维持血钙恒定的重要机制之一，同时也是骨不断更新的过程。

二、钙、磷的吸收与排泄

（一）钙的吸收与排泄

1. 钙的吸收 正常成年人日摄入钙量在0.6~1.0 g。食物中的钙多以络合物形式存在。经消化道吸收时，胃部的强酸环境增加该络合物的溶解度，在适宜的pH下由消化酶将钙从络合物中释放出来，然后在十二指肠和近端空肠部位经钙结合蛋白转运吸收。小肠的十二指肠存在钙结合蛋白，该部位吸收钙最多。胆盐能增加钙的溶解度而促进其吸收。

膳食中的乳糖被乳糖酶水解成葡萄糖和半乳糖能增强钙的扩散转运，改善钙吸收；植物成分中的植酸盐、纤维素、糖醛酸、藻酸钠和草酸通过络合沉降可降低钙的吸收；乳糖、蔗糖、果糖等糖类经肠菌进一步发酵，降低肠腔pH，抑制细胞的有氧代谢，通过形成酸钙复合物而增加钙吸收；蛋白质消化产物如赖氨酸、色氨酸、精氨酸、亮氨酸、组氨酸等氨基酸，与钙形成可溶性钙盐，促进钙吸收；而膳食中的磷、维生素C、果胶可影响钙的吸收和排出，但体钙平衡不变，对钙的利用影响很小。

2. 钙的排泄 正常膳食时，机体每日钙的摄入量与粪钙和尿钙的排出总量处于平衡状态。每日肠道中的总钙量包括膳食钙和消化液钙共约1 800 mg，其中约600 mg经肠道重吸收，剩余900 mg由粪排出，150 mg由尿排出，其余由汗排出。尿钙的排出量受血钙浓度影响，血钙低于2.4 mmol/L（7.5 mg/dl）时尿中无钙排出。哺乳期妇女经乳汁排出的钙量为150~300 mg/d。高温作业者汗多，钙在汗中的浓度增加，损失钙增加。

（二）磷的吸收与排泄

1. 磷的吸收 成年人每日进食磷1.0~1.5 g，以磷酸根离子的形式在小肠内吸收，主要吸收部位在十二指肠远端处的小肠上部。小肠对磷的吸收为主动吸收，需要钠和钙离子的同时存在及能量，受肠道 pH、钠浓度和膳食成分的影响。

肠道环境偏碱时不溶性钙盐生成增多，因而磷的吸收减少；乳酸、氨基酸及胃酸等酸性物质则有利于钙的溶解，因此能促进磷的吸收；当肠道相对 pH 一定而钠浓度增高时，磷的吸收增加；钙、镁、铁、铝等金属离子与磷酸形成难溶性盐而降低磷的吸收；维生素 D 通过调节肾磷的重吸收促进磷的吸收，机体钠、葡萄糖、血清磷浓度低于 8 mg/L 以下时，刺激维生素 D 的合成，促进小肠对磷的吸收；高脂肪食物或脂肪消化与吸收不良时，肠中磷的吸收增加；而药源性的含铝制酸剂能降低肠对磷的吸收。

2. 磷的排泄　磷主要经肾以可溶性磷酸盐形式排出，未经肠道吸收的磷和包括胆汁在内的消化液内源磷从粪便排出，少量也可由汗液排出。肾小球滤出的磷在肾小管(主要是近曲小管)重吸收。受肾上腺调控，早晨尿磷 / 肌酐比值高，睡眠后低。禁食、雌激素、糖皮质激素、甲状旁腺素、甲状腺素、高血钙等因素均会降低肾小管对磷的重吸收，造成尿磷排出增加。此外，血磷水平、酸碱平衡和糖原异生作用等对细胞调节磷酸盐的排泄都有影响。

三、钙、磷的生理功能

考点提示

钙、磷的生理功能。

1. 钙的生理作用　①Ca^{2+} 可降低神经肌肉的应激性，当血浆 Ca^{2+} 浓度降低时，可造成神经肌肉的应激性增高，以致发生抽搐；②Ca^{2+} 能降低毛细血管及细胞膜的通透性，临床上常用钙制剂治疗荨麻疹等过敏性疾病以减轻组织的渗出性病变；③Ca^{2+} 能增强心肌收缩力，与促进心肌舒张的 K^+ 相拮抗，维持心肌的正常收缩与舒张；④Ca^{2+} 是凝血因子之一，参与血液凝固过程；⑤Ca^{2+} 是体内许多酶(如脂肪酶、ATP 酶等)的激活剂，同时也是体内某些酶如 25-OH-D_3-1α- 羟化酶等的抑制剂，对物质代谢起调节作用；⑥Ca^{2+} 作为激素的第二信使，在细胞的信息传递中起重要作用。

2. 磷的生理作用　①磷是体内许多重要化合物如核苷酸、核酸、磷蛋白、磷脂及多种辅酶如 NAD^+、$NADP^+$ 等的重要组成成分；②磷以磷酸基的形式参与体内糖、脂类、蛋白质、核酸等物质代谢及能量代谢；③参与物质代谢的调节，蛋白质磷酸化和脱磷酸化是酶共价修饰调节最重要、最普遍的调节方式，以此改变酶的活性对物质代谢进行调节；④血液中的 HPO_4^{2-} 与 $H_2PO_4^-$ 是血液缓冲体系的重要组成成分，参与体内酸碱平衡的调节。

四、血钙与血磷

(一) 血钙

考点提示

血钙与血磷的主要形式。

血钙指血浆或血清中的钙。正常成年人血钙平均含量为 22~27 mmol/L(9~11 mg/dl)，血钙可分为非扩散钙和可扩散钙两部分。非扩散钙是指与血浆蛋白质(主要是清蛋白)结合的钙，它不易透过毛细血管壁，也不易从肾小球滤过丢失，约占血钙总量的 45%。可扩散钙是指能透过毛细血管壁的钙，其中大部分是游离状态的离子钙，约占血钙总量的 50%，还有一部分是与柠檬酸或其他小分子化合物结合的钙，约占血钙总量的 5%。

血浆中只有离子钙才能直接发挥生理作用，但血浆中离子钙与蛋白质结合钙之间能相互转变，两者之间存在着动态平衡关系：

$$蛋白质结合钙 \underset{[HCO_3^-]}{\overset{[H^+]}{\rightleftharpoons}} Ca^{2+} + 蛋白质$$

这种平衡受血浆 pH 的影响。pH 下降时，血浆清蛋白带负电荷减少，与之结合的钙游离出来，使钙浓度增加；相反，当 pH 升高时，血浆中钙与蛋白质结合加强，此时即使血清钙总量不变，但钙浓度下降，故会出现低钙症状。临床上碱中毒时产生的抽搐就是这个原因。

$$[Ca^{2+}]=K\frac{[H^+]}{[HCO_3^-]}（式中 K 为常数）$$

（二）血磷

血磷指血浆无机磷酸盐中的磷。正常成年人血浆无机磷量为 0.8~1.6 mmol/L (3~5 mg/dl)，初生婴幼儿含量较高。血清无机磷酸盐约 80% 以 HPO_4^{2-} 形式存在，约 20% 以 $H_2PO_4^-$ 形式存在，PO_4^{3-} 含量极微。

血浆中钙、磷含量之间关系密切，正常成年人每 100 ml 血浆中钙、磷浓度以 mg/dl 表示时，它们的乘积为 35~40。当 [Ca] × [P] > 40，则提示钙和磷以骨盐的形式沉积于骨组织，骨的钙化正常；若两者乘积小于 35，则提示骨的钙化将发生障碍，甚至促使骨盐溶解，影响成骨作用，引起佝偻病（软骨病）或骨质疏松症。

五、钙、磷代谢的调节

考点提示

钙、磷代谢调节的激素及其作用。

体内钙、磷代谢主要受甲状旁腺素、降钙素和 1,25-$(OH)_2$-D_3 的调节，它们主要通过影响小肠对钙、磷的吸收，钙、磷在骨组织与体液间的平衡，以及肾对钙、磷的排泄，从而维持体内钙、磷代谢的正常进行。

（一）甲状旁腺素

甲状旁腺素（PTH）是甲状旁腺主细胞合成分泌的由 84 个氨基酸残基组成的单链多肽激素。它的分泌受血液钙离子浓度的调节，血钙浓度与甲状旁腺素的分泌呈负相关。甲状旁腺素的主要靶器官为骨和肾，其次是小肠。甲状旁腺素的基本功能为动员骨钙；促进肾对钙的重吸收，从而抑制磷的重吸收，尿磷排出增加；维持血钙水平，并通过激活肾 1α- 羟化酶活性，促进 1,25-(OH)-D_3 转化为有活性的 1,25-$(OH)_2$-D_3，进一步影响钙、磷的代谢。甲状旁腺素的分泌受血清游离钙的反馈调节。甲状旁腺素的总体作用是使血钙升高，血磷降低。

（二）降钙素

降钙素（CT）是甲状腺滤泡旁细胞（C 细胞）分泌的一种单链 32 肽激素，它的分泌直接受血钙浓度控制，随着血钙浓度的升高，分泌增加，两者呈正相关。降钙素的靶器官是骨和肾。降钙素的基本作用为降低血钙和血磷浓度，其分泌受血钙的反馈调节。降钙素抑制破骨细胞活动，减弱溶骨过程，增强成骨过程，使骨组织释放的钙、磷减少，钙、磷沉积增加，因而血钙与血磷含量下降。降钙素能抑制肾小管对钙、磷、钠及氯的重吸收，使这些离子从尿中排出增多。

（三）1,25-$(OH)_2$-D_3

人和动物除了从食物中得到维生素 D_3 外，在体内还可由胆固醇转化为维生素 D_3。D_3 经血液运至肝，在肝羟化形成 25-(OH)-D_3，然后再至肾皮质 1α- 羟化酶催化进行第二次羟化，形成 1,25-$(OH)_2$-D_3，它是维生素 D_3 的活化形式。1,25-$(OH)_2$-D_3 的主要靶器官为小肠和骨，其次是肾。1,25-$(OH)_2$-D_3 的最主要作用是促进小肠黏膜细胞吸收钙和磷，维持血钙和血磷的正常浓度；1,25-$(OH)_2$-D_3 对骨组织兼有溶骨和成骨的双重作用。其主要作用是增强破骨细胞的活性，加速间叶细胞形成新的破骨细胞，从而促进骨的吸收，动员骨质中钙和磷释放入血。由于溶骨作用以及促进肠道钙和磷的吸收，其结果是使血中的钙和磷增高，故又促进了钙化；1,25-$(OH)_2$-D_3 可直接促进肾近曲小管对钙和磷的重吸收。其总结果是使血钙升高，血磷升高，有利于骨的生长和钙化。

总之，体内钙、磷代谢受到甲状旁腺素、降钙素和 1,25-$(OH)_2$-D_3 三者的严格调节控制，从而维持血钙、血磷浓度的动态平衡。任何一种激素或一个器官（骨、肾、小肠）功能发生失衡，均引起血钙、血磷浓度变化，乃至影响骨质结构。3 种激素对钙和磷的调节作用归纳于表 14-3。

表 14-3　3 种激素对钙、磷代谢的调节效应比较

激素	肠道吸收钙、磷	骨盐溶解	骨盐沉积	尿钙	尿磷	血钙	血磷
1,25-$(OH)_2$-D_3	↑↑	↑	↑	↓	↓	↑	↑
甲状旁腺素	↑	↑↑	↓	↓	↑	↑	↓
降钙素	↓	↓	↑↑	↑	↑	↓	↓

第五节　微量元素代谢

人体的元素组成约有 60 种，其中有 30 种左右是组成人体所必需的元素。一般将含量占体重 1/10 000 以上，每天需要量都大于 100 mg（总量约 5 g）的元素称为常量元素（或宏量元素），体内有碳、氢、氧、氮、硫、磷、钠、钾、氯、钙、镁共 11 种。体内含量占体重 1/10 000 以下，每天需要量在 100 mg 以下的元素称为微量元素。在体内具有比较重要的特殊生理功能的微量元素包括铁、铜、锌、碘、锰、硒、氟、钼、钴、铬等，绝大部分为金属元素。它们广泛分布于各组织，含量较恒定，其来源主要为食物。微量元素有十分重要的生理功能和生化作用。

一、锌

（一）体内锌的概况

正常成年人体内含锌 2~3 g，广泛分布于各组织中，以视网膜、胰岛、前列腺等组织含锌量为最高。正常成年人每天需锌量为 15~20 mg。锌在小肠中吸收，肝、鱼、蛋、瘦肉、海产品、母乳等食物锌含量丰富，植物中的锌较动物组织的锌难以吸收和利用。人体中的锌约 25% 储存在皮肤和骨骼内。头发中锌含量常作为人体内锌含量的指标。锌主要随胰液和胆汁经肠道排出，部分锌可从尿和汗液排出。

（二）锌的生理功能

1. 参与酶的组成　锌是许多酶的组成成分或激活剂，因此，锌的生理功能主要是通过含锌酶发挥作用。例如，锌参与 DNA 聚合酶组成，与 DNA 复制、细胞增殖等功能有关。锌参与碳酸酐酶组成，对转运 CO_2、调节酸碱平衡、胃酸分泌等起重要作用。锌还参与乳酸脱氢酶、谷氨酸脱氢酶、羧肽酶等组成，故锌对糖酵解、氨基酸代谢和蛋白质

的消化吸收等方面都起作用。

2. 对激素的作用 锌在体内易与胰岛素结合,使其活性增加并延长胰岛素的作用时间。锌缺乏者糖耐量降低,胰岛素释放迟缓,糖尿病患者尿锌显著增加。

3. 对大脑功能的影响 脑组织中锌的含量很高,锌能抑制 γ- 氨基丁酸合成酶活性,从而减少抑制性中枢神经递质 γ- 氨基丁酸的合成。

4. 锌与味觉、嗅觉有关 唾液中的味觉素就是一种含锌的多肽。

知识链接

锌与伊朗乡村病

伊朗乡村病就是由于缺锌引起的,以贫血、生长发育缓慢为主要症状,该病由于首先在伊朗乡村被发现,所以称为“伊朗乡村病”;又因为患者的身材矮小,故又称“伊朗侏儒症”或“营养性侏儒症”。后经研究表明,该病是由于某些地区的谷物中含有较多的 6- 磷酸肌醇,能与锌形成不溶性复合物而影响其吸收所致。

二、硒

(一) 体内硒的概况

正常成年人体内含硒 4~10 mg,主要分布在肝、胰和肾。成年人每天的需要量为 30~50 μg。食物硒主要在肠道吸收,吸收入血的硒主要与血浆 α- 球蛋白或 β- 球蛋白结合,转运至各组织被利用。体内硒主要经肠道排泄,小部分由肾、肺及汗排出。

(二) 硒的生理功能

1. 抗氧化作用 硒是谷胱甘肽过氧化物酶的成分,对细胞膜的结构和功能有保护作用。

2. 参与体内多种代谢活动 硒可激活 α- 酮戊二酸脱氢酶,硒也参与 CoA、CoQ 的生物合成,故硒与三羧酸循环和呼吸链的电子传递有关。

3. 其他 硒在体内可拮抗和降低多种金属离子的毒性作用,与视觉有关,有抗癌作用,是肌肉的组成成分。

三、铁

(一) 体内铁的概况

正常成年人体内含铁 3~5 g,平均 4.5 g。女性体内铁含量稍低,与月经失血丢失铁、妊娠期和哺乳期铁的消耗量增加有关。体内铁的 65% 左右存在于血红蛋白,10% 存在于肌红蛋白。此外,25% 的铁以铁蛋白和含铁血黄素形式储存于肝、脾及骨髓组织中,这部分铁称为储存铁。人体铁的主要来源为食物铁和体内血红蛋白降解时释放铁的再利用。因此,正常成年人每天需铁量很少,约 1 mg,而儿童、妊娠期、哺乳期和月经期妇女需铁量增加。铁的吸收部位在十二指肠和空肠上段。溶解状态的铁易于吸收,二价铁比三价铁溶解度大而易于吸收。人体内铁的排泄主要经肠道和肾,大部分铁随粪便排出,还有部分铁自尿液排出。

（二）铁的生理功能

铁是血红蛋白和肌红蛋白的组成成分，参与 O_2 和 CO_2 的运输；也是细胞色素体系、铁硫蛋白、过氧化物酶及过氧化氢酶的组成成分，在生物氧化及氧的代谢中起重要作用。

知识链接

缺铁性贫血

缺铁性贫血是指体内可用来制造血红蛋白的储存铁已被用尽，红细胞生成障碍所致的贫血。其特点是骨髓、肝、脾及其他组织中缺乏可染色铁，血清铁蛋白浓度降低，血清铁浓度和血清转铁蛋白饱和度均降低，为小细胞低色素性贫血。临床表现一般有疲乏、烦躁、心悸、气短、头晕、头痛。儿童表现为生长发育迟缓，注意力不集中。部分患者有厌食、胃灼热、胀气、恶心及便秘等胃肠道症状。少数严重患者可出现吞咽困难、口角炎和舌炎。主要原因是铁的需要量增加而摄入不足，铁的吸收不良，失血等。

四、铜

（一）体内铜的概况

正常成年人体内含铜量为 100~150 mg，在心、肝、肾和脑组织中含量较高。成年人每天需从食物中吸收 2 mg 铜。食物中的铜主要在十二指肠吸收，吸收率约为 10%。铜大部分以复合物的形式被吸收，入血后运至肝，参与铜蓝蛋白合成。铜蛋白是各组织储存铜的主要形式。80% 左右的铜随胆汁排出，5% 左右由肾排出，10% 左右经脱落肠黏膜细胞排出。

（二）铜的生理功能

（1）铜是细胞色素氧化酶的组成成分，参与生物氧化，起电子传递体的作用。

（2）参与铁的代谢，铜可以促进无机铁转变成有机铁，促进三价铁转变为二价铁，有利于铁在小肠的消化吸收。血浆铜蓝蛋白具有铁氧化酶活性，能使二价铁氧化成三价铁，加速运铁蛋白的形成，促进组织中铁蛋白的转移和利用。

（3）构成胺氧化酶、抗坏血酸氧化酶。

（4）参与 SOD 的作用，铜是 SOD 活性中心的必需金属离子，为催化活性所必需。

（5）参与毛发和皮肤的色素代谢，铜也是酪氨酸酶的组成成分，与毛发和皮肤的颜色有关，缺铜常引起毛发脱色，如酪氨酸酶缺乏则导致白化病。

思考题

1. 简述水和电解质的生理功能。
2. 维持水和无机盐平衡对机体有何重要的意义？
3. 调节钙、磷代谢的激素有哪些？
4. 试描述钙和磷在体内的生理作用。
5. 调节钙、磷代谢的因素有哪些？它们是如何发挥调节作用的？其调节结果如何？

在线测试

本章小结

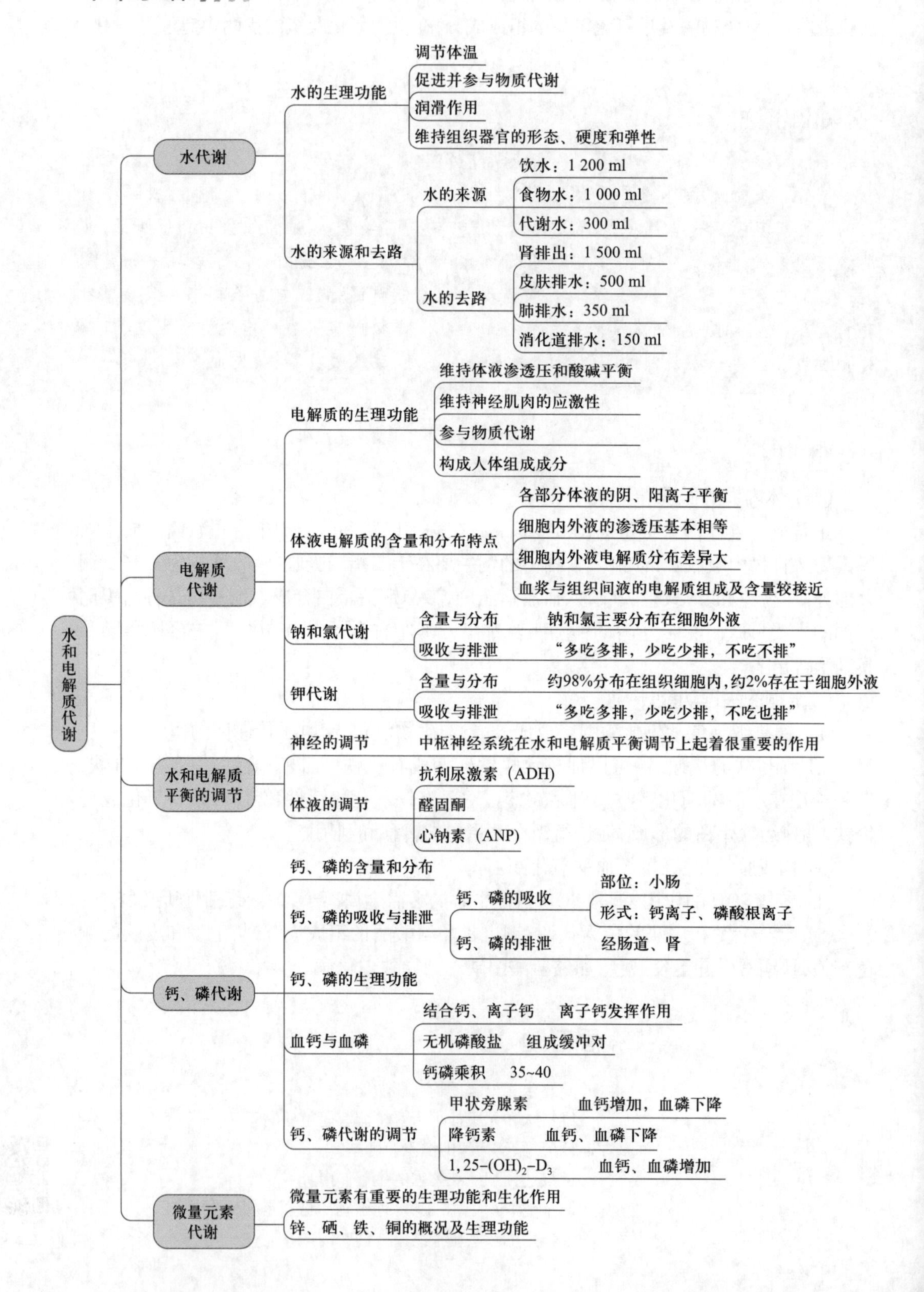

水和电解质代谢
水代谢
水的生理功能
调节体温
促进并参与物质代谢
润滑作用
维持组织器官的形态、硬度和弹性
水的来源和去路
水的来源
饮水：1 200 ml
食物水：1 000 ml
代谢水：300 ml
水的去路
肾排出：1 500 ml
皮肤排水：500 ml
肺排水：350 ml
消化道排水：150 ml
电解质代谢
电解质的生理功能
维持体液渗透压和酸碱平衡
维持神经肌肉的应激性
参与物质代谢
构成人体组成成分
体液电解质的含量和分布特点
各部分体液的阴、阳离子平衡
细胞内外液的渗透压基本相等
细胞内外液电解质分布差异大
血浆与组织间液的电解质组成及含量较接近
钠和氯代谢
含量与分布　钠和氯主要分布在细胞外液
吸收与排泄　“多吃多排，少吃少排，不吃不排”
钾代谢
含量与分布　约98%分布在组织细胞内，约2%存在于细胞外液
吸收与排泄　“多吃多排，少吃少排，不吃也排”
水和电解质平衡的调节
神经的调节　中枢神经系统在水和电解质平衡调节上起着很重要的作用
体液的调节
抗利尿激素（ADH）
醛固酮
心钠素（ANP）
钙、磷代谢
钙、磷的含量和分布
钙、磷的吸收与排泄
钙、磷的吸收
部位：小肠
形式：钙离子、磷酸根离子
钙、磷的排泄　经肠道、肾
钙、磷的生理功能
血钙与血磷
结合钙、离子钙　离子钙发挥作用
无机磷酸盐　组成缓冲对
钙磷乘积　35~40
钙、磷代谢的调节
甲状旁腺素　血钙增加，血磷下降
降钙素　血钙、血磷下降
1, 25-$(OH)_2$-D_3　血钙、血磷增加
微量元素代谢
微量元素有重要的生理功能和生化作用
锌、硒、铁、铜的概况及生理功能

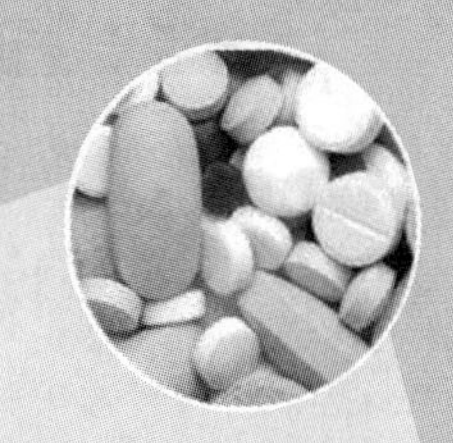

第十五章 生物化学常用技术

学习目标

知识目标

1. 掌握:膜分离技术、层析技术和电泳技术的概念,原理和方法。
2. 熟悉:常用的透析、超滤、层析技术。
3. 了解:各类生物化学常用技术在药学领域中的应用。

技能目标

1. 能够根据物质的理化形式,选择适宜的生物化学技术对其进行分离纯化。
2. 具有利用酶的活性调节进行分析问题和解决问题的能力。

生物化学是生命科学的重要组成部分，而生物化学技术则是研究生物化学重要的方法。通过生物化学技术可以了解生物化学的本质，掌握生物化学的变化规律，对生化物质进行分离纯化和进一步深入研究，为药物研发奠定基础。

第一节 膜分离技术

膜分离技术（membrane separation technique）是一种重要的生物大分子分离技术，在生物大分子的工业生产中应用广泛。其原理是根据被分离物质的分子大小，选择合适的半透膜，使得一定大小的分子透过，同时阻碍分子量较大的物质透过。

膜分离技术所选用的半透膜在溶液中能够迅速溶胀，使得小于膜孔直径的小分子自由透过，具有抗拉能力和化学稳定性。不同型号的半透膜溶胀后膜孔直径大小不同，可以截留不同大小的生物大分子。

膜分离技术方法主要包括透析、超滤、微孔膜过滤技术等，与传统分离技术相比，具有效率高、费用低、无相的变化等优点。这类技术除了应用于生物大分子分离纯化过程中的浓缩和脱盐，还常用于基因工程产品和单克隆抗体的回收、连续发酵、动植物细胞的连续培养。

一、透析

透析（dialysis）是一种利用半透膜把大分子溶液中小分子物质和离子去除的技术。

（一）原理

透析是将不同分子大小的混合物水溶液装入半透膜透析袋内，然后扎紧透析袋口，浸入含有大量低离子浓度的缓冲液或双蒸水中，利用透析袋内外浓度差的推动，小分子物质自由通过透析袋膜孔扩散到透析袋外，而大分子物质被阻留在透析袋内，从而使得混合溶液中不同大小的物质得以分离。

（二）透析膜

制成半透膜的材料通常有玻璃纸、火棉纸和其他合成材料（如聚砜膜、聚甲基丙烯酸甲酯膜等），可以制成不同膜孔直径大小的透析膜。

（三）透析方法

1. 自由扩散透析　截取一段管状半透膜，大小视样液体积而定，放入蒸馏水中溶胀一段时间，用透析夹或线绳扎紧半透膜的一端，制成一端为盲端的圆形口袋，将样液装入袋中，然后依同样方法扎紧半透膜另一端，放入低渗溶液或蒸馏水中透析。由于透析袋中溶液渗透压高，小分子可以自由扩散进入低渗溶液，大分子物质被截留在透析袋内。当透析袋内外小分子浓度趋于平衡时，更换一次低渗溶液或蒸馏水，产生新的渗透压差，小分子继续由透析袋内向外扩散，反复几次后就可以将大分子物质和小分子分离开来。

2. 搅拌透析　其方式与自由扩散透析类似，在透析容器下方安装电磁搅拌器，透析容器内的蒸馏水在电磁搅拌的作用下形成涡流，从透析袋中扩散出来的小分子迅速分散到整个外液中，保持透析袋外周始终处于低渗状态，克服了自由扩散达到平衡时间长、浓度梯度大等缺点，节省透析时间，提高透析效率。

3. 反流透析 反流透析是将蒸馏水和样液在半透膜两侧缓慢流动，两相溶液均处于动态透析状态，既保证透析面积较大，又能使膜内外浓度差达到最大限度，提高透析效率。该装置将样液由透析袋内底部注入，流向向上，蒸馏水从透析袋外顶部注入，流向向下，半透膜内外分别形成不同流向的不等渗溶液，克服了透析袋内外两相溶液形成的浓度梯度，极大地提高了透析效率，但是操作相对麻烦。

4. 连续流透析 连续流透析是将样液装入透析袋内，悬挂于空中，利用重力将透析袋内的小分子挤出袋外，然后利用蠕动泵将蒸馏水泵到透析袋顶端，通过淋洗透析袋四周将小分子物质带走。该方法能使透析袋外周一直处于低渗状态，还能有效防止溶剂分子进入透析袋中，起到浓缩作用。

5. 减压透析 减压透析是将溶胀好的透析袋上口与漏斗相连，下口穿过抽滤瓶的橡皮塞孔，漏斗与上口连接处位于橡皮塞孔内，用线绳扎紧下口。将橡皮塞塞紧抽滤瓶口，透析袋位于抽滤瓶中，把样液装入漏斗中，抽真空。透析袋中的样液受负压影响会加速向外渗透，提高了透析效率。该方法不仅能够透析，还能用于浓缩，尤其适用于大体积低浓度的样液。

(四) 应用

透析常应用于稀样品溶液的浓缩和大分子溶液的脱盐，还可用于小分子物质的分离或去除。

知识拓展

人 工 肾

人工肾常是一种代替肾功能的人工器官，主要用于尿毒症和肾衰竭的治疗，临床应用广泛，疗效显著。该设备能够将血液引出体外，利用透析、过滤、吸附和膜分离等方法排出体内多余的含氮化合物、过量药物或代谢产物等，调节电解质平衡，然后将净化血液引回体内。

二、超滤

超滤(ultrafiltration)是在一定压力下，将混合溶液中不同溶质分子通过特制半透膜进行选择性滤过的分离方法。

(一) 原理

超滤技术的原理与透析技术相同，主要是利用被分离物质的分子大小、形状和性状不同。在一定压力差下，膜内的小分子物质能够通过一定孔径的特制半透膜渗透到膜外，将大分子截留在膜内，从而起到分离不同大小分子的作用。

(二) 超滤膜

1. 超滤膜的分类 根据高分子材料的不同可以分为纤维素膜、复合膜和聚砜膜，以上材料制作的超滤膜均具有较大的透过速度和较高的选择性。

2. 超滤膜的选择

(1) 截留分子量：超滤膜的孔径常为 2~20 nm，分子截留值是指截留率达到 90% 以上的最小被截留物质的分子量。

(2) 流动速度：通常用一定压力下每分钟单位面积膜通过的液体量来表示，单位为 $ml/(cm^2 \cdot min^{-1})$。流动速度与孔径大小及膜的材质有关。

(3) 其他因素：超滤膜还应具有良好的机械性能，对热和化学试剂稳定性好，在压力作用下受溶质类型和浓度影响较小，不易被污染。

(三) 影响因素

1. 浓差极化　浓差极化是指在超滤过程中，外界压力使得小分子溶质通过半透膜，而大分子溶质截留在半透膜表面，形成具有阻塞作用的凝胶层。这一现象是超滤技术主要的限速因素，可以通过震动、搅拌等方式克服。

2. 膜的吸附　各种超滤膜对溶质分子均有不同程度的吸附能力。当溶质分子吸附在膜孔道壁上时，会影响孔道的有效直径，增大截留率。某些介质也可能影响膜的吸附能力，如磷酸缓冲液能增大膜的吸附能力。

3. 压力　超滤时需要控制压力适当，增大流速，减小浓差极化层的厚度，增大溶质系数和流通量。

(四) 常见的超滤器

超滤器根据使用目的不同可分为实验用超滤器和工业用超滤器，常见平板式、管式、螺旋卷式和中空纤维式。其中，平板式装置因其结构简单、适应性强、透过量大、压力损伤小、清洗安装方便等原因，应用更为广泛。超滤器必备的条件：①单位面积中膜面积尽可能大；②膜面切线方向超滤速度要快，以减小浓差极化；③死角和保留体积尽量少；④操作简便，清洗方便。

(五) 应用

1. 浓缩和脱盐　效果视样品而异，蛋白质最终浓度可达 40%~50%。

2. 除菌　超滤法对于不能高压消毒灭菌的生化制剂尤为合适，是一种很好的冷灭菌法。

3. 去热原　适用于一些分子量较小的生化药物。

4. 加工细胞悬液　采用超滤法对细胞进行洗涤或对细胞悬液进行浓缩，不仅速度快，而且能够避免离心法引起的细胞凝集。

5. 分级分离　根据被分离物质分子量的不同，选取不同截留量的滤膜，可以像分子筛一样分离各组分。

知识拓展

干扰素生产

在干扰素生产过程中，先选用截留分子量(MWCO)为 105 的中空纤维超滤器去除细胞碎片，再用 MWCO 为 104 的超滤器纯化含干扰素的滤过液，收率可达 80%~100%。使用超滤法对蛋白质或酶等分子量分布较大的混合液先进行组别分离，再进行层析柱分离，分离效果较好。

6. 酶反应器　设计成酶反应器，可以用于酶促分解反应，分解产物生产后立即与底物分离，减少了酶的用量，提高了底物的利用率和酶促反应的速率。

三、微孔膜过滤技术

微孔膜过滤技术又称微滤，属于精密过滤，目前广泛应用于医药工业、食品工业、饮用水、城市污水、工业废水、生物技术和生物发酵等领域。

（一）原理

基本原理是筛孔分离过程，截留机制有机械截留、吸附截留、架桥截留、网络截留等。应用范围主要是从气相和液相中截留细菌、微粒及其他污染物，以达到净化、分离、浓缩的目的。

（二）微滤膜

微滤膜又称均质膜，能对大直径的菌体、悬浮固体等进行分离，可作为一般料液的澄清、保安过滤、空气除菌。其截留特性以膜孔径为表征，孔径范围通常为 0.02~10 μm，高度均匀，具有筛分过滤功能。常用于制作微滤膜的材料有纤维素体系滤膜、聚砜、聚酰胺、聚偏氟乙烯、聚丙烯腈、聚丙烯酸酯、聚四氟乙烯、聚碳酸酯等。

（三）应用

微滤可用于热敏性药物、注射器、输液、镇静剂的净化和无菌检验；菌血症和癌症的早期诊断；食品防疫、饮料精滤和适用期检查；溶液澄清、酶活性的测定、放射性示踪物的超净、蛋白质和核酸的微量分析；高纯水的提纯；溶剂、显影剂、光刻胶的净化；工业粉尘和放射性微粒的监测；致病菌的测定、水质和化学武器的检验、废水处理等。

四、其他膜分离技术

反渗透是一种重要的膜分离技术，具有产水水质高、运行成本低、操作方便、无污染等优点，目前广泛应用于医药、电子、化工、食品、海水淡化等领域，尤其是现代工业中水处理的首选技术。

（一）原理

用半透膜将容器隔开，膜一侧为溶液，另一侧为纯水，由于膜两侧存在浓度差，纯水自发通过半透膜向溶液扩散的过程称为渗透。反渗透技术利用半透膜只透过溶剂而截留溶质的性质，以远大于溶液渗透压的静压差为推动力，实现溶液中溶剂与溶质分离的目的。该过程必须具备两个条件：半透膜选择性高、透过率高；要有一定的操作压力，以克服渗透压和膜自身的阻力。

由于渗透膜孔径为 0.3~2 nm，所以反渗透膜能较好地去除各种细菌、病毒和热原。

（二）反渗透膜

目前常用的反渗透膜材料主要有醋酸纤维和聚酰胺两类，另外，聚苯并咪唑、聚苯醚、聚乙烯醇缩丁醛也可制备。按照成膜形状可分为平板膜、管式、中空纤维膜等；按照结构分为对称与不对称，复合膜和超薄复合膜等。

（三）应用

反渗透技术主要应用于海水和苦咸水淡化、污水处理、废液回收、电厂锅炉用水净化、超纯水制备等方面。

第二节 层析技术

视频:

层析分离技术介绍

视频:

层析分离技术分类

层析技术也叫色谱技术,是目前广泛应用于分离纯化和分析鉴定的技术手段。凡是溶于水和有机溶剂,在性质上有一定差异的分子或离子均可通过层析进行分离。分离的物质包括无机化合物(如无机酸类、无机盐类和络合物类等)、有机化合物(如有机酸和有机胺类、烷烃类和杂环类等)、生物大分子(如蛋白质、酶及多肽类、多糖及寡糖类、核酸及核苷酸类、激素类等)和活体生物(如病毒、细菌、细胞器等)。

常规的层析技术是以从混合物中分离单一成分,制备一定量的产物为主,以分析鉴定化合物性质,获得分析参数为辅,因此可对物质进行定量、定性和纯度鉴定。按照分离机制,层析技术可分为分配层析、凝胶层析、离子交换层析和亲和层析等。

一、分配层析

分配层析(partition chromatography)也称为分配色谱,是利用被分离物质在固定相和流动相中分配系数的差异进行分离的一种方法。被分离组分在固定相和流动相之间不断发生吸附与解吸附作用,在移动过程中物质在两相之间进行分配。

分配系数(K)是指分配达到平衡后,被分离物质在固定相和流动相中的浓度比值,该值大小与组分、固定相、流动相及稳定性有关。K值越大的组分在展开剂中移动速度越慢。如果固定相是硅胶,极性越强的组分K值越大,移动速度越慢。如果组分固定,展开剂的极性越强,K值越小,即极性越强的展开剂洗脱能力越强,推进组分移动的速度越快。

分配层析常用的载体包括硅胶、硅藻土、纤维素粉和硅镁型吸附剂等。纸层析是最经典的分配层析,操作简便,系统简单。另外还有薄层层析、气相层析和液相层析等。

(一) 纸层析

纸层析是以滤纸为载体的层析方法。

1. 原理 滤纸纤维与水亲和力较强,能够吸收22%左右的水分。纸层析以滤纸纤维结合的水为固定相,以有机溶剂为流动相,当流动相沿着滤纸经过样品时,样品点上的溶质在水和有机溶剂之间不断进行分配,一部分溶质随流动相移动进入无溶质区域重新分配,另一部分溶质从流动相进入固定相(水相)。随着流动相的不断移动,各种不同的溶质按照其各自的分配系数不断进行分配,沿着流动相移动,最终实现物质的分离和提纯。

2. 滤纸选择 层析用滤纸要求均匀、厚度适当,纤维素密度适中,具有一定的纯度和机械强度,纸面洁净,避免吸附异味或尘埃,不得被污染或折叠。

3. 操作

(1) 点样:可用毛细管或微量点样器点样,样品应点在距离滤纸底边约2 cm的起点线上,每点间距约2 cm,点的直径一般不超过3 mm,或者点成3 mm的横长条。

(2) 展开:展开缸预先加入足量的展开剂,将点样后的滤纸浸入展开剂中,浸入深度距滤纸底边0.5~1.0 cm,不能将样点浸入展开剂中。密封展开缸盖,待展开至溶剂前沿至全纸长3/4处,取出滤纸,用铅笔画出溶剂前沿位置,以防干燥后前沿消失。

(3) 显色和定位:滤纸干燥后,采用日光下观看、紫外灯下照射的方法进行显色,需要时喷显色剂，画出斑点位置。

(二) 薄层层析

薄层层析是将细粉状的载体或吸附剂涂布于一块表面光洁的玻璃板、塑料片或铝基片上，形成一层厚度为 0.25~1 mm 的均匀薄层，通过点样、展开后各组分在薄层上得以分离的方法。

1. 优点　薄层层析是一种快速、微量的分离分析方法，其优点有：①方法简便，仪器简单，不需要特殊设备；②测定快速，耗时短，灵敏度高；③固定相和流动相，特别是流动相可选择面广，有利于分离不同性质的化合物；④固定相单次使用，不会被污染，样品前处理简单；⑤可根据被分离物质的性质不同选用不同显色剂在同一色谱上喷雾显色，适用于定性鉴别；⑥应用范围广，对被分离物质的性质没有限制；⑦所有被分离物质的斑点均在薄层色谱上，可随时对色谱重复检测，获得最佳结果，并与对照品进行对比分析。

2. 操作

(1) 制板：将 1 份固定相和 3 份水在研钵中沿同一方向研磨，去除表面气泡，倒入涂布器中，在玻璃板上平稳移动涂布器进行涂布(厚度为 0.2~0.3 mm)。将涂布好的玻璃板置于水平台上室温晾干，再在 110 ℃烘 30 min 活化，置于干燥器中备用。使用前通过反射光或透射光检视其均匀度。

固定相中一般需加入一定量的黏合剂，如 10%~15% 煅石膏($CaSO_4 \cdot 2H_2O$)或 0.5%~0.7% 羧甲基纤维素钠水溶液。

(2) 点样：一般用乙醇、丙酮等挥发性有机溶剂制备样品溶液，利于减少色斑扩散。样品溶液浓度为 0.01%~0.1%。用点样器或毛细管在薄层板上点样，一般为直径 2~4 mm 的圆点，点样基线距离底边 2.0 cm，样点间距为 1.5~2.0 cm，以不影响检测为宜。如果样品浓度较稀，点样吹干后，反复点样直至点完规定样液。点样时注意切勿损伤薄层表面。

(3) 展开：展开缸中加入足量展开剂预先饱和，并在缸壁上贴两条与缸高、宽一致的滤纸条，一端浸入展开剂中，密封缸盖，使系统达到平衡。将点好样的薄层板放入缸中，切勿将样点浸入展开剂，浸入深度为距底边 0.5~1.0 cm。密封缸盖，待展开至规定距离(10~15 cm)，取出薄层板，晾干。

(4) 显色和定位：在日光或紫外线下观察色斑，确定色斑位置。如果用荧光薄层板，在紫外灯下，待测物质产生荧光淬灭，呈现暗斑。也可利用显色剂喷洒进行显色反应使组分显色而定位。常用的显色剂有碘、硫酸溶液和荧光黄溶液等。

二、凝胶层析

凝胶层析(gel chromatography)是指混合物随流动相流经装有凝胶作为固定相的层析柱时，混合物因分子大小不同而被分离的方法。由于物质在分离过程中存在阻滞减速现象，也被称为排阻层析。凝胶的每个颗粒细微结构类似一个筛子，小分子可以进入凝胶网孔，大分子被排阻在凝胶颗粒外，也被称为分子筛层析。

凝胶层析设备简单，操作方便，不需要有机试剂，对高分子物质分离效果好，样品回收率高，目前广泛应用于生物化学、分子生物学、生物医学等领域。

(一) 原理

凝胶层析介质是一种内部具有大网孔结构的凝胶颗粒，当样品混合溶液缓慢流经凝胶层析柱时,各物质在柱内同时进行着垂直向下的移动和无定向的扩散运动。大分子物质由于直径较大,不易进入凝胶颗粒网孔,只能分布在颗粒间隙,向下移动速度较快。小分子物质除了能够在凝胶颗粒间隙中扩散外,还可以进入凝胶孔内,向下移动速度较慢。借助混合物中各物质分子大小的差异,选用适当的凝胶装柱,然后用大量蒸馏水或稀溶液洗柱,大分子物质因不能进入凝胶网孔而最先流出柱外,小分子物质因能进入网孔而下移速度落后,从而使样品中分子大小不同的物质按顺序流出柱外得以分离。

(二) 参数

1. 排阻极限 是指不能扩散进入凝胶颗粒内部的最小溶质分子的分子量。一种物质如果分子量超过排阻极限则不能进入网孔内部。

2. 分级分离范围 是某种凝胶允许溶质分子得以线性分离的分子量范围。

3. 得水率 是指 1 g 干凝胶吸收水分的质量(g)。凝胶一般以干燥方式保存,使用前吸水膨胀。

4. 床体积 是指 1 g 干凝胶吸水膨胀后所得的最后体积。

知识拓展

Sephadex G-50

Sephadex 为葡聚糖凝胶,用于分离不同分子量的物质,G 后面的数字为凝胶得水值的 10 倍。Sephadex G-50 排阻极限为 30 000,凡是分子量大于 30 000 的样品物质均不能进入凝胶网孔内部,只能从凝胶颗粒间隙流出柱外;分级分离范围为 1 500~30 000,分子量在这一范围内的物质,在该凝胶中能够线性分离;得水率为 5.0 g,表示 1 g 干凝胶膨胀能够吸收 5.0 g 水;床体积为 9~11 ml/g,表示 1 g 干凝胶吸水膨胀后最后体积为 9~11 ml。

(三) 凝胶层析介质种类

目前常用的凝胶层析介质包括葡聚糖凝胶、聚丙烯酰胺凝胶、琼脂糖凝胶和琼脂糖 - 聚丙烯酰胺凝胶。

1. 葡聚糖凝胶 是一类由多聚葡聚糖与环氧氯丙烷交联而成的珠状凝胶颗粒,也称为交联葡聚糖凝胶,是目前最常用的层析凝胶。孔径大小可以通过调节葡聚糖与环氧氯丙烷的配比与反应条件来控制,交联度越大,孔径越小。

2. 聚丙烯酰胺凝胶 是一类由单体丙烯酰胺合成线状多聚物,再由交联剂次甲基双丙烯酰胺聚合形成的全化学合成人工凝胶。通过控制单体用量和交联剂比例,可以聚合得到不同类型和不同特征的聚丙烯酰胺凝胶。

3. 琼脂糖凝胶 是一类分子量分离范围远大于葡聚糖凝胶和聚丙烯酰胺凝胶的大孔凝胶,可用于分离分子量 400 000 以上的生物大分子。交联时无需化学交联剂,因而化学稳定性较差,只能在 pH 4~9 范围内使用。

4. 琼脂糖 - 聚丙烯酰胺凝胶 是由琼脂糖和聚丙烯酰胺按照不同比例制成的混合凝胶,刚性好,孔径大,适用于分离生物大分子。

（四）操作

1. 凝胶的选择　凝胶层析效果的好坏主要取决于根据样品的性质选择的凝胶种类是否合适。凝胶层析的主要目的有两个：分级分离和分组分离。

分级分离是将多组分的混合样品中一组分子量接近的物质分离开，常选用排阻极限略高于样品中最大分子量的凝胶。

分组分离则是将多组分混合样品按照分子量大小分为大分子和小分子，小分子物质自由进入凝胶孔内，大分子物质被排阻在外。

2. 凝胶柱的装填　装柱对于凝胶层析极为关键。为了避免装柱过程中产生气流、装填不均匀或形成界面，一般将层析柱垂直安装在无空气对流和无直接光照的地方，并在柱底部出口和各接口处通入洗脱剂去除气泡，再将黏稠度适宜的凝胶悬浮液一次性倒入层析柱内，开启柱下方出口开关，流出液体，使凝胶自然下沉。在进胶过程中，稳定好流速，保证凝胶下沉连续、均匀。在装填好的凝胶面上加盖一片滤纸，避免加样过快冲动胶面，引起区带扩散，分辨率下降。

3. 加样　凝胶层析的上样量和床体积有关，一般为床体积的1%~5%，分组分离时可适当增加样品用量。加样时一般采用直接法，即将平衡好的层析床表面液体流至凝胶面或用吸管将胶面上的液体吸至距床面2 mm处，注意不能流干。检查床表面平整后，用胶头滴管将样品沿管壁轻轻加入。加样完后打开出口，让样品慢慢渗入凝胶内，距床面1 mm时，关闭下出口，用少许相同洗脱液清洗表面几次，使样品尽可能全部进入凝胶，之后接通恒压洗脱瓶开始层析。

4. 洗脱与收集　洗脱时要控制流速，流速与操作压和凝胶型号有关。洗脱液应和平衡液相同，否则会改变凝胶体积而影响分离效果。洗脱液收集多采用部分收集器，并用记录仪观察和分析流出物的分离情况，从而得出洗脱图谱。

5. 凝胶的再生与保养　凝胶层析所用凝胶不会与溶质发生任何作用，每次使用后只需稍微平衡即可再次层析。但是大多数凝胶为多糖，易被微生物污染，特别是夏天。微生物会影响被分离物的层析性质，产生降解物，造成洗脱不完全，因此常常加入防腐剂抑制微生物生长。

如果凝胶经常使用，可在防腐剂存在的情况下湿态保存，不需干燥。如果需要干燥保存，先将凝胶水洗滤干，再依次加入50%、70%、90%、95%的乙醇溶液逐步脱水，直至乙醇浓度超过90%，抽滤。最后用乙醚洗去乙醇，抽滤，干燥后保存。

三、离子交换层析

离子交换层析（ion exchange chromatography）是根据溶液中各种带电荷粒子和离子交换剂之间结合力的不同而进行分离的方法。离子交换层析是吸附、吸收、扩散、穿透、离子亲和力、离子交换等理化过程综合作用的结果。

（一）原理

溶液中存在两种或两种以上离子，当其通过离子交换层析柱时，溶液中高浓度的离子与原来吸附在离子交换介质上的离子发生交换作用，使得介质上原有离子游离到流动相中，随流动相洗出。溶液中的不同离子在同一溶液中溶解度和所带电荷不同，在层析柱内洗脱速度不同，最终完全分离。

（二）离子交换层析介质

离子交换层析介质主要由惰性载体、功能基团和平衡离子组成。惰性载体常由高分子化合物聚合或多糖类化合物交联而成，具有良好的亲水性、水不溶性、化学稳定性。平衡离子带正电荷的为阳离子交换剂，带负电荷的为阴离子交换剂，是具有活性基团的荷电固相颗粒。

平衡离子与样品中交换离子间的作用由静电引力产生，是一个可逆反应。当反应达到动态平衡时，其平衡点随 pH、温度、溶剂组成和交换剂性质变化而变化。

（三）操作

1. 离子交换剂的选择　离子交换剂种类繁多，应用时常考虑被分离物质带电荷性质、分子量大小、所处环境和理化性质、交换剂孔径、功能基团等因素。一般情况下，酸性物质选用阴离子交换剂，碱性物质选用阳离子交换剂。

2. 装柱及加样

（1）装柱及平衡：选择合适的层析柱或滴定管，底部先用玻璃纤维填塞。将溶胀或已转型的离子交换剂与起始缓冲液混合成浆状物均匀装柱，装填过程中避免引入气泡。为了避免产生气泡和分层，装柱时可先加入 1/3 体积的水，再加入树脂或其他交换剂，依靠水的浮力使其均匀缓慢沉降。装柱完毕后用缓冲液或水平衡到所需的 pH、离子浓度等，对光检查均匀度。

（2）加样：被分离物质的分离效果与加样量和样品浓度有关，样品用量又取决于所选离子交换剂的交换容量。因此，控制样品用量为交换容量的 10%~20%，这样可以获得较好的分辨率。样品浓度不能过高，否则会使溶液离子强度增加，减弱样品与交换剂之间的作用。

（3）洗脱与收集：加样后用足量的起始缓冲液洗柱，除去未吸附的物质，再进行洗脱。洗脱多采用梯度洗脱和阶段洗脱。梯度洗脱是将两种不同离子强度的缓冲液按线性关系比例混合，以得到离子强度变化呈线性关系的洗脱液；阶段洗脱是采用不同离子强度的同一缓冲液进行分段洗脱。常用部分收集器收集相同体积的洗脱液，并用记录仪观察和分析流出物的分离情况，得出洗脱图谱。

（4）树脂的再生：对使用过的树脂首先要用大量水冲洗去除树脂表面和孔隙内部物理吸附的各种杂质，再用酸碱处理去除与功能基团结合的杂质，使其恢复原有的静电吸附能力。为了发挥其交换功能，树脂去杂后还要进行转型，按照使用要求赋予平衡离子。弱酸性树脂常用 NaOH 或 HCl 转型，强酸或强碱性树脂除用酸碱外还需用相应的盐溶液转型。碱性树脂稳定性不如酸性树脂。

四、亲和层析

亲和层析（affinity chromatogarphy）是根据流动相中的生物大分子与固定相表面偶联的特异性基团发生亲和作用，选择性吸附溶质的分离方法，是在一种特制的吸附能力专一的吸附剂上进行的层析。

生物体内许多生物大分子具有与其结构对应的专一分子可逆结合的特点，如酶与底物或抑制剂、激素与其受体、抗体与抗原、RNA 与其互补的 DNA 等。生物大分子这种结合可逆且专一的能力称为亲和力。亲和层析就是利用分子间亲和吸附和解吸附的原理进行的。由于亲和吸附剂亲和力大、专一性强，只需通过简单步骤即可实现分离。

(一) 原理

利用亲和层析分离生物大分子，首先必须寻找到能被该分子识别和可逆结合的专一性配基，把配基结合到载体上，填充在层析柱内形成亲和柱。将欲分离的混合溶液流经亲和柱，混合物中只有能与配基专一性结合的分子被吸附，其他杂质直接流出。更换洗脱液，使被吸附物从配基上解吸附而获得亲和物。

(二) 亲和介质的制备

1. 配基的选择　常用的配基包括烷基、苯基、氨基酸、核苷酸等有机小分子，蛋白质、酶、抑制剂、抗原抗体等生物大分子，蓝色葡聚糖、荧光染料等。

(1) 配基必须有适合的化学基团与活化剂的活化基团发生偶联，使载体得到较高的偶联率，不致影响配基和被分离生物大分子的专一结合。

(2) 配基必须易与被分离物质发生亲和作用，且专一性强，以便更有效分离产物。

(3) 配基与生物大分子结合后，在一定条件下可解吸附，且不破坏生物大分子的理化性质和生物活性。

(4) 尽量选择分子量较大的化合物作配基，减少在分离过程中的空间位阻。

2. 载体的选择　常用的载体包括葡聚糖凝胶、琼脂糖凝胶、聚丙烯酰胺凝胶、多孔玻璃珠等。

(1) 惰性，尽量减少物理吸附和离子吸附等非专一性吸附。

(2) 必须有足量的可活化化学基团，能在温和条件下与大量配基偶联。

(3) 具有多孔立体网状结构，能使被亲和吸附的大分子自由通过。

(4) 物理和化学稳定性较好，一般条件下结构不被破坏。

(5) 机械性能良好，颗粒均匀，保持流速稳定。

(三) 操作

一般采用柱层析操作，所选平衡缓冲液 pH 和离子强度适宜，有利于亲和吸附物的形成。上样时要在 4 ℃下进行，流速尽可能慢。根据被分离物质和配基之间的亲和力大小，选择合适的洗脱方式。

1. 洗脱

(1) 非专一性洗脱：主要通过改变缓冲液的 pH、温度、离子强度或介电常数，使固定在配基上的亲和物构象发生改变，从配基上洗脱下来，达到纯化目的，是最常用的洗脱方法。常常通过改变溶液离子强度洗脱被吸附物。

(2) 专一性洗脱：当所用配基带有电荷或配基对几种生物大分子都有亲和力时，非专一性洗脱很难达到有效分离。选用专一性的洗脱剂，可以只解吸附待分离的生物大分子。

2. 亲和吸附剂的再生　每次层析后应用 2~6 mol/L 尿素溶液洗涤层析柱，或用二甲基甲酰胺、链霉蛋白酶恢复亲和吸附剂的吸附容量，可使层析柱寿命大大延长。

视频：

电泳的基本原理

第三节 电泳技术

电泳技术是带电荷粒子在电场作用下，朝着与其电荷相反的电极方向移动从而得以分离的方法。带电荷粒子在电场中移动的速度取决于其分子量、形状、荷电性质和数目、分散介质阻力、溶液黏度和电场强度等因素。电泳技术目前广泛应用于生物化学、分子生物学、医药学等领域。

一、区带电泳

区带电泳(zone electrophoresis)是指不同离子成分在均一缓冲体系中,在电场作用下分离出单独的区带,可用染色剂显色。该技术应用固体支持介质,所需样品少,设备简单,分辨率高,减少了扩散和对流,是目前应用最广的电泳技术。根据支持介质的不同,可以分为纸电泳、琼脂糖凝胶电泳、醋酸纤维素薄膜电泳和聚丙烯酰胺凝胶电泳等。

知识拓展

凝胶电泳

凝胶电泳分辨率高,原因是其具有电荷效应和分子筛双重性质。在此基础上建立了测定分子量的SDS-凝胶电泳、测定蛋白质等电点的等点聚集电泳;与免疫学方法结合建立的免疫电泳,可用于抗原抗体的定性及纯度测定;与膜转移结合的印迹法,在方法学和印迹类型上发展迅速。

(一)原理

不同带电荷粒子,因其分子形状和大小、所带电荷的性质和数量存在差异,所以其在相同电场强度、支持介质和缓冲液环境中泳动速度不同,从而得以分离。带电荷粒子的泳动速度用单位电场强度下的泳动速度,即迁移率来表示。

影响迁移率的因素如下。

1. 带电荷粒子的电荷数、分子大小和形状　粒子所带净电荷数越高,半径越小,形状越接近球形,其迁移率越高。

2. 溶液性质　包括溶液pH、离子强度和黏度。溶液pH影响带电荷粒子的解离状态。离子强度过高,降低粒子的电泳度;离子强度过低,降低缓冲液缓冲能力。溶液黏度越高,电泳速度越慢。

3. 电场强度　电场强度越高,离子泳动速度越快。

4. 支持介质　当支持介质不为惰性时,会发生电渗现象。当离子泳动方向与电渗方向相同时,电泳速度加快,方向相反时,速度减慢。凝胶介质还具有分子筛效应,筛孔大的电泳速度快。

(二)纸电泳法

纸电泳法是以滤纸作为支持介质的区带电泳。

1. 仪器设备　纸电泳仪包括直流电源和电泳槽两部分。常压电泳一般为100~500 V,分离时间长,多用于大分子物质分离;高压电泳一般为500~10 000 V,分离时间短,多用于小分子物质分离。电泳槽有水平式、悬架式、连续式等,要求能控制溶液流动,防止滤纸中液体因发热而蒸发,常用的是水平式。

2. 操作

(1) 缓冲液配制：根据待分离样品的理化性质选择 pH 和离子强度合适的缓冲液。电泳时加入两槽中的缓冲液应该一致，并保持水平液面相同。

(2) 滤纸：要求纸质均匀，吸附力小，一般选用国产新华层析滤纸。将滤纸按照电泳槽大小和实验要求裁成长度适宜的条状或长方形。条状滤纸一般只点一个样品；长方形滤纸可根据其宽度点多个样品，点样间距为 2.5~3 cm。

(3) 点样：有干法和湿法两种点样方式。

干法点样是将样品直接点在滤纸的标记处，每次点样晾干或冷风吹干后再次点样，点样后将滤纸两端浸入缓冲液中，待浸润至离样品几厘米处迅速取出，让缓冲液扩散至点样处，置于电泳架上电泳。干法电泳具有浓缩作用，适用于低浓度样品，但是易损伤滤纸，不适用于不稳定样品。

湿法点样是将滤纸全部浸入缓冲液中润湿，用镊子取出，用干净的干燥滤纸吸干后平放在滤纸架上，让起始线靠近阴极端，然后将滤纸两端浸入缓冲液中，在标记处点样。圆点状点样比较集中，易于显色；长条状点样分离效果好，但样品需求多。双向电泳必须点成圆形，一般可用微量注射器点样。点样操作要快，点完立即接通电源，防止样品扩散。湿法电泳可保持样品的自然状态，但浓度要求高。

点样量随滤纸厚度、点样宽度、样品溶解度和检测方法的不同而变化，点样过多易产生拖尾，过少则不易检测。对未知物初次电泳时，应点在纸中央，观察区带向两极移动的方向；对已知物电泳时，根据样品性质确定点样位置。

(4) 电泳：点样后立即开启电源，根据滤纸有效长度计算电压梯度，调整电压保持稳定。电泳一段时间后，待圆点移动 6~8 cm 时，切段电源，连同支架一起取出滤纸，水平放置，晾干或冷风吹干，使被分离组分固定在滤纸上。

(5) 染色或显色：根据被测组分的性质选用紫外灯检测或特定显色剂显色，当成分不明时，可用碘蒸气显色了解区带位置进行检测。

(三) 琼脂糖凝胶电泳法

琼脂糖凝胶电泳法以琼脂糖凝胶为支持介质，具有分子筛和电荷效应，能根据被分离物质的形状和大小不同进行分离，分辨率高。

1. 仪器设备　与纸电泳相同。

2. 操作

(1) 凝胶板的制备：称取适量琼脂糖凝胶，加入少量水或缓冲液，迅速加热至 90 ℃，使琼脂糖全部熔化，对光看不到胶液中闪亮的小碎片。将熔化的胶液冷却至 60 ℃，趁热灌注于玻璃板或胶膜上，厚度约 3 mm，立即将样品梳插入胶膜一端，梳齿与底部保持 1~2 mm 距离，室温放置 15~20 min，待胶液冷却成凝胶，制成的凝胶不得有肉眼可见的气泡。使用前轻轻拔下样品梳，即可见到加样孔格，各孔格底部有 1~2 mm 凝胶，防止样品泄漏。

(2) 点样：将琼脂糖凝胶板放入电泳槽，加入缓冲液，浸过胶面约 1 mm，用微量注射器在凝胶板阴极端点样，加至样品孔格内。

(3) 电泳：点样后立即接通电源，根据样品性质调节电位梯度进行电泳。

(4) 染色：根据样品性质选用不同的染色剂，黏多糖类选用甲苯胺蓝，蛋白质类选用考马斯亮蓝，核酸类选用溴化乙啶。

（四）醋酸纤维素薄膜电泳法

醋酸纤维素薄膜电泳法是以醋酸纤维素薄膜为支持介质，该膜具有均一的泡沫状结构，渗透性强，对样品吸附力小，亲水性小，和纸电泳相比用量少，时间短，灵敏度高，分离效果好，无拖尾和吸附现象，应用于血液制品检测。

1. 仪器设备　与纸电泳相同。

2. 操作

(1) 醋酸纤维素薄膜：将醋酸纤维素薄膜裁好，粗糙面向下，浸入巴比妥缓冲液，使其漂浮于液面上。若质地均匀，则薄膜迅速润湿且色泽一致，可用于实验。用镊子轻压薄膜，使其全部浸入缓冲液 20 min 后取出，用清洁的普通滤纸吸去多余的缓冲液，粗糙面向上备用。

(2) 滤纸桥：将普通滤纸裁成大小合适的长条。取双层滤纸两条，经缓冲液浸润后，分别附着在电泳槽两侧的支架上，使其一端与支架前沿对齐，与醋酸纤维素薄膜相连，另一端浸入缓冲液中。电泳时通过滤纸桥将醋酸纤维素薄膜与缓冲液相连。

(3) 点样：将薄膜粗糙面向上，架在电泳槽支架上，两端与滤纸桥相连。根据样品性质在阴极端点样，点样量不宜过大，且使用条状点样法。

(4) 电泳：点样后立即打开电源，调节电压强度开始电泳，待区带展开距离 4 cm 时停止电泳。由于醋酸纤维素薄膜亲水性小，容纳缓冲液较少，所以样品分离速度快，样品易通过加热蒸发。

(5) 染色与透明：电泳后取出膜条，浸入氨基黑 10B 或考马斯亮蓝等染色剂中 2~3 min 后，用漂洗液漂洗数次，直至脱去底色。将漂洗干净的膜条吹干，浸入冰醋酸—无水乙醇(25∶75)透明液中浸泡 10~15 min，取出平铺在洁净玻璃板上，干后即成透明薄膜，可在分光光度计上测量。

（五）聚丙烯酰胺凝胶电泳法

聚丙烯酰胺凝胶电泳法(PAGE)根据缓冲液的组成、pH 和凝胶浓度，可分为连续凝胶和不连续凝胶。连续凝胶是指缓冲液组成、pH 和凝胶孔径一致的分离系统，无浓缩效应，只用于分离组成比较简单的样品。不连续凝胶是使用两种或两种以上的缓冲液和不同凝胶浓度，样品在浓缩胶和分离胶两种不连续界面先浓缩为一条窄的起始带，进入分离胶后根据分子大小和电荷效应分离得到窄的分离区带。

1. 仪器设备　常用稳流电泳仪和圆盘电泳槽或垂直平板电泳槽。

2. 操作

(1) 凝胶配制：根据样品性质配制不同浓度的凝胶，一般先将丙烯酰胺和交联剂亚甲基双丙烯酰胺配成储备液，再按不同比例配成浓度不同的分离胶，在不连续电泳中还需配制浓缩胶(浓度为 7.5%~20%)。

(2) 制胶：用带有粗针头的注射器将分离胶注入洁净、干燥的电泳玻璃板间的空隙中，加胶时尽量将针头插入底部，沿壁注入胶液至高 6~7 cm，避免产生气泡。然后用带针头的注射器沿壁在胶液顶端加水至高出胶面约 5 mm，加水时防止水与胶液混合或呈滴状坠入胶液造成表面不平，影响电泳分辨率和区带形状。待凝胶聚合 30~60 min 后，静置 30 min，吸去顶部水层，用滤纸吸去残留水，加水洗涤凝胶表面 2~3 次，除去未聚合的丙烯酰胺。将浓缩胶按照制分离胶的方法在分离胶顶部加入高约 1 cm 的胶层，再覆盖水层待两液层间再次出现界面，凝胶聚合后放置 20 min。

(3) 安装凝胶管：选择透明无气泡的凝胶管，通过橡胶塞插入圆盘电泳槽上槽底部的各圆孔中，然后将凝胶管末端胶塞除去，滴加缓冲液使凝胶管底部充满缓冲液，不能有气泡。先在下槽加入缓冲液，然后将装有凝胶管的上槽放入下槽。吸去各凝胶管覆盖的水层，加缓冲液至管口，再在上槽加缓冲液至液面高于玻璃管约 1 cm。

(4) 加样：一般将样品制成 1 mg/ml 的溶液。连续电泳用稀释约 10 倍的缓冲液，不连续电泳用稀释后的浓缩胶缓冲液。用微量注射器针头穿过覆盖在胶面的缓冲液，在靠胶面的顶部加入样品液。圆盘电泳每管加样 5~100 μl，连续电泳加样孔厚度不超过 2~3 mm。

(5) 电泳：接通电源，圆盘电泳在指示染料未进入凝胶前，调节电流为 1~3 mA/ 管，待色带进入胶面后增大电流至 3~5 mA/ 管，维持在 4 mA/ 管。当指示染料移至玻璃管底部约 1 cm 处，关闭电源。

(6) 取胶：将带长针头的注射器吸满水，插入凝胶管壁，边慢慢旋转玻璃管边注水，将凝胶从玻璃管中挤出。

(7) 固定、染色与脱色：固定的目的是防止凝胶中分离的物质扩散。染色时选用的染料必须与被测物质专一性结合。将胶条用染色液浸泡 10~30 min，用水漂洗干净，再用脱色液脱至无蛋白区带凝胶的底色透明。固定和染色时间的长短取决于凝胶的厚度和孔径。

二、其他电泳

(一) 毛细管电泳法

毛细管电泳法又称高效毛细管电泳法(HPCE)，兼有毛细管电泳的高速、高分辨率和高效液相层析的高效率，目前广泛应用于 DNA 序列和 DNA 合成中产物纯度的测定、单个细胞和病毒的分析、中性化合物的分析、离子型生物大分子的分析。

HPCE 具有高效，快速，选择自由度大，分析对象广，分离模式多，自动化程度高，样品用量少，无污染等优点，主要缺点包括制备能力低，填充柱技术要求高，检测器灵敏度要求高，需控制电渗，管壁对样品作用易放大等。

(二) 等电聚焦电泳法

等电聚焦电泳法(IEF)是一种利用蛋白质分子或其他两性电解质分子等电点不同，在稳定、连续、线性的 pH 梯度中进行高分辨率蛋白质分离和分析的技术。该方法分辨率高，重复性好，样品容量大，操作简便，只需要一般电泳设备，应用较广泛。

第四节 沉淀技术

沉淀是溶液中溶质由液相变为固相析出的过程。沉淀技术是通过加入试剂或改变条件，使溶液中的溶质离开溶液生成不溶性颗粒而沉降析出的技术。

一、沉淀技术原理

沉淀技术的基本原理是根据不同物质在溶剂中的溶解度不同而达到分离的目的。

(一) 蛋白质的溶解性

蛋白质的溶解性是由其组成、构象及分子周围的环境所决定的。影响蛋白质溶解度的主要因素分为蛋白质性质和溶液性质两类。

蛋白质性质的因素包括分子大小、氨基酸序列、可离子化的残基数、极性/非极性残基比率和分布、氨基酸残基的化学性质、蛋白质结构、蛋白质电性、化学键性质等。溶液性质的因素包括溶剂可利用度、pH、离子强度、温度等。

(二) 蛋白质胶体溶液的稳定性

蛋白质属于胶体分散系统。由于水化膜和双电子层两种稳定的因素，使蛋白质溶液成为亲水的胶体溶液，蛋白质胶粒彼此不能接近，增加了蛋白质溶液的稳定性，阻碍蛋白质胶粒从溶液中沉淀出来。

(三) 沉淀动力学

溶解度的降低是一个动力学过程。当体系变得不稳定以后，分子互相碰撞并产生聚集作用。蛋白质溶液与沉淀剂在强烈搅拌下混合，产生极小的初始固体微粒，晶核在布朗扩散和搅拌作用下迅速生长，产生絮体或较大的聚集体，最终沉淀析出。

二、沉淀技术方法

蛋白质的沉淀有可逆和不可逆两种。生化分离纯化中最常用的蛋白质沉淀方法包括盐析法、有机溶剂沉淀法、选择性沉淀法、等电点沉淀法、有机聚合物沉淀法、聚电解质沉淀法、金属离子沉淀法和亲和沉淀法。

1. 盐析法(中性盐沉淀) 常用的中性盐有$(NH_4)_2SO_4$、Na_2SO_4、NaH_2PO_4等。中性盐对蛋白质的溶解度有显著影响，一般在低浓度下随着盐浓度升高，蛋白质的溶解度增加，称为盐溶；当盐浓度继续升高时，蛋白质的溶解度不同程度下降并先后析出，称为盐析。该法的优点包括：①成本低，不需要特别昂贵的设备；②操作简单、安全；③对许多生物活性物质具有稳定作用。常用于各种蛋白质和酶的分离纯化。

(1) 中性盐沉淀蛋白质的基本原理：蛋白质和酶均易溶于水，因为该分子的—COOH、$—NH_2$和—OH都是亲水性基团，这些基团与极性水分子相互作用形成水化层，在蛋白质分子周围形成1~100 nm颗粒的亲水胶体，削弱了蛋白质分子之间的作用力。蛋白质分子表面极性基团越多，水化层越厚，蛋白质分子和溶剂分子之间的亲和力越大，因而溶解度也越大。

(2) 中性盐的选择：常用的中性盐中最重要的是$(NH_4)_2SO_4$，它与其他中性盐相比具有以下优点：①溶解度大；②分离效果好；③不易引起变性，有稳定蛋白质与酶结构的作用；④价格便宜，废液可以肥田，不污染环境。

(3) 盐析曲线的制作：以每个级分的蛋白质含量和酶活力对硫酸铵饱和度作图，即可得到盐析曲线。

(4) 盐析的影响因素：①蛋白质的浓度；②pH；③温度。

2. 有机溶剂沉淀法

(1) 基本原理:有机溶剂对于许多蛋白质、核酸、多糖和小分子生化物质都能发生沉淀作用,其沉淀原理主要是降低溶液的介电常数。溶剂的极性与其介电常数密切相关,极性越大,介电常数越大,因而加入有机溶剂能降低溶液的介电常数,减小溶剂的极性,从而削弱溶剂分子与蛋白质分子间的相互作用力,增加蛋白质分子间的相互作用,导致蛋白质溶解度降低而沉淀。

有机溶剂沉淀法的优点:①分辨能力比盐析法高;②沉淀不用脱盐,过滤比较容易。

(2) 有机溶剂沉淀的影响因素:①温度,多数蛋白质在有机溶剂与水的混合液中溶解度随温度降低而下降;②样品浓度,通常使用 5~20 mg/ml 的蛋白质初浓度为宜,可以得到很好的沉淀效果;③pH;④离子强度。

3. 选择性沉淀法　选择性沉淀法利用蛋白质、酶与核酸等生物大分子与非目的生物大分子在理化性质方面的差异,选择一定的条件使杂蛋白等非目的物变性沉淀而得到分离提纯,多用于除去某些不耐热的和在一定 pH 下易变性的杂蛋白。

4. 等电点沉淀法　用于氨基酸、蛋白质及其他两性物质的沉淀,此法多与其他方法结合使用。

5. 有机聚合物沉淀法　该法主要使用聚乙二醇作为沉淀剂。

6. 聚电解质沉淀法　加入聚电解质的作用和絮凝剂类似,同时还兼有一些盐析和降低水化等作用,缺点是往往使蛋白质结构改变。

7. 金属离子沉淀法　一些高价金属离子对沉淀蛋白质很有效。

8. 亲和沉淀法　亲和沉淀是利用亲和反应将配基与可溶性载体偶联形成载体 - 配基复合物(亲和沉淀剂),该复合物可选择性地与蛋白质结合,当 pH、离子强度和温度等改变时发生可逆性沉淀,从而利用目标分子与其配体的特异性结合作用及沉淀分离的原理进行目标分子的分离纯化,是蛋白质等生物大分子的亲和分离技术之一。

三、沉淀技术在药学中的运用

沉淀是一种广泛应用于生物产品(特别是蛋白质)下游加工过程的单元操作。

沉淀技术分离蛋白质的主要特点:①浓缩速度快;②产物稳定性得到提高;③可以作为其他分离方法的前处理。

沉淀方法有多种,沉淀工艺随沉淀方法的不同而不同,沉淀技术在实施过程中,应考虑 3 个因素:①沉淀方法和技术应具有一定的选择性,以使所要分离的目标成分得以很好地分离,选择性越好,目标成分纯度就越高;②对于酶类和蛋白质的沉淀分离,除了要考虑沉淀方法的选择外,还必须注意所用的沉淀方法对这类目标成分中的活性和化学结构是否有破坏作用;③对于用于食品和医药中的目标成分,要考虑残留在目标成分中的沉淀剂对人体是否有害,否则所用的沉淀法以及所获得的目标成分都会变得无应用价值。

思考题

1. 比较透析、超滤、微滤技术的不同点。
2. 区带电泳方法有哪些?试比较各类方法的特点。

在线测试

本章小结

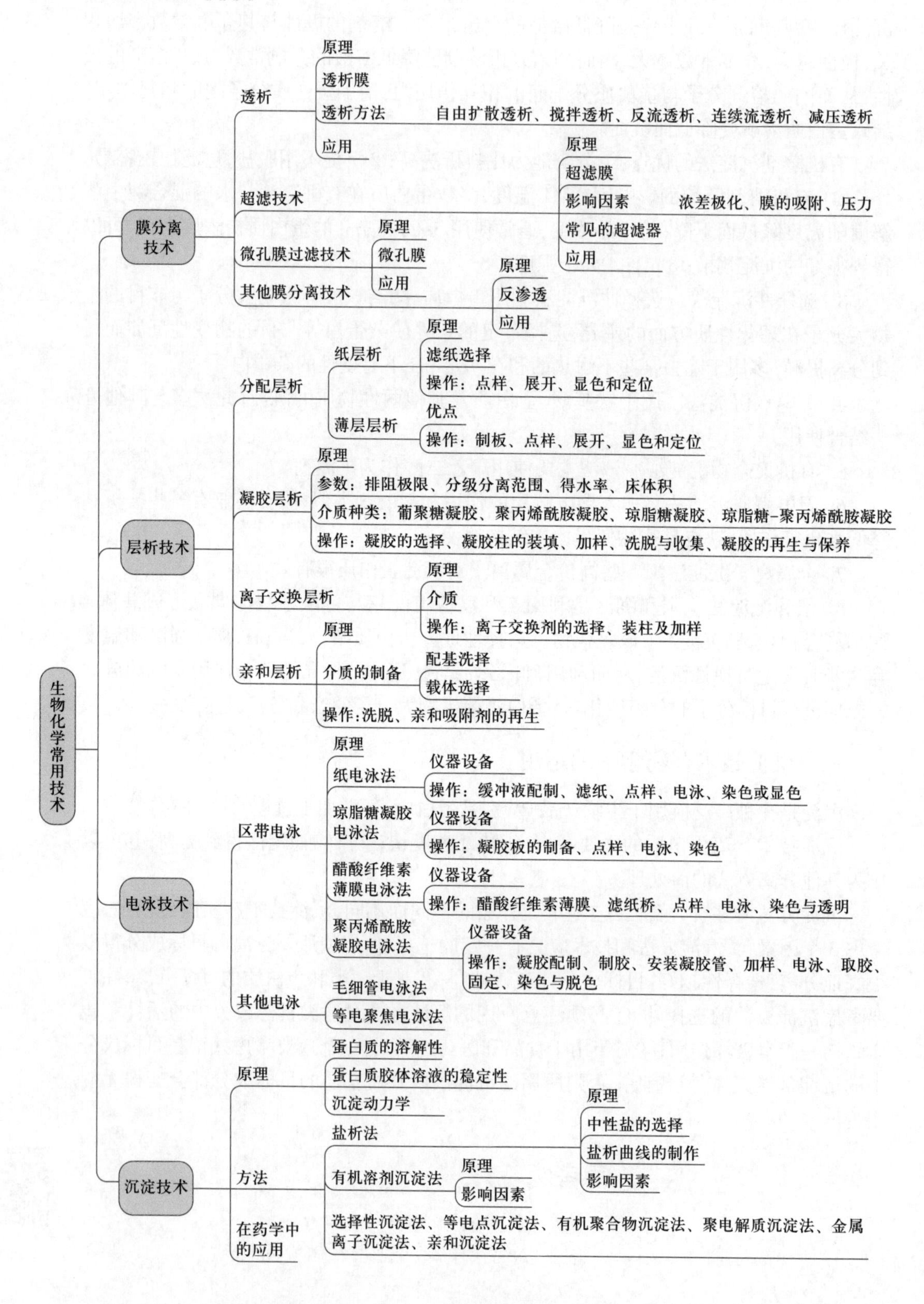

生物化学常用技术
膜分离技术
透析
原理
透析膜
透析方法
自由扩散透析、搅拌透析、反流透析、连续流透析、减压透析
应用
超滤技术
原理
超滤膜
影响因素
浓差极化、膜的吸附、压力
常见的超滤器
应用
微孔膜过滤技术
原理
微孔膜
应用
其他膜分离技术
原理
反渗透
应用
层析技术
分配层析
纸层析
原理
滤纸选择
操作：点样、展开、显色和定位
薄层层析
优点
操作：制板、点样、展开、显色和定位
凝胶层析
原理
参数：排阻极限、分级分离范围、得水率、床体积
介质种类：葡聚糖凝胶、聚丙烯酰胺凝胶、琼脂糖凝胶、琼脂糖-聚丙烯酰胺凝胶
操作：凝胶的选择、凝胶柱的装填、加样、洗脱与收集、凝胶的再生与保养
离子交换层析
原理
介质
操作：离子交换剂的选择、装柱及加样
亲和层析
原理
介质的制备
配基洗择
载体选择
操作:洗脱、亲和吸附剂的再生
电泳技术
区带电泳
原理
纸电泳法
仪器设备
操作：缓冲液配制、滤纸、点样、电泳、染色或显色
琼脂糖凝胶电泳法
仪器设备
操作：凝胶板的制备、点样、电泳、染色
醋酸纤维素薄膜电泳法
仪器设备
操作：醋酸纤维素薄膜、滤纸桥、点样、电泳、染色与透明
聚丙烯酰胺凝胶电泳法
仪器设备
操作：凝胶配制、制胶、安装凝胶管、加样、电泳、取胶、固定、染色与脱色
其他电泳
毛细管电泳法
等电聚焦电泳法
沉淀技术
原理
蛋白质的溶解性
蛋白质胶体溶液的稳定性
沉淀动力学
方法
盐析法
原理
中性盐的选择
盐析曲线的制作
影响因素
有机溶剂沉淀法
原理
影响因素
在药学中的应用
选择性沉淀法、等电点沉淀法、有机聚合物沉淀法、聚电解质沉淀法、金属离子沉淀法、亲和沉淀法

实验十　血清蛋白质的分离——醋酸纤维薄膜电泳法

一、实验目的

通过实验，掌握醋酸纤维薄膜电泳法对血清蛋白质的分离，熟悉醋酸纤维薄膜电泳法的操作方法和注意事项，了解血清蛋白质电泳的临床意义。

二、实验原理

血清蛋白电泳是目前临床常用的蛋白质分离技术，该技术主要借助于蛋白电泳仪和醋酸纤维薄膜将血清蛋白质进行分离。

血清中各种蛋白质分子都有其特定的等电点，在等电点时，蛋白质分子所带正、负电荷量相等，呈现电中性。在 pH=8.6 的缓冲液中，血浆中几乎所有蛋白质均形成带负电荷的质点，在电场中向正极移动。由于血清中各种蛋白质的等电点不同，所带电荷量有差异，加上分子量不同，所以在同一电场中泳动速度不同，可以区分出 5 条主要区带，从正极端起依次为清蛋白、α_1- 球蛋白、α_2- 球蛋白、β- 球蛋白和 γ- 球蛋白。

三、实验试剂和器材

1. 试剂

(1) pH 8.6 巴比妥缓冲溶液：称取巴比妥钠 10.3 g，巴比妥 1.48 g，用蒸馏水溶解后稀释至 1 000 ml。

(2) 染色液：取氨基黑 10B 0.5 g，加甲醇 50 ml 及冰醋酸 10 ml，混匀溶解后用蒸馏水稀释至 100 ml。

(3) 漂洗液：取 95% 乙醇 45 ml，加冰醋酸 5 ml，混匀后用蒸馏水稀释至 100 ml。

2. 仪器　电泳仪（0~600 V，0~300 mA）及普通电泳槽、醋酸纤维薄膜（2 cm × 8 cm）、无齿镊、滤纸、铅笔及格尺、培养皿、血清加样器（或载玻片）。

四、实验方法和步骤

1. 电泳槽的准备　将缓冲液加入电泳槽的两槽内，调节两侧槽内的缓冲液，使其在同一水平面（图 15-1）。

2. 醋酸纤维薄膜的准备　取醋酸纤维薄膜（2 cm × 8 cm）一张，在粗糙面的一端（负极端）1.5 cm 处，用铅笔轻画一横线，作为点样位置。将薄膜光面向下浸入巴比妥缓冲液中浸泡 15~20 min，待完全浸透后，取出夹于洁净滤纸中间，吸去多余的缓冲液。

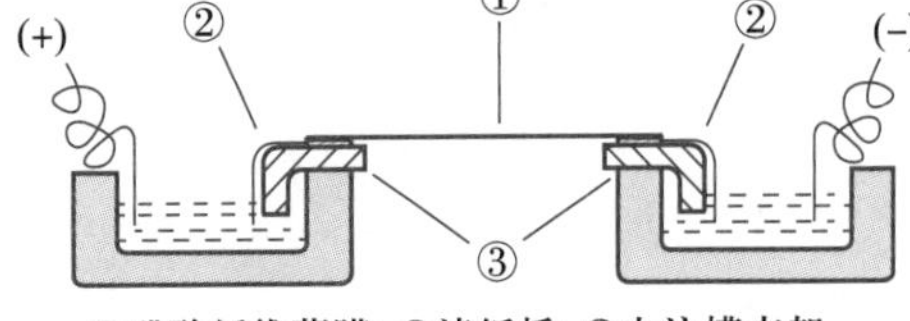

①醋酸纤维薄膜；②滤纸桥；③电泳槽支架。

图 15-1　醋酸纤维薄膜电泳装置示意图

3. 点样　将醋酸纤维薄膜粗糙面向上贴于电泳槽的支架上，用微量吸管吸取少量血清在横线处加 3~5 μl。样品应与膜的边缘保持一定距离，以免电泳图谱中蛋白质区带变形，待血清渗入薄膜后，反转醋酸纤维薄膜，使光面朝上平直贴于电泳槽的支架上，用双层滤纸将膜的两端与缓冲液连通，稍待片刻。

4. 电泳 注意醋酸纤维薄膜上的正、负极，切勿接错。电压90~150 V，电流0.4~0.6 mA/cm，通电40~50 min，待电泳区带展开25~35 mm，即可关闭电源。

5. 染色 通电完毕，用无齿镊取出薄膜，直接浸入氨基黑10B染色液中，染色5~10 min（以蛋白质区带染透为止）。

6. 漂洗 从染色液中取出薄膜，浸入漂洗液中漂洗数次，一般每隔约10 min更换一次漂洗液，直至背景无色为止。此时可见清晰的5条蛋白质区带，从正极端起依次为清蛋白、α_1-球蛋白、α_2-球蛋白、β-球蛋白和γ-球蛋白。

五、实验思考

1. 电泳时，点样端置于电场的正极还是负极，为什么？
2. 电泳后，泳动在最前面的是何种蛋白质？各谱带为何种成分？请分析原因。

参考文献

[1] 毕见州,何文胜.生物化学[M].2版.北京:中国医药科技出版社,2013.
[2] 张爱华,王云庆.生物分离技术[M].北京:化学工业出版社,2012.
[3] 须建.生物药品[M].北京:人民卫生出版社,2009.
[4] 姚文兵.生物化学[M].8版.北京:人民卫生出版社,2016.
[5] 吴梧桐.生物化学[M].3版.北京:中国医药科技出版社,2015.
[6] 周春燕,药立波.生物化学与分子生物学[M].9版.北京:人民卫生出版社,2018.
[7] 陈芬,徐固华.生物化学与技术[M].武汉:华中科技大学出版社,2010.
[8] 杨志敏,蒋立科.生物化学[M].2版.北京:高等教育出版社,2010.
[9] 程牛亮.生物化学[M].2版.北京:高等教育出版社,2011.
[10] 蔡太生,张申.生物化学[M].北京:人民卫生出版社,2015.
[11] 何旭辉,吕士杰.生物化学[M].7版.北京:人民卫生出版社,2014.
[12] 查锡良,药立波.生物化学与分子生物学[M].8版.北京:人民卫生出版社,2013.
[13] 潘文干.生物化学[M].8版.北京:人民卫生出版社,2013.
[14] 钱民章,陈建业.生物化学[M].2版.北京:科学出版社,2016.
[15] 吕文华,肖智勇.生物化学[M].武汉:华中科技大学出版社,2010.
[16] 晁相蓉,邹丽平,余少培.生物化学[M].北京:中国科学技术出版社,2014.
[17] 王易振,何旭辉.生物化学[M].2版.北京:科学技术文献出版社,2013.
[18] 罗永富.生物化学[M].北京:中国中医药出版社,2015.
[19] 殷嫦嫦,舒景丽,梁金香.生物化学[M].2版.武汉:华中科技大学出版社,2016.
[20] 高国全.生物化学[M].3版.北京:人民卫生出版社,2012.
[21] 勾秋芬.生物化学[M].大连:大连理工大学出版社,2018.